José Abrantes
Renê Mendes Granado

Desenho Técnico Projetivo Básico

Projeções, Perspectivas e Planificações.
Vistas Ortográficas nos 1º e 3º Diedros.
Cotagem e normas técnicas aplicáveis.
Exercícios resolvidos e propostos.

EDITORA CIÊNCIA MODERNA

Desenho Técnico Projetivo Básico (Projeções, Perspectivas e Planificações. Vistas Ortográficas nos 1º e 3º Diedros. Cotagem e Normas Técnicas Aplicáveis. Exercícios Resolvidos e Propostos)

Editor: Paulo André P. Marques
Produção Editorial: Dilene Sandes Pessanha
Capa: Daniel Jara
Diagramação: Daniel Jara
Copidesque: Equipe Ciência Moderna

FICHA CATALOGRÁFICA

ABRANTES, José; GRANADO, Renê Mendes.

Desenho Técnico Projetivo Básico (Projeções, Perspectivas e Planificações. Vistas Ortográficas nos 1º e 3º Diedros. Cotagem e Normas Técnicas Aplicáveis. Exercícios Resolvidos e Propostos)

Rio de Janeiro: Editora Ciência Moderna Ltda., 2023.

1. Engenharia
I — Título

ISBN: 978-65-5842-262-4 CDD 620

Editora Ciência Moderna Ltda.
R. Alice Figueiredo, 46 – Riachuelo
Rio de Janeiro, RJ – Brasil CEP: 20.950-150
Tel: (21) 2201-6662/ Fax: (21) 2201-6896
E-MAIL: LCM@LCM.COM.BR
WWW.LCM.COM.BR

03/23

Sobre os autores

José Abrantes nasceu no Rio de Janeiro, em 07/02/1951, tendo também a cidadania portuguesa. Técnico de Máquinas e Motores (ETFCSF), Engenheiro Mecânico (Uerj), licenciado em Desenho (UCAM), licenciado em Matemática (UCAM), Especialista em docência do Ensino Fundamental e Médio (UCAM), Especialista em Docência do Ensino Superior (FABES/ISEP), Mestre em Tecnologia (CEFET/RJ), Doutor em Engenharia de Produção (COPPE/UFRJ). Pós-Doutorado, na área de educação (FEAGRI/UNICAMP) e Pós-Doutorado, estudando a Pedagogia Empresarial (UFF). Trabalhou sete anos (1970 a 1976) como desenhista e projetista e 22 anos como engenheiro (1977 a 1998), sendo 17 anos como calculista de equipamentos e cinco em fábricas, como gerente de engenharia e manutenção. Entre 1999 e 2002 foi professor de Desenho Técnico da FAETEC. Entre 1998 e 2015 atuou como professor do ensino superior em diversas instituições privadas. Desde 2015, é professor associado aposentado do Cap/Uerj, onde atuou no Departamento de Matemática e Desenho. Entre janeiro de 2000 e fevereiro de 2023, foi professor efetivo concursado do Departamento de Geometria e Representação Gráfica, do Instituto de Matemática e Estatística, da Universidade do Estado do Rio de Janeiro – Ime/Uerj. Em março de 2023, aos 72 anos de idade, aposentou-se como professor titular.

Renê Mendes Granado nasceu no Rio de Janeiro, em 13/02/1951, Técnico de Máquinas e Motores (ETFCSF), Engenheiro Mecânico (Uerj), Mestre em engenharia mecânica na área de manufatura (EESC/USP - 2006), Doutor em engenharia mecânica na área de manufatura (EESC/USP - 2010). Entre 1971 e 2008, atuou como técnico e engenheiro nas áreas de fabricação mecânica, processos de fabricação e manutenção industrial. Exerce o magistério superior desde 2008. Em março de 2023, aos 72 anos, era professor associado concursado ativo, em regime de Dedicação Exclusiva, do Departamento de Geometria e Representação Gráfica, do Instituto de Matemática e Estatística, da Universidade do Estado do Rio de Janeiro – Ime/Uerj.

Primeiras palavras e apresentação do livro

Em 1637, René Descartes (1596-1650), aos 41 anos de idade, criou um sistema de coordenadas, onde pontos podem ser localizados a partir de duas medidas, em relação a dois eixos perpendiculares, quais sejam: eixo das abscissas ou eixo X e eixo das ordenadas ou eixo Y. Posteriormente esse método ficou conhecido como Sistema de Coordenadas cartesianas, que muito ajudou, tanto no desenvolvimento das Geometrias Descritiva e Analítica, quanto do Cálculo Integral.

Em 1795 Gaspard Monge (1746-1818), aos 49 anos de idade, criou um método baseado na dupla projeção ortogonal de um objeto tridimensional. Monge era matemático e foi quem criou, os princípios da Geometria Descritiva (base do Desenho Técnico Projetivo). Estas duas projeções, chamadas de vista de cima ou superior ou planta e a vista de frente ou frontal ou anterior, representadas em dois planos ortogonais ou perpendiculares (posteriormente denominados π e π'), passaram a ser representadas em um único plano, através de um rebatimento, gerando o que se chama em Geometria Descritiva de Épura. Foi a partir do método Mongeano e dos conceitos dos diedros de projeções, que se chegou à representação gráfica bidimensional de peças e objetos através das normas e procedimentos do Desenho Técnico Projetivo.

Posteriormente criou-se o terceiro Plano ou Plano de Perfil (denominado π''), permitindo a representação em três vistas e, no processo evolutivo do desenho projetivo chegou-se à concepção de imaginar o objeto no interior de um hexaedro ou cubo, permitindo a representação em até seis vistas.

O Desenho Técnico Projetivo, tal qual é representado hoje, século XXI, foi uma evolução da Geometria Descritiva, devido à rápida necessidade da resolução de novos problemas de Engenharia, principalmente em função da 1ª Revolução Industrial que ocorreu entre 1780 e 1860.

Deve ser destacado que, Gaspar Monge, ao publicar seu livro de Geometria Descritiva, em 1795, em verdade, apenas demonstrou como seria a projeção cilíndrica de uma reta nos dois planos ortogonais π e π'. Posteriormente, viu-se a possibilidade de se projetar objetos tridimensionais em dois planos, já que as arestas destes objetos, em verdade são retas, tais quais estudadas pela Geometria Descritiva.

Especialmente arquitetos, desenhistas industriais (*designers*) e engenheiros têm o Desenho Técnico Projetivo como sua linguagem profissional básica. Esses profissionais necessitam, tanto interpretar ou "ler", um Desenho Técnico Projetivo, quanto ter habilidades pictóricas de forma a se expressarem por meio de símbolos geométricos, ou seja, têm que ser capazes de desenhar, principalmente fazendo rascunhos ou *croquis* à mão livre. Desenhos Técnicos Projetivos são representados pelas chamadas vistas ortográficas, advindas das projeções cilíndricas ortogonais que, por sua vez são baseadas nos conceitos das projeções estudadas e fundamentadas na Geometria Descritiva.

Construções civis, produtos, peças, máquinas e sistemas industriais, têm suas concepções iniciais a partir de estudos e rascunhos, normalmente feitos a lápis e no papel, constituindo-se no que se chama projeto básico, a partir do qual, são desenvolvidos análises, cálculos e simulações, até se chegar à ideia final. O próximo passo, antes da construção ou fabricação, é o desenvolvimento dos mais diversos desenhos técnicos, de forma a permitir ou a construção de um prédio, ou a fabricação de um produto ou de peças que, agrupadas podem constituir uma máquina ou um equipamento, por exemplo, um liquidificador.

Esse livro se inicia pela descrição das normas e procedimentos que devem ser adotados nos Desenhos Técnicos Projetivos, segundo a Associação Brasileira de Normas Técnicas – ABNT. Na sequência são detalhados os conceitos das projeções cilíndricas ortogonais, que deram origem às vistas ortográficas, base do Desenho Técnico Projetivo, as representações tridimensionais ou perspectivas, as normas de cotagem e finalmente uma série de critérios e conceitos para melhor representar graficamente um objeto, uma peça ou uma construção. No Apêndice B é feita uma introdução à ciência dos materiais e aos métodos de fabricação mecânica e construção civil. No Apêndice C são dados sete exemplos reais de Desenhos Técnicos Projetivos. Os autores manifestam suas preocupações, quanto à excessiva "simplificação e redução" das disciplinas de Representação Gráfica, em especial em cursos de Engenharia. O fato de Desenhos Técnicos Projetivos serem executados em programas, cada vez mais eficazes, não elimina a necessidade de serem estudadas as bases do Desenho Técnico Projetivo, quais sejam as disciplinas "Desenho Geométrico", que era componente do Ensino Fundamental anos finais e da "Geometria Descritiva", no passado estudada normalmente no Ensino Médio. Esse livro apresenta um resumo das bases, tanto do Desenho Geométrico, quanto da Geometria Descritiva.

José Abrantes (D.Sc.).
Renê Mendes Granado (D.Sc.).

Prefácio

Conheci o professor José Abrantes em 1973, na firma francesa de Engenharia de Projetos SERETE. Na época ele era Desenhista de Tubulações Industriais e eu trabalhava no setor de Arquivo Técnico. A vida profissional acabou por nos levar para empresas e caminhos diferentes. Em 1975 iniciei minha carreira, também como Desenhista de Tubulações Industriais. Em 1976, Abrantes formou-se em Engenharia Mecânica, pela Uerj, e voltamos a trabalhar juntos em 1986 na empresa de Projetos de Engenharia BRASCEP. Chegamos a viajar juntos para São Paulo, para reuniões técnicas por alguns dias, por conta de projetos da ELETROBRÁS, quando no horário do jantar, nos divertíamos muito no bairro do Bexiga, saboreando deliciosas pizzas napolitanas.

Com o avanço da tecnologia, me adaptei a desenhar com os mais modernos e avançados programas de computador, especialmente em projetos de plataformas *off shore* da Petrobras. Em 1996 Abrantes voltou à Universidade, fez mestrado, formou-se como professor de Desenho, especializou-se em Educação, e doutorou-se em Engenharia de Produção em 2001, na área de Inovação Tecnológica e Organização Industrial. Após concurso público em 1999, passou a atuar como professor do Instituto de Matemática e Estatística da Universidade do Estado do Rio de Janeiro – Ime/Uerj, tendo se aposentado, aos 72 anos de idade, como professor titular (antigo professor catedrático) no início de 2023.

O professor Renê Mendes Granado, engenheiro mecânico, formado pela Uerj, junto com Abrantes, em 1976, tem mestrado e doutorado em Engenharia Mecânica, na área de manufatura e, desde 2012, também trabalha na Uerj, no Departamento de Geometria e Representação Gráfica. Atualmente, Renê é professor associado concursado do Ime/Uerj, prevendo se aposentar ao longo de 2023, aos 72 anos de idade.

Em 2018, tive o prazer de publicar um livro de Desenho Técnico Básico, junto com o Abrantes, o que muito me emocionou, até porque a Engenharia de Projetos passava por mais uma de suas crises. As reuniões com Abrantes, em minha casa, e a execução das centenas de desenhos técnicos, para o livro, muito me ajudaram a superar aquela difícil fase.

Agora, nos meus 70 anos de idade, aposentado e já fora das minhas atividades profissionais, os professores Abrantes e Renê, me convidam para escrever o prefácio desse livro, que na prática é uma ampliação atualizada do livro que publicamos em 2018. Para mim foi um prazer e uma honra prefaciar um novo livro sobre a área onde trabalhei por mais de 40 anos.

A base dos Desenhos Técnicos de Tubulações Industriais é o Desenho Técnico Projetivo, que por sua vez tem na Geometria Descritiva sua base teórica. Todo desenhista técnico, embora utilizando programas de computador, antes de aprender os comandos, tem que entender e aprender suas bases e normas.

É temeroso, especialmente em cursos de Engenharia, constatar que muitas faculdades, cada vez mais, diminuem a carga horária das disciplinas de representação gráfica, focando apenas no ato de desenhar via computador. Todo desenho técnico projetivo é fruto de um projeto e para sua execução via computador são utilizadas normas e conceitos, amplamente descritas nesse livro. O computador, oferece conforto, rapidez e precisão na execução de desenhos técnicos, mas a base é teórica, como amplamente mostrada aqui nesse livro que, também contém diversos exercícios e aplicações práticas em diversas áreas.

Finalizo afirmando que, com essa nova obra os professores Abrantes e Renê dão mais uma importante contribuição ao Ensino Técnico Industrial no Brasil. Parabéns a todos nós que, ao longo de mais de quatro décadas muito contribuímos para a Engenharia brasileira.

Carleones Amarante Filgueiras Filho.
Projetista sênior de Tubulações Industriais.

Rio de Janeiro, 13 de fevereiro de 2023.

SUMÁRIO

Capítulo 1

Introdução

1.1 Tudo começa com uma ideia ou projeto! O que é um desenho técnico?

Uma simples faca de cozinha, foi idealizada por um desenhista industrial ou *designer*, que a partir de sua concepção estético funcional, fez a sua representação gráfica, permitindo a sua fabricação em uma indústria metalúrgica. É a partir de rascunhos ou *croquis* e do projeto arquitetônico básico, que são geradas uma série de Desenhos Técnicos Projetivos, por exemplo, plantas, onde após o cálculo estrutural, procede-se à construção de uma casa ou prédio.

Existem Desenhos Técnicos não Projetivos que não são exatamente projeções cilíndricas de objetos e conjuntos, mas sim esquemas, diagramas, fluxogramas ou organogramas, como muitos das áreas de eletricidade, eletrônica, engenharia química e de produção.

Um Desenho Técnico Projetivo tem como princípio servir à fabricação de um objeto ou construção de um prédio ou uma instalação e, todos, são gerados a partir de uma ideia, concepção ou projeto. A representação gráfica, através dos Desenhos Técnicos Projetivos é um tipo de linguagem gráfica universal, amplamente utilizada pela Arquitetura, Desenho Industrial e Engenharias.

Imagine-se que um *designer* tenha uma ideia para um novo modelo de liquidificador, o que ele faz? Inicialmente ele concebe na sua cabeça a aparência externa e as formas, ou seja, ele mentalmente "vê" o objeto, como se estivesse sonhando. Normalmente, o passo seguinte é fazer um *croquis* ou rascunho à mão livre e a lápis, daquilo que ele está pensando. É a partir dessa ideia ou concepção inicial, que se inicia o projeto do liquidificador, como um todo, que posteriormente irá envolver profissionais de outras áreas. O projeto de um simples liquidificador, gera uma dezena de Desenhos Técnicos Projetivos, peça por peça, parte por parte, já que serão fabricadas uma a uma e depois montadas, compondo o conjunto, no caso um liquidificador.

Outro exemplo é o projeto de uma pequena casa, com um só pavimento, com dois quartos, sala, cozinha, dois banheiros e área. Inicialmente o profissional da Arquitetura faz o projeto conceitual, considerando, por exemplo, aspectos sociais, culturais, climáticos e geográficos, de onde a casa será construída. Uma casa, mesmo pequena e simples, em região de montanha tem uma concepção diferente de outra em região de praia ou no interior de uma cidade com alta população. Uma casa construída em uma comunidade pobre, usa materiais e itens diferentes de outra construída em uma área de alto padrão de riqueza. Existem diferenças entre as concepções, materiais e acabamentos.

Após a concepção inicial e os cálculos de Engenharia Civil, são gerados muitos Desenhos Técnicos Projetivos tais como: planta de situação, planta com cortes e fachadas, desenho de formas, de ferros ou vergalhões, desenho do telhado ou cobertura, desenhos de instalações hidrossanitárias (água e esgoto) e o desenho da instalação elétrica. Nesse caso, pelo menos três profissionais são envolvidos: o de Arquitetura, o de Engenharia Civil e o de Engenharia Elétrica.

A norma ABNT, NBR 10647, sobre Terminologia, aplicada ao desenho técnico, apresenta a seguinte classificação:

- Desenho técnico
  - Projetivo
    - Vistas ortográficas
    - Perspectivas
  - Não projetivo
    - Diagramas
    - Esquemas
    - Fluxogramas
    - Organogramas

O grande objetivo deste livro é apresentar as informações básicas, para que estudantes das áreas de Engenharia, Arquitetura, Desenho Industrial (*Design*) e Cursos Técnicos Industriais, possam entender e utilizar os desenhos técnicos de suas áreas. Este livro também se aplica à algumas especialidades das escolas militares de formação de oficiais, bem como de sargentos especialistas, especialmente os que irão trabalhar com as áreas técnicas ligadas à Arquitetura e Engenharias.

1.2 Normas técnicas relacionadas e aplicáveis aos Desenhos Técnicos Projetivos

Cada país ou região possui alguma entidade específica que cria e regulamenta as normas técnicas necessárias às suas atividades. Considerando, tanto o relacionado aos Desenhos Técnicos Projetivos, quanto às normas a eles relacionadas, podem ser citadas as seguintes:

ABNT – Associação Brasileira de Normas Técnicas (Brasil).
AISI – *American Iron and Steel Institute* (EUA).
ANSI – *American National Standards Institute* (EUA).
API – *American Petroleum Institute* (EUA).
ASME – *American Society of Mechanical Engineers* (EUA).
BSI – *British Standards Institution* (Inglaterra).
DIN – *Deutsches Institut für Normung* (Alemanha).
ISO – *International Organization for Standardization* (em nível mundial).
JIS – *Japanese Industrial Standards* (Japão).

A Associação Brasileira de Normas Técnicas - ABNT, apresenta uma série de normas aplicáveis especificamente aos desenhos técnicos projetivos, devendo ser lembrado que, de tempos em tempos, estas normas sofrem revisões. Existem muitas outras normas, para as mais diversas áreas, relacionadas a projetos, ou seja, as adiante listadas são as principais e específicas para a execução de desenhos técnicos projetivos, no nível básico.

NBR 07191 – Execução de desenhos para obras de concreto simples ou armado.
NBR ISO 2768 - Parte 2: Tolerâncias gerais. Tolerâncias geométricas para elementos sem indicação de tolerância individual.
NBR 6492: Representação de projetos de Arquitetura.
NBR 8196: Desenho Técnico: emprego de escalas.
NBR 8402: Execução de Caractere para escrita em Desenho Técnico.
NBR 8403: Aplicação de Linhas em Desenho. Tipos de Linhas. Larguras de Linhas.
NBR 10067: Princípios gerais de representação em Desenho Técnico.
NBR 10068: Folha de desenho: leiaute e dimensões.
NBR 10126: Cotagem em Desenho Técnico.
NBR 10582: Apresentação de folha para Desenho Técnico.
NBR 10647: Desenho Técnico. (Terminologia).
NBR 12298: Representação de área de corte por meio de hachuras em Desenho Técnico.
NBR 13142: Desenho Técnico: dobramento de cópias.
NBR 13272: Elaboração das listas de itens.
NBR 13273: Desenho Técnico. Referência a itens.

1.3 Material básico "clássico" (ou analógico) usado nos desenhos técnicos. Os formatos, dobramentos e detalhes das folhas de desenho. Os tipos de grafites utilizados

Embora na prática atual, e cada vez mais, os Desenhos Técnicos Projetivos sejam executados usando programas de computador ou *softwares*, é importante citar os seguintes principais instrumentos que podem ser utilizados, principalmente nos cursos de formação técnica: par de esquadros, compasso, escalímetro (escala triangular), transferidor, borracha plástica, lápis ou lapiseiras e folhas de papel. Com relação ao papel, a Associação Brasileira de Normas Técnicas – ABNT, através da Norma NBR 10068 (Folha de Desenho. Leiaute e Dimensões), define os seguintes formatos (dimensões), que normalmente são usados para a execução de Desenhos Técnicos Projetivos: A0, A1, A2, A3 e A4. Existem outros formatos, mas estes são os mais utilizados.
A norma brasileira NBR 10068 foi inspirada na norma internacional ISO 216 de 1975, que define os tamanhos de papel utilizados em quase todos os países, com exceção dos EUA e Canadá.

1.3.1 Os formatos padronizados e detalhes das folhas de desenho

Os tamanhos de papel definidos pela norma ABNT 10068 têm a particularidade de a razão entre sua altura e sua largura ser exatamente igual à raiz quadrada de dois ($\sqrt{2}$), o que significa que quando, por exemplo, se unem duas folhas A4 obtém-se uma folha A3, com exatamente o dobro da área e com as mesmas proporções. Da mesma forma, cortando-se uma folha A4 ao meio obtêm-se duas folhas de tamanho A5 (normalmente usados em cadernos e blocos de anotações), que também tem as mesmas proporções relativas dos tamanhos A3 e A4.

O tamanho A4 tem essa designação porque é a quarta divisão consecutiva do tamanho A0, que se caracteriza por ter exatamente um metro quadrado (1 m^2) de área com lados na razão de um para raiz quadrada de dois.

O tamanho ABNT do papel para desenhos técnicos, obedece ao sistema métrico, onde uma folha A0 tem 1 m^2, sendo que uma folha A0 equivale a duas folhas A1 ou quatro A2, oito A3 e 16 A4. As figuras e tabelas a seguir mostram as proporções, dimensões e detalhes das folhas de desenho técnico.

Formato	Largura x Altura (mm)
A0	841 x 1.189
A1	594 x 841
A2	420 x 594
A3	297 x 420
A4	210 x 297

Tabela 1.1: dimensões dos formatos
(*Fonte*: NBR 10068, tabela 1)

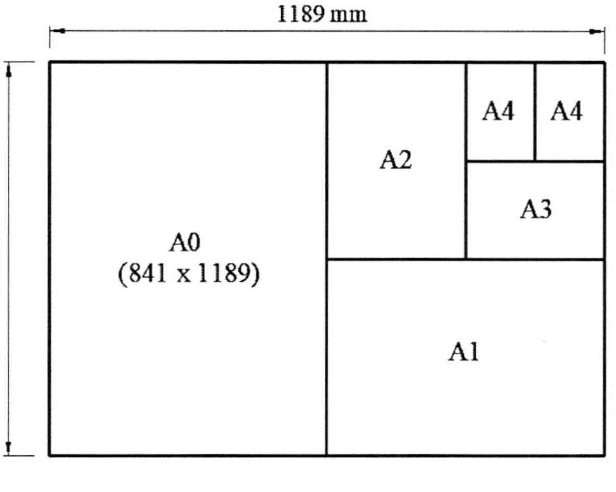

Figura 1.1: proporções dos formatos (*Fonte*: NBR 10068, figura 4)

O tamanho da folha a ser utilizada, depende do tipo de desenho, escala utilizada e quantos detalhes existam. Na prática da Arquitetura e construção civil é muito comum o uso do formato A4. Em desenhos da área de mecânica, além do formato A4, é comum o uso do A3. O formato A2 não é muito usual, assim como o A0 que, devido suas grandes dimensões, dificulta muito o seu manuseio e consulta, seja num canteiro de obras ou numa oficina de fabricação.

Na prática os Desenhos Técnicos Projetivos são executados ou impressos (para os feitos no computador) em papel vegetal, que servem como originais e, a partir dos quais são feitas cópias em papel, para manuseio e uso prático.

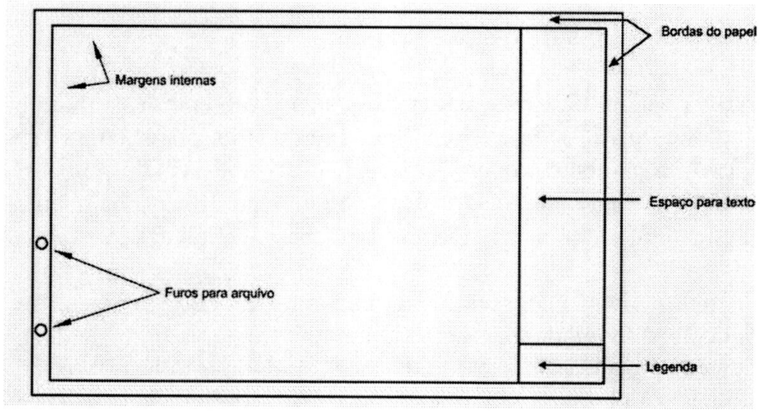

Figura 1.2: detalhes das folhas, formatos A0, A1, A2 e A3 (folhas na horizontal).

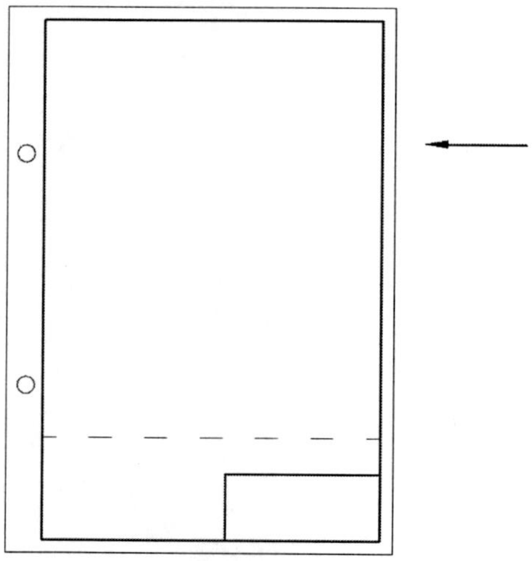

Formato	Margem Equerda	Margem Direita	Espessura da linha
A0	25	10	1,4
A1	25	10	1,0
A2	25	7	0,7
A3	25	7	0,5
A4	25	7	0,5

Tabela 1.2: detalhes das margens (mm)
(*Fonte*: NBR 10068, tabela 2)

Figura 1.3: detalhes das folhas A4

Notas:

1) É na margem esquerda que são feitos os furos para o arquivamento em pastas.
2) Na legenda, carimbo ou rótulo são colocadas as informações sobre o tipo de desenho e outras.
3) No espaço para texto são escritas, por exemplo, notas gerais e detalhes como listas de materiais.

Com relação à legenda dos desenhos técnicos, a Norma NBR 10582 (Apresentação da folha para desenho técnico), parágrafo 4.3.1, cita que a legenda deve ter as seguintes informações: a) designação da empresa; b) projetista, desenhista ou outro, responsável pelo conteúdo do desenho; c) local, data e assinatura; d) nome e localização do projeto; e) conteúdo do desenho; f) escala (conforme NBR 8196); g) número do desenho; h) designação da revisão; i) indicação do método de projeção (conforme NBR 10067) e j) unidade utilizada no desenho, conforme NBR 10126.

1.3.2 Detalhes do dobramento normatizado das cópias dos Desenhos Técnicos Projetivos

A norma ABNT, NBR 13142 (dobramento de cópia), dá detalhes de como devem ser dobradas as cópias dos desenhos, a partir do tamanho A3. A ideia é que, ao ser dobrado o tamanho final equivalha ao formato A4, deixando-se uma margem à esquerda, de forma que (uma cópia) possa ser arquivada em uma pasta A4, permitindo que se abra o desenho apenas desdobrando-o, sem precisar retirar da pasta. A norma mostra as etapas das dobras, para cada um dos formatos, com exceção do A4, que, obviamente, não é dobrado. A seguir é mostrado como cada formato ABNT deve ser dobrado, para poder ser arquivado em pastas, de fácil manuseio.

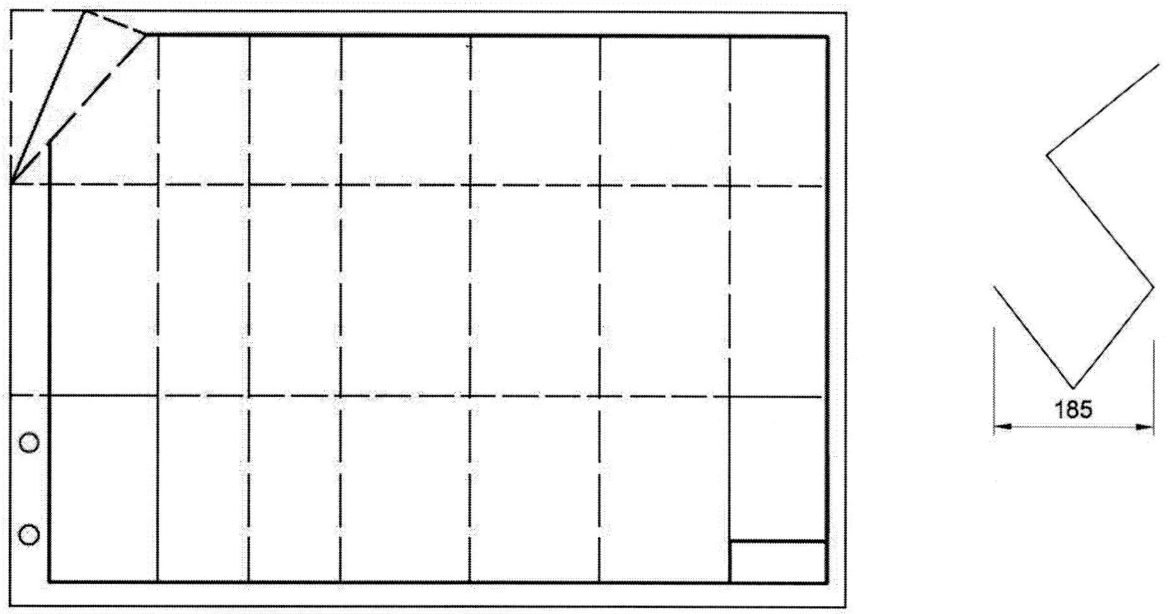

Figura 1.4: dobramento de um formato A0

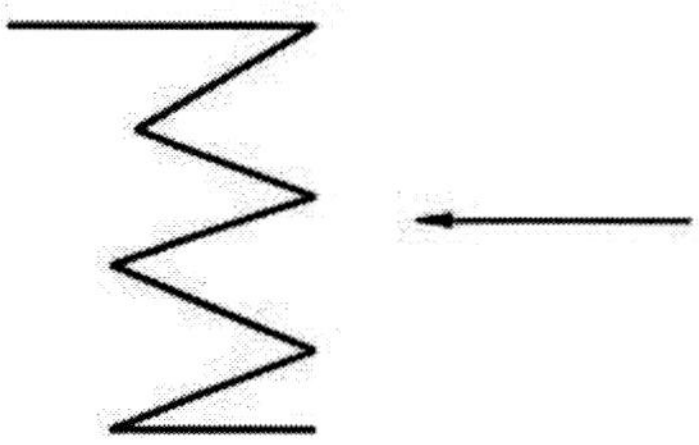

Após o dobramento o
Desenho é arquivado desta forma

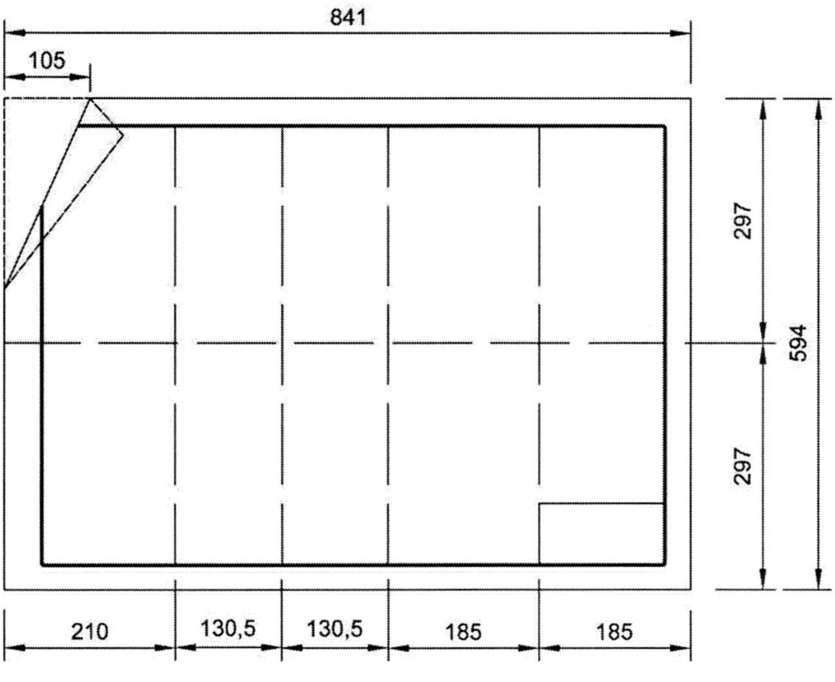

Após o dobramento o
Desenho é
arquivado desta
forma

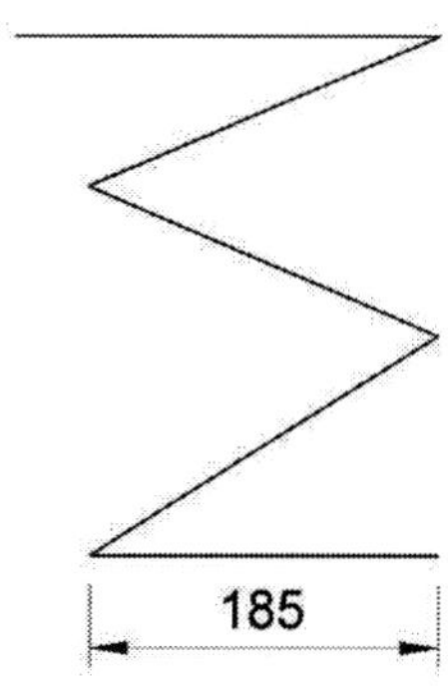

Figura 1.5: dobramento de um formato A1

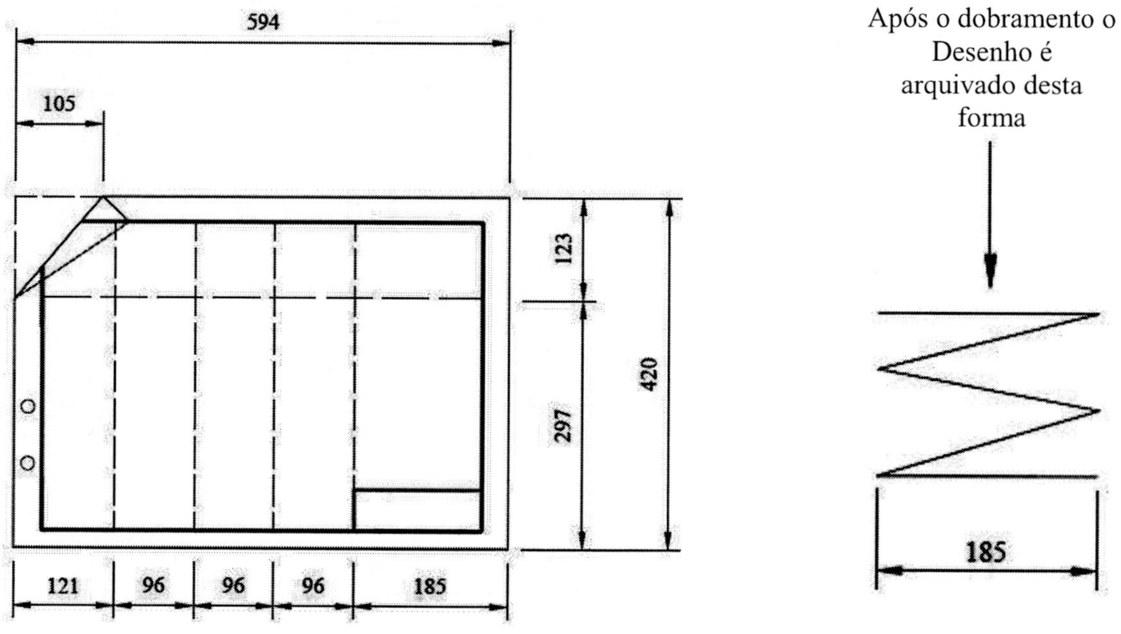

Figura 1.6: dobramento de um formato A2

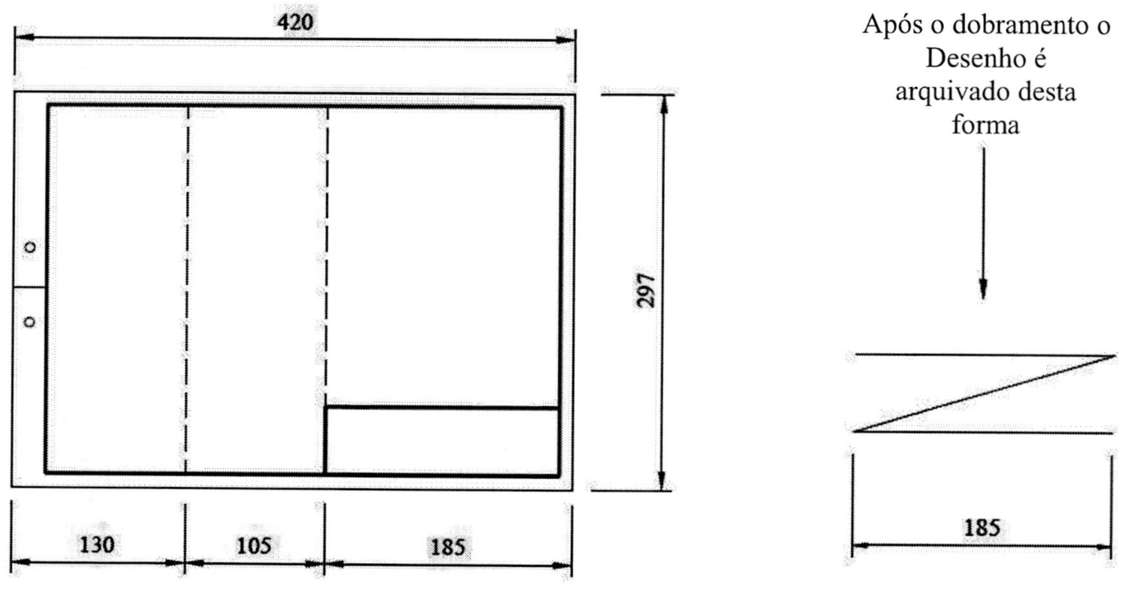

Figura 1.7: dobramento de um formato A3

1.3.3 Os tipos de grafites usados em desenhos técnicos

Para desenhos feitos à mão com os instrumentos clássicos, são usadas lapiseiras ou lápis, ou seja, grafite. Além de diversas espessuras, existem diversos tipos ou tons de grafite, indo do mais claro, que é o 9H, até o mais escuro, que é o 9B. Observa-se que, quanto mais claro (série H) mais duro e quanto mais escuro (série B), mais macio. Já o grafite usado nos lápis de madeira só apresenta as seguintes quatro classificações: B, H, F e HB. Estas letras vem dos seguintes termos em inglês:

B é *blackness* ou negritude; H é *hardness* ou dureza; F é *fine* ou ponta fina e HB é um tipo de grafite de dureza média, que está entre o H e o B. Considerando uma escala do mais rígido para o mais macio, os grafites apresentam a seguinte classificação:

9H - 8H - 7H - 6H - 5H - 4H - 3H - 2H - H - F - HB - B - 2B - 3B - 4B - 5B - 6B - 7B - 8B - 9B.

Quanto maior o número, mais acentuada é a característica, representada pela letra, ou seja: 9H é mais duro que o 3H, enquanto um 9B é mais macio que o 2B.
Uma dúvida que surge, especialmente entre os iniciantes no desenho técnico é quanto a qual tipo de grafite usar. Embora a escolha seja pessoal, já que depende inclusive se a pessoa tem a mão mais "pesada" ou mais "leve", podem ser feitas as seguintes recomendações:

- Em projetos, estudos (inclusive artísticos), áreas escuras e grandes, funcionam bem grafites macios, entre os 9B a 4B.
- Desenhos à mão livre ou *croquis* são bem executados com os macios entre 3B a B.
- Traçado de linhas e escritas, costuma-se usar a dureza média: HB ou F.

De modo geral, utilizam-se os grafites mais duros (série H) para obter traçados claros e os mais suaves (série B) para obter sombras e preencher áreas mais escuras. Deve ser dito que, os mais duros são mais difíceis de serem apagados (usando a borracha tipo plástica), enquanto os mais suaves podem ser totalmente apagados, sem deixar sulcos no papel. Ainda, de forma geral, na prática, do desenho técnico à mão e instrumentos, usando o papel tipo Canson, trabalha-se normalmente na faixa entre o F, HB e B.

1.4 O desenho geométrico, a geometria descritiva e o Desenho Técnico Projetivo

O traçado em si dos Desenhos Técnicos Projetivos (à mão ou via computador), tanto as vistas ortográficas, quanto as perspectivas, usam uma série de elementos geométricos e matemáticos, tais como: ângulos, retas, circunferências, cordas, arcos, flechas, mediatrizes, bissetrizes, elipses, parábolas, hipérboles, cujos traçados não fazem parte do escopo deste livro, podendo ser estudados em bons livros de "Desenho Geométrico". Ou seja, para a execução de um Desenho Técnico Projetivo, o seu traçado, por mais simples que seja, é essencial conhecimentos básicos de Matemática e Geometria.
As vistas ortográficas advêm do conceito de projeção cilíndrica ortogonal (veja capítulo 4), em relação a planos, tal e qual estudado e conceituado pela Geometria Descritiva. Enquanto a Descritiva estuda projeções em dois e até três planos (o conceito de diedro e triedro), ortogonais entre si, o Desenho Técnico Projetivo expande as projeções para até seis planos (o hexaedro ou cubo de projeções). Enquanto a Geometria Descritiva utiliza a planificação de dois e três planos (π, π' e π''), com o nome de Épura, o Desenho Técnico Projetivo utiliza a planificação de até seis planos, dando origem às vistas ortográficas, como detalhadas no capítulo 4.

1.5 A importância do desenho técnico à mão livre. Esboço, rascunho ou *croquis*

Croquis, é uma palavra francesa traduzida como esboço ou rascunho, é um desenho feito à mão livre, normalmente a lápis, sem grandes precisões. É muito utilizado na prática do Desenho Técnico Projetivo, tanto na fase da concepção inicial do projeto, quanto para na obra ou em uma fábrica, comunicar detalhes de forma rápida. Em geral, na prática, os *croquis* são feitos em perspectiva, para dar ideia tridimensional do objeto. São os profissionais da Arquitetura, bem como os *designers*, que mais utilizam os rascunhos ou *croquis*, embora qualquer profissional na fase da criação, seja do que for, inicia por um *croquis* a expressão de suas ideias.
É fundamental que os estudantes de desenho técnico, sejam de quais áreas forem, desenvolvam habilidades manuais básicas, de forma a conseguir desenhar *croquis* à mão livre. Mesmo nos cursos onde a disciplina Desenho Técnico é ministrada, com os desenhos feitos no computador, é muito importante que os estudantes treinem rápidos *croquis*, à mão livre, do que será desenhado no computador.
Os autores, com décadas de experiência (desde 1970) na área de engenharia de fábrica, fabricação e projetos industriais, bem como professores de Desenho Técnico, frequentemente tiveram necessidade de fazer *croquis* à mão livre, tanto em obras de montagens de indústrias, quanto na linha de produção industrial, bem como para passar detalhes e informações, para desenhistas e projetistas.
Como *croquis* técnicos não são desenhos artísticos, qualquer pessoa, mesmo as que não têm habilidades artísticas, é capaz de fazê-los. É uma questão, tão somente, de treino. A seguir são mostrados dois exemplos de *croquis*, um de Arquitetura e outro da Engenharia de Tubulações.

Croquis de um projeto básico de Arquitetura

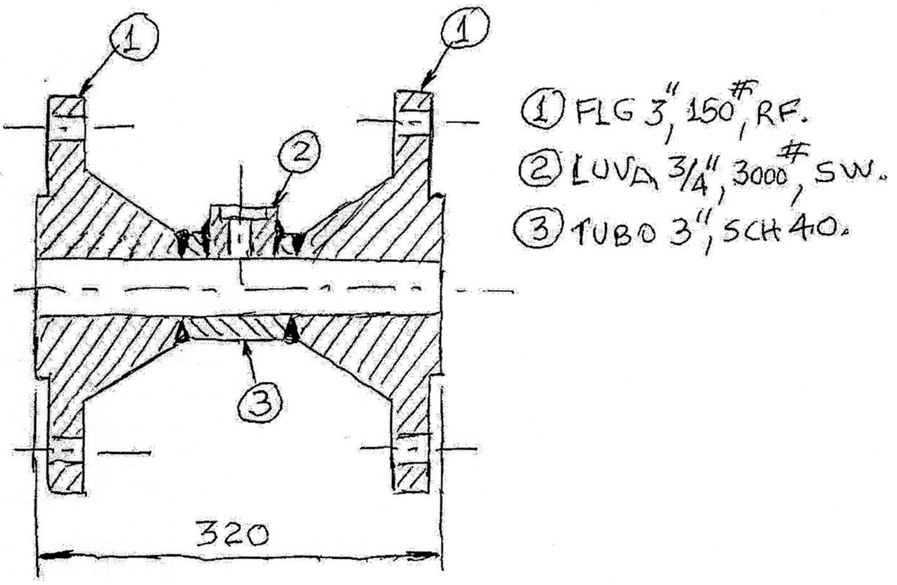

Croquis de uma peça de tubulação industrial

1.5.1 Procedimentos básicos para execução dos Desenhos Técnicos Projetivos à mão livre (esboços, rascunhos ou *croquis*)

Como já citado, normalmente, profissionais de Arquitetura, Engenharia e Desenho Industrial, fazem rascunhos ou esboços ou *croquis* à mão livre, para transmitir informações para o desenhista ou para resolver um determinado problema de obra ou fabricação ou manutenção ou ainda, até para criar algo novo (principalmente *designers*).
É muito importante que, ainda durante a formação, os profissionais que irão trabalhar com desenhos técnicos, desenvolvam "técnicas" básicas para a execução à mão livre, usando tão somente uma folha de papel, um lápis e uma borracha.
Tanto em perspectiva, quanto em vistas ortográficas, os esboços devem ser proporcionais às reais dimensões da peça ou objeto, que se quer representar. É óbvio que no início, especialmente os mais jovens acostumados a teclar ou tocar em tela, sentem alguma dificuldade e incômodo, para desenhar à mão livre, mas em pouco tempo a habilidade (que está latente em cada um de nós), aflora. Outra vantagem de um esboço é que ele é feito em poucos minutos e sem a necessidade de aparatos tecnológicos (instrumentos ou computador). A seguir são mostradas algumas "dicas", para a execução de esboços de desenhos técnicos em vistas ortográficas, bem como em perspectiva isométrica.
- Traçar primeiro as linhas finas e leves, depois reforçá-las corrigindo distorções da primeira. O lápis deve ser segurado com desembaraço e não muito próximo à ponta.
- Traçar linhas verticais de cima para baixo.
- As linha horizontais devem ser traçadas da esquerda para direita. Pessoas canhotas, costumam fazer o traçado de forma oposta à citada.
- As linhas inclinadas que se deslocam da vertical para a direita são traçadas de baixo para cima.
- As linhas inclinadas que se deslocam da vertical para a esquerda são traçadas de cima para baixo. Não deve haver muita preocupação com a ondulação no traço, pois a direção é mais importante que a regularidade da linha.
- As circunferências são desenhadas marcando-se o raio para cada lado das linhas de centro, ou para maior precisão, acrescentando duas ou mais diagonais, passando pelo centro da circunferência e marcando assim pontos equidistantes do centro, igual ao raio utilizado, desenhando-se um quadrado.

O desenho da perspectiva isométrica é baseado num sistema de três semi-retas que têm o mesmo ponto de origem e formam entre si três ângulos de 120°. Essas semi-retas, assim dispostas, recebem o nome de eixos isométricos. Qualquer reta paralela a um eixo isométrico é chamada linha isométrica. As linhas não paralelas aos eixos isométricos são linhas não isométricas.

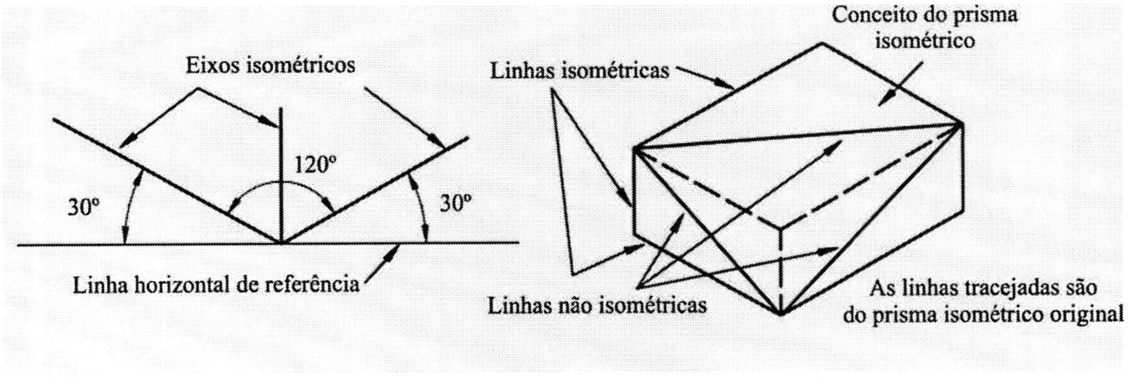

Observa-se que o objeto tridimensional foi desenhado a partir de um "prisma isométrico".

1.5.2 Como desenhar uma perspectiva isométrica à mão livre

De forma geral, o desenho de uma perspectiva isométrica, começa com o traçado do "prisma isométrico", que compreende cinco etapas. Na prática, porém, elas são traçadas em um mesmo desenho.
1ª etapa - Trace levemente, à mão livre, os eixos isométricos e indique o comprimento, a largura e a altura sobre cada eixo, tomando como base as dimensões máximas da peça ou objeto;

2ª etapa - A partir dos pontos onde você marcou o comprimento e a altura, trace duas linhas isométricas que se cruzam. Assim ficará determinada a face da frente da peça ou objeto;
3ª etapa - Trace agora duas linhas isométricas que se cruzam a partir dos pontos onde você marcou o comprimento e a largura. Assim ficará determinada a face superior da peça ou objeto;
4ª etapa - A face lateral, da peça ou objeto, é obtida traçando-se duas linhas isométricas a partir dos pontos onde se indicou a largura e a altura e
5ª etapa (finalização) - apague os excessos das linhas de construção, isto é, das linhas e dos eixos isométricos que serviram de base para a representação do modelo. Depois, é só reforçar os contornos da figura e está concluído o traçado da perspectiva isométrica do prisma retangular.

1.6 À mão com instrumentos clássicos (esquadro, compasso e escalímetro) ou via computador? Como devem ser feitos os Desenhos Técnicos Projetivos?

Infelizmente muitas instituições de ensino superior, em especial as com cursos de Engenharia, já há alguns anos aboliram o ensino da Geometria Descritiva, fazendo o aluno cursar diretamente a disciplina de "Desenho Técnico Auxiliado por Computador", normalmente utilizando o consagrado Programa AutoCad.
De início isto parece prático e moderno, já que há muito tempo, os desenhos técnicos projetivos são feitos usando-se programas cada vez mais sofisticados. "Para que perder tempo, se o computador faz tudo!" Os autores já ouviram esta frase muitas vezes, inclusive de coordenadores destes cursos. "O ensino da Geometria Descritiva é chato e não serve para nada!" Esta é outra frase, muito ouvida. Estas colocações estão erradas por vários motivos, senão vejamos.
Não é o ensino da Geometria Descritiva que é chato, mas sim a forma como ela é apresentada, principalmente nos cursos que a têm como base conceitual do Desenho Técnico Projetivo, especialmente os de Engenharia, Arquitetura e Desenho Industrial. Outra observação importante é que, por exemplo, engenheiros e arquitetos, não são contratados para "ficar desenhando no computador", isto é feito normalmente por desenhistas e projetistas, os chamados "cadistas", que se especializam na computação gráfica. Engenheiros e arquitetos são resolvedores de problemas de sistemas de produção, criadores de "coisas" e tomadores de decisões. Tanto para resolver problemas, quanto para criar "coisas" a visão espacial é fundamental. Isto o estudo da Geometria Descritiva, base conceitual e prática do Desenho Técnico Projetivo faz, ou seja, ajuda em muito o desenvolvimento da visão espacial. É com este objetivo que o estudo da Geometria Descritiva deveria ser feito nos cursos citados: ajudar a melhorar e ou desenvolver a visão espacial dos futuros engenheiros, arquitetos e desenhistas industriais (*designers*).
O ensino e aprendizado do Desenho Técnico Projetivo, envolve basicamente percepções e facilidades lógico matemática, viso espacial e pictórica (habilidade para desenhar), que são as principais características exigidas principalmente para profissionais das áreas de Engenharia, Arquitetura e Desenho Industrial. Dependendo da área específica de atuação alguns as usam mais outros menos. Essas percepções também são desenvolvidas com o estudo da Geometria Descritiva.
O estudo da disciplina "Desenho Técnico", juntamente com a base do "Desenho Geométrico" e da "Geometria Descritiva", além de suas aplicações técnicas específicas, muito ajuda qualquer pessoa a criar e ver as soluções nas suas mentes. Primeiro se visualiza e "desenha" o problema na mente, depois se resolve. Também não se pode deixar de citar que ao ajudar a desenvolver, tanto a percepção visual, quanto a de se expressar por linhas e símbolos, o estudo da Geometria Descritiva melhora o uso do lado direito do cérebro, que é onde são criadas e sentidas as emoções e as manifestações artísticas.

1.6.1 Programas comerciais, de computador, usados profissionalmente, em Desenhos Técnicos Projetivos

No Brasil, profissionalmente, desde a década de 1990, passou-se a usar a tela do computador, ao invés da tradicional prancheta, para a execução de projetos e Desenhos Técnicos Projetivos, o que causou uma verdadeira revolução tecnológica, principalmente na área de projetos de grandes indústrias. Na sequência, desta evolução, surgiram programas que permitiam a integração entre o projeto de um produto, a confecção do protótipo e os estudos e cálculos de engenharia, tudo desenvolvido em tela, reduzindo em muito os tempos necessários e permitindo uma melhor qualidade. Já no início dos anos 2000, foi possível a integração entre projeto, prototipagem, cálculos, desenhos e a fabricação, ou manufatura integrada, dentro do conceito de CAD/CAE/CAM.

Desenho auxiliado por computador ou CAD (do inglês: *Computer Aided Design*) é o nome genérico de sistemas computacionais (*softwares*) utilizados pela Engenharia, Geologia, Geografia, Arquitetura e *Design* para facilitar o projeto e Desenhos Técnicos Projetivos. No caso do *Design*, este pode estar ligado especificamente a todas as suas vertentes (produtos como vestuário, eletroeletrônicos, automobilísticos, etc.), de modo que os termos de cada especialidade são incorporados na interface de cada programa.

Estes sistemas (*softwares*) fornecem uma série de ferramentas para a construção de figuras geométricas planas (linhas, curvas, polígonos, etc.) ou mesmo objetos tridimensionais (cubos, esferas, etc.). Também disponibilizam ferramentas para relacionar essas figuras como, por exemplo, criar um arredondamento entre duas linhas ou extrair as formas de dois objetos tridimensionais para obter um terceiro.

Uma divisão básica entre os *softwares* CAD é feita com base na capacidade do programa em desenhar apenas em duas dimensões ou 2D (largura e altura) ou criar modelos tridimensionais ou 3D (largura, altura e profundidade), sendo estes últimos subdivididos ainda em relação a qual tecnologia usam como modelador 3D. Nos *softwares* pode haver intercâmbio entre o modelo 3D e o desenho 2D (por exemplo, o desenho 2D ou vistas ortográficas pode ser gerado automaticamente a partir do modelo 3D).

Existem modelos de CAD específicos que simulam as condições de fabricação, ou seja, as ferramentas usadas no desenho são as mesmas disponíveis no chão de fábrica. Estes são chamados programas CAM ou *Computer Aided Manufacturing* ou Manufatura Assistida por Computador. Também na arquitetura existem CADs específicos que desenham paredes, telhados e outras construções automaticamente.

Em 2022, no mercado brasileiro, existia uma série de programas para desenho e modelagem digital. A seguir são listados alguns dos *softwares* mais utilizados à época, separados por categorias.

Desenhos 2D (duas dimensões): Para desenhos 2D, o AutoCAD ainda é o principal *software* do mercado, existem alguns concorrentes como o *Microstation* que é um outro *software* de CAD relativamente utilizado e o ZWCAD que é basicamente um genérico para o AutoCAD, bem mais barato mas com funcionalidades limitadas. Além da versão basica do AutoCad© temos o AutoCad Mechanical, AutoCad Electrical, AutoCad P&ID entre outras versões do AutoCad© especializadas em determinados setores de modelagem.

Modelagem mecânica 3D (três dimensões): Os programas modeladores 3D mais conhecidos no mercado brasileiro, em 2022, eram o Solid Works e o Inventor. Além destes existia o Catia que é um modelador mais robusto da mesma empresa que faz o Solid Works, bem como o Pro-ENGINEER e o Rhinoceros.

Modelagem e Documentação de Plantas PDMS, Smartplant e AutoCAD Plant 3D: Para modelagem, alguns documentos e desenhos (isométricos, plantas, lista de materiais e soldas) de tubulações, existiam *softwares* específicos. O mais conhecido era o PDMS.

Existem ainda algumas outras indústrias que usavam *softwares* específicos aplicados à construção civil e engenharia naval.

1.6.2 Projeto e prototipagem rápida

Com o contínuo desenvolvimento de programas de computação gráfica, cada vez mais sofisticados, e com mais recursos, a todo instante, passa-se por uma verdadeira revolução tecnológica na forma de projetar objetos, construções civis e peças, além de facilitar a construção e fabricação.

A arquitetura em muito tem se beneficiado da possibilidade de "construir" maquetes eletrônicas, inclusive com movimentos em tela, ao invés de consumir dias e semanas com a construção de maquetes e modelos em escala. Deve ser dito que, apesar de todo este avanço tecnológico, em muitos casos ainda se faz necessário a construção do modelo ou maquete real e tridimensional, seja em madeira ou plástico e até em papel especial, pois pode-se tocá-la e resolver muitos problemas, que não são possíveis de se fazer em tela, mesmo com movimentos. A indústria aeronáutica, a automobilística e tantas outras ganharam muita produtividade com estas possibilidades da maquete eletrônica. Os *designers* (desenhistas industriais), hoje, conseguem ver o seu produto e suas infinitas opções de forma em poucas horas, em comparação aos dias e até meses que eram necessários, quando não se dispunha dessas ferramentas tecnológicas.

Maquete eletrônica, também conhecida por maquete digital ou virtual, é a simulação volumétrica de um desenho industrial ou projeto arquitetônico/urbanístico produzido em ambiente gráfico computacional, utilizando modelagem tridimensional. Geralmente é criada por arquitetos, *designers*, ou desenhistas utilizando um *software* de modelagem 3D. Apresenta níveis distintos de detalhamento, podendo ser meramente esquemática, detalhada ou foto realística. A evolução da simulação de formas e espaço arquitetônico em ambiente gráfico computacional está diretamente relacionada à evolução de equipamentos de *hardware* e aplicativos ou *softwares*. A maquete eletrônica é na verdade uma evolução das perspectivas à mão feitas em aquarela, nanquim ou aerógrafo.

Normalmente no desenvolvimento de um novo produto existe a necessidade de produzir uma amostra (protótipo) de uma peça ou sistema, antes do investimento maciço de capital em ferramental, máquinas e montagem de linhas de produção. A produção de protótipos é necessária para avaliar o projeto e possíveis problemas, antes da produção e comercialização. Uma tecnologia que acelera consideravelmente o processo de desenvolvimento de produtos interativos é a prática da prototipagem rápida (*rapid prototyping*), especialmente via impressão tridimensional ou impressão 3D.

Tal tecnologia permite aos projetistas criar rapidamente protótipos reais e tridimensionais a partir de seus projetos, ao invés de apenas figuras bidimensionais, como nos desenhos. Esses modelos apresentam diversos usos. Eles constituem um auxílio visual excelente durante a discussão prévia do projeto com colaboradores ou clientes. Além disso, o protótipo pode permitir testes prévios como, por exemplo, ensaios em túnel de vento para componentes aeronáuticos ou análise fotoelástica para se verificar pontos de concentração de tensões na peça. Os processos de prototipagem rápida, usando a impressão 3D, permitem que eles sejam feitos mais depressa e de forma mais barata. Outro recurso que já estava em uso, no Brasil em 2022, era o uso da realidade virtual para a criação de modelos, sendo possível "manusear" o produto em projeto.

A fabricação rápida de protótipos oferece várias vantagens como: velocidade de fabricação, processamento de peças complexas, variedade de materiais utilizados e baixos volumes de produção com custo reduzido. Com todas essas vantagens, a fabricação aditiva ainda não substitui os processos de fabricação mais convencionais para cada aplicação. Processos como usinagem, moldagem e vazamento ainda são preferidos em casos específicos como: peças de grande porte, alta precisão e acabamento e grande volumes de produção.

1.6.3 O Projeto Auxiliado por Computador (CAD), a Engenharia Auxiliada por Computador (CAE) e a Manufatura Auxiliada por Computador (CAM).

Engenharia Auxiliada por Computador ou *Computer Aided Engineering* (CAE), é uma tecnologia digital que utiliza o computador, via um programa tipo CAD, para dar apoio a cálculos de engenharia.

O CAE está sustentado em ferramentas de CAD avançadas, as quais permitem não apenas definir as dimensões do produto concebido, como também outras características, como materiais, acabamentos, processos de fabricação e de montagem e até interações com elementos externos, como forças aplicadas, temperatura, etc.

Com o CAE, podem ser criados protótipos virtuais dos produtos, simulando sobre eles as condições de uso e, assim, efetuar estudos prévios de fabricação sobre aspectos tais como: a estabilidade, a resistência e outros comportamentos. Para estes estudos empregam-se amplas bases de dados e técnicas de análise por elementos finitos, programadas em módulos, que se integram nas ferramentas de CAD/CAE. A principal técnica de CAE é o método de análise por elementos finitos, mas existem outras como, por exemplo, a simulação mecânica do evento, fluidodinâmica computacional térmica e fluida da análise de fluxo, além das analises de campo elétrico.

Computer Aided Manufacturing (CAM), ou Manufatura Auxiliada por Computador está relacionada ao processo de produção ou manufatura. Os sistemas CAM trabalham tendo como base modelos matemáticos provenientes do sistema CAD. Através desses modelos os sistemas geram um arquivo de caminho da ferramenta que através do pós-processador (*software*) gera o programa do comando específico automático da máquina. Através dos sistemas de CAM é possível transferir todas as coordenadas para que as máquinas (CNC, ou Comando Numérico Computadorizado) efetuem as usinagens da peça. Quanto maior a precisão do desenho gerado no CAD, maior será a precisão dos caminhos de ferramenta gerados pelo CAM e consequentemente uma peça de maior qualidade.

Em resumo, é possível, comercial e usual, interagir as diversas etapas de um processo de fabricação de um produto, ou seja, o desenho técnico projetivo feito no computador, via CAD, os cálculos de engenharia com simulações em tela, via CAE, a prototipagem rápida, com impressão tridimensional, pequenas correções se necessárias e, finalmente, a fabricação do objeto, a partir de um arquivo iniciado com o desenho (CAD).

1.7 Exemplos de Desenhos Técnicos Projetivos

Ao final do estudo e prática do conteúdo desse livro, o leitor deverá ser capaz de, por exemplo, a partir de um desenho de uma peça, mostrada de forma tridimensional, no caso em perspectiva isométrica, ser capaz de expressar a peça, segundo as vistas ortográficas, permitindo sua fabricação.

Imagem tridimensional, em perspectiva isométrica

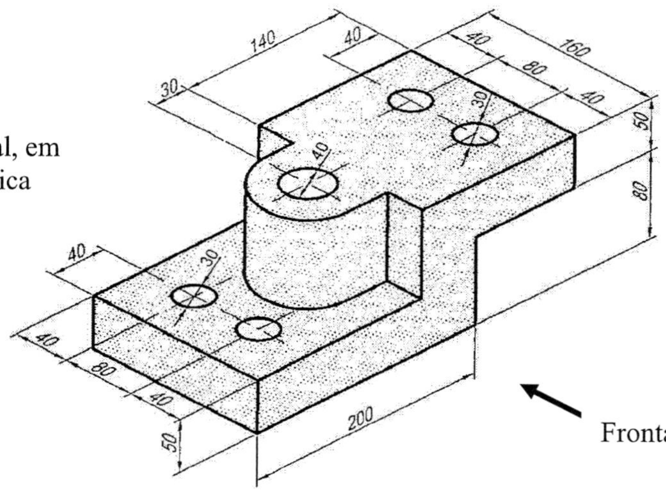

Frontal

As perspectivas são estudadas no capítulo 5.

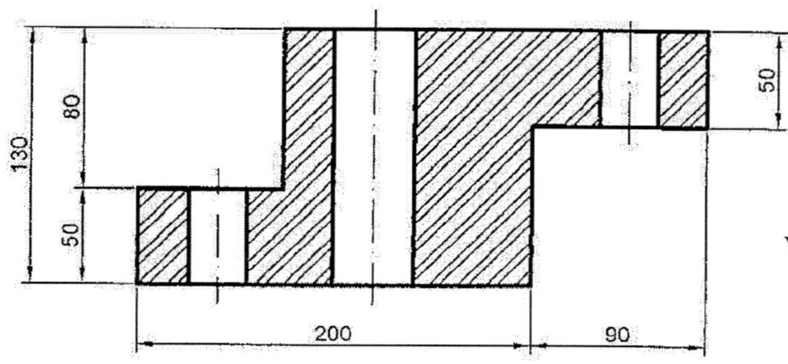

CORTE "AA"

Vista de frente em corte total em desvio

As vistas ortográficas em dois e três planos, são estudadas nos capítulos 3 e 4.

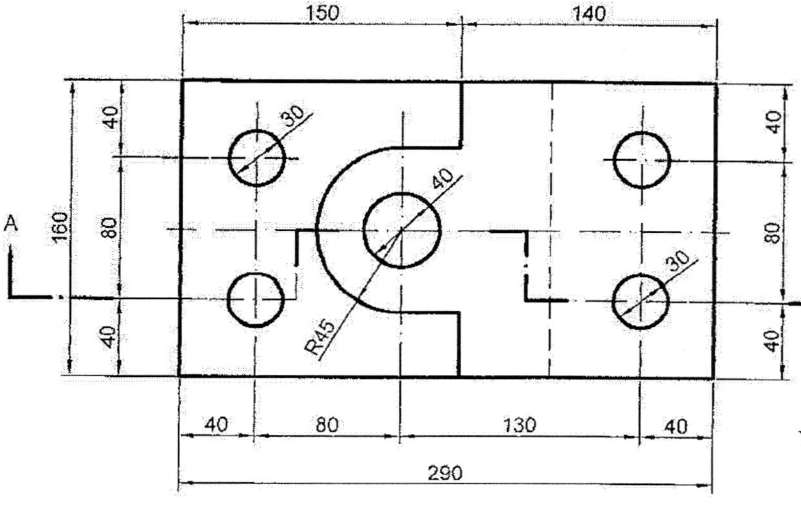

Vista em planta

1.8 Exemplos de Desenhos Técnicos não Projetivos

Especialmente na área de Engenharia, é comum a necessidade de se mostrar detalhes técnicos, sem ser através de desenhos em vistas ortográficas. Embora esses desenhos sejam oriundos de elementos geométricos, não configuram vistas ortográficas, ou seja, projeções cilíndricas ortogonais.

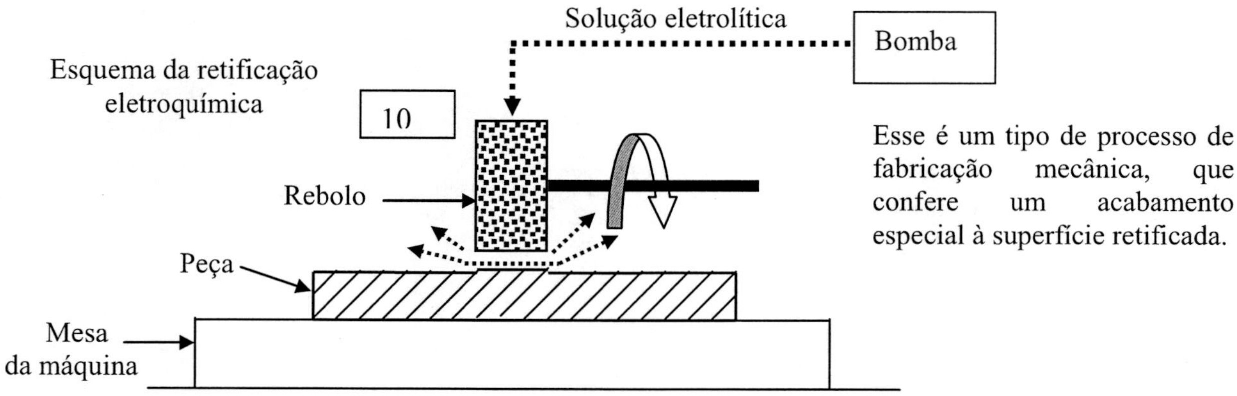

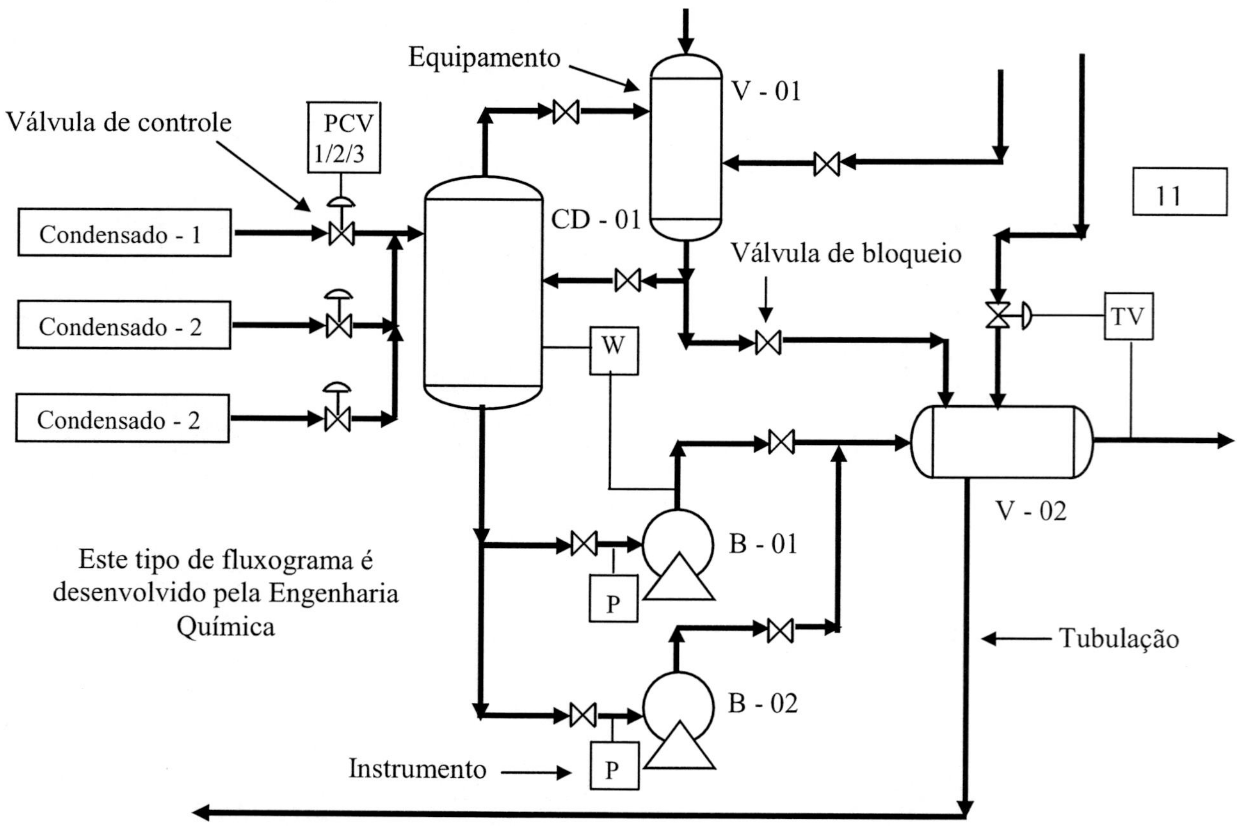

Exemplo de um fluxograma de processo, de uma planta petroquímica

É a partir de um fluxograma de processo que se inicia o projeto, por exemplo, de uma fábrica de resinas plásticas, como o polipropileno. O fluxograma de processo representa uma tecnologia, para a produção de determinada coisa. A partir deste fluxograma são desenvolvidos os mais diversos tipos de documentos e desenhos técnicos, envolvendo praticamente todas as engenharias. Uma indústria petroquímica, desde o seu primeiro fluxograma de processo, até a finalização do projeto, envolve a necessidade de serem gerados milhares de Desenhos Técnicos Projetivos, bem como dezenas de não Projetivos.

Capítulo 2

Desenhando letras, números, símbolos e linhas. Uso das escalas

2.1 Letras, números e símbolos

A Norma ABNT NBR 8402: Execução de Caractere para Escrita em Desenho Técnico, fixa característica de escrita (letras, números e símbolos) usada em desenhos técnicos e documentos semelhantes. Aplica-se para escrita à mão livre e por instrumentos, inclusive por computador. A norma tem como objetivo a uniformidade, a legibilidade e a adequação à microfilmagem e a outros processos de reprodução. Cabe observar que a Norma Internacional ISO 3098, apresenta as características da escrita normalizada, com diversos tipos.

No Brasil, as letras usadas em desenhos técnicos são do tipo bastão, maiúsculas e minúsculas, podendo ser, tanto na vertical, quanto inclinadas a 75 graus. Os números e símbolos também seguem estas posições. Os caracteres devem ser claramente distinguíveis entre si, para evitar qualquer troca ou algum desvio mínimo da forma ideal. Para a microfilmagem e outros processos de reprodução é necessário que a distância entre caracteres corresponda, no mínimo a, duas vezes a largura da linha, conforme Figura 2.1 e Tabela 2.1. transcritos da NBR 8402.

No caso de larguras ou espessuras de linhas diferentes, a distância deve corresponder à da linha mais larga. Para facilitar a escrita, deve ser aplicada a mesma largura ou espessura de linha para letras maiúsculas e minúsculas. Os caracteres devem ser escritos de forma que as linhas se cruzem ou se toquem, aproximadamente, em ângulo reto. A altura h, que corresponde à altura das letras maiúsculas, possui razão dois (2), correspondente à razão dos formatos de papel para desenho técnico. Ou seja, o tamanho da letra e ou número está diretamente relacionado ao tamanho da folha. Formatos maiores, letras maiores e vice versa.

Condições específicas: a altura h das letras maiúsculas deve ser tomada como base para o dimensionamento (ver Figuras 2.1 (a)(b)(c) e Tabela 2.1). As alturas h e c não devem ser menores do que 2,5 mm. Na aplicação simultânea de letras maiúsculas e minúsculas, a altura h não deve ser menor que 3,5 mm.

Características	**Relação**	**Dimensões (mm)**						
Altura das letras maiúsculas = h	(10/10) h	2,5	3,5	5	7	10	14	20
Altura das letras minúsculas = c	(7/10) h	-	2,5	3,5	5	7	10	14
Distância mínima entre caracteres = a *	(2/10) h	0,5	0,7	1	1,4	2	2,8	4
Distância mínima entre linhas de base = b	(14/10) h	3,5	5	7	10	14	20	28
Distância mínima entre palavras = e	(6/10) h	1,5	2,1	3	4,2	6	8,4	12
Largura da linha = d	(1/10) h	0,25	0,35	0,5	0,7	1	1,4	2

* Quando necessário, a distância entre caracteres pode ser alterada.

Tabela 2.1: proporções e dimensões de símbolos gráficos
(*Fonte*: NBR 8402)

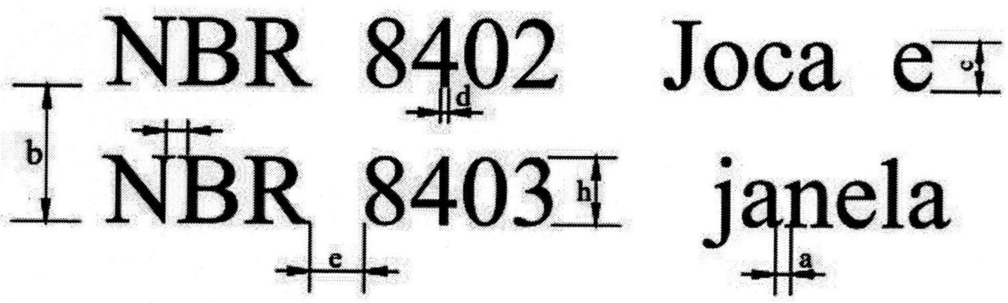

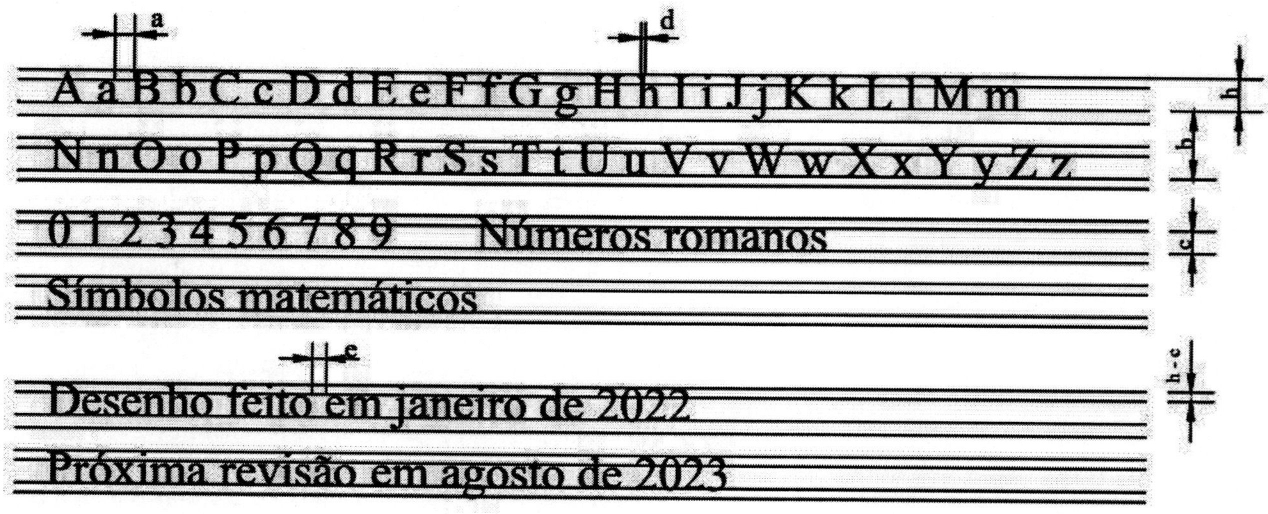

Figura 2.1 (b): características da escrita vertical

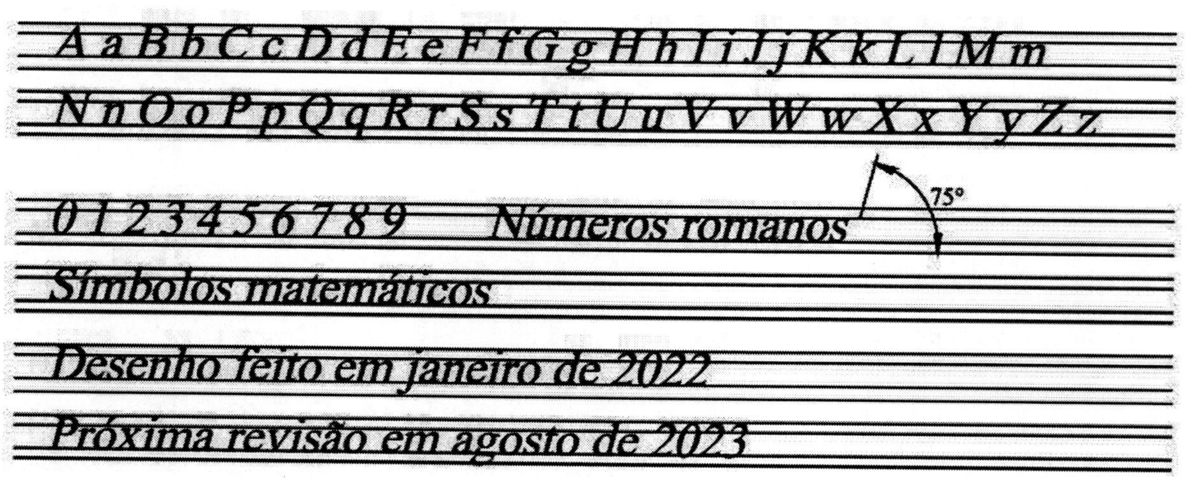

Figura 2.1 (c): características da escrita inclinada

2.2 Linhas utilizadas em Desenhos Técnicos Projetivos

Estas linhas seguem a norma NBR 8403: Aplicação de Linhas em Desenho. Tipos de Linhas. Larguras de Linhas, sendo adiante citadas as principais partes da mesma. A largura ou espessura das linhas corresponde ao escalonamento, conforme os formatos de papel para desenhos técnicos. Ou seja, desenhos menores, têm letras de menor espessura e altura.

Deve ser ressaltado que, em um mesmo desenho, segundo a NBR 8403, só existem duas espessuras de linhas: larga (ou grossa) e estreita (ou fina), sendo que a relação entre as larguras de linhas largas e estreitas não deve ser inferior a dois (2). Por exemplo, se em um desenho se utilizar a espessura 1,00 mm como linha larga ou grossa, as linhas estreitas ou finas não devem ser menor do 0,50 mm (1,00 mm/0,5 mm = 2)

As larguras ou espessuras das linhas devem ser escolhidas, conforme o tipo, dimensão, escala e densidade de linhas no desenho, de acordo com o seguinte escalonamento: 0,13 mm; 0,18 mm; 0,25 mm; 0,35 mm; 0,50 mm; 0,70 mm; 1,00 mm; 1,40 e 2,00 mm; para diferentes vistas de uma peça, desenhadas na mesma escala, as larguras das linhas devem ser conservadas. Principalmente na prática do desenho com instrumentos manuais (régua, esquadros e compasso), as espessuras mais utilizadas são: 0,50 mm e 0,70 mm.

O quadro 2.1 detalha os 10 tipos de linhas a saber: A1 e A2 – Contornos e arestas visíveis; B1 – Linha auxiliar, de centro curta; B2 – Linha de cota; B3 – Linha de extensão; B4 – Linha de chamada; B5 – Hachura (tracejado de corte); B6 – Linha de contorno de seção rebatida sobre a vista; B7 – Linha de simetria; C1 e D1 – Linha de corte ou de ruptura longa; E1 e E2 – Linha de arestas e contornos não visíveis; F1 e F2 – Linha de arestas e contornos não visíveis; G1, G2 e G3 – Linha de eixo ou simetria; H1 – Planos de corte; J1 – Linha de trajetória; K1 – Contorno de peças adjacentes ou detalhes situados antes do plano de corte; K2 – Posição limite de peças móveis; K3 – Centroide; K4 – Contornos iniciais e K5 – Partes anteriores a planos de corte.

As figuras, a seguir, mostram exemplos de aplicação de cada uma das linhas descritas no quadro 2.1.

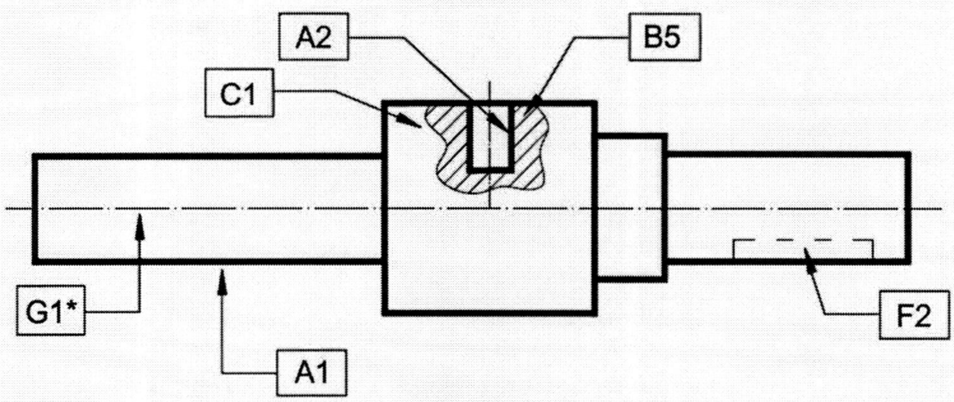

***Neste caso, como a peça não é simétrica, esta linha G1 é de centro ou de eixo.**

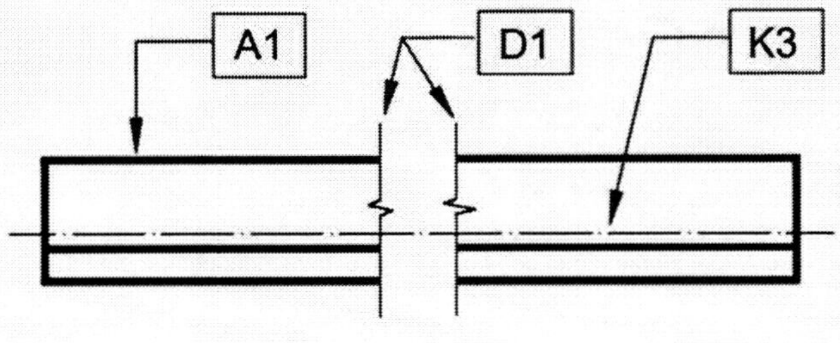

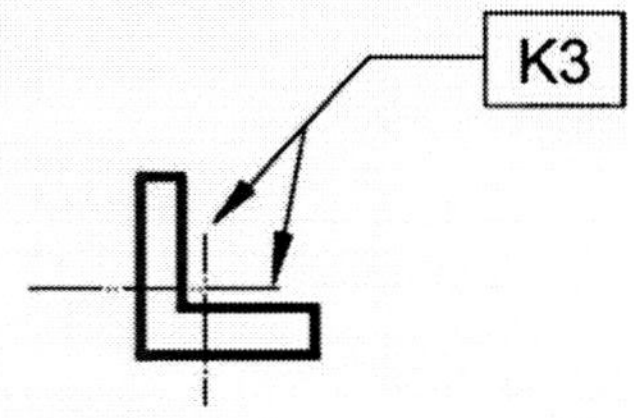

Tipo e desenho da linha	Descrição	Aplicações
A	Contínua e grossa	A1 Contornos visíveis A2 Arestas visíveis
B	Contínua e fina	B1 Arestas fictícias B2 Linhas de cota B3 Linhas de chamada B4 Linhas de referência B5 Tracejado de corte (hachuras) B6 Contorno de seções locais B7 Linhas de eixo curtas
C (Veja nota 1) D	Contínua e fina, a mão livre Contínua e fina, em zigue e zague	C1 Limites de vistas locais ou Interrompidas, quando o limite não é uma linha de traço misto. Limites de cortes parciais. D1 Mesmas aplicações de C1
E (Veja nota 2) F	Interrompida e grossa Interrompida e fina	E1 Linhas de contornos não visíveis E2 Arestas não visíveis F1 Linhas de contornos não visíveis F2 Arestas não visíveis
G (Veja nota 3)	Interrompida fina, intercalada com ponto (ou Traço fino e ponto)	G1 Linhas de eixo ou centro G2 Linhas de simetria G3 Trajetórias de peças móveis
H	Mista fina (traço e ponto) e grossa, sendo grossa apenas nas bordas e mudanças de direção	H1 Planos de corte
J	Interrompida grossa, intercalada com ponto (ou traço grosso e ponto)	J1 Indicação de linhas ou superfícies às quais é aplicado um determinado requisito ou acabamento
K	Interrompida fina, intercalada com dois pontos	K1 Contornos de peças adjacentes K2 Posições extremas de peças móveis K3 Centroides (ou centros de gravidade) K4 Contornos iniciais de peças submetidas a processos de fabricação com deformação plástica K5 Partes situadas antes dos planos de corte

Quadro 2.1: tipos de linhas, descrição e aplicações em desenhos técnicos projetivos
(*Fonte*: normas ISO 128 e NBR 8403)

Notas sobre o quadro 2.1:

1) Embora as Normas citem que estas linhas têm a mesma utilização, na prática, recomenda-se usar a linha a mão livre, para interrupções de peças, por exemplo, para mostrar detalhes internos, em cortes parciais. A linha em zigue e zague, na prática, é mais usada para interrupções em partes de desenhos de construção civil e ou para detalhes de perfis metálicos.
2) Embora as Normas aceitem que esta linha de arestas ou contornos invisíveis sejam grossas ou finas, na prática, usa-se apenas a linha fina, exceto em desenhos de tal tamanho ou detalhe, que a linha fina não fique bem clara.
3) Na prática do desenho à mão com instrumentos, ao invés de linha interrompida, com traço longo e ponto, as linhas de eixo e de centro, são feitas com traço longo e traço menor, já que fica difícil desenhar um e vários pontos, com o grafite.

Para definição do centro de uma circunferência, veja parágrafo 2.2.2 (5).

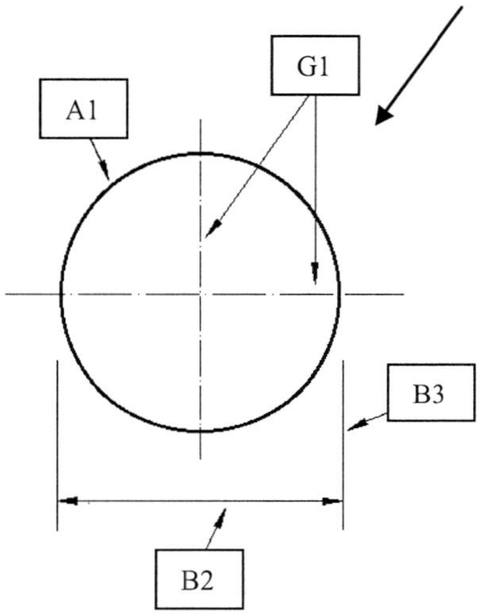

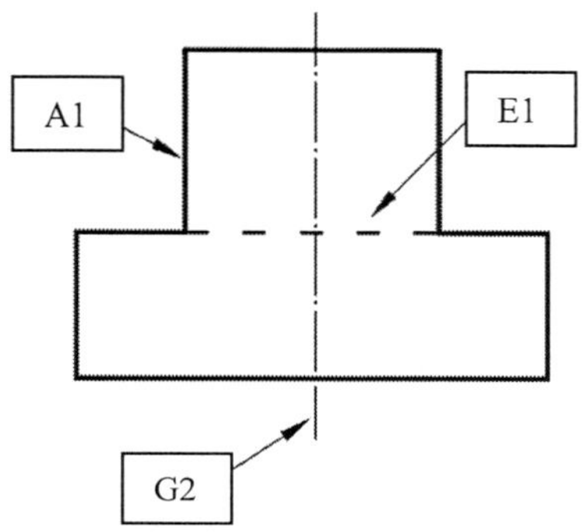

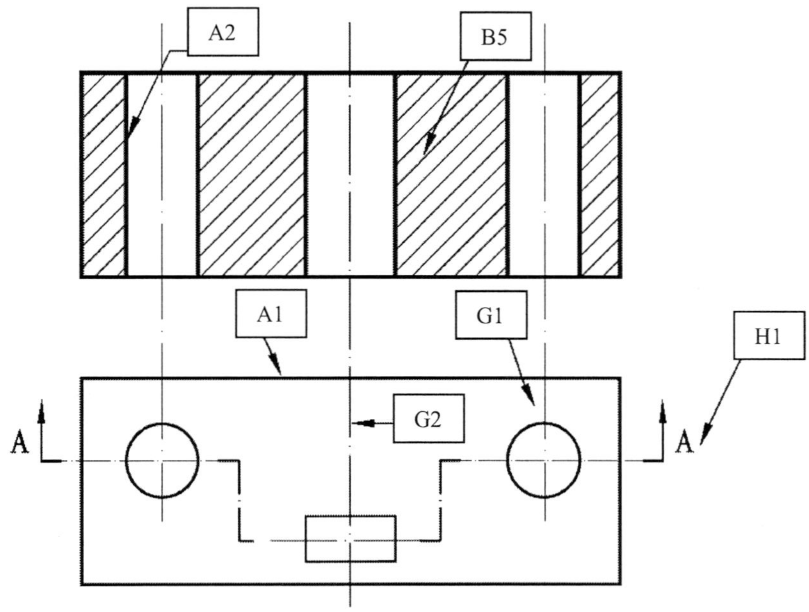

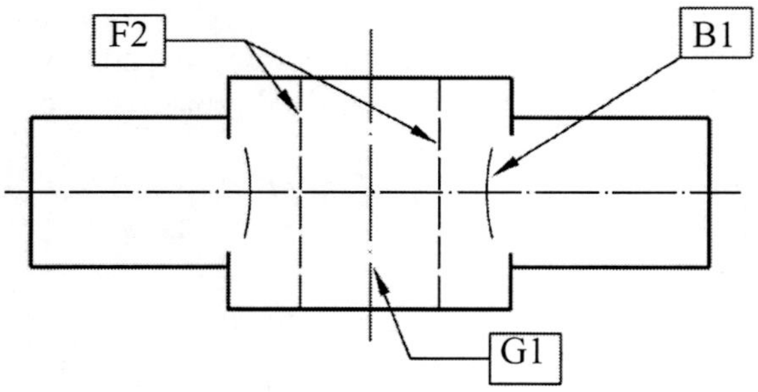

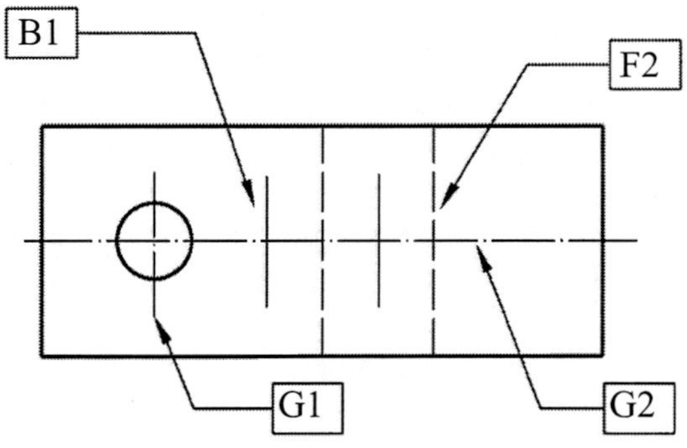

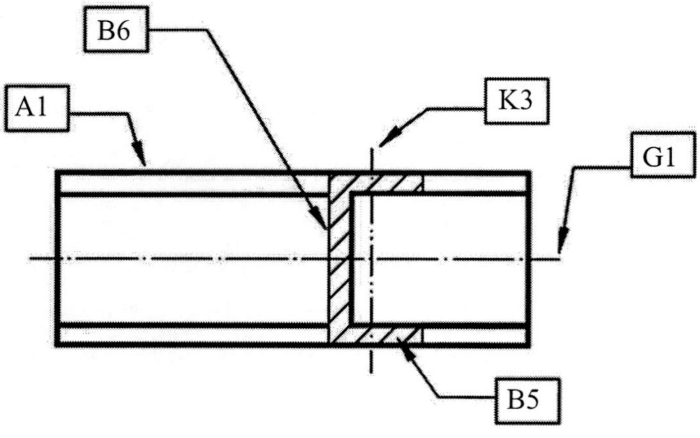

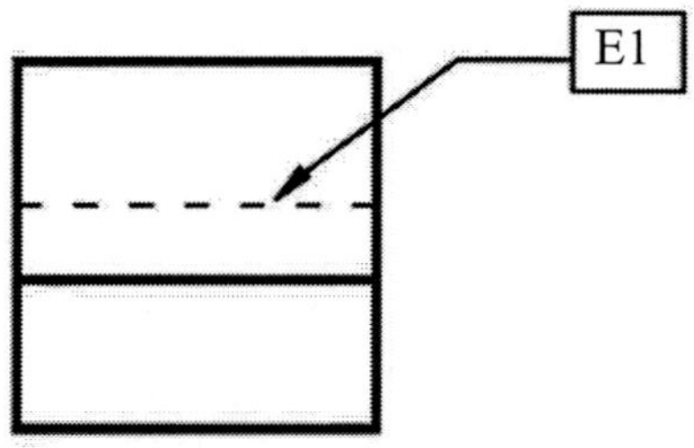

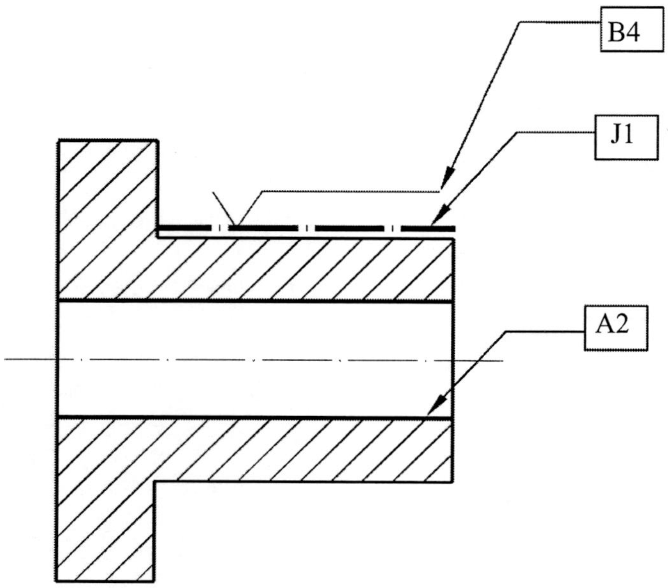

Nesta figura está representada a linha do tipo J1, que indica essa superfície terá um tipo específico de tratamento, no caso, será niquelado (ou revestimento com níquel).

Outro tipo de símbolo (em formato de raiz) mostra como essa indicação deve ser feita, segundo a Figura 8 do parágrafo 4.2.2, da NBR 8404/04 (indicações do estado de superfície em desenha técnico).

O número 25 refere-se à espessura do revestimento em milésimo de milímetro, no caso 25 Micra.

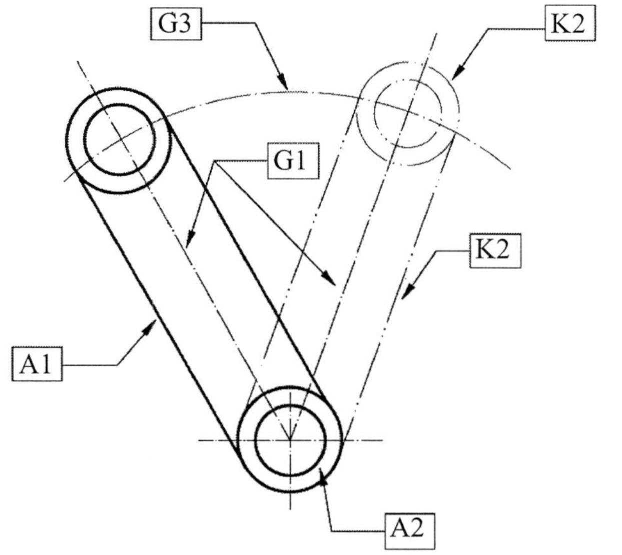

Nesta figura nota-se que a peça se move enre as posições 120° e 70° e vice-versa

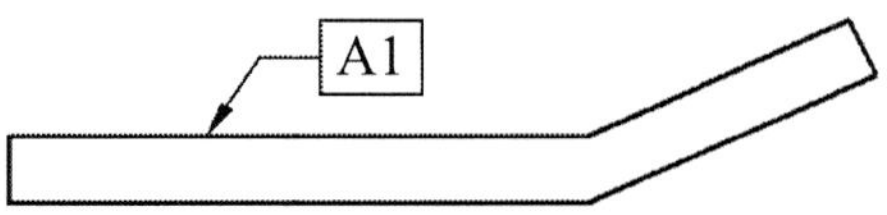

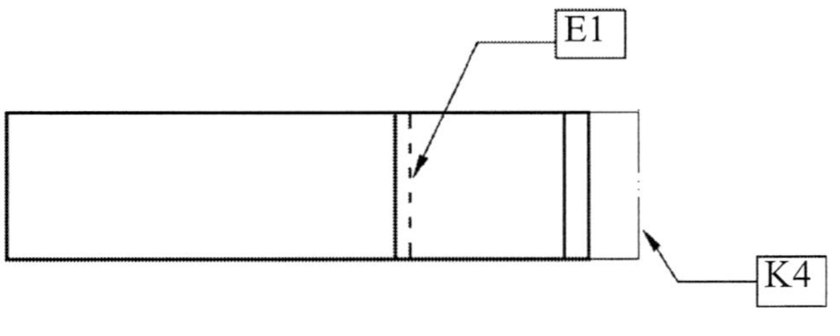

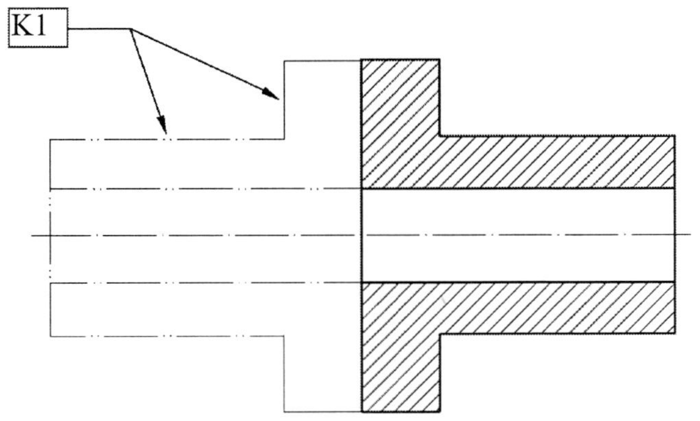

Corte "A-A"

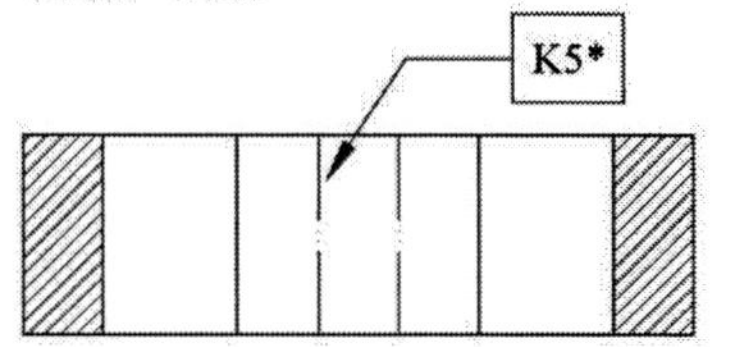

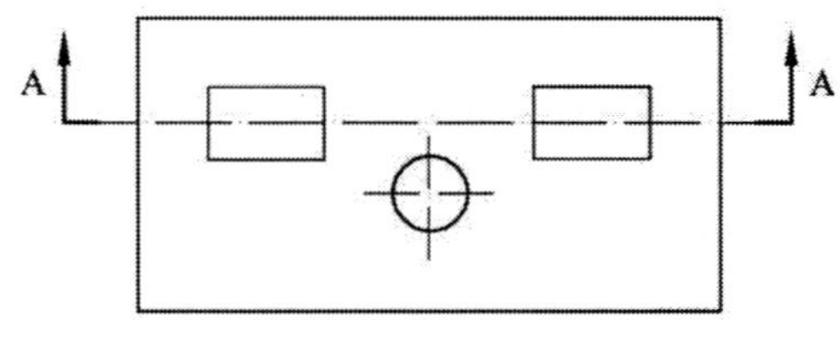

*Esta linha do tipo K5 só costuma ser utilizada em desenhos de construção civil, já que na mecânica, por exemplo, seria usado o conceito de corte em desvio (veja o parágrafo 7.7.2). Ou seja, detalhes antes do corte não são representados.

2.2.1 Precedência de linhas ou prioridade entre linhas coincidentes

É comum que duas linhas diferentes, coincidam em uma determinada vista ortográfica, por exemplo, uma linha de uma aresta não visível, em uma vista lateral direita, coincide com uma linha de centro. Qual das duas prevalece: a não visível ou a de centro?
Os detalhes a seguir são baseados no parágrafo 3.3.2 de Silva *et al* (2010), bem como no parágrafo 3.5 da NBR 8403. Considerando o quadro 2.1, a ordem de prioridade de linhas é a seguinte: (na sequência são mostrados exemplos práticos).

1) Arestas e contornos visíveis ou linhas tipo A.
2) Arestas e contornos não visíveis ou linhas tipos E e F.
3) Planos de corte ou linha tipo H.
4) Linhas de eixo e de simetria ou tipo G.
5) Linha de centroides ou tipo K3.
6) Linha de cota ou tipo B2.

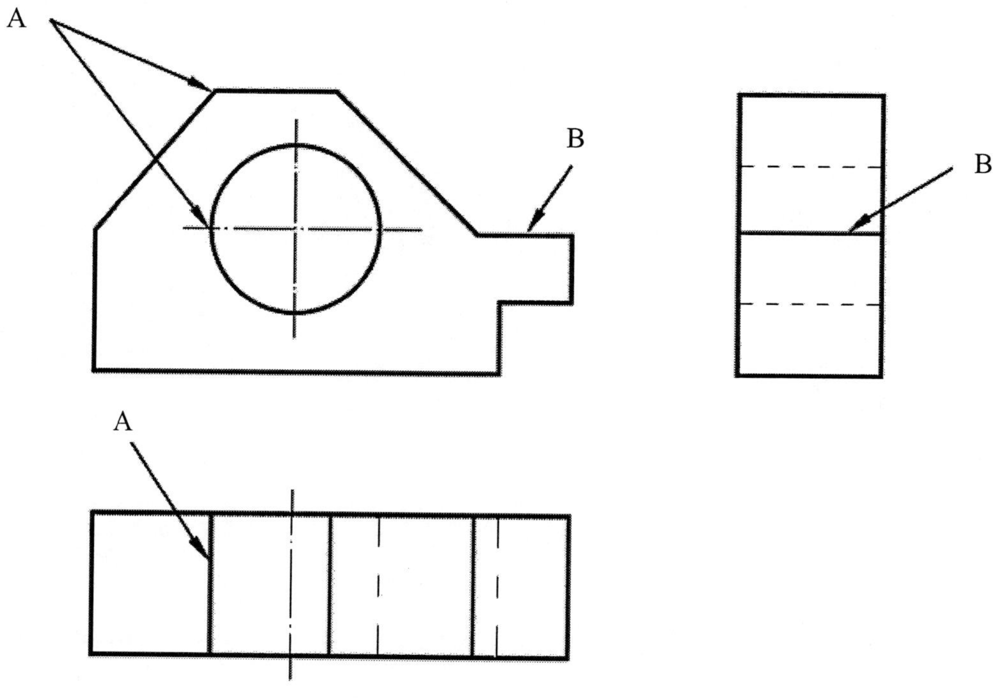

Coincidência A: na vista superior, tanto a aresta em ângulo, quanto a face esquerda do furo circular estão na mesma linha de projeção. O que prevalece é a aresta visível do ângulo, conforme descrito em 1, ou seja, arestas e contornos visíveis têm preferência.

Coincidência B: na vista lateral esquerda, existem três linhas coincidindo: a aresta em ângulo à esquerda, a linha de centro do furo interno e a aresta não visível à direita. O que prevalece é a aresta visível.

2.2.2 Cruzamento ou interseção de linhas

Em algumas vistas ortográficas, além da coincidência de linhas, ocorre o cruzamento ou interseção de linhas, o que obriga o uso de algumas convenções padronizadas, de forma a tornar os desenhos claros, ou seja, interpretados sem dúvidas. Os exemplos a seguir mostram os tipos que existem e como devem ser representados. Segundo a Norma ISO 128, as linhas dos detalhes devem desenhadas mais grossas para uma melhor visualização.

1) Perpendicularidade e angularidade de arestas

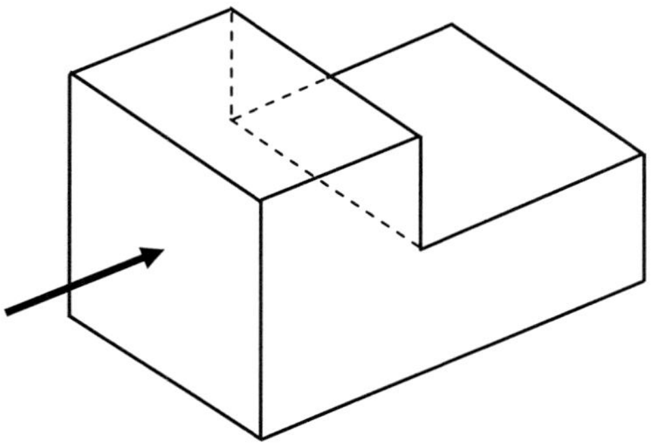

Ver detalhes A e B

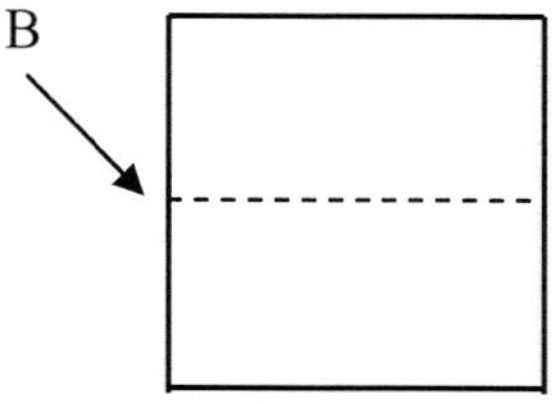

A) Correto

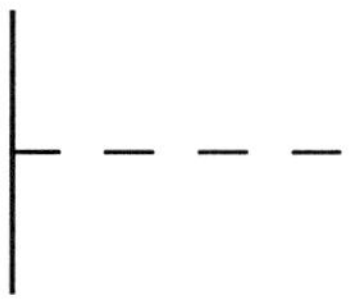

B) Incorreto

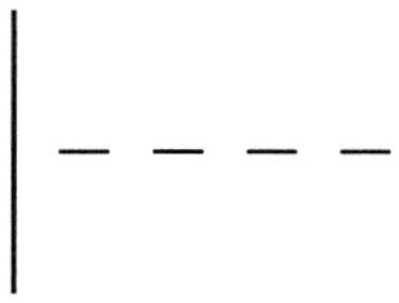

Quando uma aresta não visível termina perpendicularmente ou em ângulo, em relação à uma aresta visível, a não visível toca a visível, como mostrada em A.

2) Prolongamento de arestas visíveis ou não

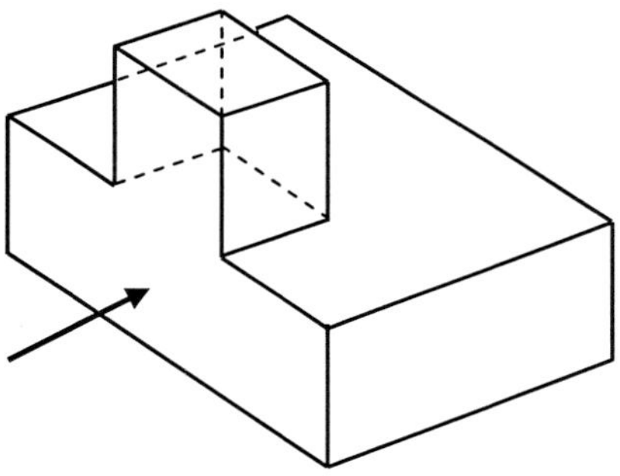

Ver detalhes C e D

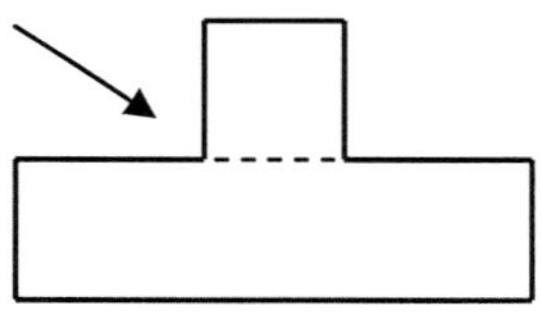

C) Correto

D) Incorreto

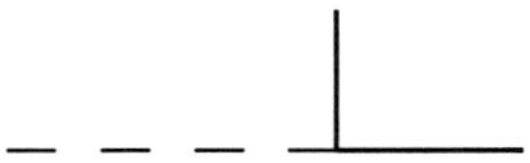

Caso ocorra uma aresta visível no prolongamento de uma não visível, esta não toca na visível, como mostrada em C.

3) Arestas terminando num ponto

Visão de trás

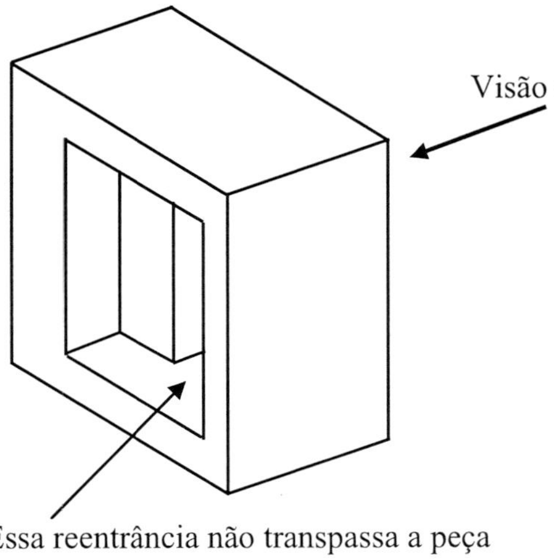

Essa reentrância não transpassa a peça

Ver detalhes E e F

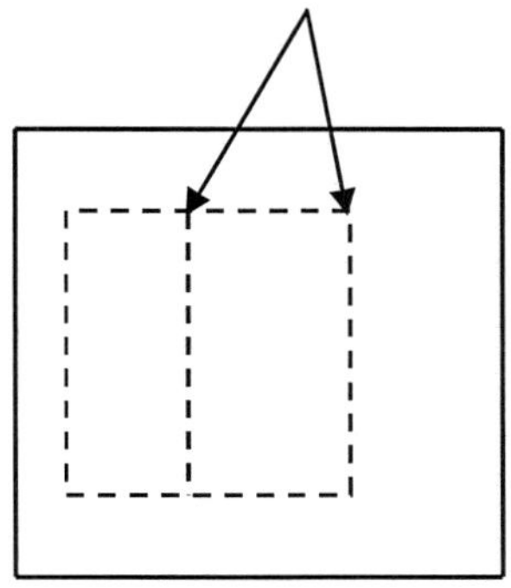

Vista de trás

E) Correto

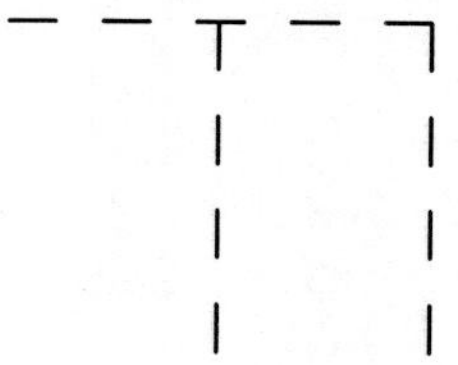

F) Incorreto

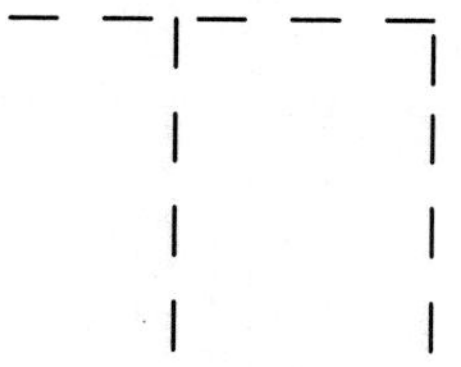

Quando duas ou mais arestas não visíveis terminam num ponto, elas devem se tocar, como mostrado em E.

4) Cruzamento de arestas visíveis ou não

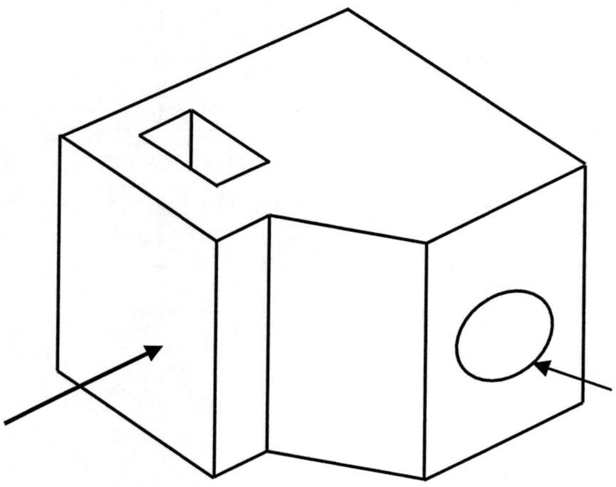

Furo passante

Ver detalhes G e H

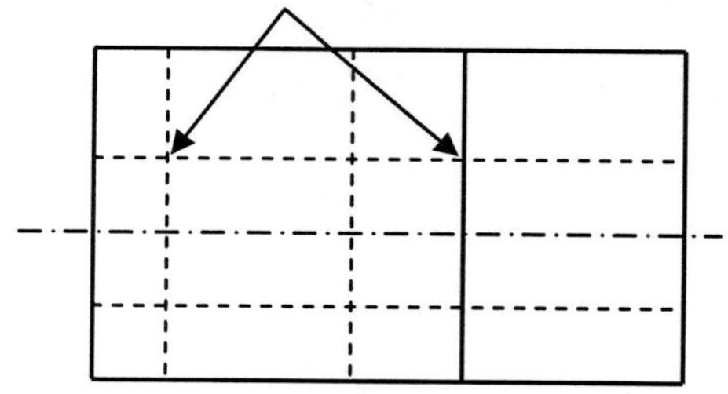

G) Correto

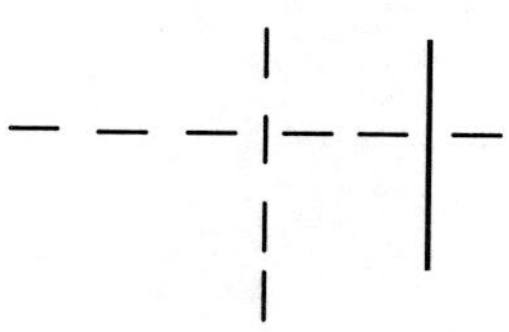

H) Incorreto

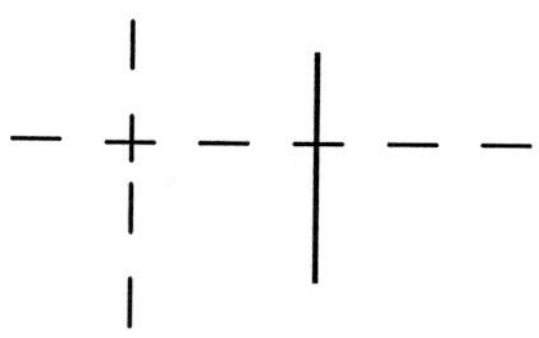

Quando uma aresta não visível cruza outra visível ou não, não deve tocá-la, como mostrado em G.

5) Cruzamento de linhas de eixo ou de centro

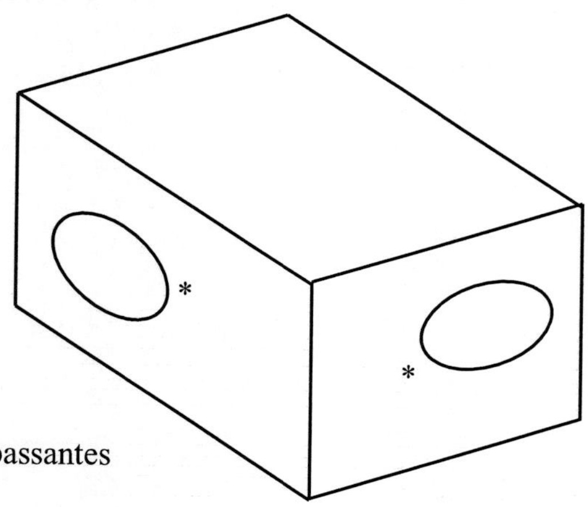

* Furos passantes

Ver detalhe abaixo

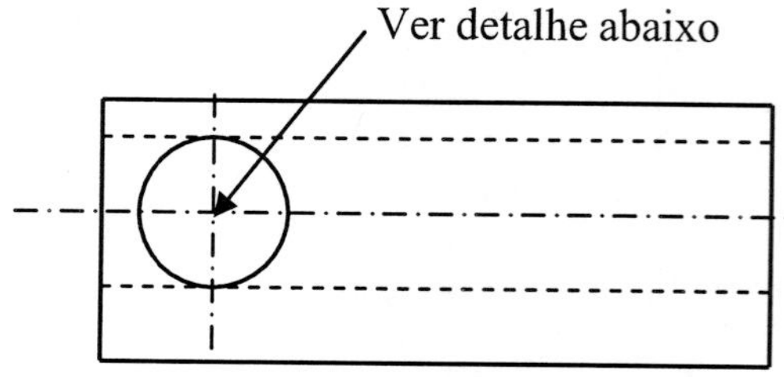

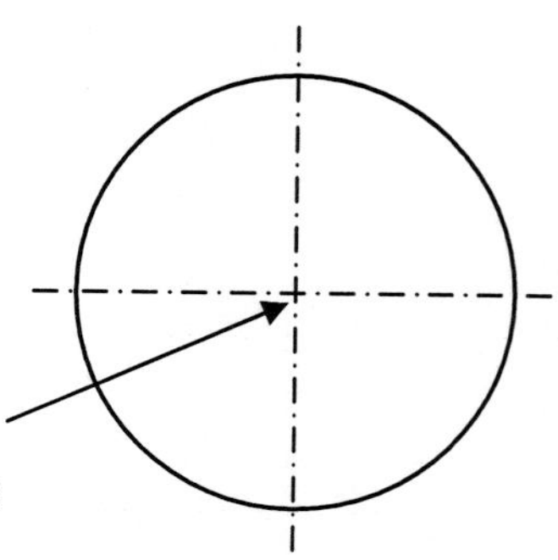

Recomenda-se que o centro de uma circunferência seja definido pela interseção das linhas contínuas, das linhas de centro vertical e horizontal, formando uma cruz.

2.3 Desenhando em escala

Como o Desenho Técnico Projetivo é utilizado para representação de objetos, peças, máquinas, equipamentos, prédios e até sistemas completos e complexos de produção industrial, concluí-se que, nem sempre será possível representar os objetos em suas verdadeiras grandezas. Portanto, para permitir a execução dos desenhos, os objetos e peças grandes precisam ser representados com suas dimensões reduzidas, enquanto os objetos, ou detalhes, pequenos necessitarão de uma representação ampliada. Por exemplo, o desenho de uma planta de uma casa é feito com uma escala de redução (por exemplo, 1:50), já o desenho de um alfinete, devido seus detalhes mínimos, será feito com uma escala de ampliação (por exemplo, 5:1).

As escalas, em Desenho Técnico Projetivo, são utilizadas para ampliar ou reduzir o objeto projetado (ou ainda mantendo as dimensões, como na escala 1:1), de acordo com a precisão desejada e disponibilidade de área de papel para execução de um desenho. Existem dois tipos básicos de escalas: a gráfica e a numérica, sendo a primeira mais utilizada em desenhos cartográficos ou de mapas, enquanto os Desenhos Técnicos Projetivos usam escalas numéricas de redução e ampliação. Desenhos cartográficos ou de mapas, que não são abordados neste livro, também costumam usar escalas numéricas.

2.3.1 Escala gráfica

A escala gráfica é representada sob a forma de um segmento de reta, normalmente subdividido em seções e ao longo do qual são registradas as distâncias reais correspondentes às dimensões do segmento.

A escala gráfica simples é uma reta dividida em unidades na razão da escala. Gradua-se a reta, a partir do ponto zero, com uma unidade básica maior para a esquerda, e para a direita marca-se a mesma unidade básica maior tantas vezes quantas forem suficientes. A unidade da esquerda chama-se talão ou extensão e acha-se subdividida em unidades menores. Vejamos o exemplo abaixo, muito comum em mapas.

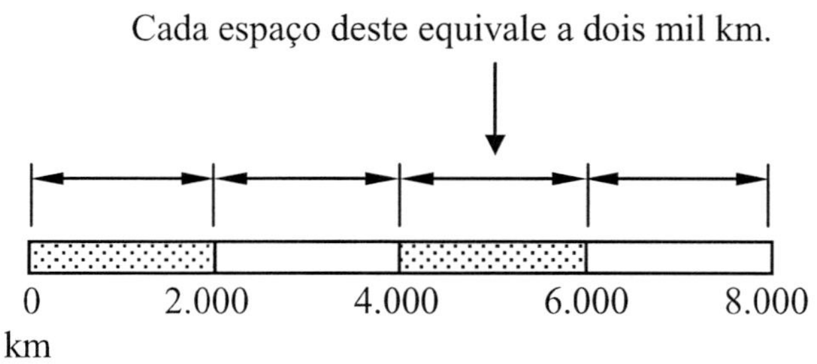

2.3.2 Escalas numéricas: natural ou 1:1, de redução e ampliação. O escalímetro

A escala numérica compreende três tipos: A) a natural ou 1:1, onde as medidas do desenho e do objeto representado são iguais, ou seja, uma unidade do desenho corresponde a uma unidade do objeto; B) a escala de redução, onde as medidas do desenho são menores que as do objeto representado. Exemplos: 1:20, 1:25, 1:50, 1:75, 1:100 e 1:125 e C) a escala de ampliação, onde as medidas do desenho são maiores que a do objeto representado. Exemplos: 2:1 e 5:1.

A escala numérica é uma razão de semelhança entre as medidas do desenho e as medidas reais do objeto. Esta razão de semelhança compreende três elementos: 1) a medida gráfica no desenho (D); 2) a medida real do objeto (O) e 3) a razão ou título da escala (K). Matematicamente esta razão é indicada por: K = D/O. (MICELI e FERREIRA, 2008).

Quando se diz que um desenho está na escala de ampliação de 2:1 (dois para um), significa que duas unidades do desenho correspondem a uma unidade do objeto. Ao usar uma escala de redução de 1:50 (um para cinquenta), significa que uma unidade do desenho corresponde a cinquenta (50) unidades do objeto.

Vamos supor que uma planta de uma casa seja feita na escala 1:25 (ou um para vinte e cinco). Esta escala numérica significa que a unidade de comprimento, no desenho, vale vinte e cinco vezes essa mesma unidade no terreno.

Na prática, existem os instrumentos chamados escalímetros, normalmente no formato prismático triangular, que já tem as réguas graduadas com diversas escalas. Nestes escalímetros são impressas seis escalas, duas

em cada face do prisma. Observa-se que, numa mesma face ou escala, por exemplo, 1:50, tanto se pode usar como escala de ampliação, quanto de redução, bastando trabalhar (pensar) com potências de 10. Esta escala de 1:50, também pode ser 1:500, 1:5 ou 1:0,5. Como 1:0,5 = 2, a escala 1:0,5, em verdade, é de ampliação 2:1, onde a medida do desenho está indicada com o dobro do valor real.
Normalmente estes escalímetros vêm com as seguintes réguas: 1:20, 1:25, 1:50, 1:75, 1:100 e 1:125, embora existam outras réguas, com outras escalas, utilizadas em situações especiais.
Na figura a seguir vê-se na parte superior, o início da escala 1:200, onde a primeira marcação equivale a 1 metro. Na parte inferior vê-se o mesmo 1 metro, porém na escala 1:100, ou seja, o mesmo 1 metro representado por uma distância duas vezes maior, pois 1:100 é duas vezes maior do que 1:200.

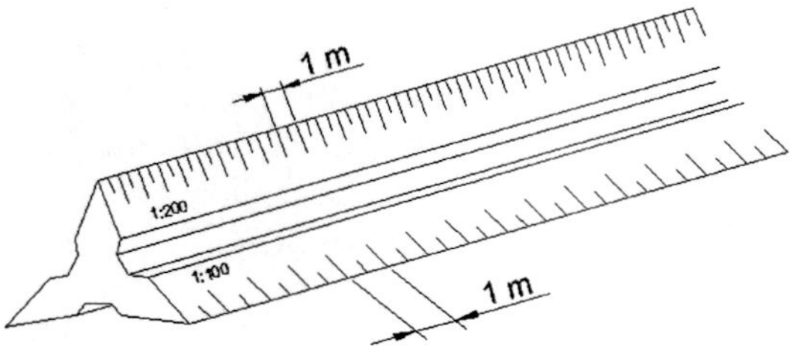

Este é o formato dos escalímetros, normalmente vendidos no comércio de artigos de desenho técnico e usado por desenhistas e outros profissionais da área.

Quando se observa na régua uma escala de 1:200, em verdade isto significa que, aquele pequenino espaço equivale a um metro na realidade, pois está reduzido em 200 vezes. Agora vamos entender isto melhor.
1 metro é igual a 1.000 milímetros. Se dividirmos 1.000 mm por 200, achamos 5 mm (1.000 mm/200 = 5 mm). Agora se pegarmos um outro escalímetro (ou até uma régua de plástico graduada em centímetros) e colocarmos próximo a este 1 metro na escala de 1:200, veremos que tem 5 mm ou 0,5 centímetro.
Outro exemplo. Se observarmos a régua 1:100, veremos que o primeiro número equivalente a 1 metro, tem exatamente 1 centímetro (é só conferir com uma régua de plástico). Como assim? É simples. 1:100 significa 1 metro dividido por 100, ou seja, 1.000 mm/100, que é igual a 10 mm ou 1 cm.
Esta mesma régua 1:100, pode ser usada como 1:10, sendo que neste caso, a primeira marcação não será equivalente a 1 metro, mas sim 10 vezes menos, ou seja, 100 mm ou 10 cm. 1 metro é 10 vezes maior do que 10 cm.
A figura a seguir mostra na parte superior o início da escala 1:50, onde o número 1 equivale a 1 metro. É importante entender isto. 1:50, significa 1 metro dividido por 50 ou 1.000 mm dividido por 50, que é igual a 20 mm ou 2 cm. De novo, se pegarmos um outro escalímetro (ou até uma régua de plástico graduada em centímetros) e colocarmos próximo a este 1 metro na escala de 1:50, veremos que tem 20 mm ou 2 centímetros.
Esta mesma régua 1:50, pode ser usada como 1:5, sendo que neste caso, a primeira marcação não será equivalente a 1 metro, mas sim 10 vezes menos, ou seja, 100 mm ou 10 cm. 1 metro é 10 vezes maior do que 10 cm. Ou seja, dependendo da escala, o mesmo espaço na régua pode ser equivalente a 1 metro ou a 10 cm, ou seja, 10 vezes menos.

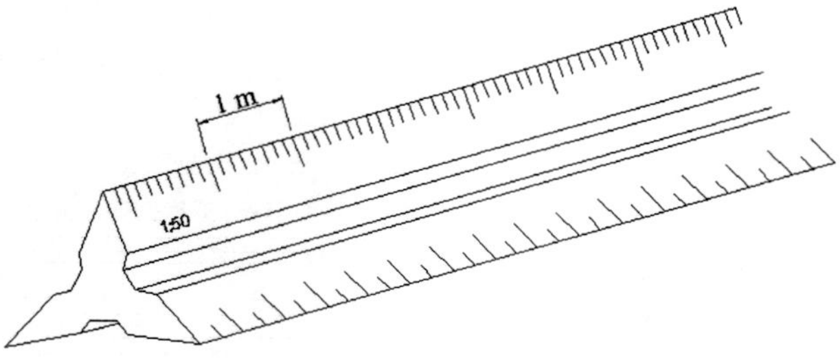

Detalhes da escala 1:50.

Exercício Resolvido 2.1: Como se define, qual escala utilizar? Como escolher entre 1:1, 1:2, 1:5, 1:25, 1:200, 1:500 ou qualquer outra escala? Primeiro depende da dimensão que se quer representar! Por exemplo, vamos supor que se tenha que desenhar uma peça mecânica, como a mostrada a seguir, com dimensões em milímetros. Qual escala se deve utilizar?

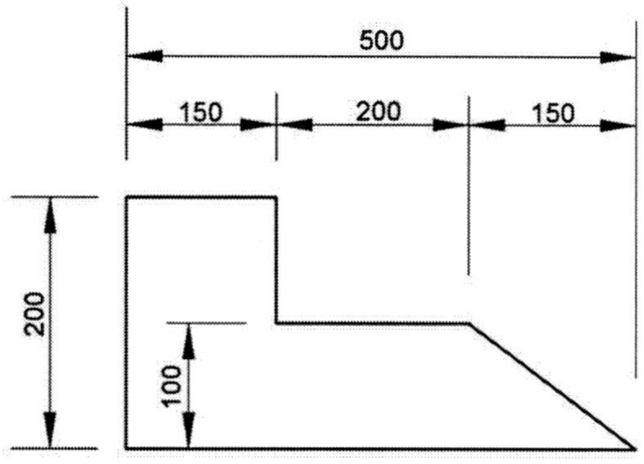

Como 500 mm ou meio metro, não dá para ser desenhado, por exemplo, num formato A4 ou num A3 e até num A2. Num A1 dá, mas vai ficar um desenho grande e feio, sem necessidade. Como a figura é simples, se reduzirmos cinco vezes, ainda assim ficará grande, pois os 500 mm, ocuparão 100 mm ou 10 cm no papel (500 mm / 5 = 100 mm = 10 cm). Porém, se dividirmos por 10, ou seja, se representarmos 10 vezes menor, teremos 500 mm / 10 = 50 mm ou 5 cm no papel. Ou seja, podemos usar a escala de 1:10. Que será na régua 1:100, onde a primeira divisão será igual a 1 cm ou 10 mm, pois 1.000 mm/100 = 10 mm ou 1 cm.

Exercício resolvido 2.2: Quer se desenhar um ginásio de uma escola, no formato retangular externo com 25 metros de largura por 75 metros de comprimento. Qual escala usar? Vamos à análise, considerando o desenho feito em papel e com instrumentos, já que em tela do computador a análise é outra, muito mais simples e prática.
Como é uma construção civil, que terá muitos detalhes internos, não podemos fazer o desenho muito pequeno, ou seja, no mínimo devemos usar um formato A3, que tem 297 mm x 420 mm (conforme tabela 1.1). Agora vamos imaginar o formato A3, onde ficará este retângulo.

A dimensão A deve ser no mínimo de 5 cm, para o desenho ficar bem posicionado. Consultando um escalímetro, descobre-se que uma boa escala é a 1:250, isso devido à medida de 25 metros.

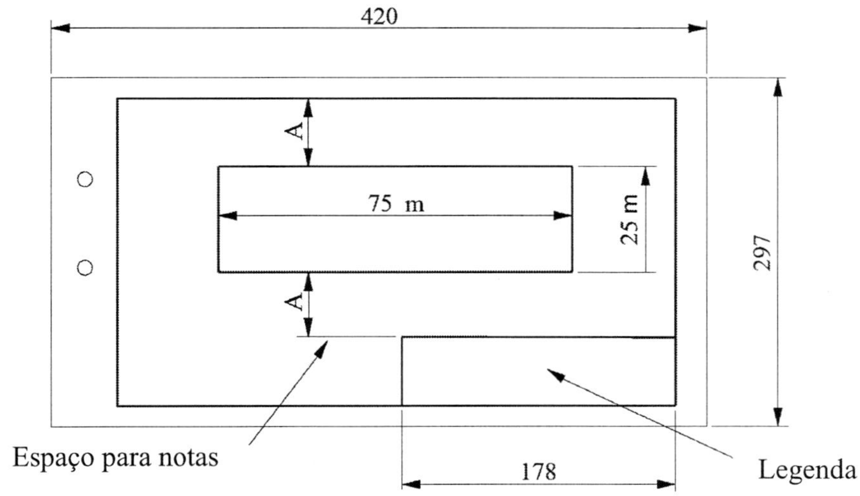

Em resumo, deve-se ter a folha, onde será feito o desenho, disponível na mão, e o escalímetro e, então, por observação descobre-se qual régua é a mais indicada. Na sequência, se analisa se será de ampliação ou redução, trabalhando-se com potência de 10. E quanto às escalas de ampliação, quando são usadas? Vamos a um exemplo.
Imagine um alfinete de roupa, que tem medida de comprimento de 20 mm e uma cabeça muito pequena e com um detalhe em curva. Como ele será fabricado em uma máquina que terá um molde com as mesmas dimensões, e como este molde também terá que ser fabricado, o desenho tem que ser feito de tal forma que sejam vistos todos os mínimos detalhes, isto só é possível usando uma ampliação, que pode ser 10:1.

Em Desenhos Técnicos Projetivos de peças mecânicas é comum o uso da escala de ampliação de 2:1 (ou 1:0,5), bem como a de redução 1:2.
Na prática, cada área profissional e cada tipo de desenho, usam escalas consagradas e que dão uma boa proporcionalidade ao desenho. A tabela 2.2 dá uma ideia de vários tipos de desenhos e as escalas usuais.

2.3.3 O uso da escala na prática, tanto para desenhos com instrumentos clássicos, quanto no computador

A norma NBR 8196: Desenho Técnico: emprego de escalas, recomenda as seguintes escalas:
De redução: 1:2, 1:5, 1:10, 1:20, 1:50, 1:100, 1:200, 1:500, 1:1.000, 1:2.000, 1:5.000 e 1:10.000. De ampliação: 2:1, 5:1, 10:1, 20:1 e 50:1.
Quanto ao uso de escalas nos desenhos técnicos projetivos, Miceli e Ferreira (2008, p.73 e 77), apresentam as seguintes observações:

> Ao se executar um desenho, a escala utilizada deverá ser sempre indicada na legenda, no espaço destinado para tal. Existindo desenhos em diferentes escalas, estas deverão vir indicadas abaixo e à direita de cada um; a escala que predomina é indicada na legenda.
> As dimensões a serem usadas na cotagem serão sempre as dimensões reais do objeto, mesmo quando este estiver em escala, e não as correspondentes ao desenho.
> Os ângulos não sofrem redução ou ampliação em sua abertura, independentemente da escala utilizada no desenho.
> Deve-se prestar bastante atenção na unidade que está sendo utilizada nas diferentes escalas. Na escala 1:1 a unidade é o centímetro, na escala 1/100, que utiliza a mesma graduação do escalímetro, a unidade é o metro. Nas escalas de ampliação, tomadas em comparação com a escala 1:1, a unidade será também o centímetro.

A tabela 2.2 mostra as escalas, tradicionalmente, utilizadas na prática dos Desenhos Técnicos Projetivos, pelas diversas áreas e especialidades.

Tipo de Desenho	Escala utilizada
Planta de situação	Em áreas urbanas: 1:500 e 1:1.000 Em áreas rurais: 1:1.000, 1:5.000 e até 1:10.000 e 1:50.000
Planta de implantação	1:200, 1:250, 1:500 ou 1:1.000
Planta	1:25 e 1:50
Cortes longitudinais e transversais	1:25 e 1:50
Desenho de fachadas	1:25 e 1:50
Desenho de detalhes arquitetônicos	1:10, 1:20, 1:25
Desenho de ferros (vergalhões)	Sem escala
Plantas de tubulação	1:20, 1:50, 1:100
Isométricos de tubulação	Sem escala (porém proporcional)
Desenhos mecânicos de conjunto	1:2, 1:5, 1:10
Detalhes de peças mecânicas	1:1,1:2, 1:5, 2:1, 5:1, 10:1

Tabela 2.2: principais escalas usadas em Desenhos Técnicos Projetivos

Embora os escalímetros indiquem escalas numéricas de redução, também podem ser usadas como escalas de ampliação. Por exemplo, na escala 1:50 (de redução) as distâncias marcadas na régua são o dobro daquelas da escala 1:100, ou seja a régua 1:50 pode ser usada como escala de ampliação 2:1 (dois para um).
Tanto no AutoCad, quanto em outros programas de desenho técnico projetivo, existem comandos que permitem que o desenho seja feito em uma determinada escala, de forma a se ter um bom campo de visão na digitação e, posteriormente, se ajuste para uma determinada escala. O mesmo ocorre para a impressão, ou seja, pode-se imprimir em uma escala diferente da qual se originou o desenho. Obviamente, quando se desenha de forma analógica, ou seja, usando régua e compasso, não é possível a mudança de escala.

2.3.4 Desenho proporcional, para *croquis* rascunho ou esboço à mão livre

Quando se desenha à mão livre, embora não se possa usar escala, deve-se fazer o desenho da forma mais proporcional possível, evitando dúvidas de quem estiver "lendo" e interpretando o desenho. É importante ressaltar que, normalmente, engenheiros não fazem desenhos "definitivos", sejam com instrumentos, sejam via computador.

Na prática, engenheiros usam desenhos técnicos ou para entender o que vai ser montado, reparado ou fabricado ou para indicar revisões a serem feitas, pelos profissionais que executam os desenhos. Quem executa desenhos com precisão, via programas de computador, são os desenhistas e ou projetistas (chamados de cadistas), que normalmente são profissionais de nível médio, em geral técnicos especializados.

Na prática engenheiros, quando necessário, fazem pequenos *croquis*, rascunhos ou esboços à mão livre. É por isto que se recomenda, durante o curso de Engenharia, que os alunos treinem a prática dos Desenhos Técnicos Projetivos, também à mão livre. Não basta apenas ensinar comandos de programas de desenho, por exemplo, do AutoCad, sem explicar as regras, normas e procedimentos, dos Desenhos Técnicos Projetivos em geral, já que em pouco tempo serão esquecidos e não usados na prática. A prática à mão livre, via *croquis* é fundamental aos futuros engenheiros, não dependendo de nenhum aparato tecnológico, exceto lápis e papel.

Capítulo 3

As projeções cilíndricas ortogonais ou vistas ortográficas, em três planos

3.1 A geometria descritiva ou geometria mongeana

A geometria descritiva, também chamada de geometria mongeana ou método de Monge, é um ramo da geometria que tem como objetivo representar objetos do espaço tridimensional ou R^3 no espaço ou plano bidimensional R^2. Esse método foi desenvolvido pelo filósofo e matemático francês Gaspard Monge (1746-1818) e teve grande impacto no desenvolvimento tecnológico industrial, principalmente na Engenharia Mecânica Militar, sendo considerada como a base conceitual do Desenho Técnico Projetivo.
Mesmo os mais modernos programas de representação gráfica, inclusive com imagens tridimensionais que se movimentam, usam os conceitos básicos da geometria descritiva criados por Monge há mais de 220 anos, que também é apontado como grande teórico da geometria analítica, bem como considerado o pai da geometria diferencial de curvas e superfícies do espaço.

3.1.1 O conceito de projeções cônica e cilíndrica

A geometria descritiva usa um sistema de projeção cilíndrica e ortogonal, ou seja, como pertencentes a um cilindro e fazendo 90^0 com o plano de projeção. As primeiras ideias de projeção de uma figura sobre um plano, muito provavelmente se originou da observação da projeção da sombra de uma árvore no chão, devido à luz do sol. As primeiras projeções eram cônicas, exatamente como o olho humano vê as coisas. Isto pode ser confirmado quando se está em um grande corredor ou quando se olha um longo trilho de uma ferrovia. A sensação que se tem é que as linhas se encontram, quando não verdade são paralelas, ou seja, distância constante. Na sequência pensou-se na projeção cilíndrica oblíqua, ou seja, inclinada em relação ao plano de projeção e posteriormente na projeção cilíndrica ortogonal ou o método mongeano. As figuras a seguir ilustram esses detalhes.

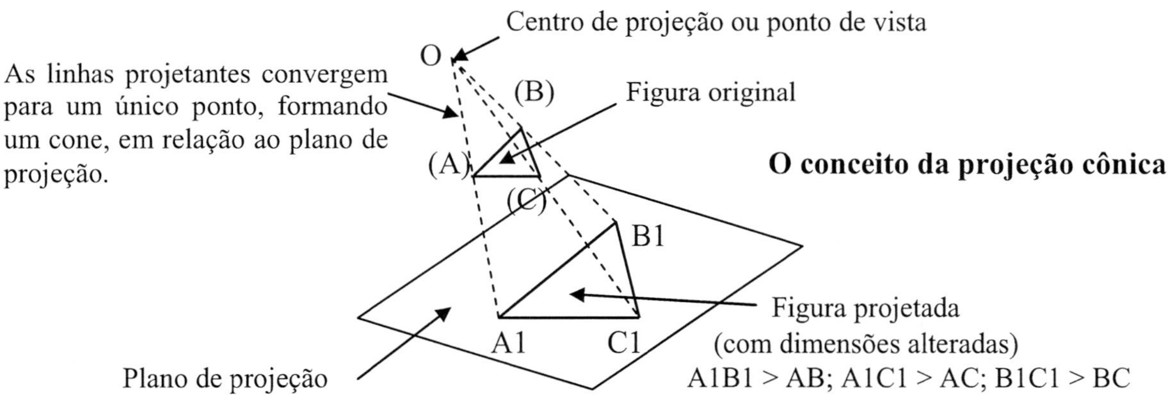

Projeções cônicas são muito utilizadas na área da Arquitetura, especialmente nas perspectivas cônicas.

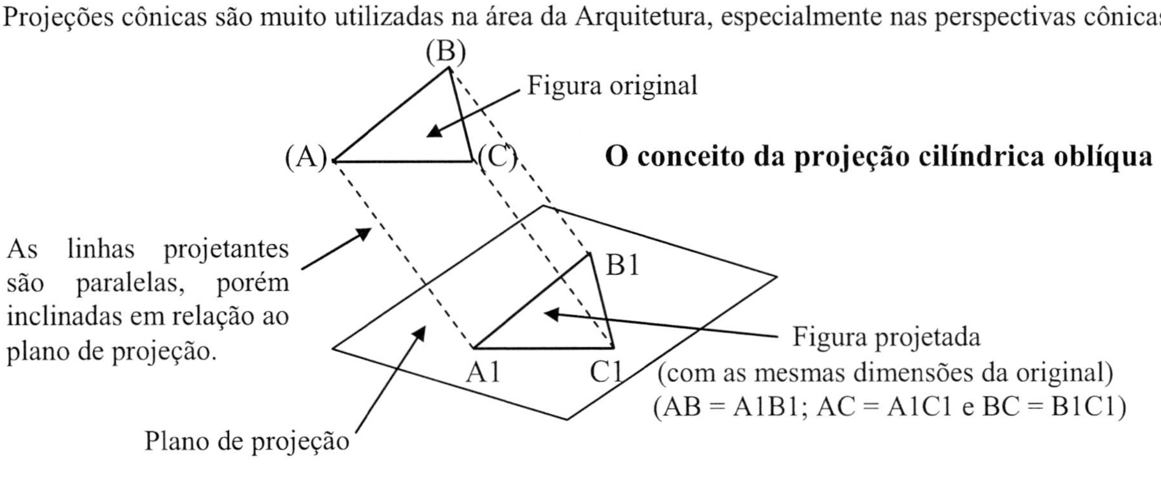

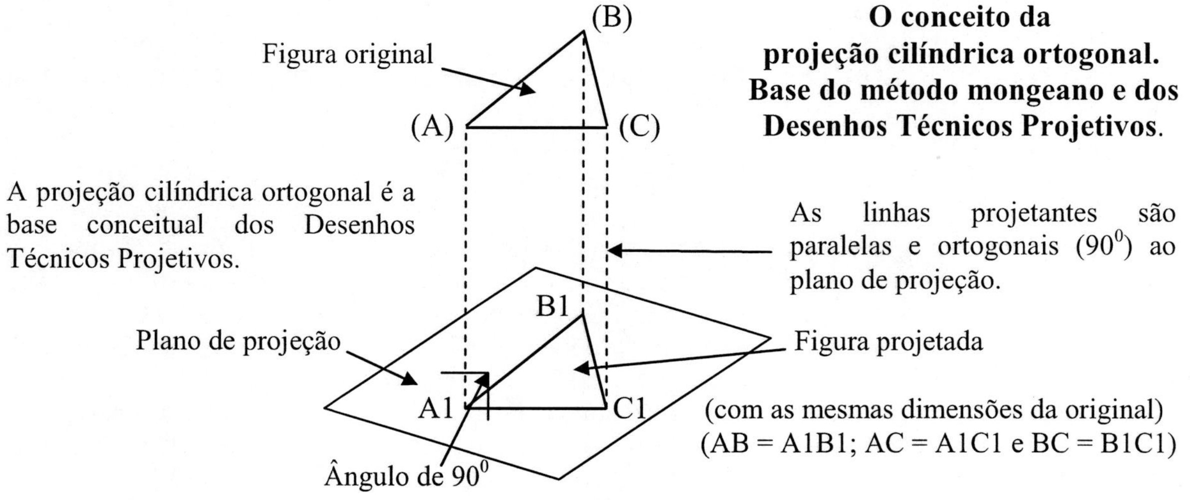

O termo cilíndrica vem do conceito de que é como se as linhas projetantes estivessem sobre a superfície de um cilindro. Com o método mongeano e os conceitos das coordenadas cartesianas e dos diedros de projeções, a geometria descritiva muito se desenvolveu, permitindo a representação gráfica bidimensional de peças e objetos através das normas e procedimentos do Desenho Técnico Projetivo.

3.1.2 O método de Monge e a representação gráfica pelo Desenho Técnico Projetivo

De acordo com registros históricos, o primeiro uso do Desenho Técnico Projetivo consta no álbum de desenho da livraria do Vaticano, onde no ano de 1490, aos 47 anos de idade, o italiano Giuliano de Sangalo (1443-1516), escultor, arquiteto e engenheiro militar, já usava planta e elevação, ou seja, já representava objetos considerando a vista de cima ou superior e a vista de frente ou frontal, exatamente como são feitos os Desenhos Técnicos Projetivos atuais.

Em 1795 Gaspard Monge (1746-1818), aos 49 anos de idade, criou um método baseado na dupla projeção ortogonal de um objeto tridimensional. Estas duas projeções, posteriormente chamadas de vista de cima ou superior ou planta e a vista de frente ou frontal ou anterior, representadas em dois planos ortogonais ou perpendiculares, passaram a ser representadas em um único plano, através de um rebatimento, gerando o que se chama em geometria descritiva de épura, sendo a base conceitual do Desenho Técnico Projetivo.
Originalmente, Monge projetou uma reta inclinada sobre um plano horizontal. Posteriormente foi feita a projeção dessa mesma reta, também sobre um plano vertical, perpendicular ao plano horizontal original. Estudos subsequentes, fizeram a projeção da mesma reta em um terceiro plano (de perfil), perpendicular aos outros dois: horizontal e vertical. A partir das projeções nos três planos, foi possível a representação gráfica de uma figura plana ou de um sólido, por três vistas ou projeções ortogonais. Sem se conseguir precisar datas, a grande evolução das projeções idealizadas por Monge, foi quando se concebeu as seis projeções cilíndricas ortogonais de um sólido, considerando-o como no interior de um hexaedro ou cubo.
O Desenho Técnico Projetivo, tal qual é representado hoje, século XXI (2001 a 2100), foi uma evolução da geometria descritiva, devido à rápida necessidade dos problemas de Engenharia, principalmente em função da 1ª Revolução Industrial, que ocorreu entre 1780 e 1860.
Diversas áreas utilizam Desenhos Técnicos Projetivos, dentre as quais: Arquitetura, Desenho Industrial (*Design*), Engenharia, Técnicos Industriais e militares especialistas, em construções, fabricações e montagens. Essas áreas geram produtos que ou são construídos ou fabricados e ou montados. Edificações ou prédios, bem como navios, devido suas dimensões, são construídos, a partir de diversas partes ou peças, fabricadas uma a uma. Fabricar significa produzir em uma fábrica, pressupondo-se um local fechado, com várias máquinas e equipamentos. Automóveis são montados, a partir de centenas de peças, produzidas em diversas fábricas diferentes. Observa-se que um automóvel tem entre 70 mil e 90 mil peças diferentes, sendo que cada uma, para ser fabricada, tem que ter, pelo menos um Desenho Técnico Projetivo, como é o caso de um simples parafuso.

Representação espacial da concepção de Gaspard Monge, sobre a projeção cilíndrica ortogonal em dois planos.

Esta foi a ideia inicial de Gaspard Monge, com projeções em dois planos ortogonais, no espaço. Observa-se que, em verdade, são feitas projeções de arestas ou retas, sendo que uma reta pode ser entendida como a união de dois pontos (A) e (B).

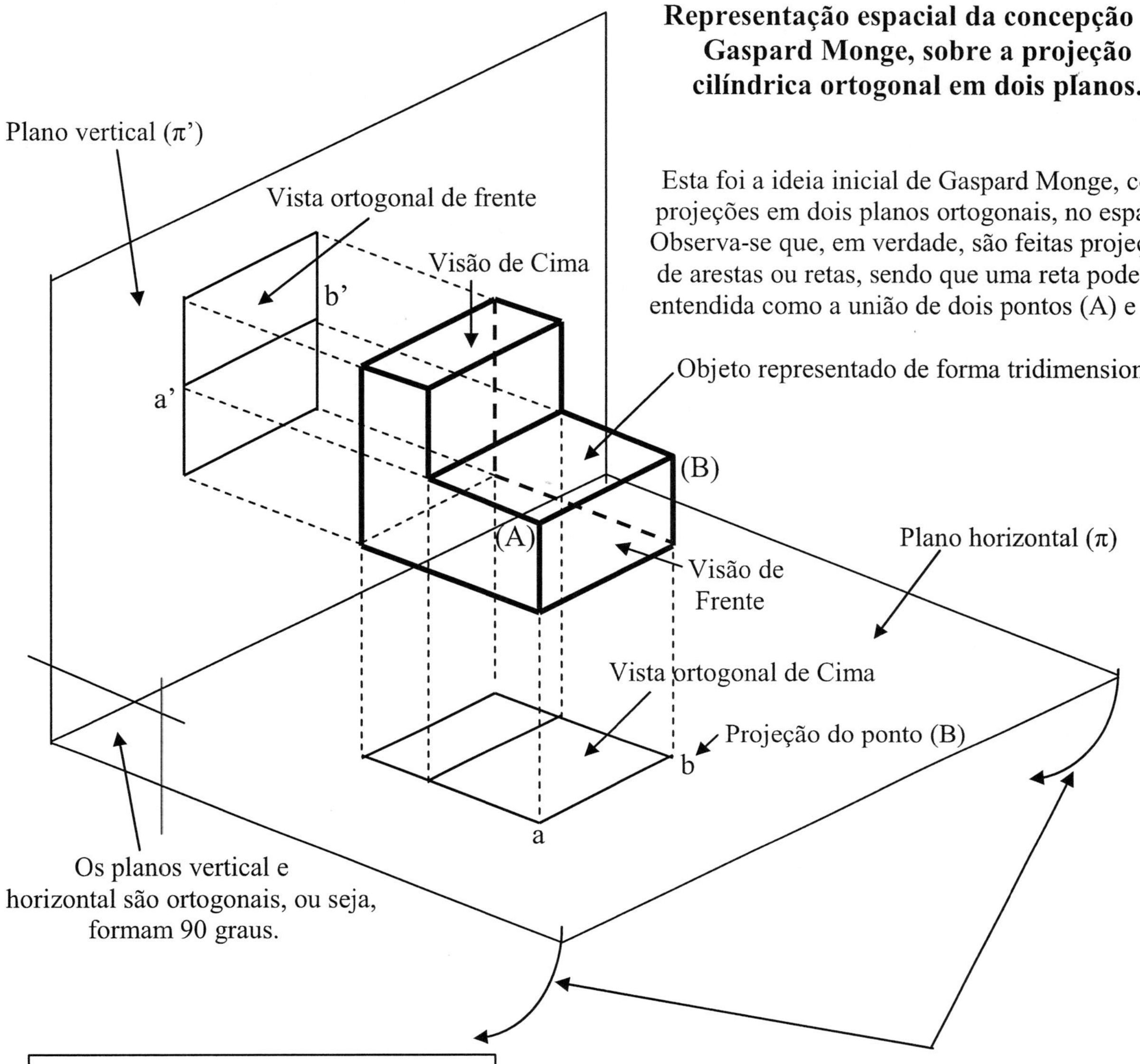

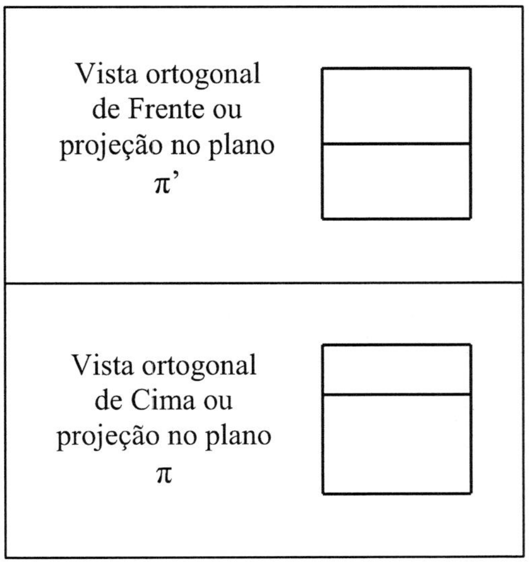

Rebatendo o plano horizontal para baixo, obtém-se uma planificação, chamada épura. Ou seja, Monge criou um método que permitiu representar um objeto tridimensional em duas projeções ortogonais. Este é o conceito básico do Desenho Técnico Projetivo.

Posteriormente criou-se o terceiro plano ou plano de perfil π'', permitindo a representação em três vistas e, no processo evolutivo do Desenho Técnico Projetivo chegou-se à concepção de imaginar o objeto no interior de um hexaedro ou cubo, permitindo a representação em até seis vistas,

3.2 Os diedros de projeção

A geometria descritiva considera o espaço tridimensional R^3 sendo composto de dois planos ortogonais, formando os quatro diedros (1°, 2°, 3° e 4°), nominados no sentido anti-horário ou da direita para a esquerda. O termo "edro" significa plano e a palavra diedro dois planos (não necessariamente ortogonais). O plano horizontal é denominado como π (Pi) e o plano vertical como π' (Pi linha). A interseção destes dois planos determina a Linha de Terra (L.T.).

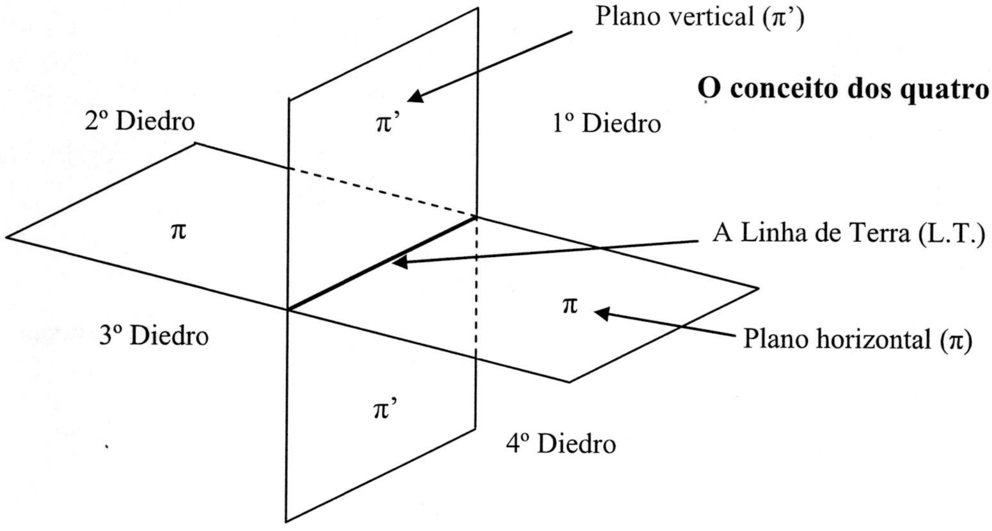

O conceito dos quatro diedros

3.3 O terceiro plano de projeção ou plano de perfil π" (Pi duas linhas), considerando o 1° diedro.

Com a evolução da complexidade das peças a serem desenhadas, apenas duas projeções não davam boa compreensão aos desenhos e, então, foi concebido o terceiro plano de projeção, obtendo-se então três projeções ou vistas. Teoricamente este plano de perfil divide o espaço R^3 em quatro triedros, mas na prática, tanto da Engenharia, quanto da Arquitetura e do Desenho Industrial, os desenhos técnicos são conduzidos apenas nos 1° e 3° triedros, embora sejam ditos como nos 1° e 3° diedros.

O terceiro plano de projeção, o plano de perfil ou π" (Pi duas linhas). Nesta região os planos π, π' e π" formam o 1° triedro.

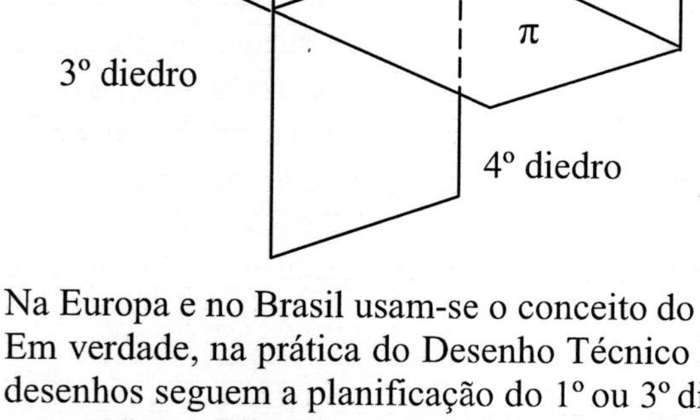

No Brasil, o conceito das projeções no plano de perfil só se aplica ao 1° diedro e especialmente em problemas de geometria descritiva. No parágrafo 3.4 é mostrada a interpretação da projeção no plano de perfil, aplicada ao 3° diedro.

Quando se utilizam as projeções cilíndricas ortogonais, para os Desenhos Técnicos Projetivos, sejam no 1° ou 3° diedros, usa-se o conceito de imaginar o objeto a ser representado, dentro de um cubo ou hexaedro básico, possibilitando a projeção em seis planos, surgindo as chamadas vistas ortográficas.

Na Europa e no Brasil usam-se o conceito do 1° diedro, enquanto nos EUA e Canadá trabalha-se no 3° diedro. Em verdade, na prática do Desenho Técnico Projetivo usa-se o termo diedro, ao invés de triedro, ou seja, os desenhos seguem a planificação do 1° ou 3° diedro. Em Desenho Técnico Projetivo, o conceito das seis vistas ortográficas utilizadas no Brasil e Europa é baseado na planificação do 1° diedro. Quando se faz a Épura do 1° triedro, além da rotação para baixo do plano horizontal ou π, faz-se a rotação do plano de perfil ou π" no sentido anti-horário, como mostrado a seguir.

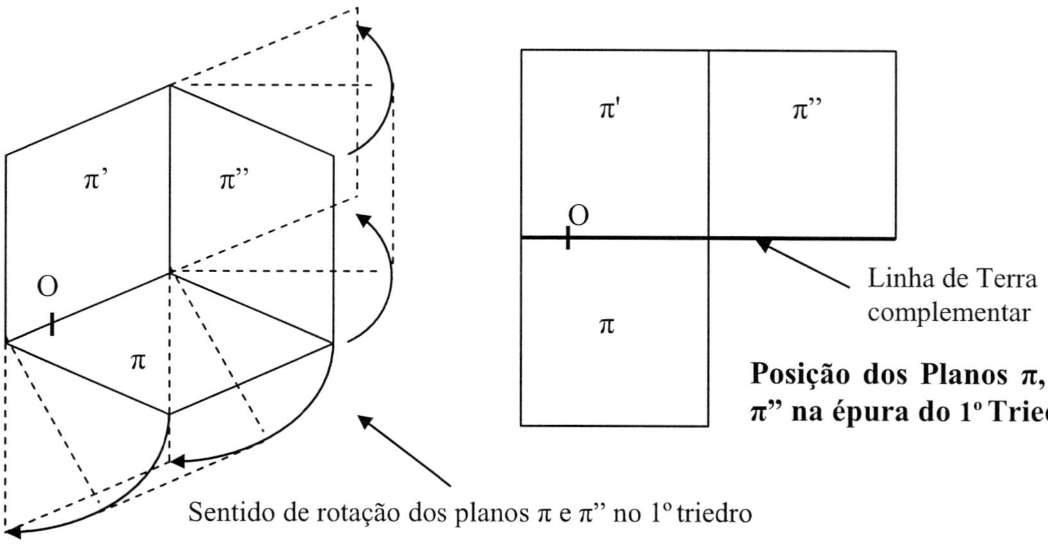

Posição dos Planos π, π' e π'' na épura do 1º Triedro

3.3.1 Exemplo das projeções cilíndricas ortogonais de um poliedro irregular, em π, π' e π'', considerando o 1º diedro

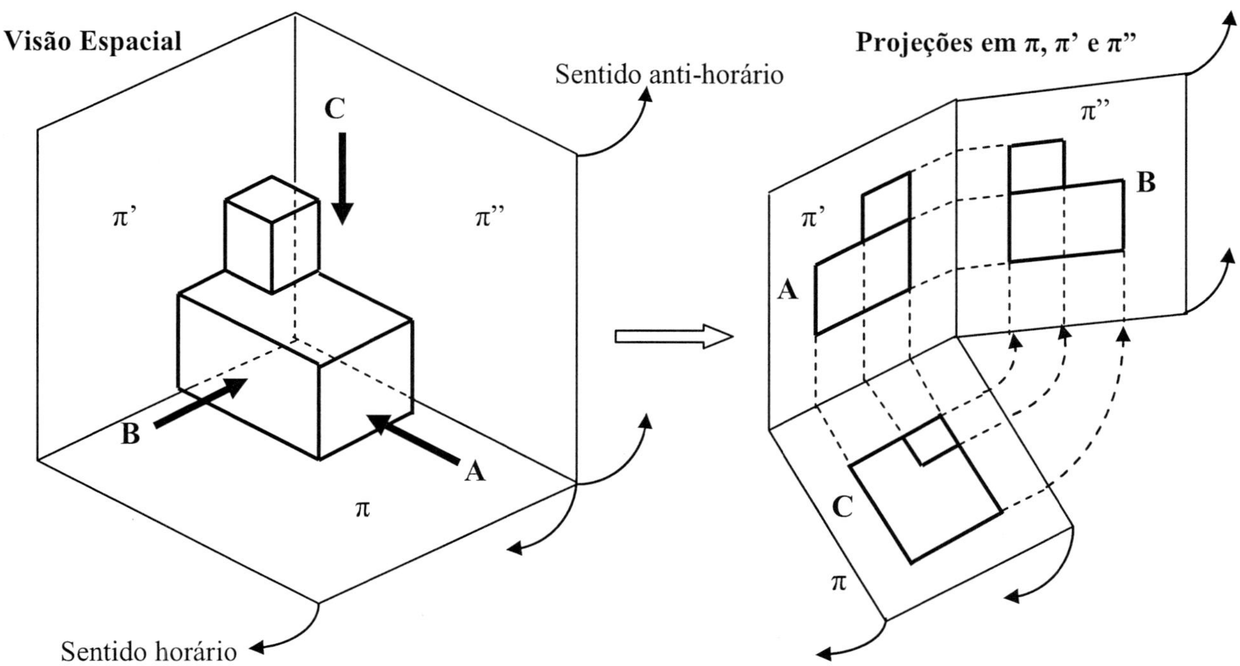

O plano horizontal π gira, no sentido horário, o plano vertical π' fica fixo e o plano de perfil π'' gira no sentido anti-horário.

Na prática do Desenho Técnico Projetivo, considerando o 1º diedro, a projeção em π' é chamada vista de frente ou vista frontal ou vista anterior. A projeção em π é chamada vista superior ou vista de cima ou vista em planta ou simplesmente planta. A projeção em π'' é chamada vista lateral esquerda ou vista de perfil.

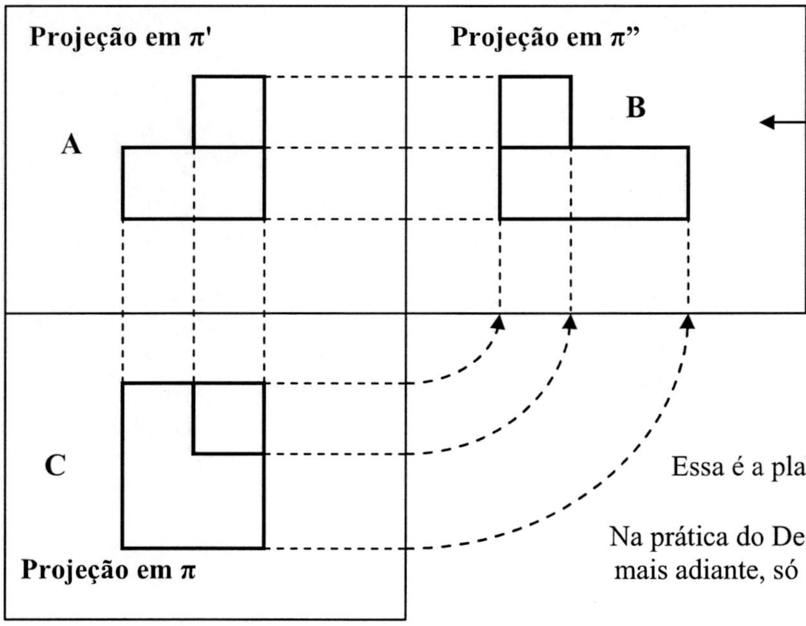

Plano horizontal π gira para baixo, no sentido horário, e o plano de perfil π" gira para a direita, no sentido anti-horário, deixando a planificação ou épura da forma mostrada.

Essa é a planificação ou épura das projeções.

Na prática do Desenho Técnico Projetivo, como visto mais adiante, só são desenhadas as arestas do objeto.

3.4 O terceiro plano de projeção ou plano de perfil π" (Pi duas linhas), considerando o 3º diedro. Exemplo das projeções cilíndricas ortogonais de um poliedro irregular, em π, π' e π"

O plano horizontal π gira, no sentido horário (para cima), o plano vertical π' fica fixo e o plano de perfil π" gira no sentido anti-horário. O plano de perfil π" fica à direita do observador em A.

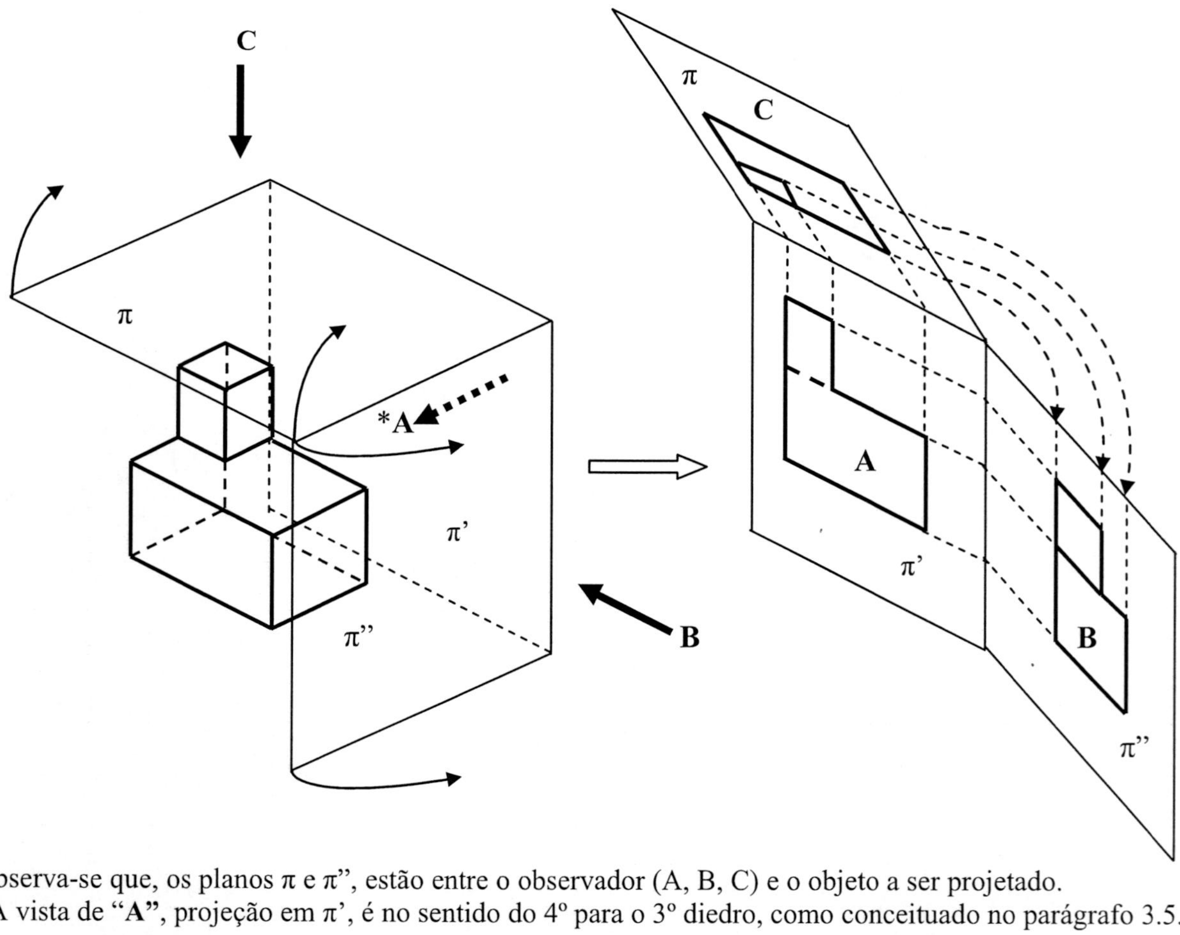

Observa-se que, os planos π e π", estão entre o observador (A, B, C) e o objeto a ser projetado.
*A vista de "**A**", projeção em π', é no sentido do 4º para o 3º diedro, como conceituado no parágrafo 3.5.

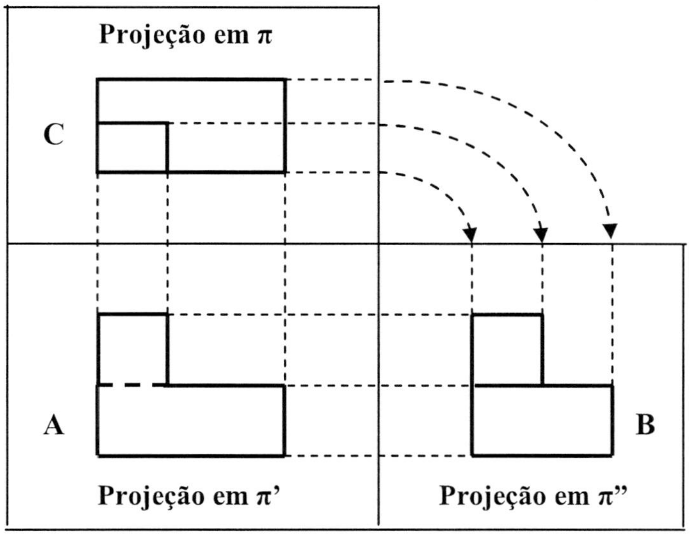

Plano horizontal π gira para cima, no sentido horário, e o plano de perfil π'' gira para a direita, no sentido anti-horário, deixando a planificação ou épura da forma mostrada.

3.5 Conceituação teórica das projeções nos 1º e 3º diedros

No Brasil os Desenhos Técnicos Projetivos são feitos considerando-se o objeto ou peça no 1º diedro, mas em alguns outros países, como por exemplo, os EUA e Canadá, trabalha-se no 3º diedro. Como é comum a importação de máquinas e objetos destes países, é normal que na prática brasileiros tenham que interpretar desenhos feitos no 3º diedro, ou seja, tem-se que saber também esta particularidade.
As diferenças entre a forma de projetar nos 1º e 3º diedros, está relacionada à forma como se situam o observador, o objeto a ser projetado e o plano de projeção. As figuras a seguir, mostram estas diferenças.

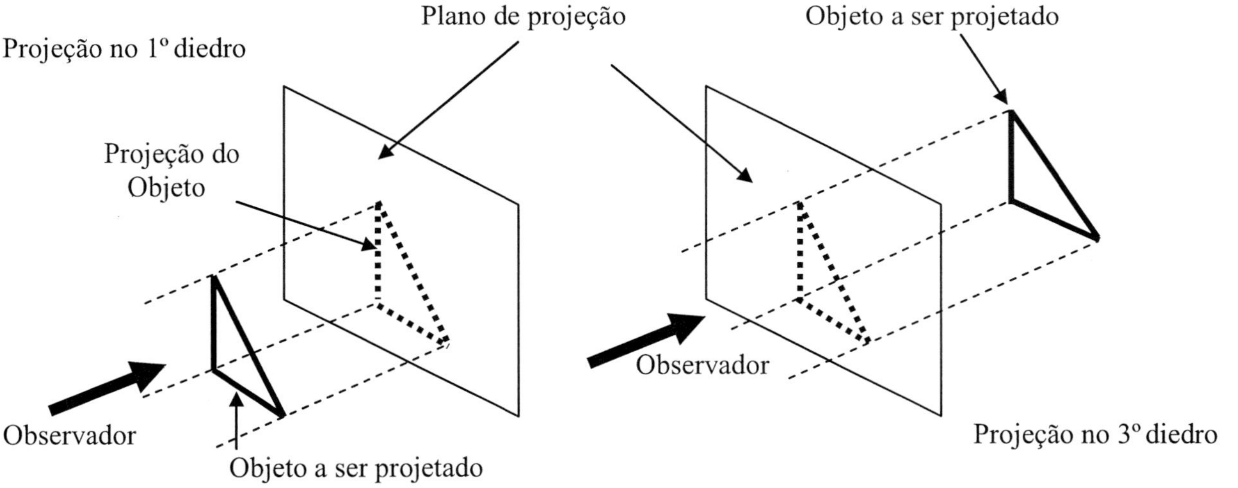

Observação: no 1º diedro, o objeto está entre o observador e o plano de projeção. No 3º diedro, a projeção está entre o observador e o plano de projeção.

3.6 Exercícios resolvidos

3.6.1) Determinar as projeções dos objetos e poliedros, a seguir representados em perspectiva*, nos planos π, π' e π'', considerando a) Projeções no 1º diedro e b) Projeções no 3º diedro.
Observa-se que, na prática, essas três projeções são as três vistas ortográficas principais, quais sejam: vista de frente ou projeção em π'; vista em planta ou projeção em π e vista de perfil ou projeção em π''.

*Perspectiva é uma forma de representar a visão espacial ou tridimensional de um objeto, como será visto no capítulo 5.

3.6.1.1)

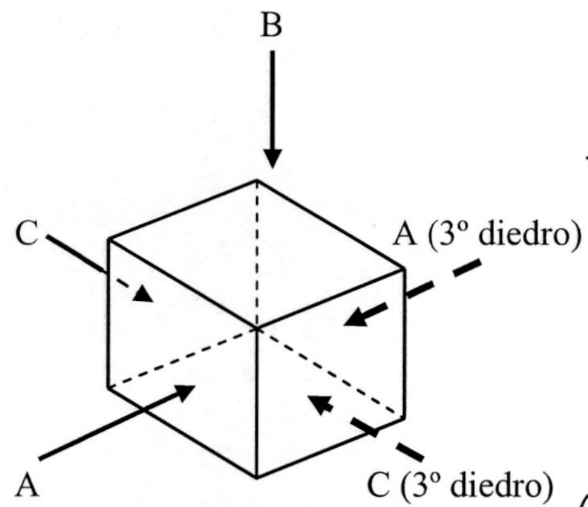

O hexaedro ou cubo
em perspectiva ou
em visão tridimensional

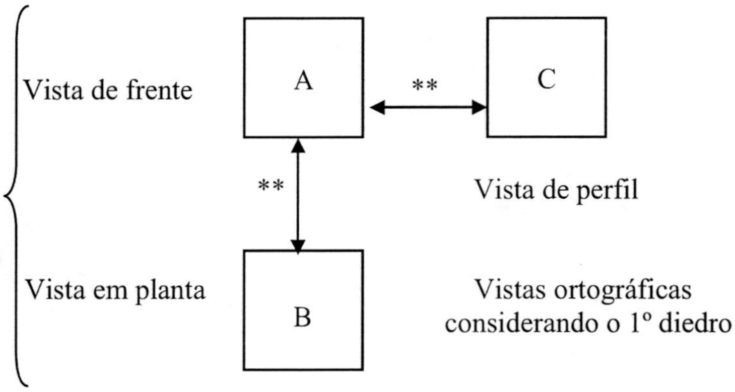

** As distâncias entre as vistas devem ser iguais.

Observe-se a mudança de posição das vistas ortográficas, em relação ao diedro considerado

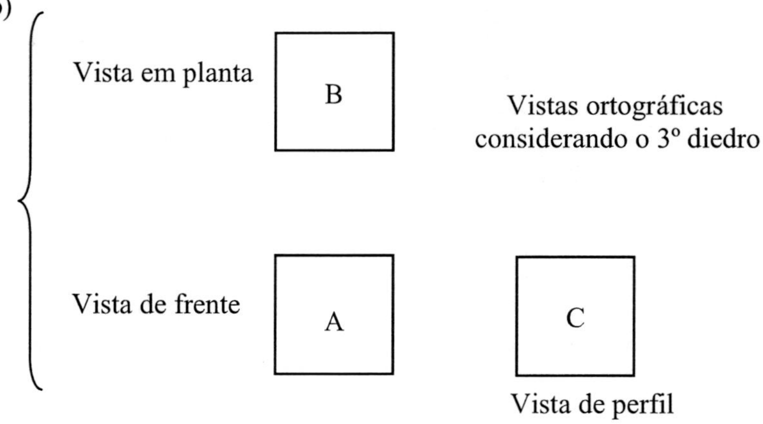

3.6.1.2)

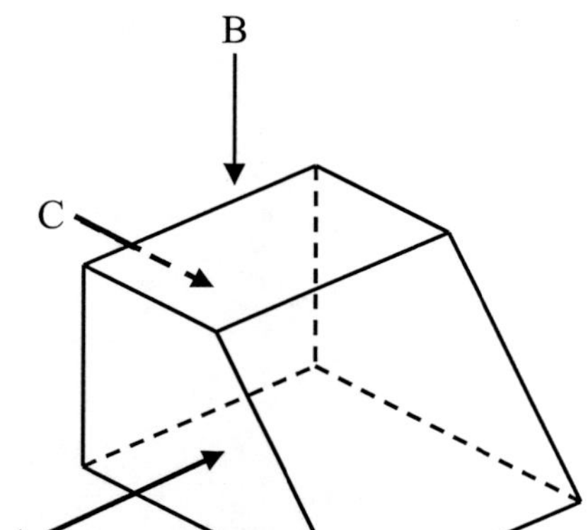

Um poliedro irregular

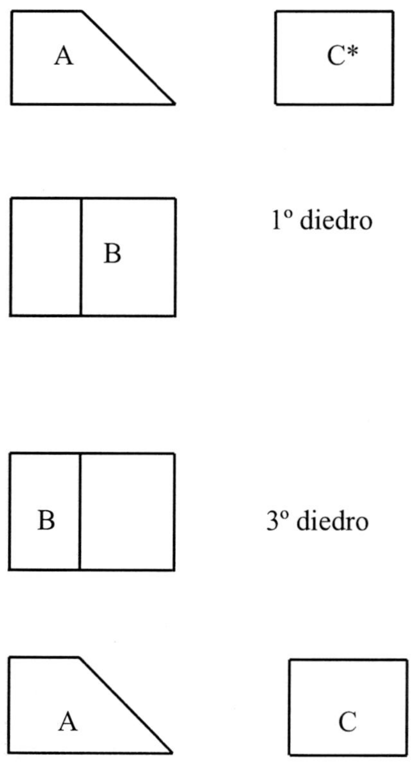

3.6.1.3)

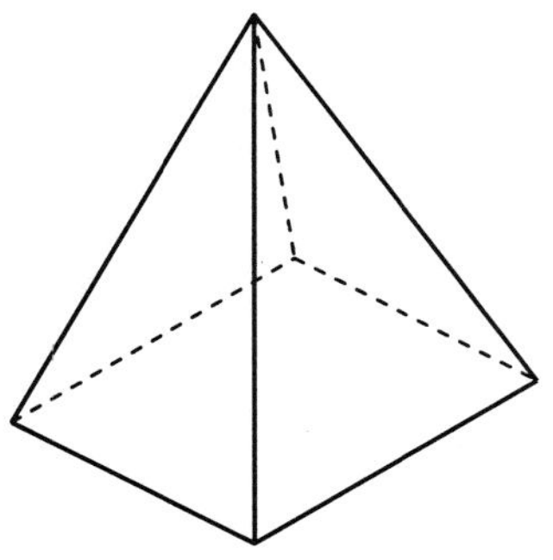

Pirâmide de base retangular

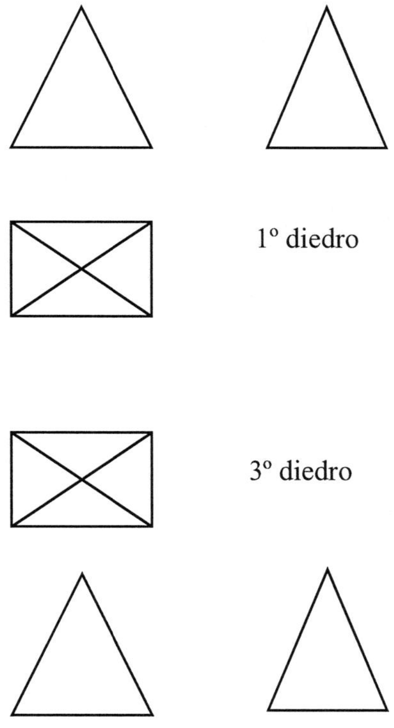

3.6.2) Exemplo de projeções da interseção de poliedros, considerando o 1º diedro

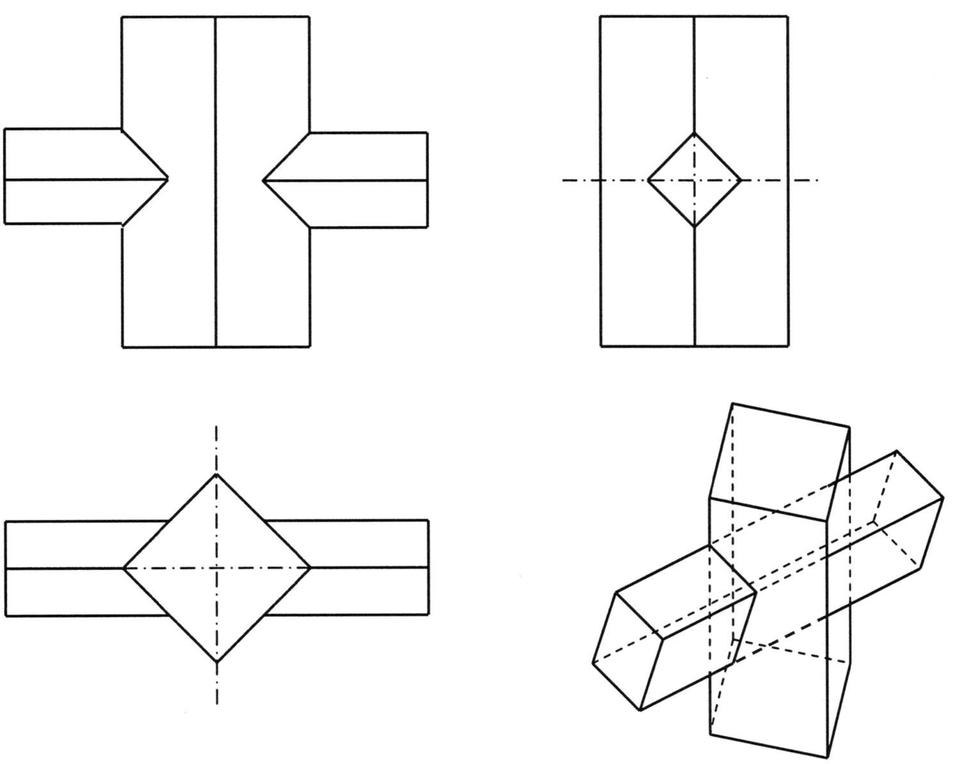

Esse tipo de interseção ocorre na Engenharia Mecânica, mais especificamente em dutos de ventilação industrial, cujas planificações permitem o corte e solda das chapas, sendo desenvolvidas por projetistas e desenhistas da área chamada "caldeiraria".

3.6.3) Fazer as três vistas ortográficas, dos poliedros a seguir, considerando o 1º diedro e a face frontal indicada.

3.6.3.1)

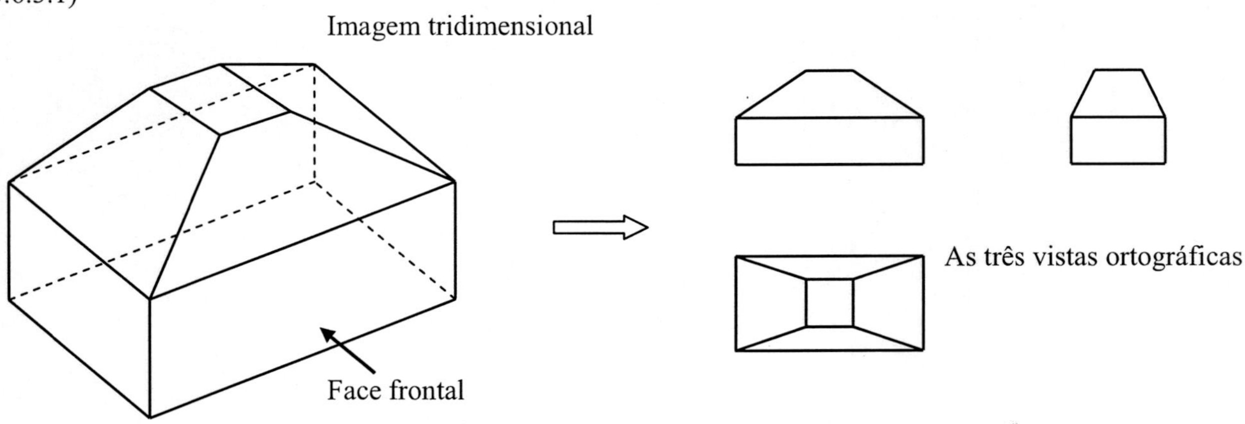

3.6.3.2)

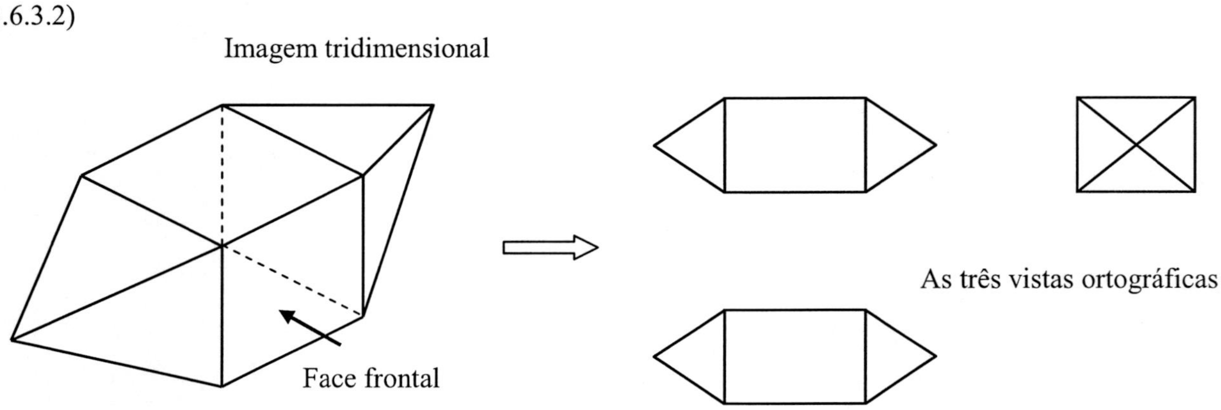

3.6.3.3)

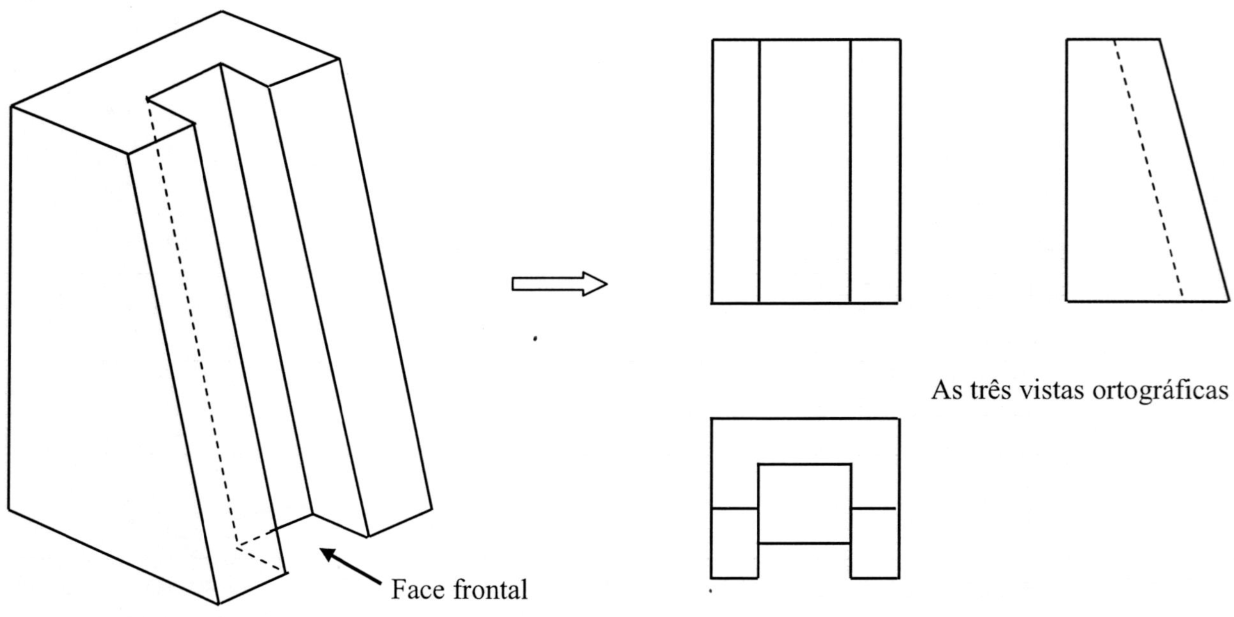

3.7 A interpretação da visão espacial ou tridimensional, a partir das projeções ou vistas ortográficas

Na prática, por exemplo, quando uma oficina recebe Desenhos Técnicos de uma peça a ser fabricada, o que se recebe são vistas ortográficas, a partir das quais profissionais interpretam a peça, a vêem no espaço tridimensional e, então, iniciam a fabricação. Ou seja, parte-se do plano bidimensional ou R^2, para o tridimensional ou R^3. É notório, ser mais fácil, a partir de uma imagem tridimensional, desenhar as vistas ortográficas, do que imaginar a visão tridimensional, a partir das vistas ortográficas.

Exercício 3.7.1) Dadas as vistas ortográficas a seguir, pedem-se: a) Qual diedro está sendo considerado? b) Desenhar a imagem tridimensional ou visão espacial, do objeto em questão.

Vistas ortográficas:

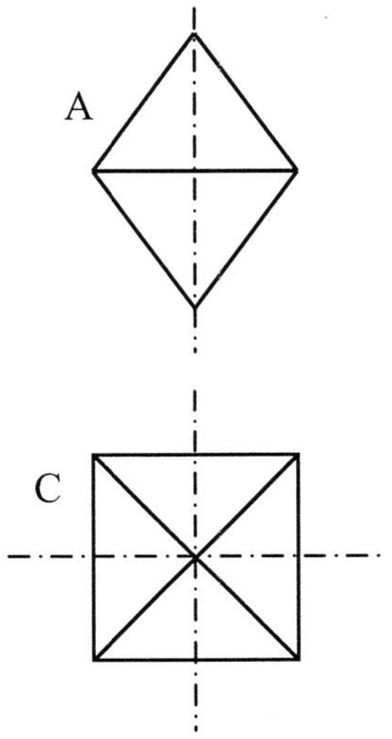

Raciocínio lógico espacial: Baseando-se no parágrafo 1.3.1, pode-se afirmar que, essas três vistas ortográficas foram feitas considerando-se as projeções no 1º diedro, onde a projeção A é a vista de frente, B é a de perfil e C é a vista em planta. Com isso, a imagem tridimensional é a de um octaedro, como a seguir desenhado.

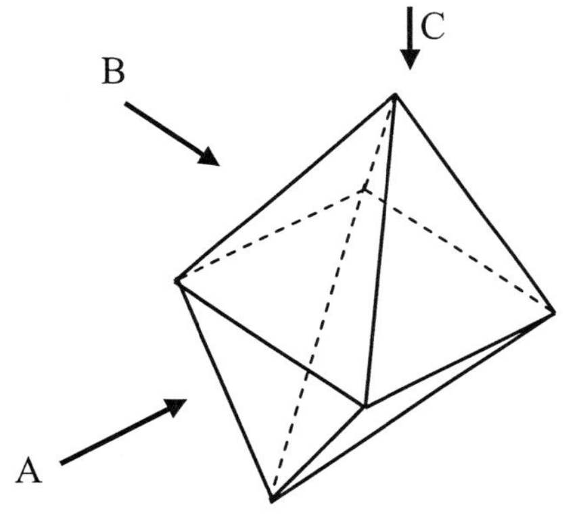

Observa-se que um octaedro tem oito faces (oito triângulos equiláteros), 12 arestas e seis vértices.

Exercício 3.7.2) Dadas as vistas ortográficas a seguir, pedem-se: a) Qual diedro está sendo considerado? b) Desenhar a imagem tridimensional ou visão espacial, do objeto em questão.

Vistas ortográficas

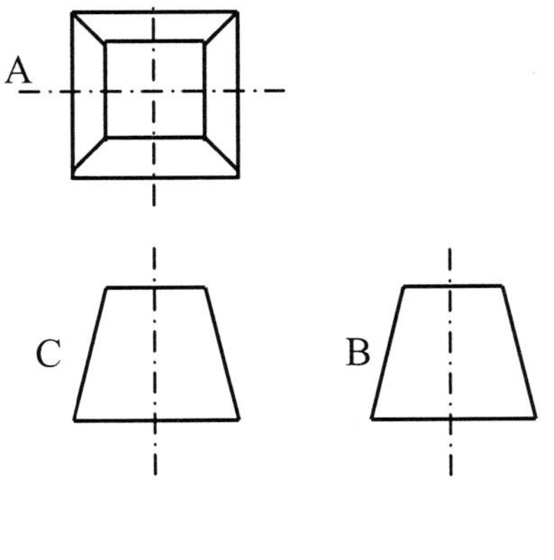

Raciocínio lógico espacial: Baseando-se no parágrafo 1.4, pode-se afirmar que essas três vistas ortográficas foram feitas considerando-se as projeções no 3º diedro, onde a projeção C é a vista de frente, B é a de perfil e A é a vista em planta. Com isso a imagem tridimensional é a de um tronco de pirâmide reta, com base quadrada, como a seguir desenhado.

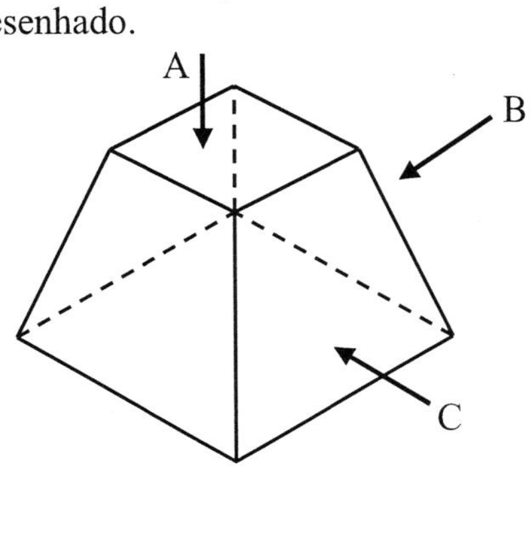

Exercício 3.7.3) Dadas as vistas ortográficas a seguir, pedem-se: a) Qual diedro está sendo considerado? b) Desenhar a imagem tridimensional ou visão espacial, do objeto em questão.

Vistas ortográficas

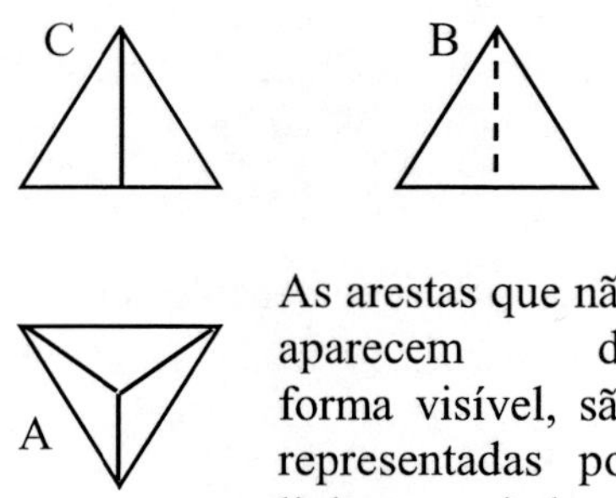

As arestas que não aparecem de forma visível, são representadas por linhas tracejadas.

Raciocínio lógico espacial: Baseando-se no parágrafo 1.3.1, pode-se afirmar que essas três vistas ortográficas foram feitas considerando-se as projeções no 1° diedro, onde a projeção C é a vista de frente, B é a de perfil e A é a vista em planta. Com isso a imagem tridimensional é a de um tetraedro, como a seguir desenhado.

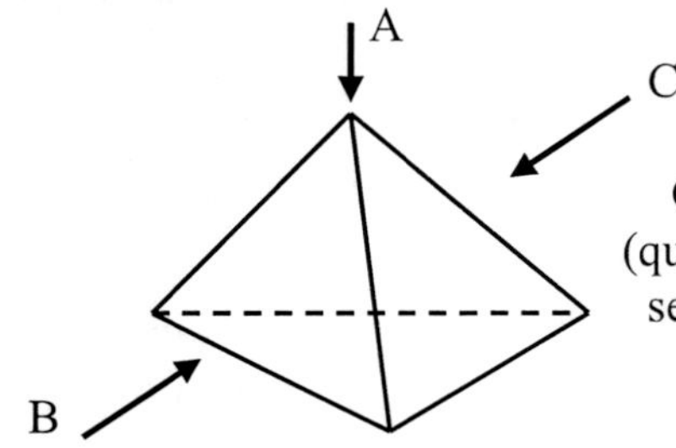

O tetraedro tem quatro faces (quatro triângulos equiláteros), seis arestas e quatro vértices.

Exercício 3.7.4) Dadas as projeções cilíndricas ortogonais adiante, considerando o 3° diedro, desenhar o sólido original em sua imagem tridimensional

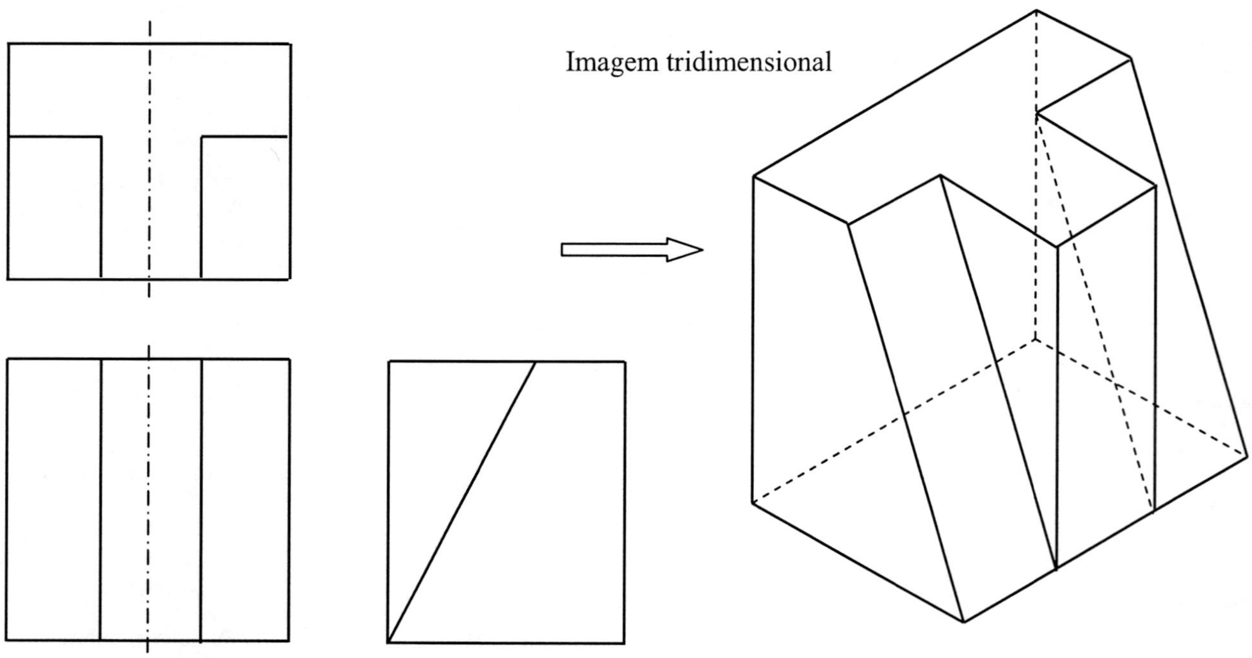

Exercício 3.7.5) Dadas as três projeções, a seguir, desenhar a imagem tridimensional do poliedro.

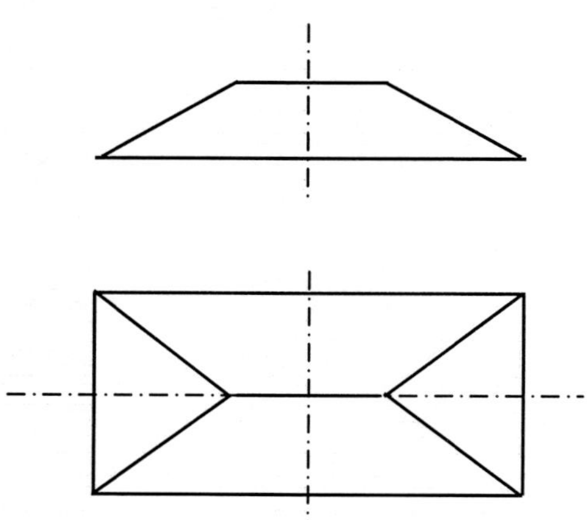

Imagem tridimensional

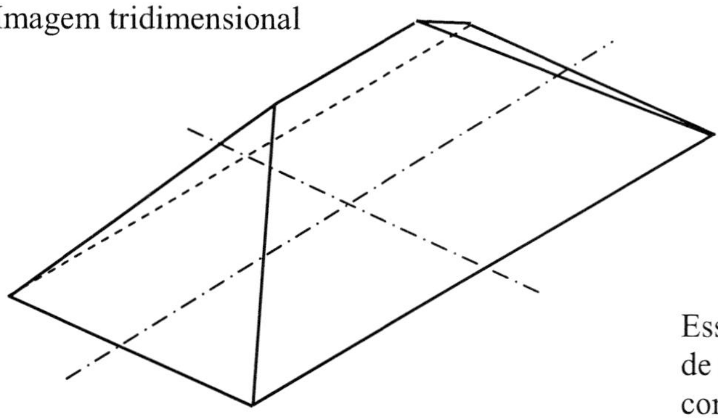

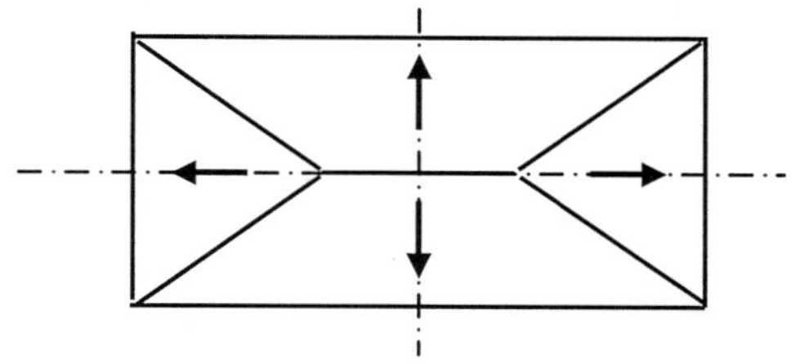

Esse poliedro pode ser interpretado como um telhado de quatro águas, onde cada plano inclinado, marcado com uma seta, representa uma água. Cada seta mostra o sentido de escoamento da água da chuva.

3.8 Exemplos de peças com três projeções, considerando o 1º e o 3º diedro

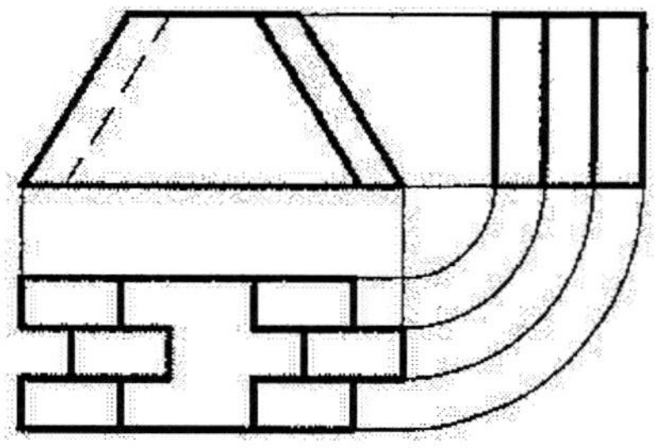

Projeções no 1º diedro

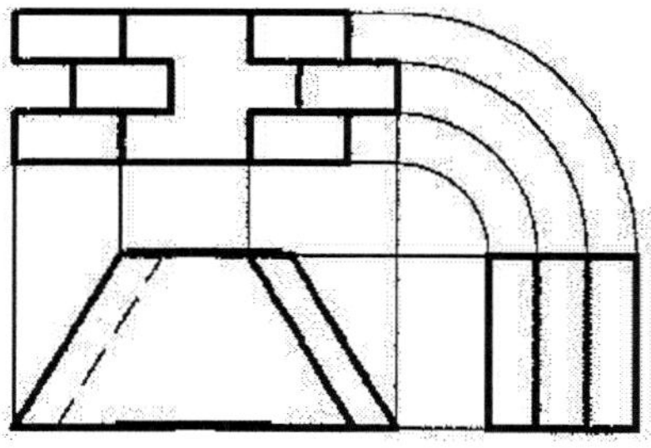

Projeções no 3º diedro

Imagem tridimensional

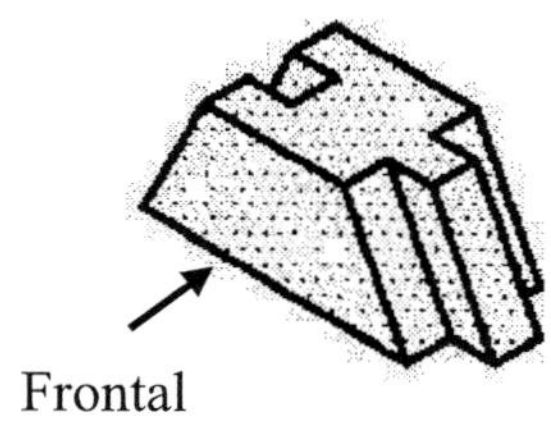

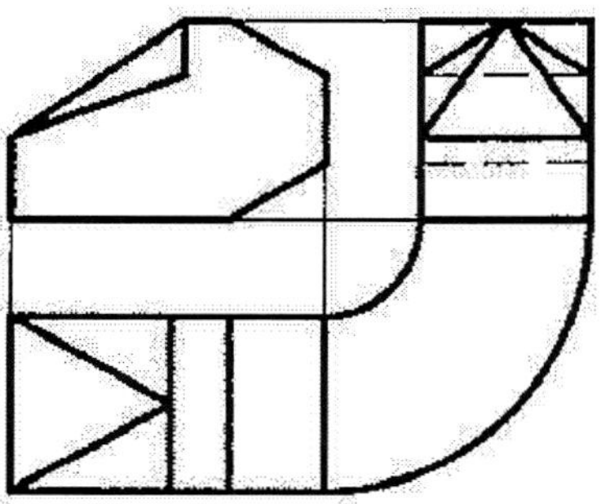

Projeções no 1º diedro

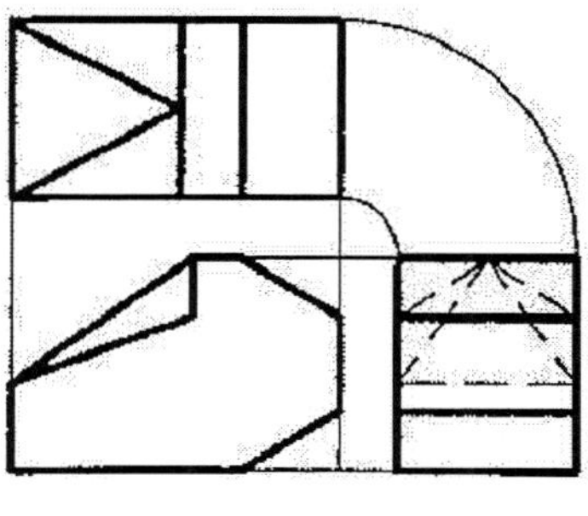

Projeções no 3º diedro

Imagem tridimensional

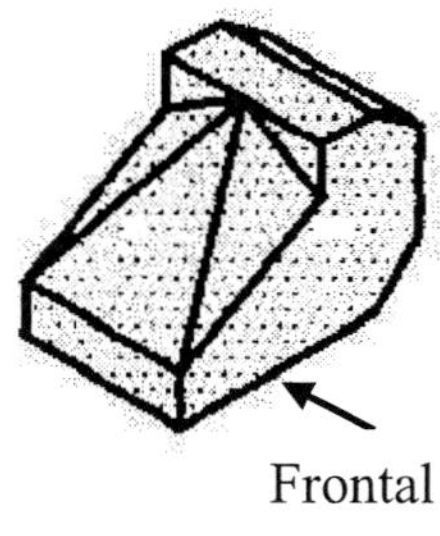

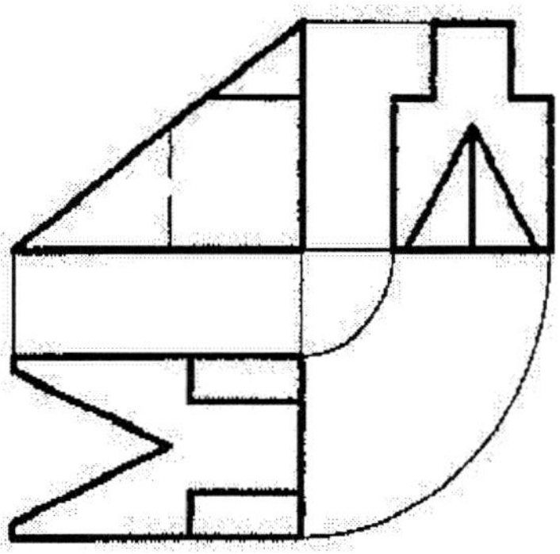

Projeções no 1º diedro

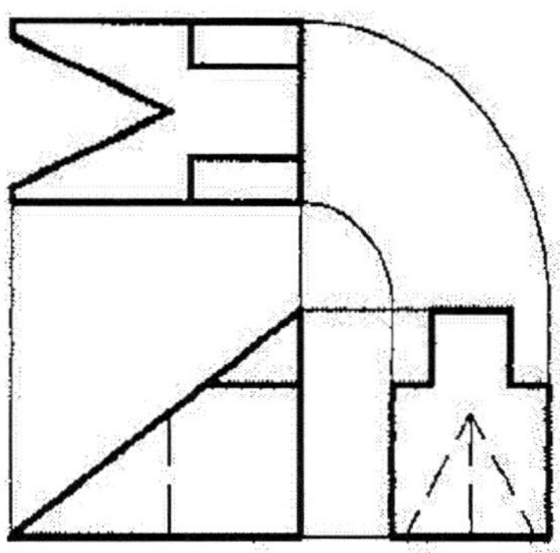

Projeções no 3º diedro

Imagem tridimensional

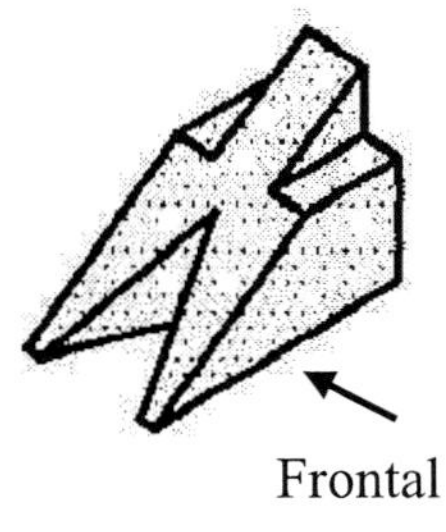

3.9 Exercícios propostos (veja soluções no Apêndice A)

3.9.1) Dado o prisma reto de base hexagonal, a seguir, considerando o 3° diedro, desenhar as vistas ortográficas de frente, em planta e de perfil.

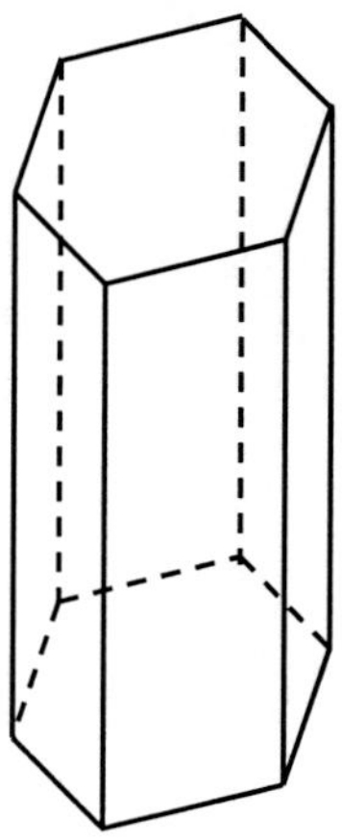

3.9.2) Dadas as vistas ortográficas a seguir, pedem-se: a) Qual diedro está sendo considerado? b) Desenhar a imagem tridimensional ou visão espacial, do objeto em questão.

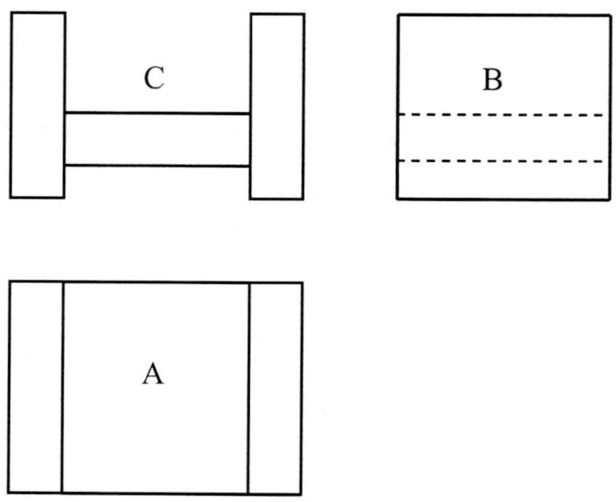

3.9.3) Considerando as três projeções a seguir, desenhar a imagem tridimensional ou visão espacial do poliedro originário, indicando a face frontal.

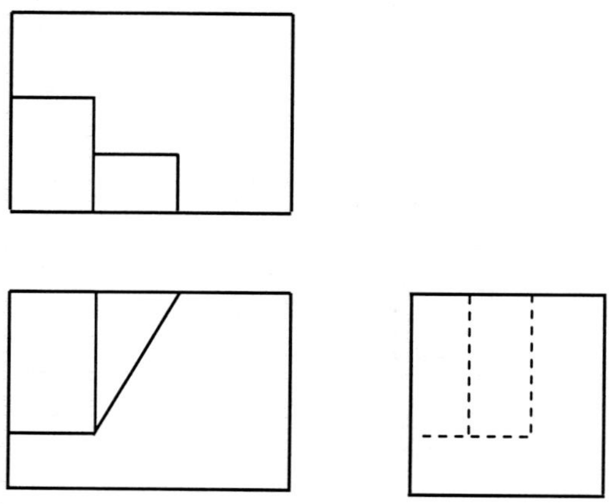

3.9.4) Desenhar as três vistas ortográficas: de frente, em planta e de perfil, do objeto a seguir, considerando o 3º Diedro e a face frontal citada.

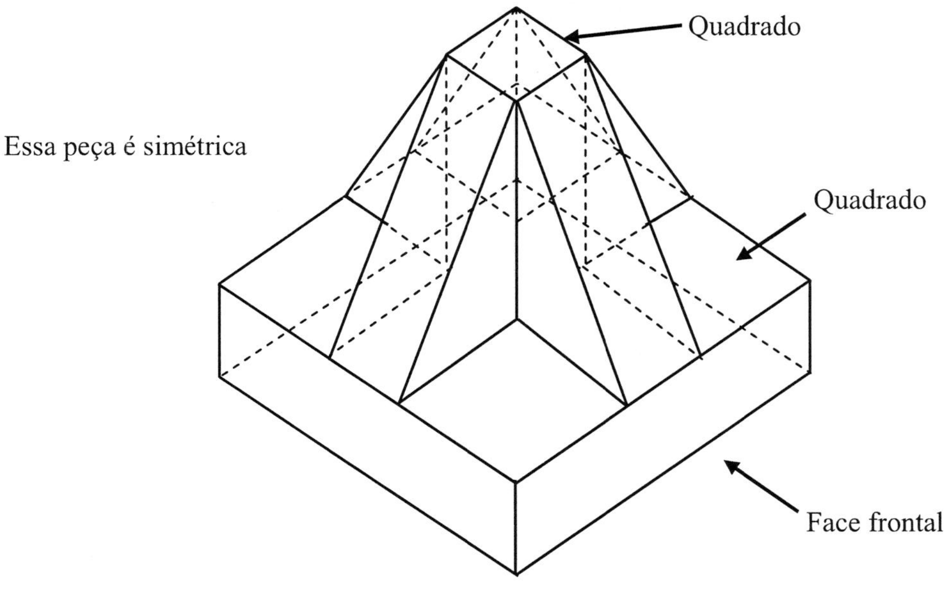

3.9.5) Dadas as duas projeções a seguir, representadas no 3º diedro, de um tronco de prisma reto de base hexagonal, desenhar a 3ª projeção, nomeando cada uma das projeções ou vistas.

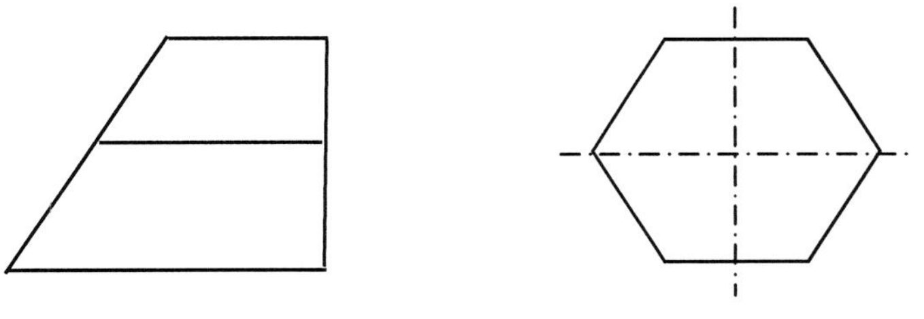

3.9.6) Dadas as três projeções a seguir, representadas no 1º diedro, desenhar a sua visão tridimensional.

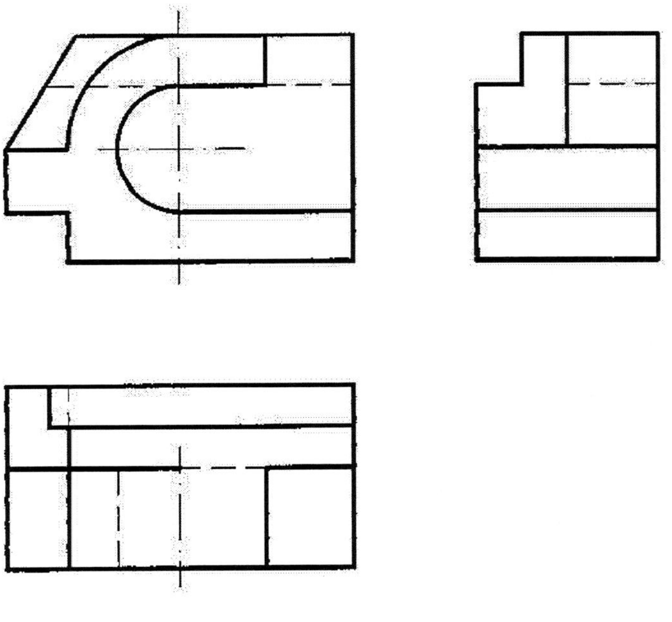

3.10 Exercícios propostos extras

3.10.1) Desenhar as três vistas ortográficas: de frente, em planta e de perfil, dos objetos a seguir, considerando o 3º Diedro e a face frontal citada. Utilize medidas proporcionais às imagens.

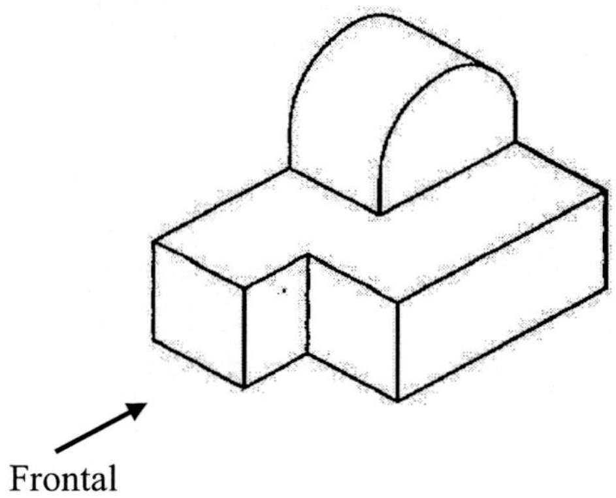

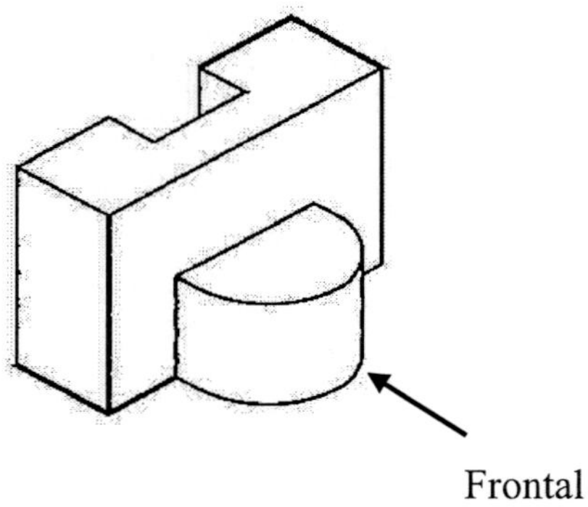

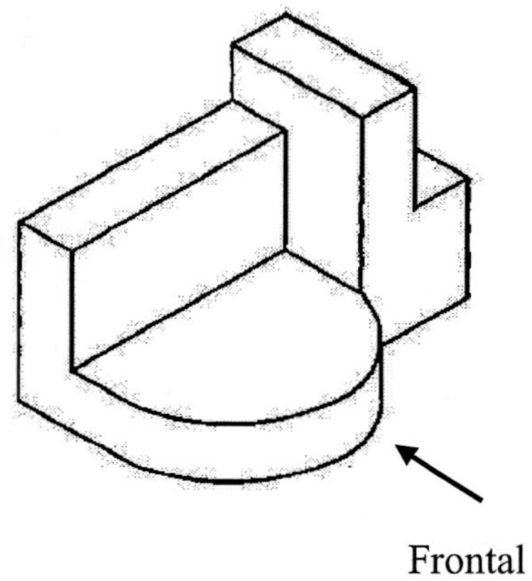

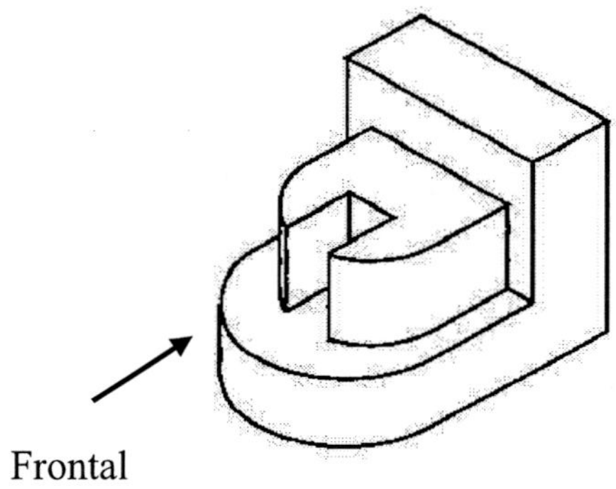

3.10.2) Desenhar as três vistas ortográficas: de frente, em planta e de perfil, dos objetos a seguir, considerando o 1º Diedro e a face frontal citada. Utilize medidas proporcionais às imagens.

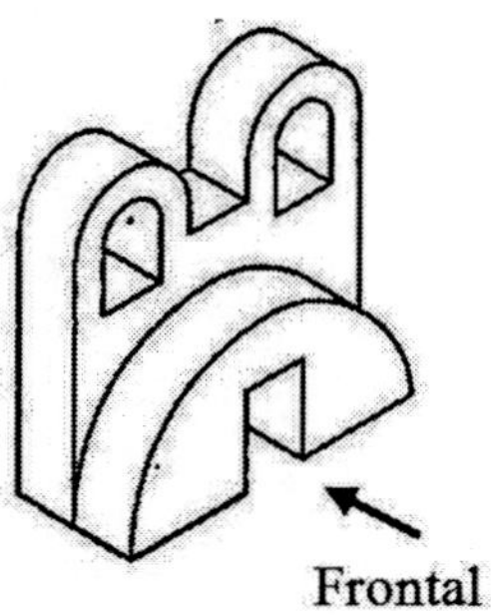

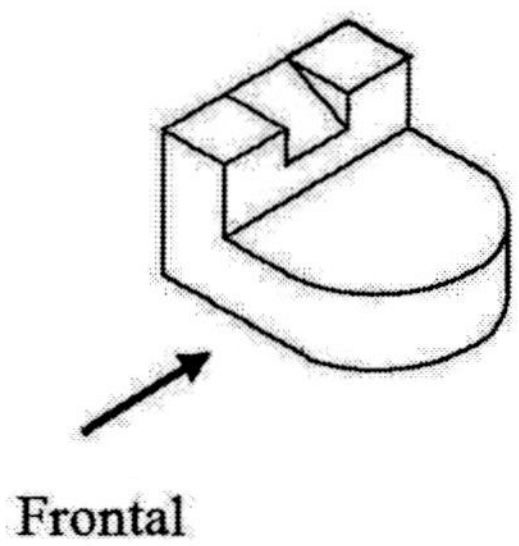

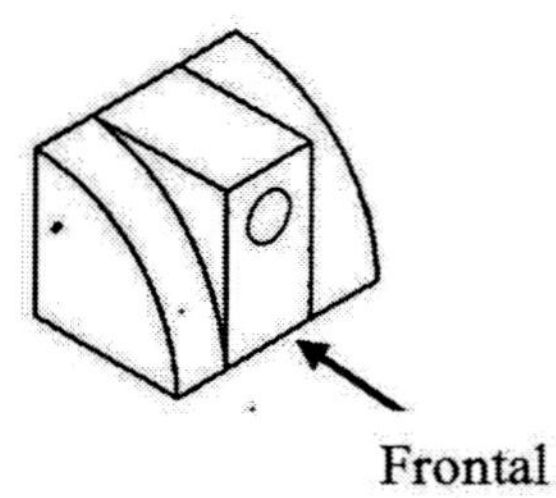

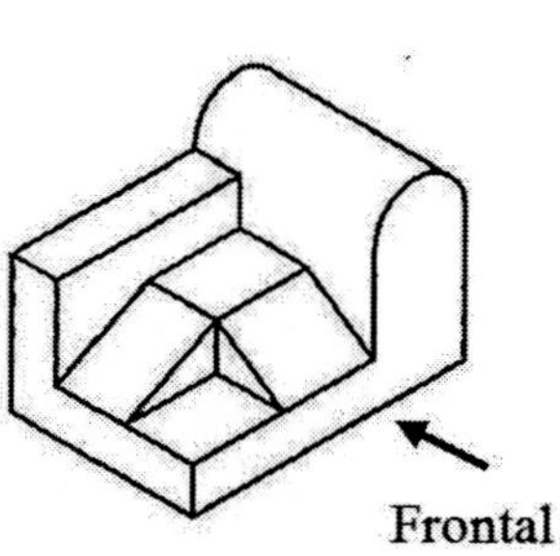

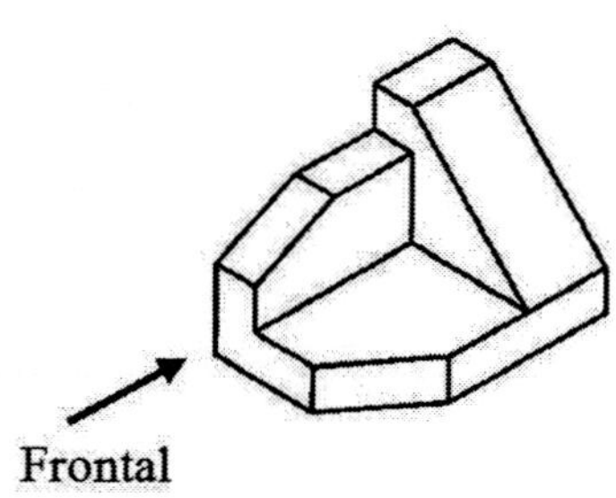

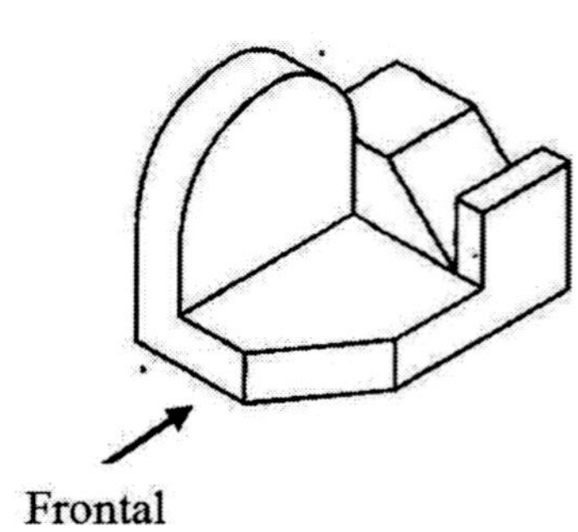

Capítulo 4

As projeções cilíndricas ortogonais em seis planos. As seis vistas ortográficas utilizadas nos Desenhos Técnicos Projetivos

No capítulo 3, foram estudadas as projeções cilíndricas ortogonais ou vistas ortográficas em três planos, constituindo as vistas de frente, em planta e de perfil. Como, especialmente em desenhos de peças de máquinas e equipamentos, algumas vezes as três vistas básicas não são suficientes para representar uma peça, com detalhes em mais de três faces, nesse capítulo serão estudadas as projeções em seis planos diferentes, imaginado-se o objeto ou peça, colocado no interior de um hexaedro ou cubo básico. Como um hexaedro é composto por seis faces ou planos ortogonais (hexa = seis e edro = plano), aplicando-se o conceito das projeções cilíndricas ortogonais a cada um desses planos, obtém-se seis projeções, ou seja, o objeto ou peça pode ser observado por seis posições diferentes. Essas são as seis vistas ortográficas utilizadas nos Desenhos Técnicos Projetivos. Tal e qual no capítulo 1, quando se planificou um triedro (três planos), considerando-se as projeções segundo os 1º e 3º diedros, aqui também serão estudadas as seis projeções ou seis vistas ortográficas, considerando-se a planificação do hexaedro básico, segundo os 1º e 3º diedros.

4.1 As seis vistas ortográficas considerando o 1^0 diedro

O hexaedro básico é composto pelos três planos π, π' e π", acrescentando-se mais três planos paralelos a esses π1, π'1 e π"1 (π1 // π ; π'1 // π' e π"1 // π"), ou seja, um cubo com os seus seis planos, como a seguir descritos.

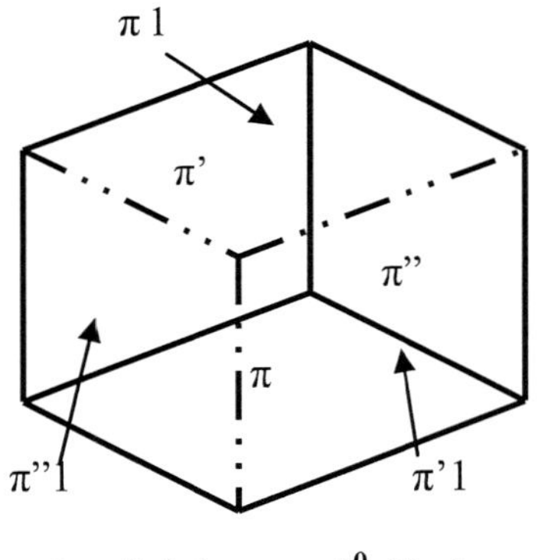

O hexaedro básico no 1^0 diedro

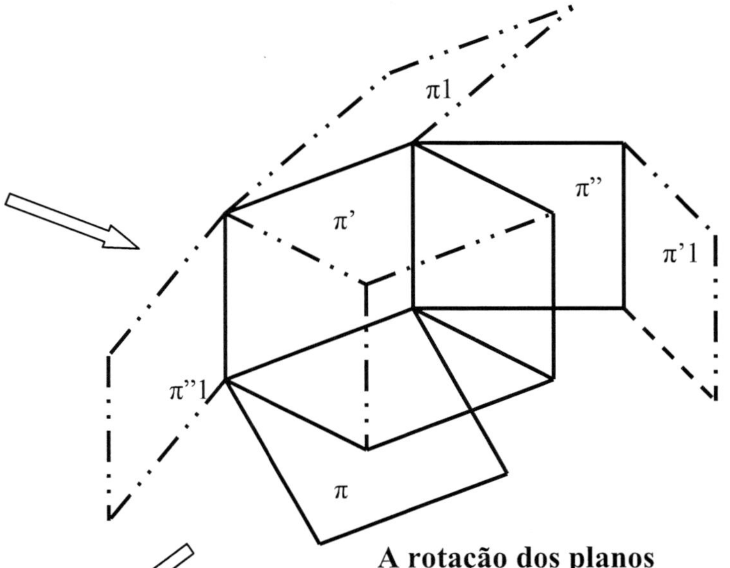

A rotação dos planos

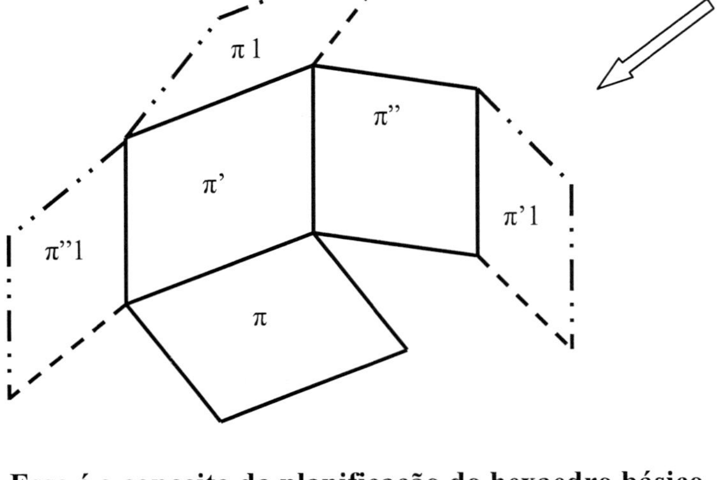

As três faces mostradas em linhas contínuas, correspondem às três projeções principais, quais sejam: π, π' e π".

Esse é o conceito da planificação do hexaedro básico, considerando-se o 1º diedro

Após a rotação ou rebatimento dos planos do hexaedro básico no 1º diedro, tem-se uma planificação com as seis projeções, como mostradas na figura a seguir.

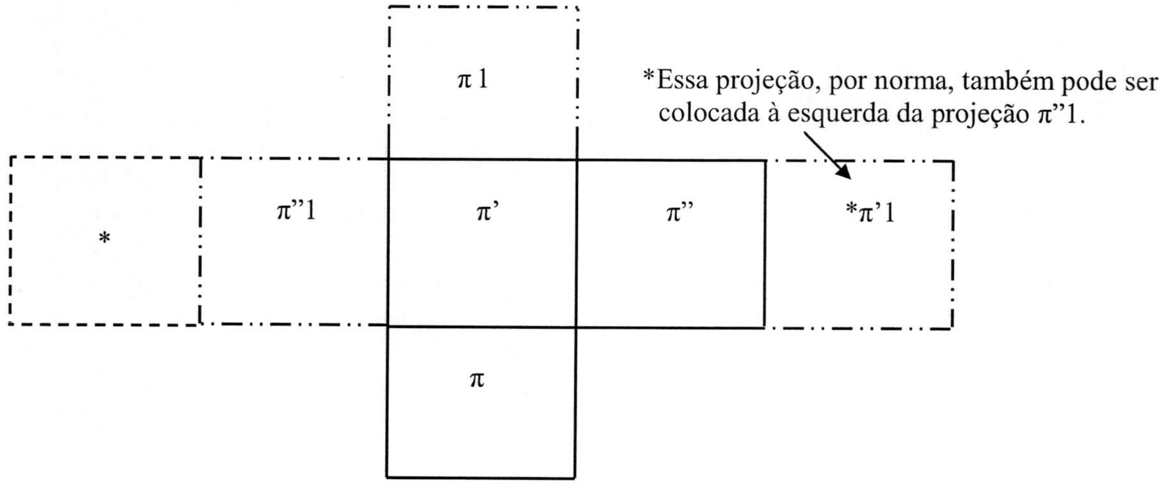

Os planos em linha contínua, são os três planos originais. Os planos em linha com traço e dois pontos, são os novos.

No Desenho Técnico Projetivo estas seis projeções são chamadas e numeradas como vistas ortográficas e recebem os seguintes nomes:

1 – Vista de Frente ou Frontal ou anterior. (equivalente à projeção em π').
2 – Vista Superior ou de Cima ou Planta. (equivalente à projeção em π).
3 – Vista Lateral Esquerda ou de Perfil. (equivalente à projeção em π").
4 – Vista Lateral Direita. (equivalente à projeção em π"1).
5 – Vista Inferior ou de Baixo. (equivalente à projeção em π 1).
6 – Vista Posterior ou de Trás. (equivalente à projeção em π'1).

Exercício 4.1) Considerando a imagem tridimensional a seguir, de um poliedro irregular, desenhar as seis vistas ortográficas, considerando o rebatimento no 1º diedro.

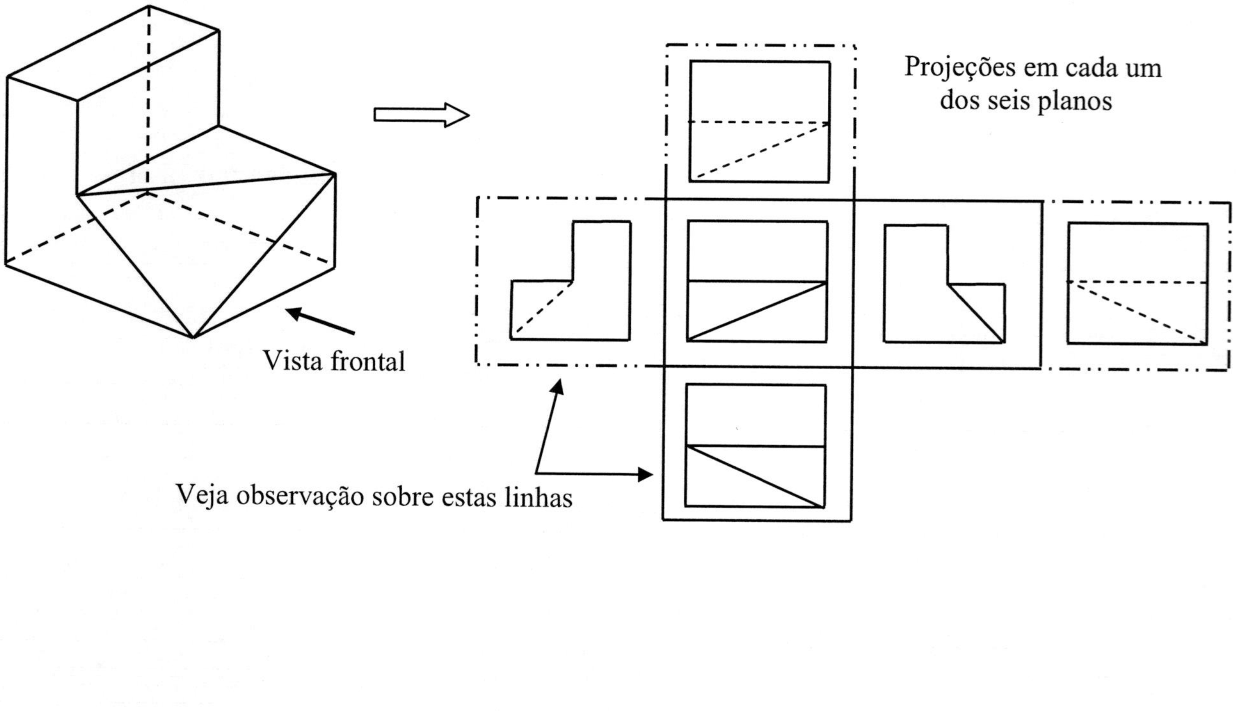

Observação: na prática, as linhas dos planos não são indicadas, com as vistas ficando da seguinte forma:

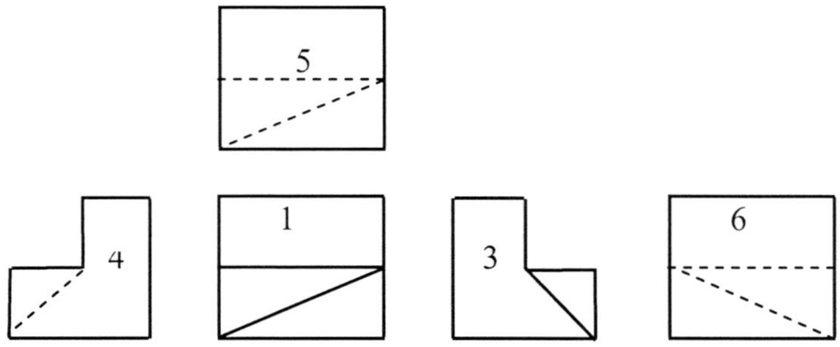

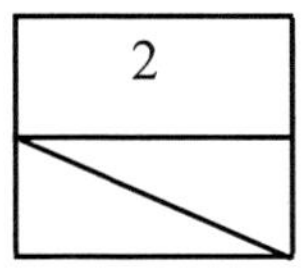

As arestas não visíveis são representadas por linhas tracejadas.

Exercício 4.2) Faça as seis vistas ortogonais da peça a seguir, considerando o 1° diedro.

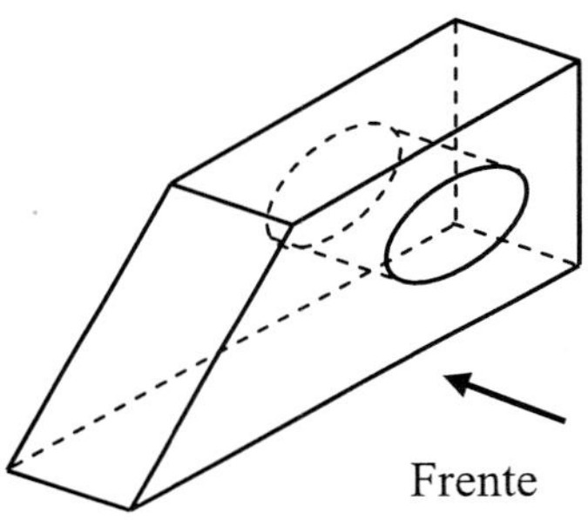

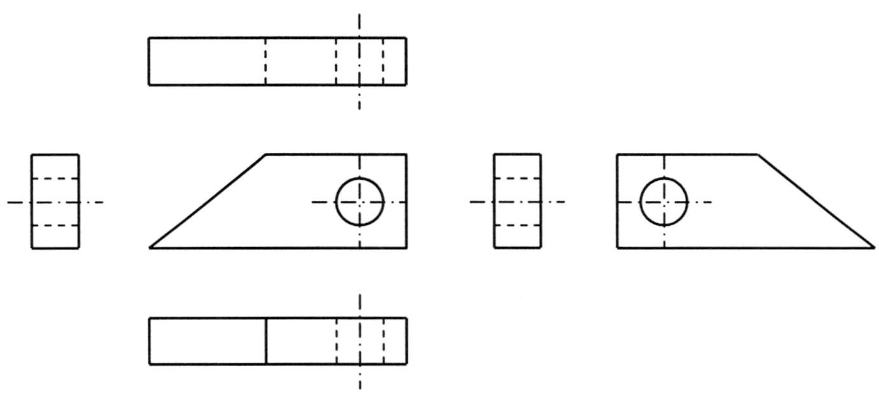

Exercício 4.3) Faça as seis vistas ortogonais da peça a seguir, considerando o 1° diedro.

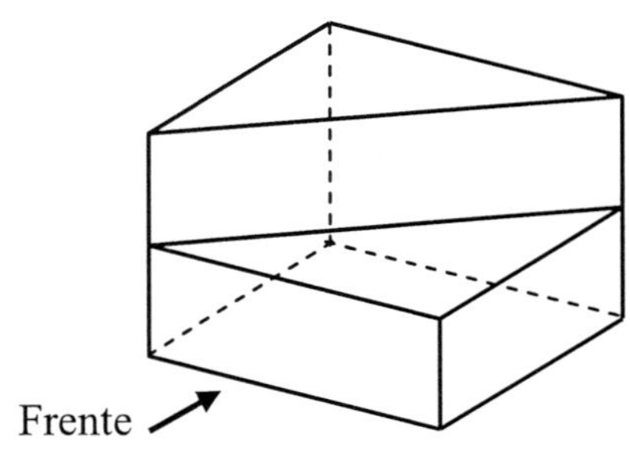

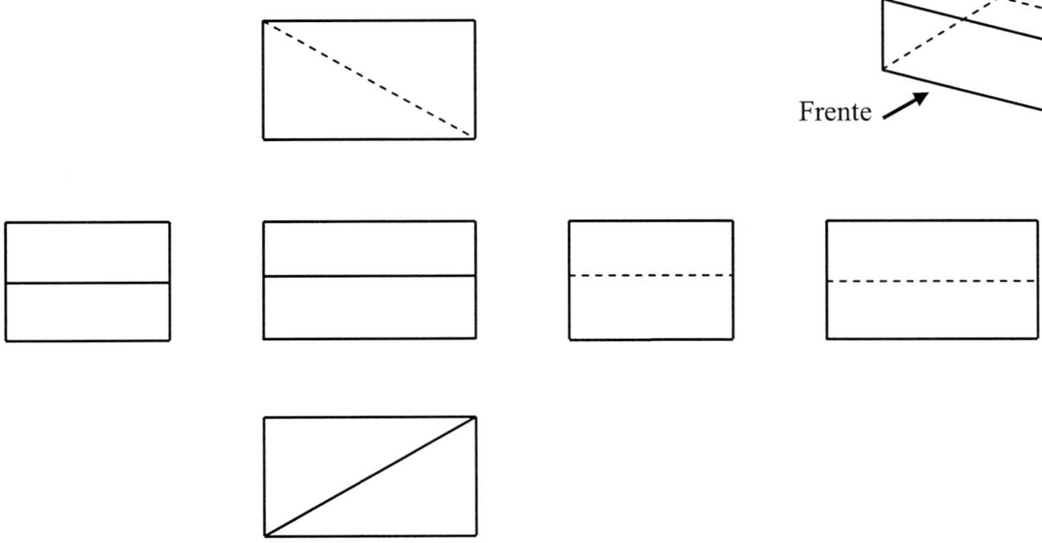

4.2 As seis vistas ortográficas considerando o 3° diedro

A seguir é mostrado como o hexaedro básico é planificado, considerando as seis vistas ortográficas no 3° diedro. Observa-se que a forma dessa planificação é diferente daquela no 1° diedro, como visto no parágrafo 4.1.

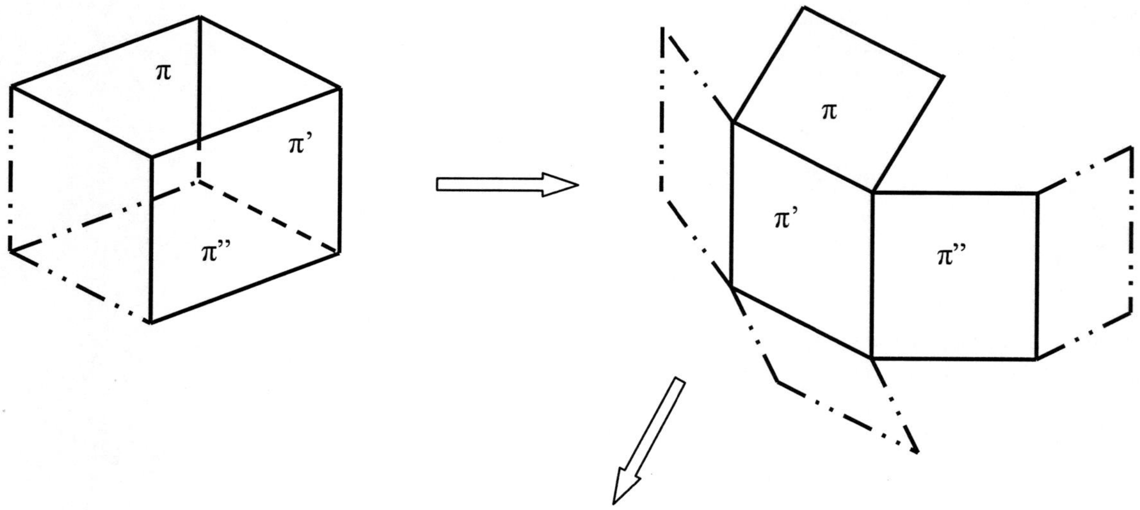

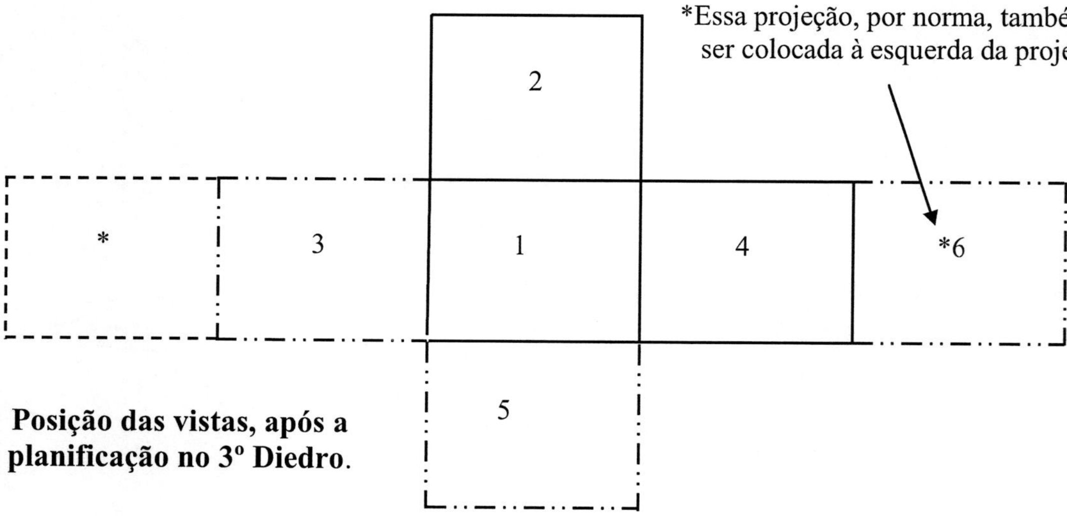

Posição das vistas, após a planificação no 3° Diedro.

As seis vistas ortográficas, considerando o 3° diedro, recebem os seguintes nomes:

1 – De frente, anterior ou frontal;
2 – Superior, planta ou de cima;
3 – Lateral esquerda;
4 – Lateral direita;
5 – Inferior ou de baixo e
6 – De trás ou posterior.

Observa-se que, no 3° diedro, as vistas assumem posições diferentes em relação ao 1° diedro, com exceção da vista de frente.

4.3 Exercícios resolvidos

4.3.1) Fazer as seis vistas ortográficas da peça a seguir, considerando o 3° diedro.

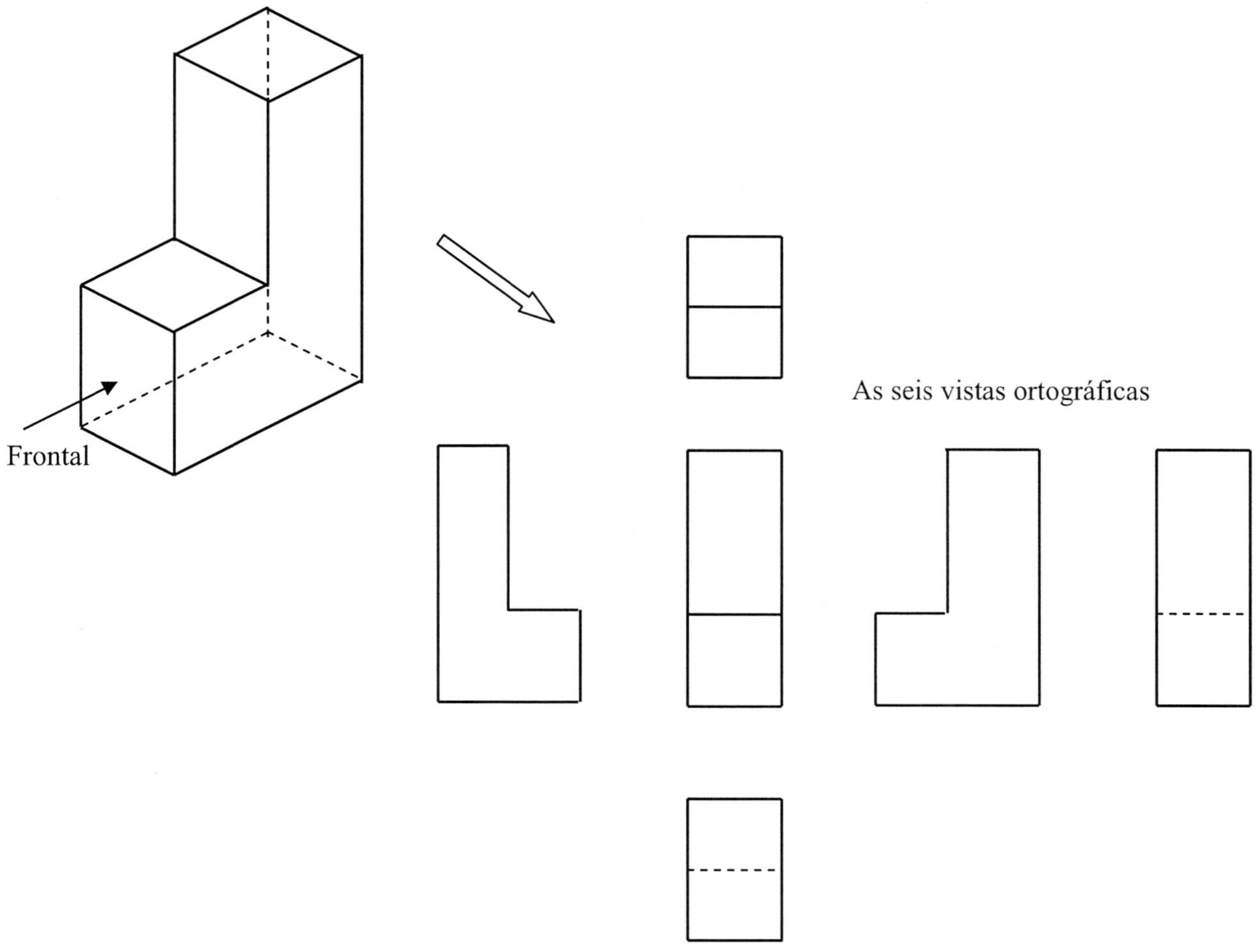

4.3.2) Fazer as seis vistas ortográficas do objeto, a seguir, considerando o 3^0 diedro.

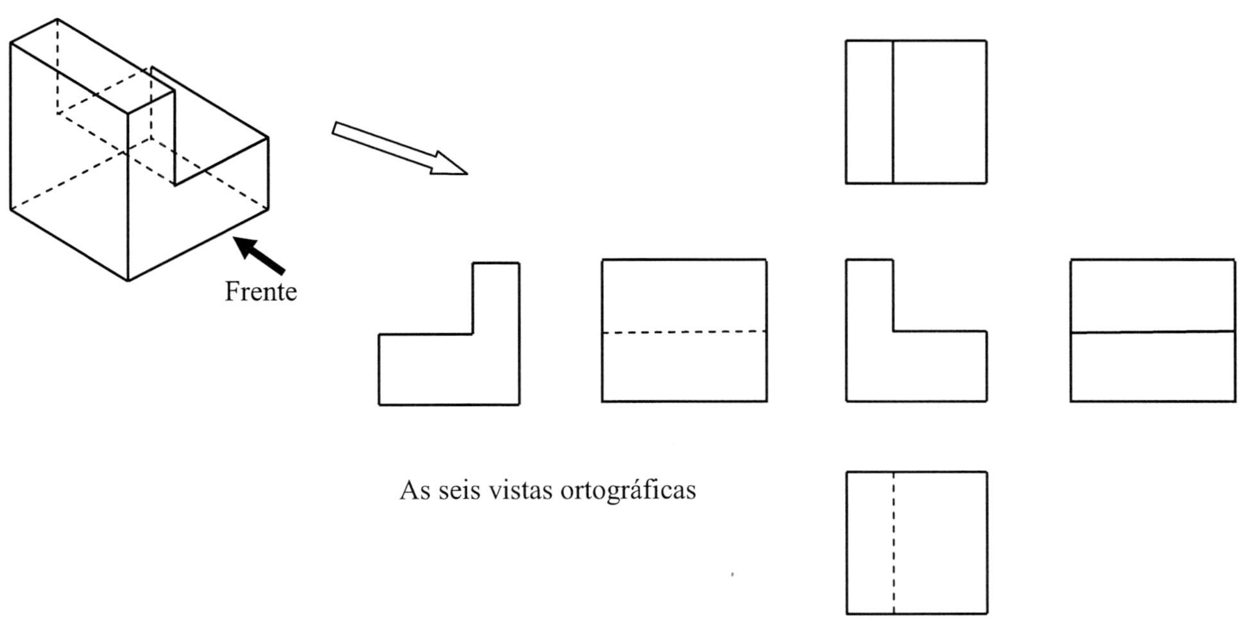

4.3.3) Considerando o poliedro a seguir e a face frontal marcada, representar as seis vistas ortográficas, considerando o 3° diedro, indicando o nome e posição de cada vista.

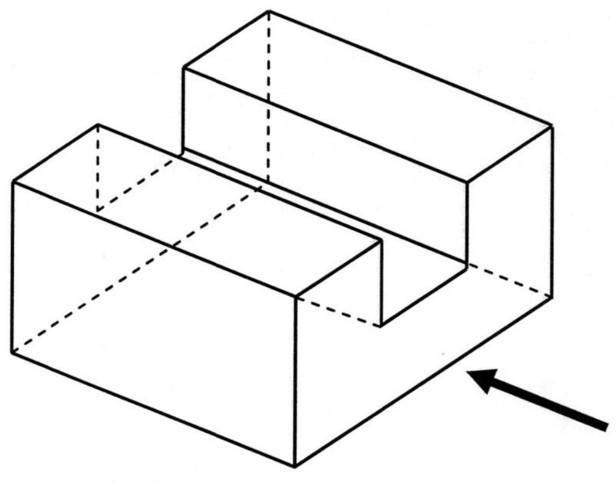

Face frontal

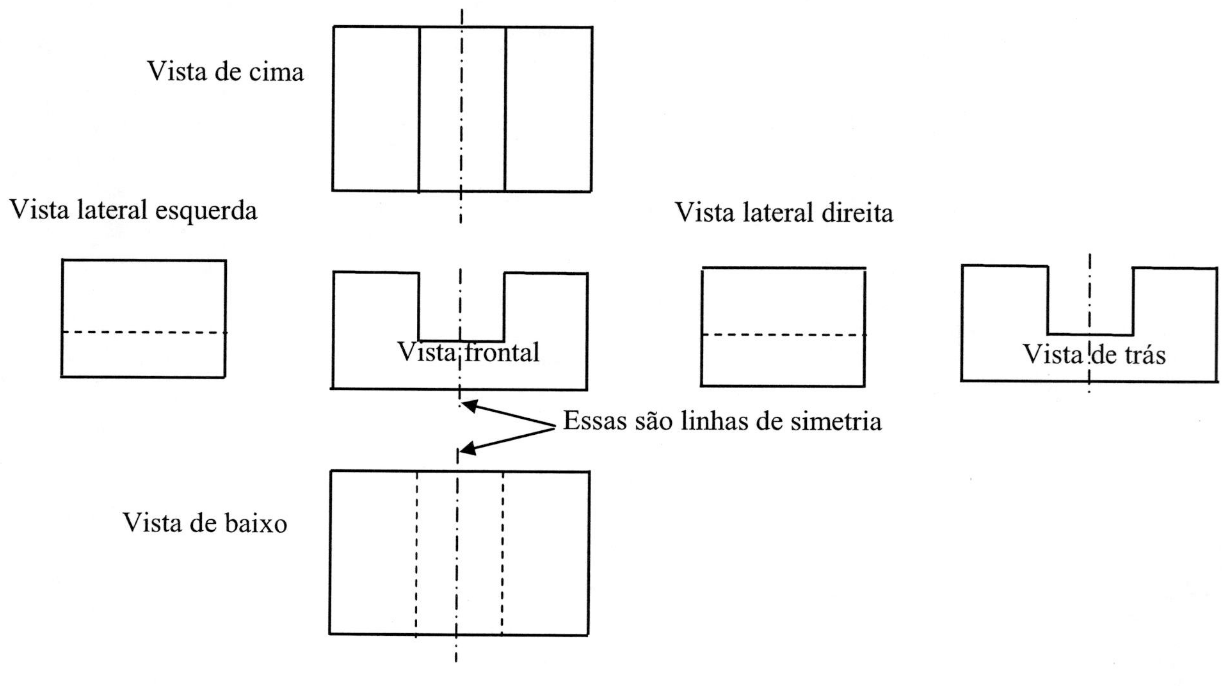

4.3.4) Considerando o poliedro a seguir e a face frontal marcada, representar as seis vistas ortográficas, considerando o 3° diedro, citando quais são as faces de cima e de trás.

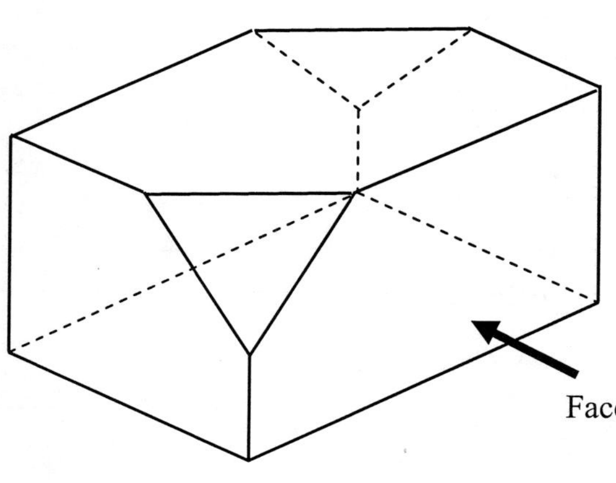

Face frontal

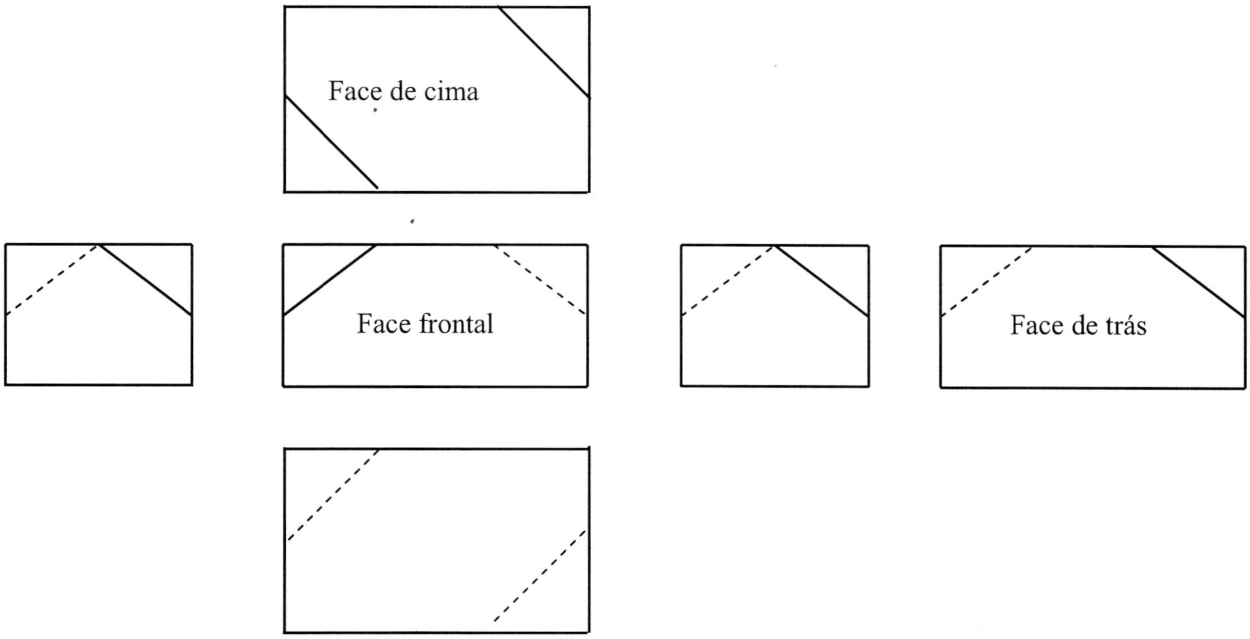

4.3.5) Considerando o poliedro à direita e a face frontal marcada, representar as seis vistas ortográficas, considerando o 3º diedro e citando quais são as vistas de cima e de trás. O rasgo transpassa todo o poliedro.

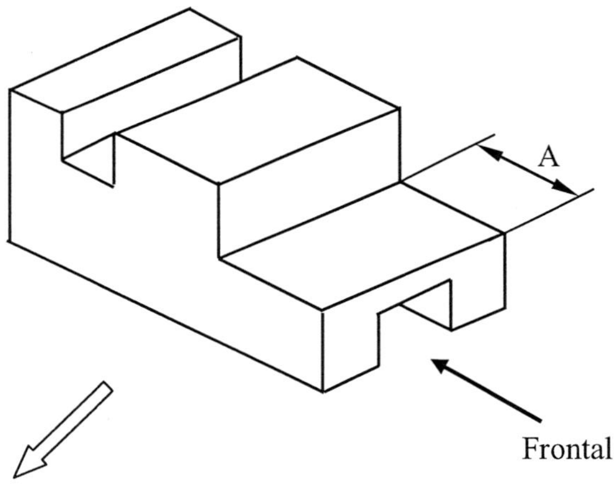

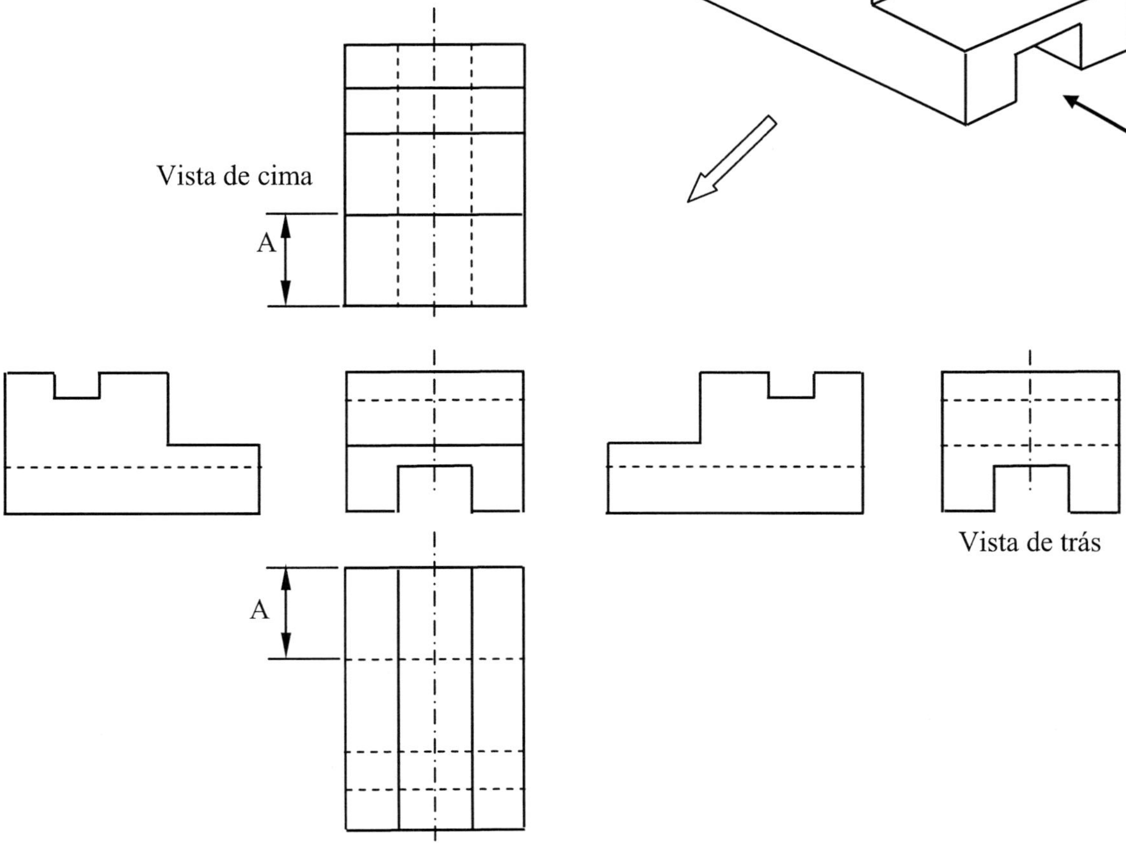

4.4 Exercícios propostos (veja soluções no Apêndice A)

4.4.1) Representar as seis vistas ortográficas dos poliedros a seguir, considerando: a) O 1º diedro e B) O 3º diedro. Observe o posicionamento das vistas, conforme o diedro considerado.

4.4.1.1)

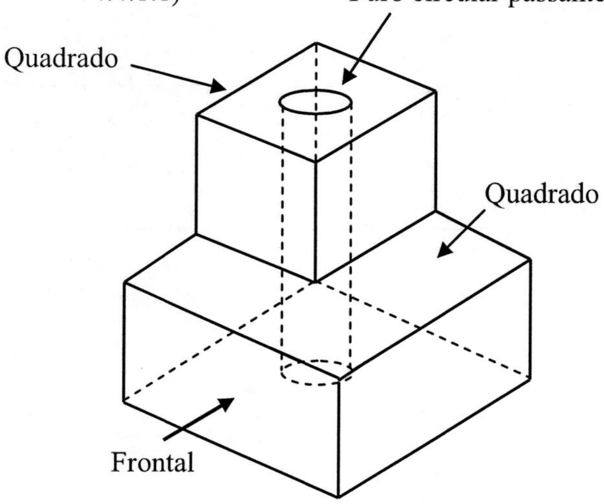

4.4.1.2)

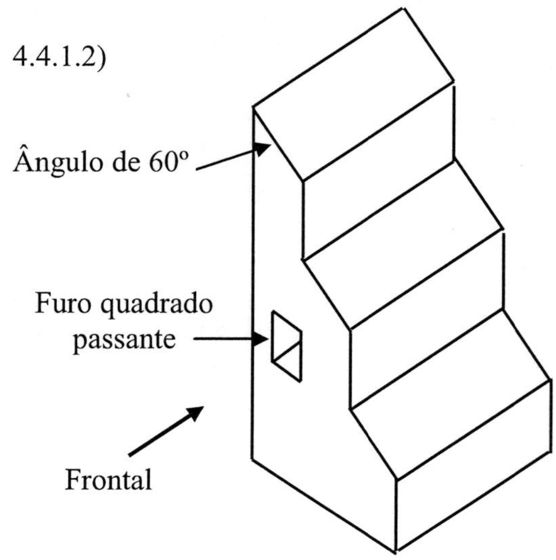

4.4.1.3)

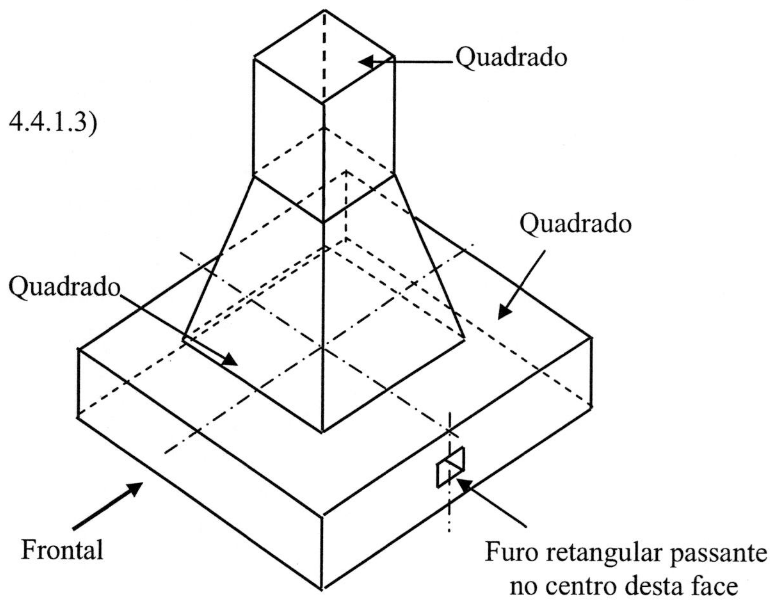

4.4.1.4)

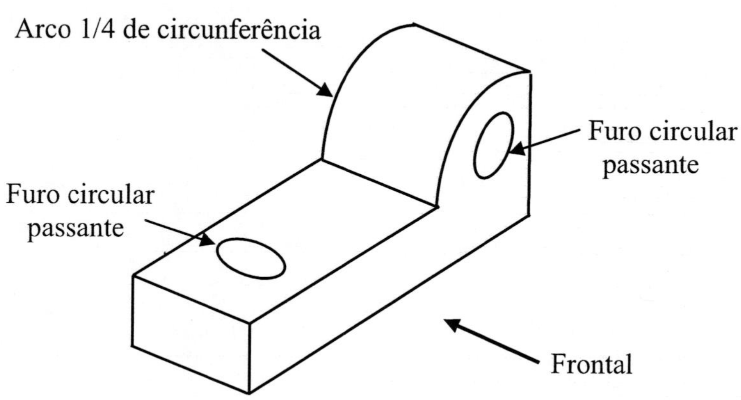

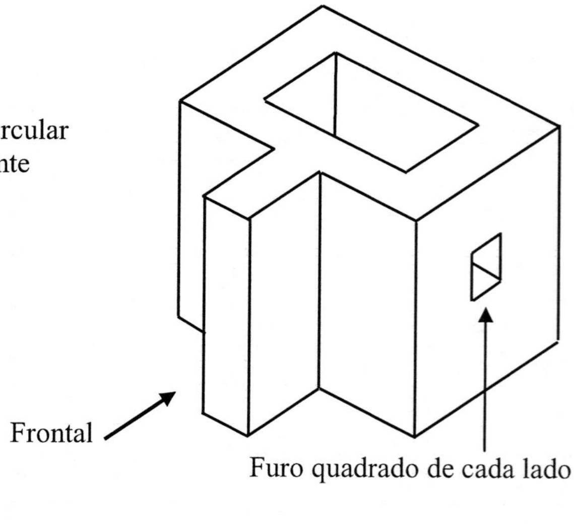

4.5 Exercícios propostos extras

4.5.1) Representar as seis vistas ortográficas dos objetos a seguir, considerando o 1º diedro e a vista frontal como indicada. Todas as medidas estão em milímetros.

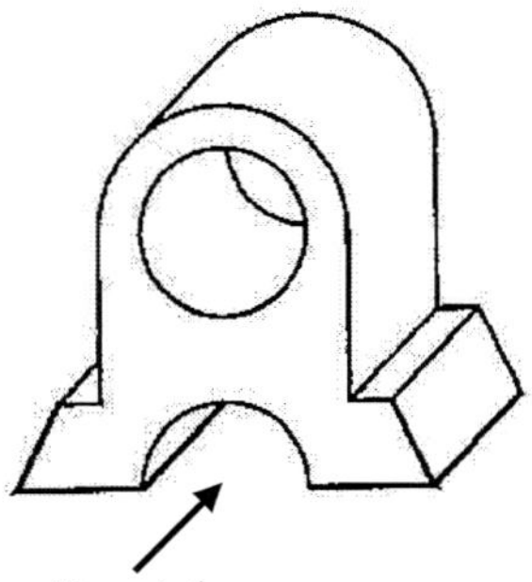

Frontal

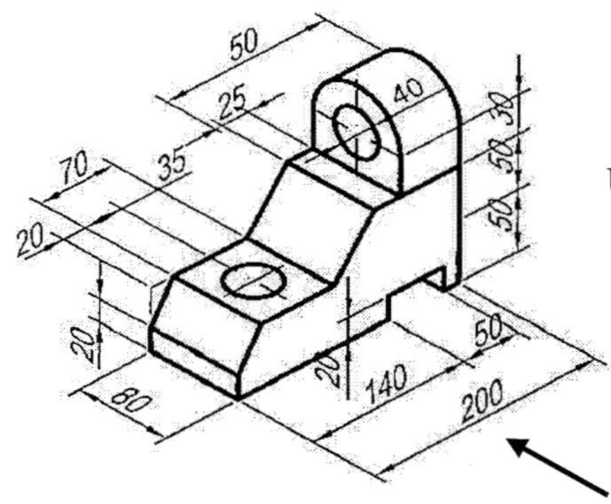

Usar escala 1:2,5.

Frontal

As medidas são apenas para desenhar. No capítulo 8 serão estudadas as regras de cotagem.

Usar escala 1:2,5.

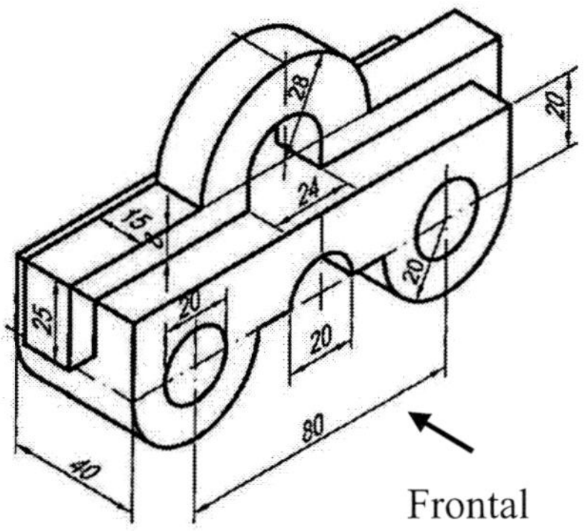

Frontal

Usar escala 1:2,5.

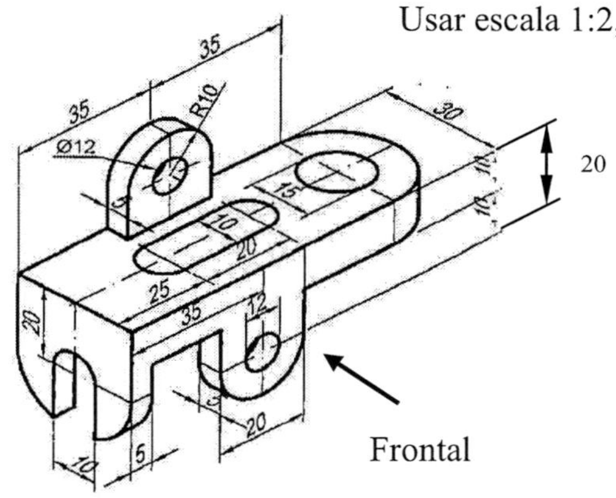

Frontal

4.5.2) Representar as seis vistas ortográficas dos objetos a seguir, considerando o 3º diedro.

Usar escala 1:2,5.

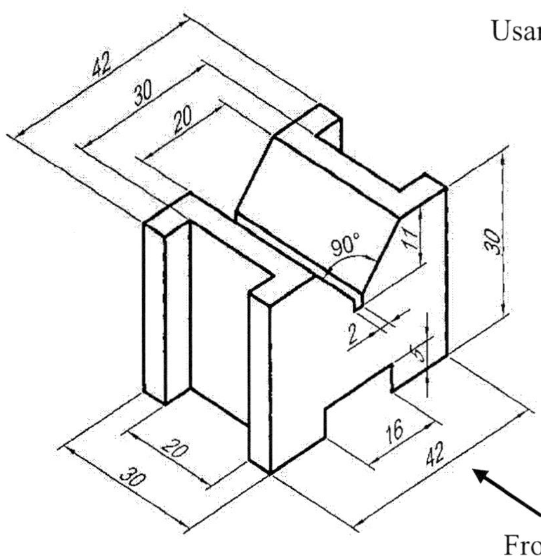

Frontal

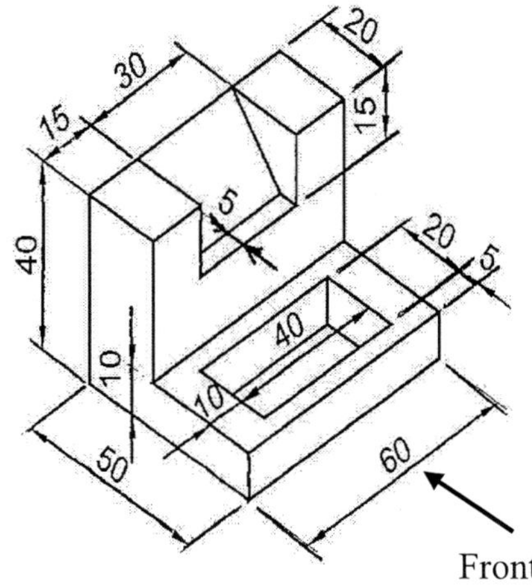

Frontal

As medidas são apenas para desenhar. No capítulo 8 serão estudadas as regras de cotagem.

4.5.3) Representar as seis vistas ortográficas dos objetos a seguir, considerando o 1º diedro e a vista frontal como indicada.

4.5.3.1)

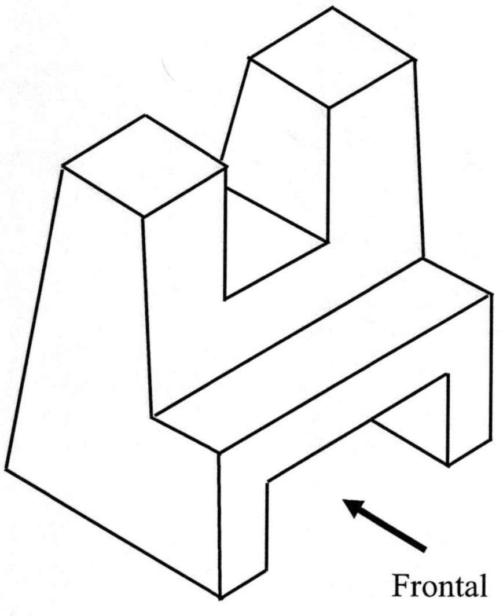

4.5.3.2)

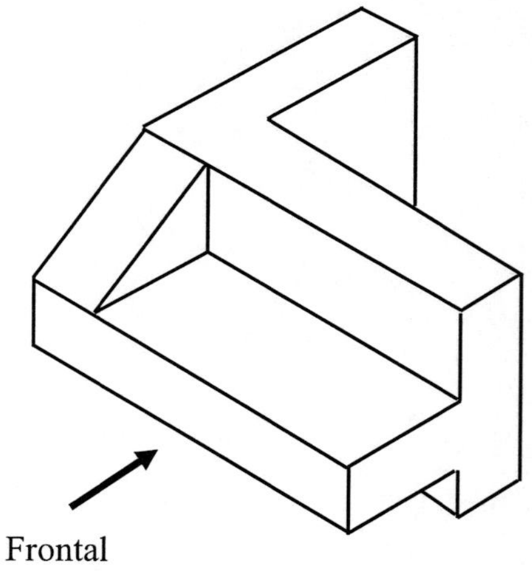

4.5.4). Representar as seis vistas ortográficas dos objetos a seguir, considerando o 3º diedro e a vista frontal como indicada.

4.5.4.1)

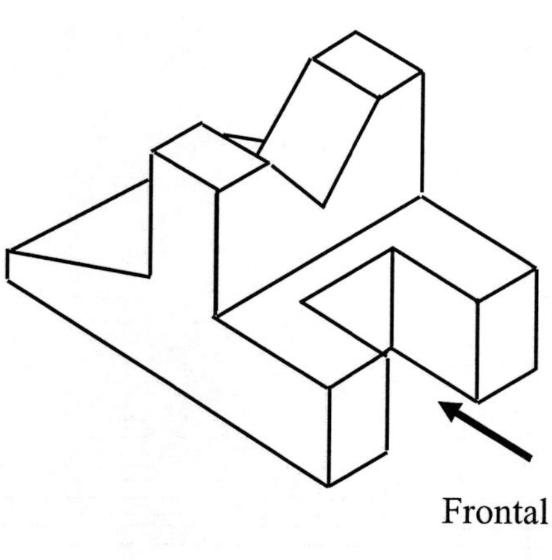

4.5.4.2)

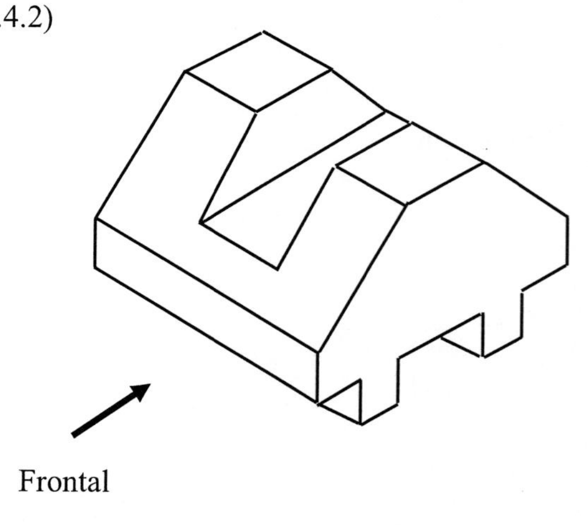

Capítulo 5

Perspectivas: o desenho técnico tridimensional

A palavra perspectiva vem do latim *perspicere* e significa "ver através de". Embora desde a Grécia antiga artistas já desenhassem expressando a ideia de volume e profundidade, foi a partir da conceituação da perspectiva cônica, em 1413, que outros tipos de perspectivas foram sendo desenvolvidas.

Do ponto de vista da aplicação no Desenho Técnico Projetivo, existem dois tipos de perspectivas: a cônica e a cilíndrica axonométrica* com as seguintes classificações:

(*Axonometria: *axon* = eixo e *metreo* = medida)

- Perspectivas
  - Cônica
    - Com 1 ponto de fuga
    - Com 2 pontos de fuga
    - Com 3 pontos de fuga
  - Cilíndrica axonométrica
    - Oblíqua
      - Militar
      - Cavaleira
    - Ortogonal
      - Isométrica
      - Dimétrica
      - Anisométrica

Para os objetivos deste livro, serão mostrados apenas os seguintes tipos de perspectivas: cônica, cavaleira, isométrica, dimétrica e anisométrica.

5.1 Perspectiva cônica

Foi a partir de análises visuais, na busca de soluções geométricas para a construção das cúpulas de catedrais, que os arquitetos italiano Brunelleschi (1377-1446) e León Battista Alberti (1404-1472), criaram o conceito básico da perspectiva cônica. Em 1413 Brunelleschi apresentou um dispositivo chamado perspectógrafo, onde se conseguia desenhar objetos e formas, dando-lhes a ideia de profundidade.

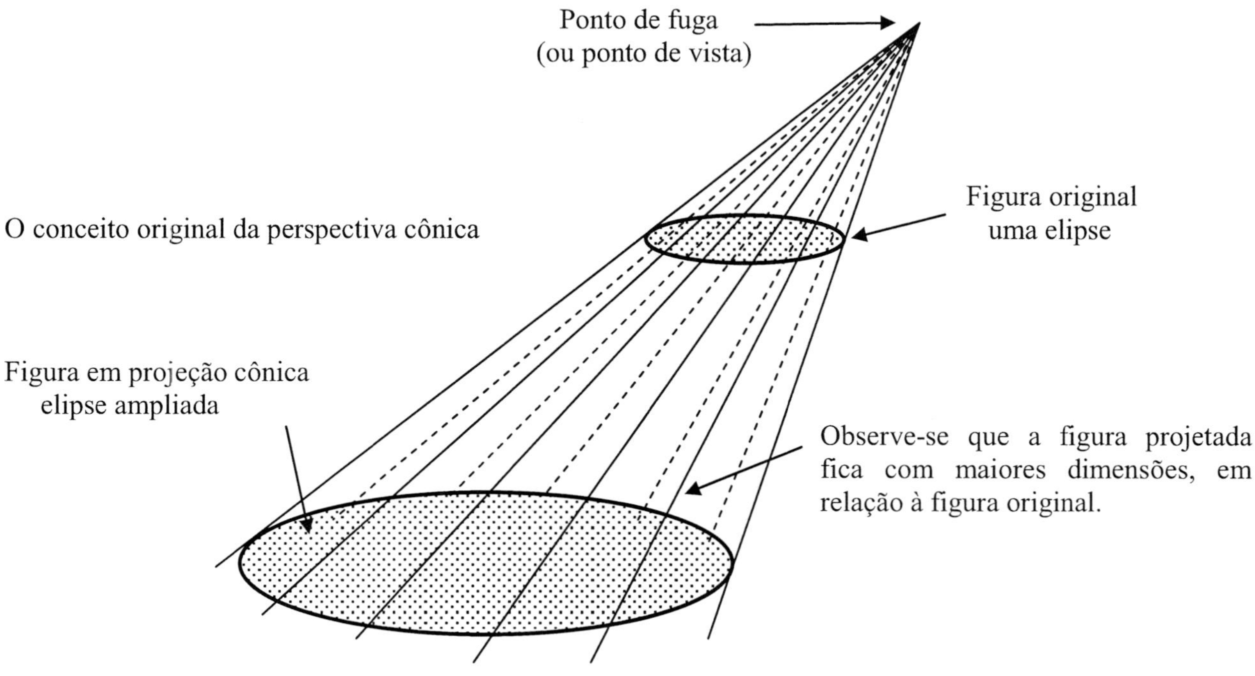

Figura 5.1: perspectiva cônica de uma elipse

A perspectiva cônica procura desenhar objetos da mesma forma que o olho humano enxerga, ou seja, de forma cônica. Uma simples experiência, que qualquer um pode fazer, e que comprava a visão humana como cônica é quando estamos dentro de um extenso corredor, pois apesar das paredes serem paralelas, tem-se a impressão que elas se encontram lá ao fundo, num ponto chamado ponto de fuga. A mesma sensação se tem ao parar no meio dos trilhos de uma ferrovia, tem-se a impressão que os trilhos se encontram lá longe. A figura 5.1 mostrou o conceito da perspectiva cônica aplicada a uma elipse.

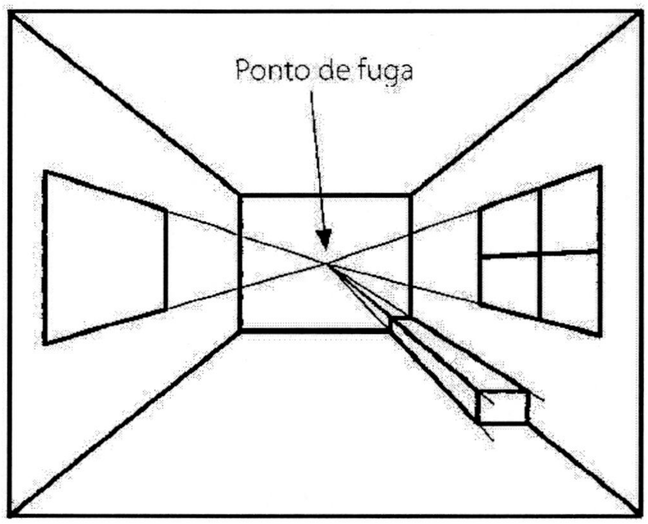

Exemplo de perspectiva cônica em Arquitetura

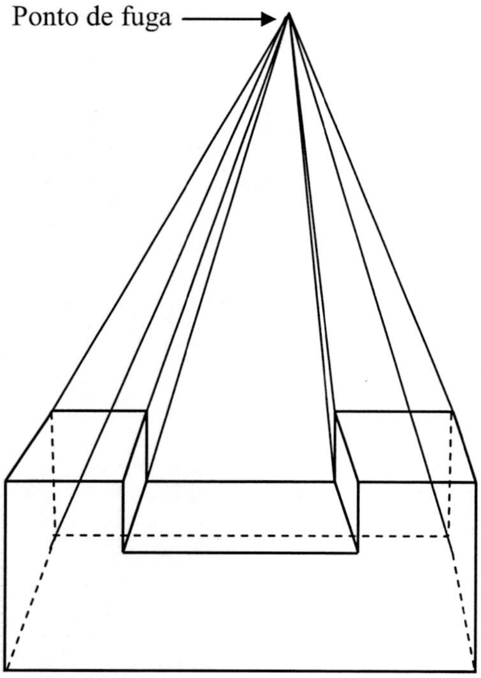

Um objeto poliédrico em Perspectiva Cônica
(com um ponto de fuga)

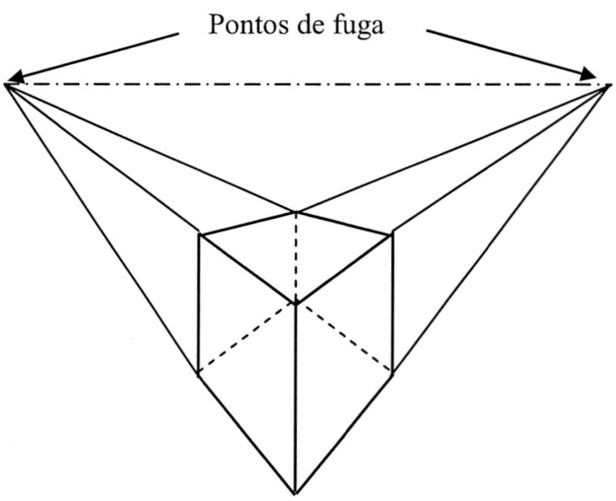

Um hexaedro em Perspectiva Cônica
(com dois pontos de fuga)

5.2 Perspectiva cavaleira

Utiliza a projeção cilíndrica oblíqua, causando uma deformação no objeto representado, sendo que uma das faces (a de frente) é paralela ao plano de projeção, ou seja, representada em verdadeira grandeza.

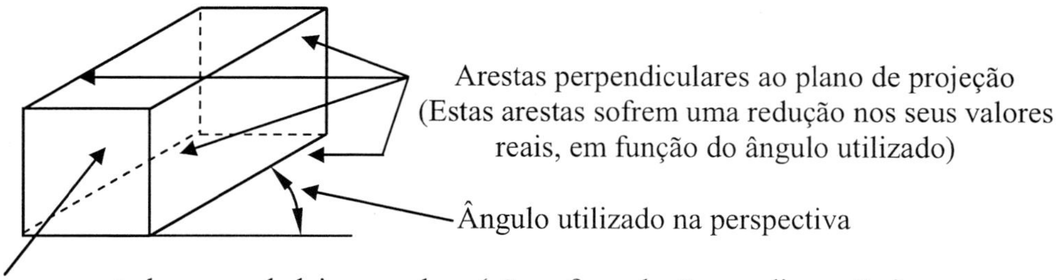

Face de frente, representada em verdadeira grandeza (não sofre redução nas dimensões)

Em princípio pode ser utilizado qualquer valor de ângulo, mas na prática são utilizados 30°, 45° e 60°. Para cada valor de ângulo é calculado um fator K de redução das arestas paralelas ao plano de projeção. K é a relação entre a aresta reduzida e a aresta real:

$$K = \frac{\text{Aresta reduzida}}{\text{Aresta real}}$$

Na prática tem-se os seguintes valores:

$$\begin{cases} K = 2/3 \text{ para ângulo de } 30^\circ \\ K = 1/2 \text{ para ângulo de } 45^\circ \\ K = 1/3 \text{ para ângulo de } 60^\circ \end{cases}$$

O objeto também pode ser desenhado com a noção de profundidade da direita para a esquerda.

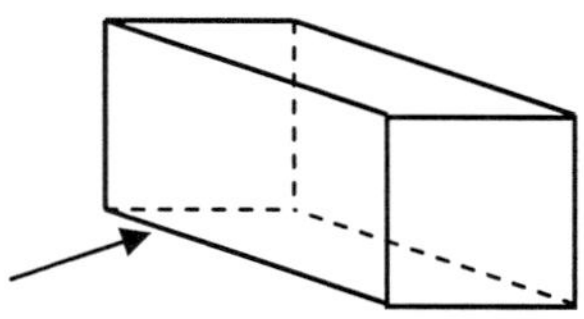

Quanto maior o ângulo utilizado "menores" aparecem as arestas perpendiculares ao plano de projeção. A figura a seguir mostra o mesmo prisma, ou seja, com as mesmas dimensões, porém com ângulos diferentes. Observa-se o efeito espacial, que torna o desenho harmonioso e equilibrado. Tem-se a impressão que o objeto está se "escondendo", à medida que o ângulo aumenta.

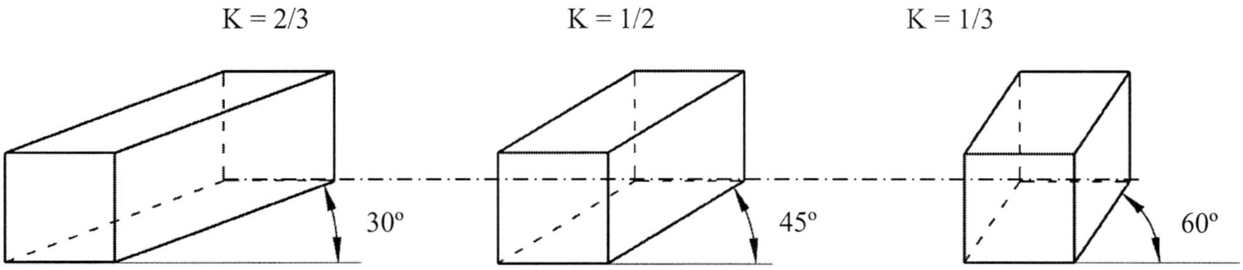

Agora observa-se como ficaria o mesmo prisma, fazendo a perspectiva cavaleira a 60°, mas sem reduzir a dimensão das arestas perpendiculares ao plano de projeção.

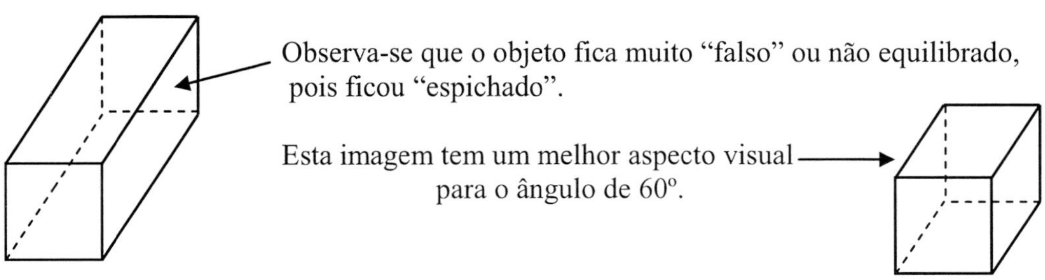

Exemplos de cilindros em perspectiva cavaleira (circunferência nas três faces)

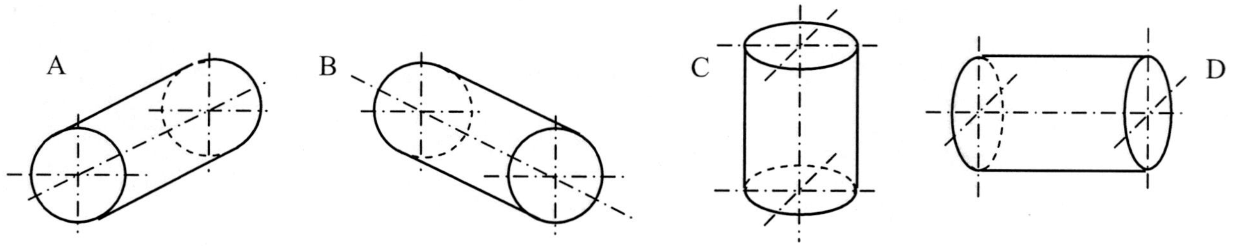

Nas posições A e B, a circunferência aparece em verdadeira grandeza, sem deformação.

Nas posições C e D, a circunferência aparece como uma elipse. Existem métodos geométricos específicos para o seu traçado, como conceituado a seguir.

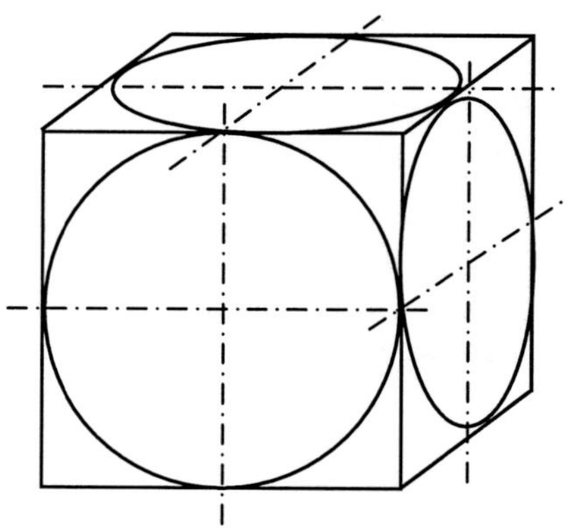

Este é o conceito da construção de circunferências em perspectiva cavaleira, segundo o plano considerado.

5.2.1 Exemplo de peça mecânica desenhada em perspectiva cavaleira a 45°

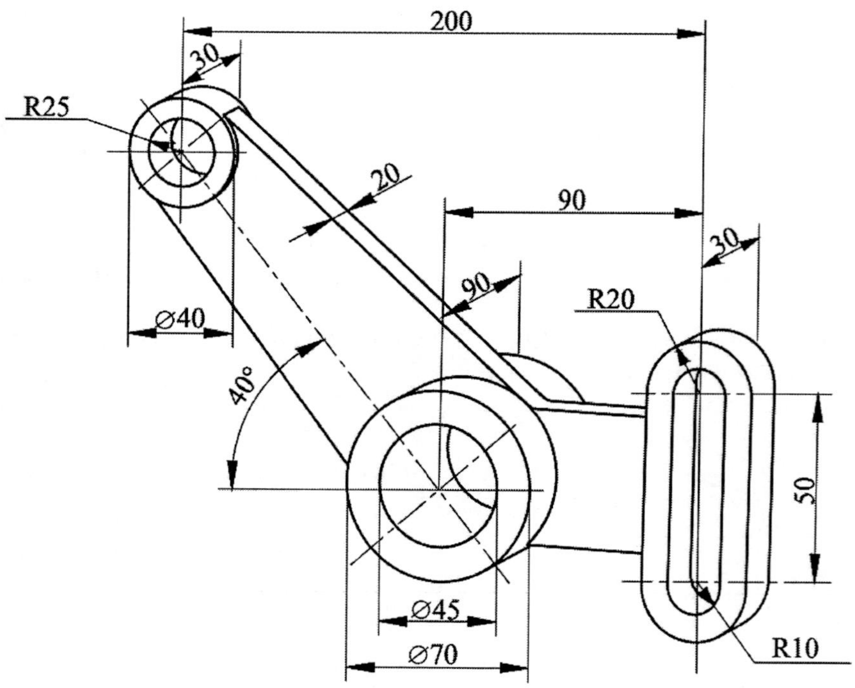

Esse tipo de peça é muito comum em máquinas, em sistemas de transmissão de movimento.

5.3 A perspectiva isométrica

Utiliza a projeção cilíndrica ortogonal, onde as projeções dos três eixos x, y, z, formam entre si ângulos de 120°. As três faces aparecem de forma inclinada, mostrando alguns detalhes que não são bem visíveis na perspectiva cavaleira. Teoricamente as três dimensões da isométrica deveriam sofrer uma redução igual de 0,8, mas na prática não se faz.

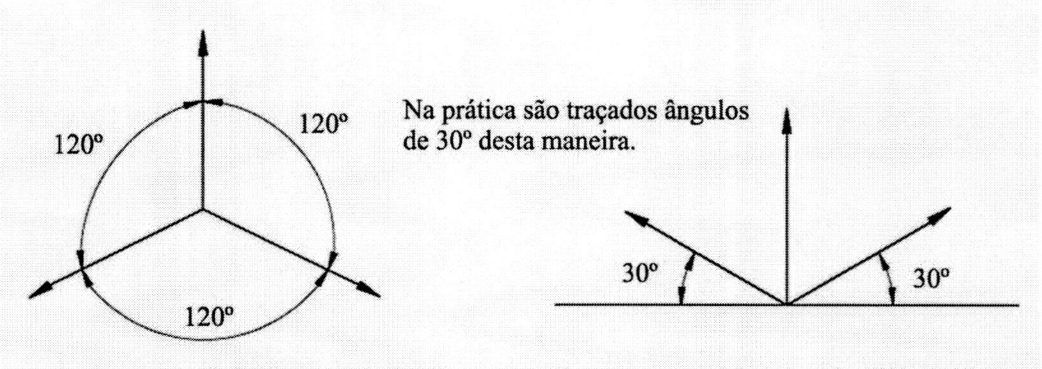

Projeções dos eixos x, y, e z que formam entre si ângulos de 120° e 30°

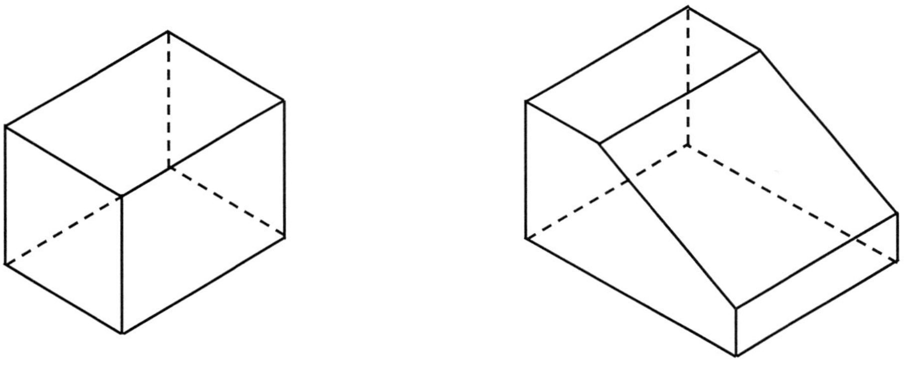

Exemplos de poliedros em perspectiva isométrica

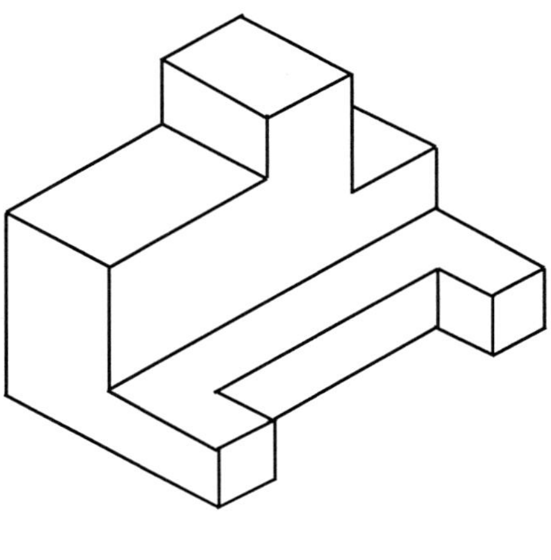

Exemplo de peça em perspectiva isométrica

5.3.1 Processo para desenho de uma circunferência em perspectiva isométrica, gerando uma falsa elipse

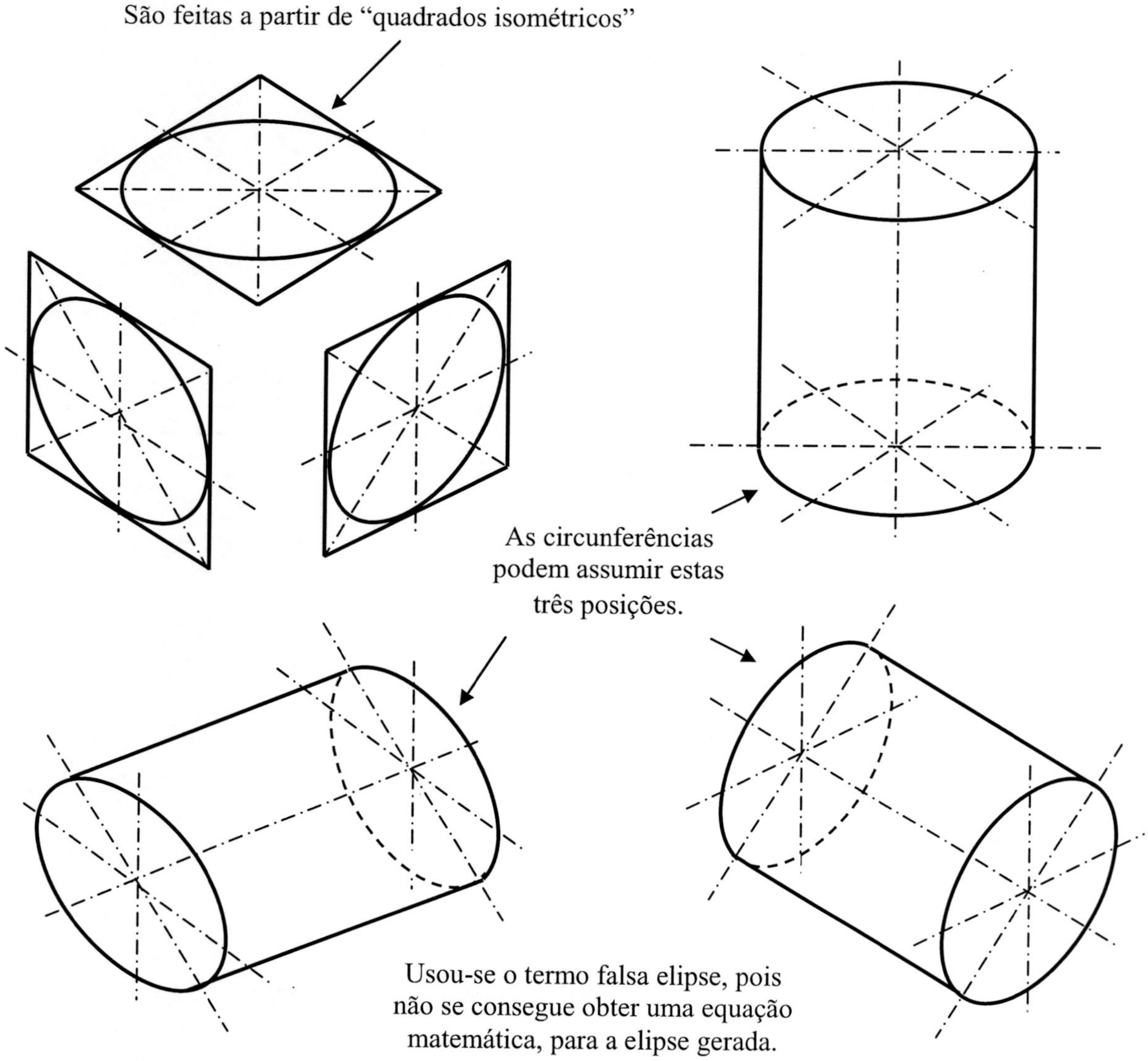

Processo para desenho de uma circunferência em perspectiva isométrica (gerando uma elipse)

1⁰ Passo: divido o quadrado isométrico A, B, C, D em 4 partes iguais (mediatrizes) determinando os pontos 1, 2, 3 e 4.

2⁰ Passo: pelo ponto C traço retas C1 e C2 . Pelo ponto A traço retas A3 e A4. Ficam determinados os centros 5 e 6.

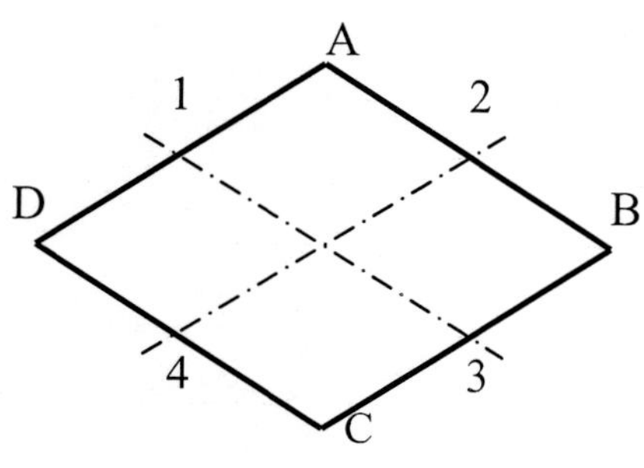

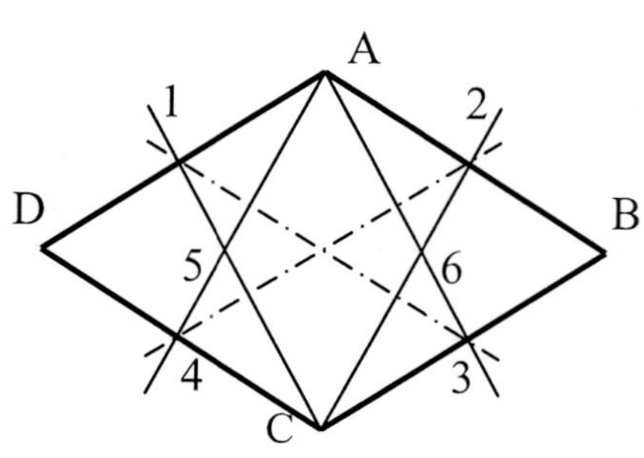

Observa-se que o lado do "quadrado isométrico" é igual ao diâmetro da circunferência.

3⁰ Passo: com centro em C e raio C1 = C2, traço arco C12.

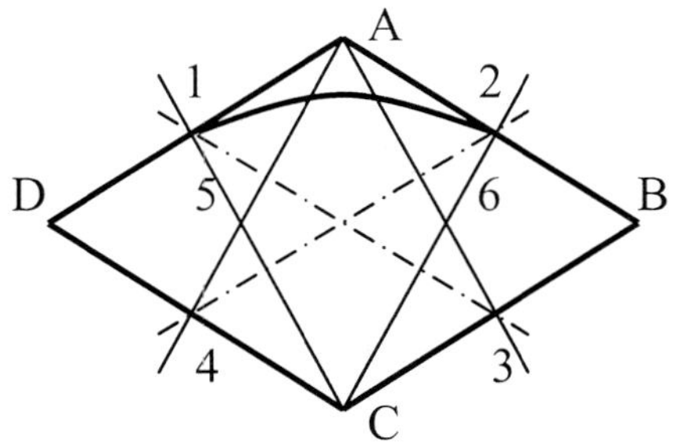

4⁰ Passo: com centro em A e raio A3 = A4, traço arco A34.

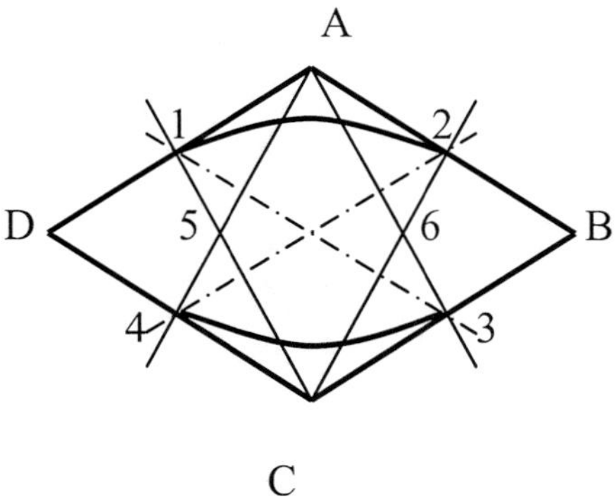

5⁰ Passo: com centro em 6 e raio 62 = 63, traço arco 623.

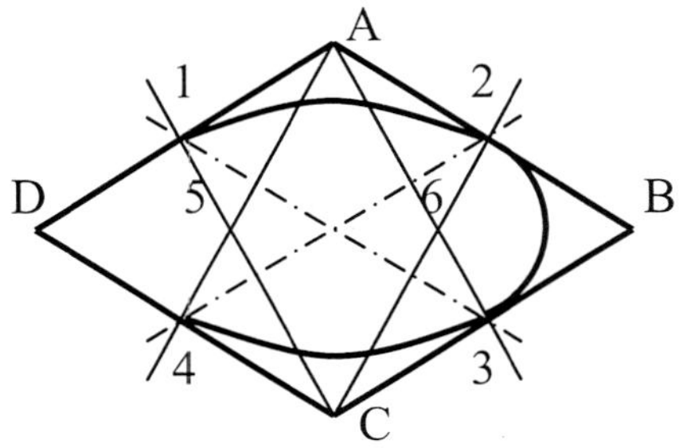

6⁰ Passo: com centro em 5 e raio 51 = 54, traço arco 514, fechando a elipse.

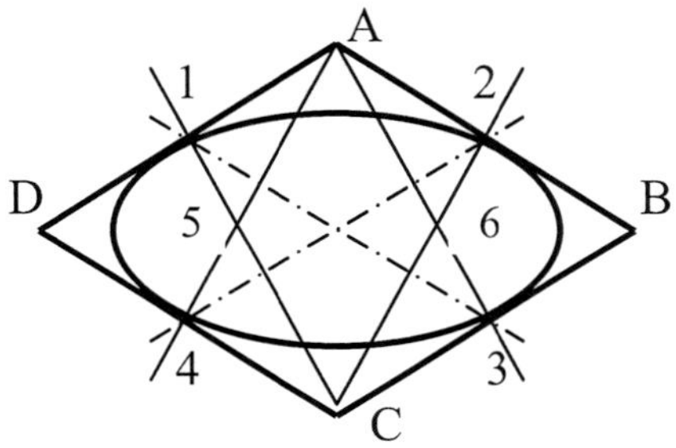

As circunferências nas outras posições (à direita ou à esquerda) seguem os mesmos passos.

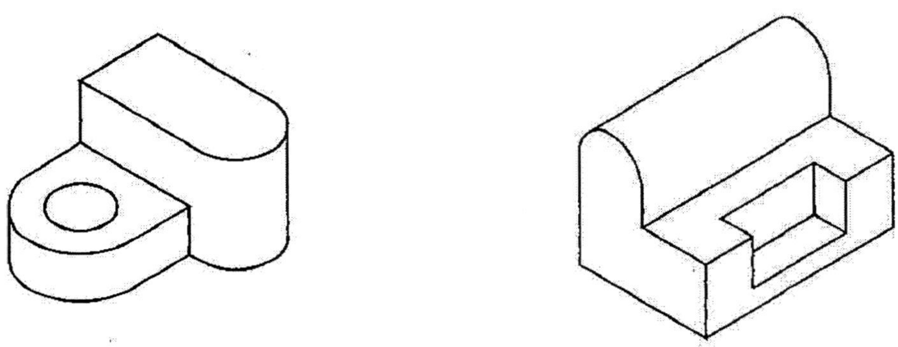

Exemplos de peças em perspectiva isométrica, com arcos de circunferências

Observa-se que, nesses três exemplos, existem arcos de circunferências, desenhados em perspectiva isométrica, considerando-se as três faces do chamado "cubo isométrico".

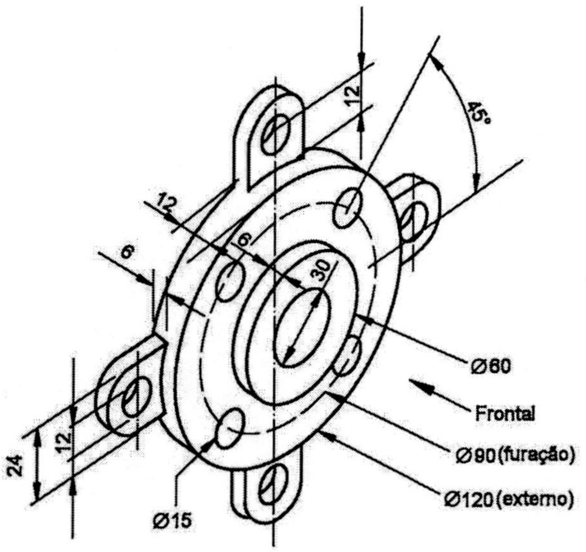

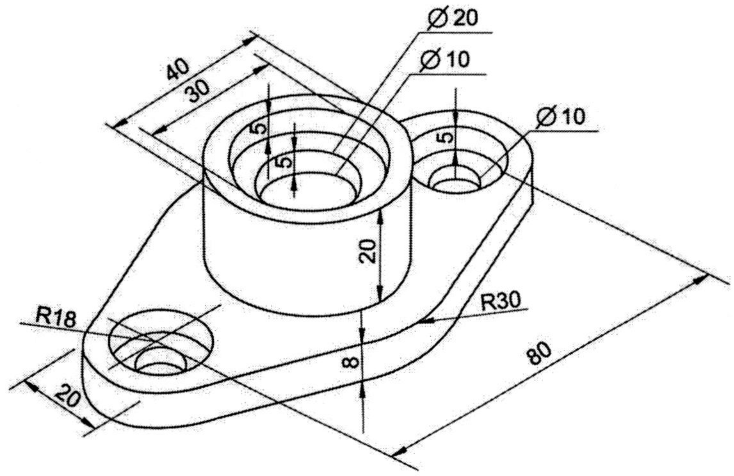

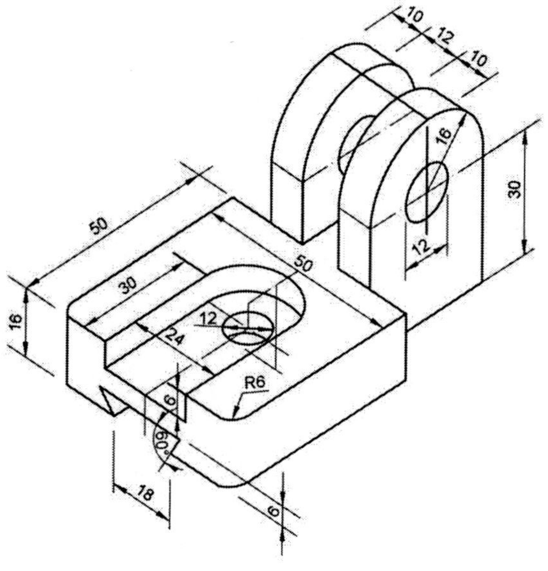

Exemplos de peças em perspectiva isométrica, com arcos e circunferências

5.3.2 Passo a passo, do processo para o desenho de peças em perspectivas isométricas

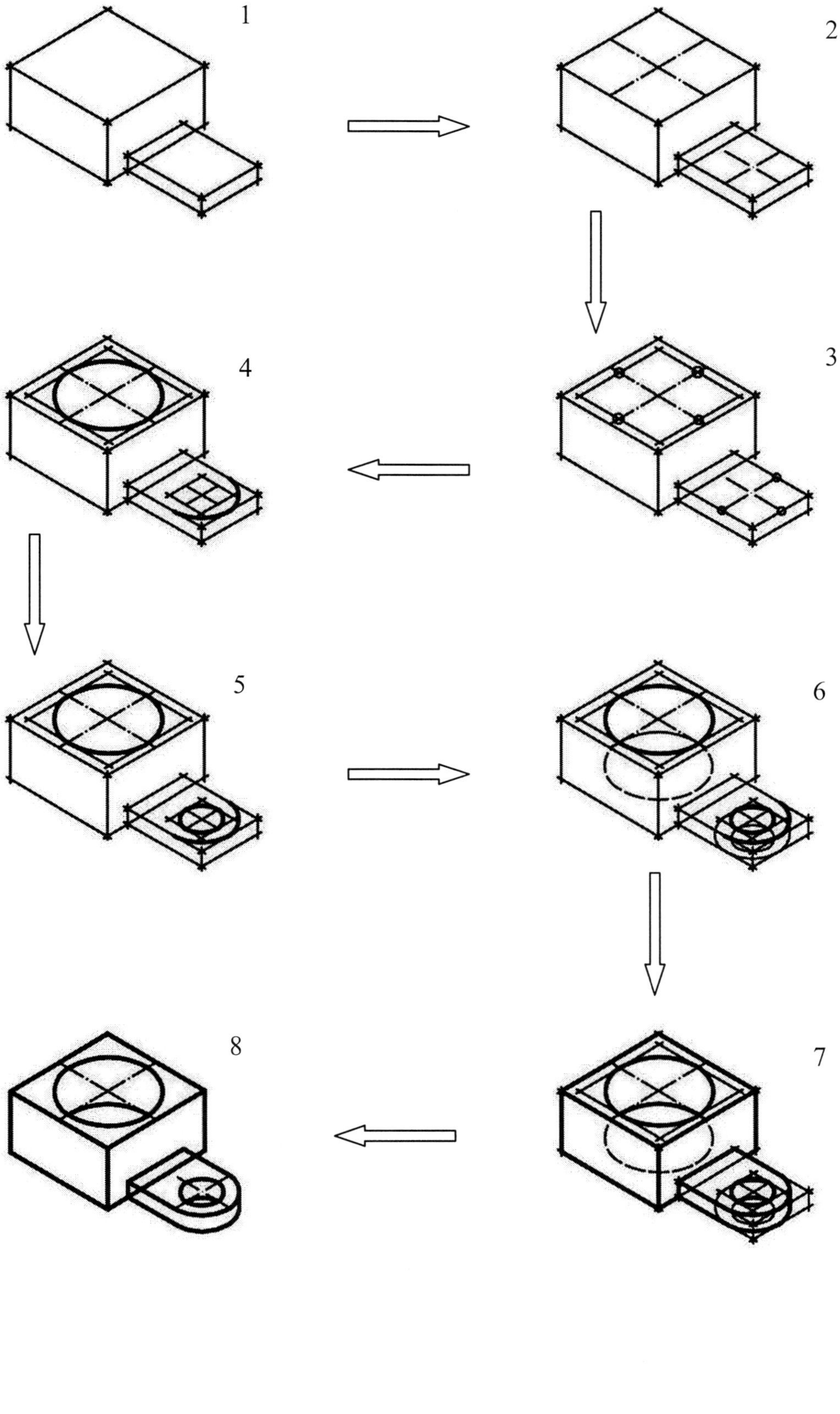

Peça pronta

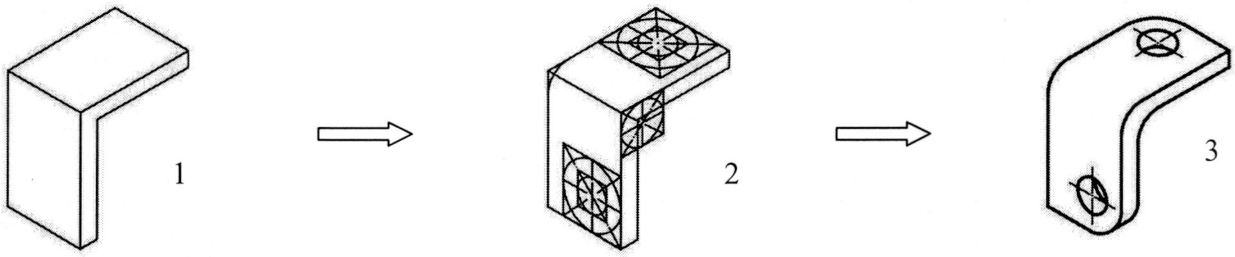

Passo a passo do desenho da perspectiva isométrica de uma peça mais complexa. Observa-se que existem detalhes, nas três faces do "cubo isométrico".

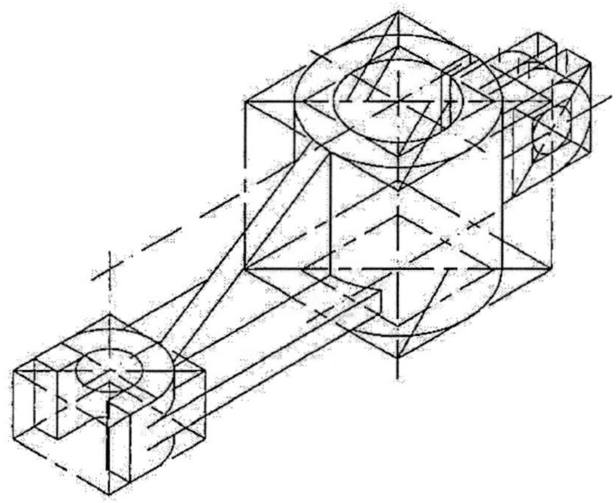

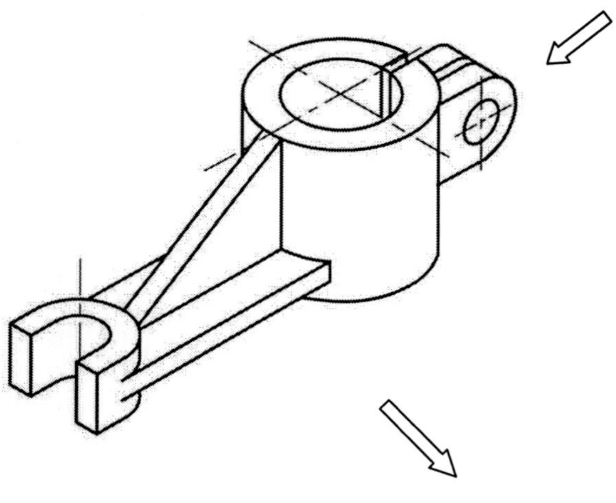

Embora trabalhosa, a execução da perspectiva isométrica, em muito facilita a compreensão de uma peça que deve ser fabricada.
Com a perspectiva e as vistas ortográficas, a peça é fabricada sem dificuldades e com precisão.

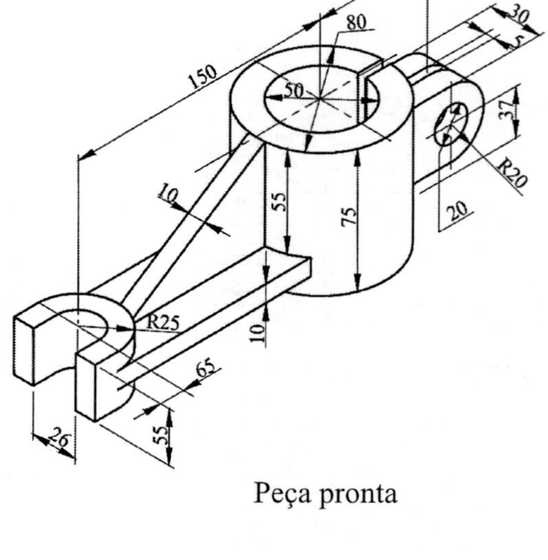

Peça pronta

Exemplo da construção de uma peça circular, em perspectiva isométrica

Vistas ortográficas (no 3º diedro) Perspectiva isométrica

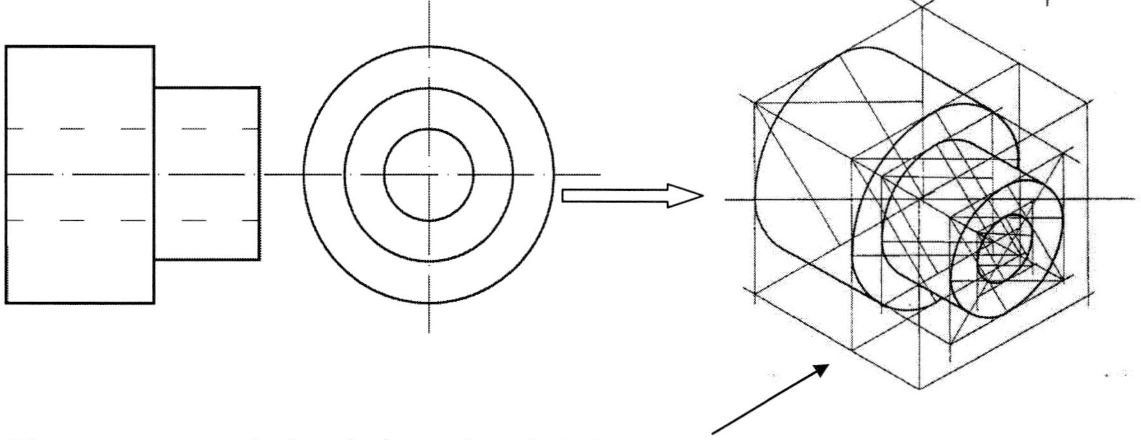

Observem-se como são desenhadas as circunferências e arcos

Exemplo de uma perspectiva isométrica, com um círculo em um plano não isométrico

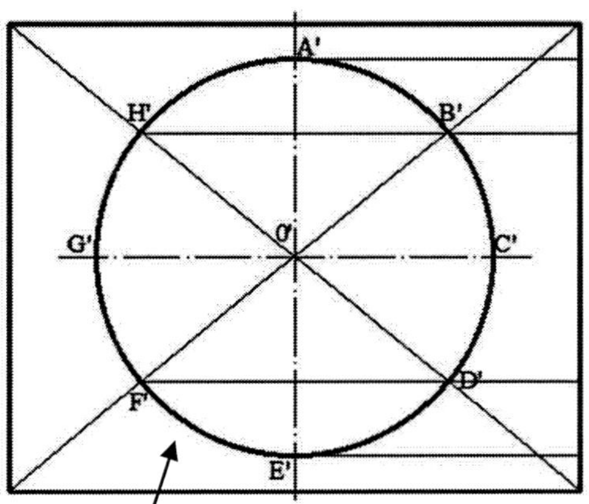

Nesta vista de frente, o furo circular aparece como um círculo

Vista Lateral Direita

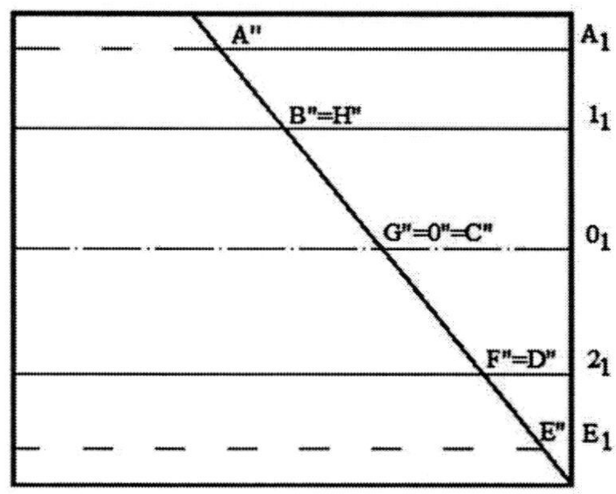

Como será visto em 7.1, essa peça terá uma vista auxiliar, para mostrar a verdadeira grandeza da face inclinada

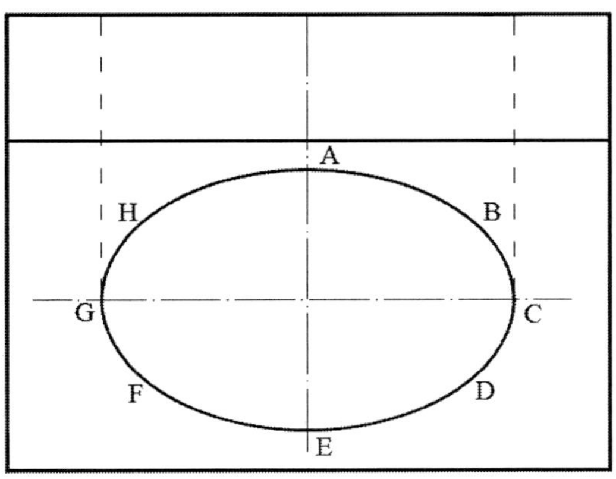

Nesta vista superior, o furo circular aparece como uma elipse.
Na prática, essa vista não é desenhada, mas sim uma vista auxiliar.

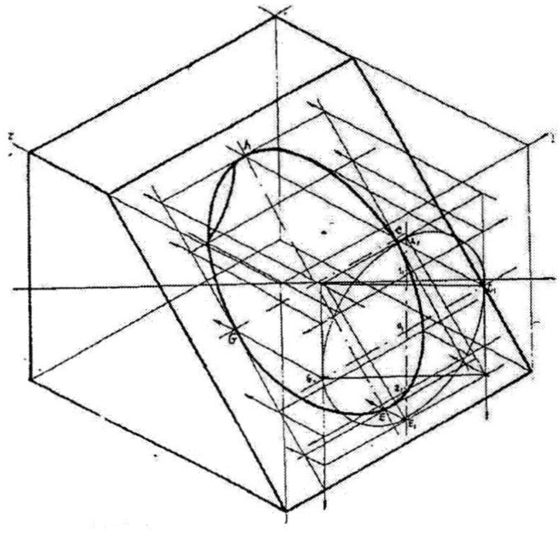

O furo circular está sobre um plano inclinado, ou seja, plano não isométrico

5.4 Perspectiva dimétrica ou bimétrica

Na dimetria ou bimetria, dois eixos possuem ângulos diferentes, e o terceiro permanece na vertical . Embora teoricamente estes ângulos possam ter valores variáveis, na prática usam-se 7° e 42°, onde as dimensões dos eixos a 7° e vertical mantêm as medidas reais, ou seja escala 1:1. Já as dimensões do eixo a 42° são reduzidas entre 1/2 e 2/3, dependendo da sua dimensão e detalhes específicos, tais como furos e rasgos. O objetivo destas reduções é não causar deformações visuais que deixem a perspectiva com um aspecto não muito agradável.

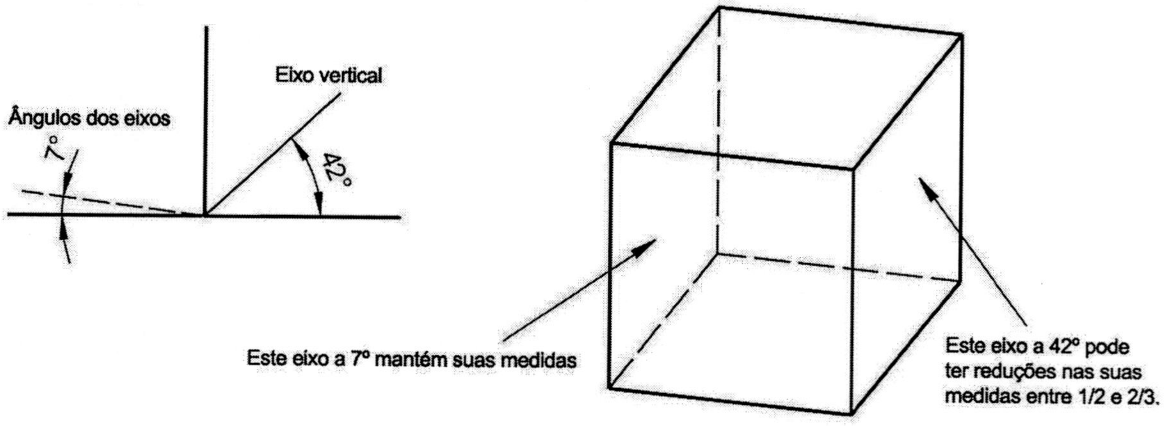

Perspectiva dimétrica de um cubo

A seguir é mostrada a perspectiva dimétrica de uma peça com particularidades dimensionais, na face inclinada, bem como os quatro furos nas bordas.

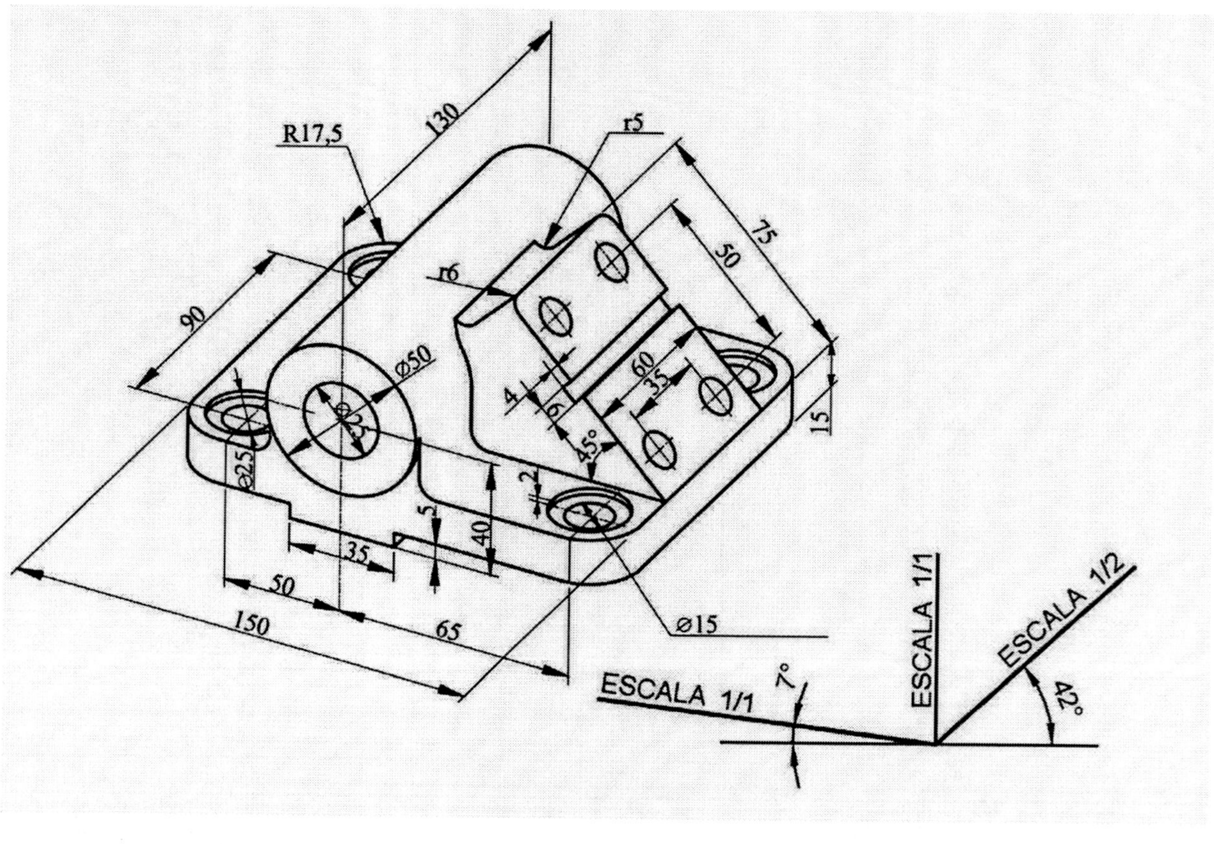

5.5 Perspectiva trimétrica ou anisométrica

Neste tipo de perspectiva o objeto é representado com inclinações diferentes em relação a cada eixo e as medidas das unidades dos três eixos possuem diferentes escalas ou valores entre si, ou seja, os três eixos sofrem redução. Esta característica torna a perspectiva trimétrica mais trabalhosa que as demais perspectivas e, portanto, não é muito utilizada (as reduções exigem alguns cálculos trigonométricos). Considerando-se ângulos de 15° e 30° tem-se reduções de 0,5 e 0,9, conforme mostrado no desenho a seguir de um cubo em perspectiva trimétrica, sem considerar inclinação da 3ª face.

Deve ser ressaltado que, com o desenvolvimento de programas gráficos para desenho em 3D, ficou fácil e rápido desenhar objetos em perspectivas, inclusive girando-se em diferentes ângulos, até chegar-se à posição que mostre o objeto da forma mais clara (e bonita).

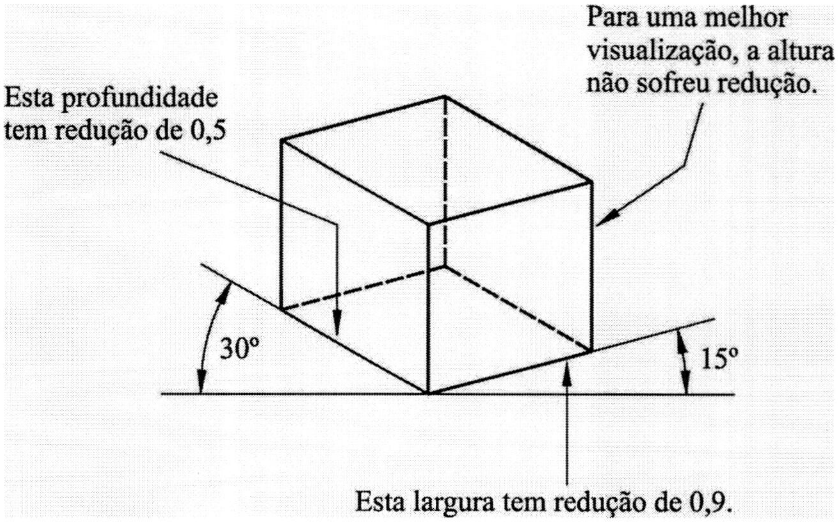

As figuras a seguir mostram a mesma peça representada em três tipos diferentes de perspectivas, notando-se que a trimétrica, neste, caso, apresenta a melhor aparência, ou seja, fica representada da melhor forma.

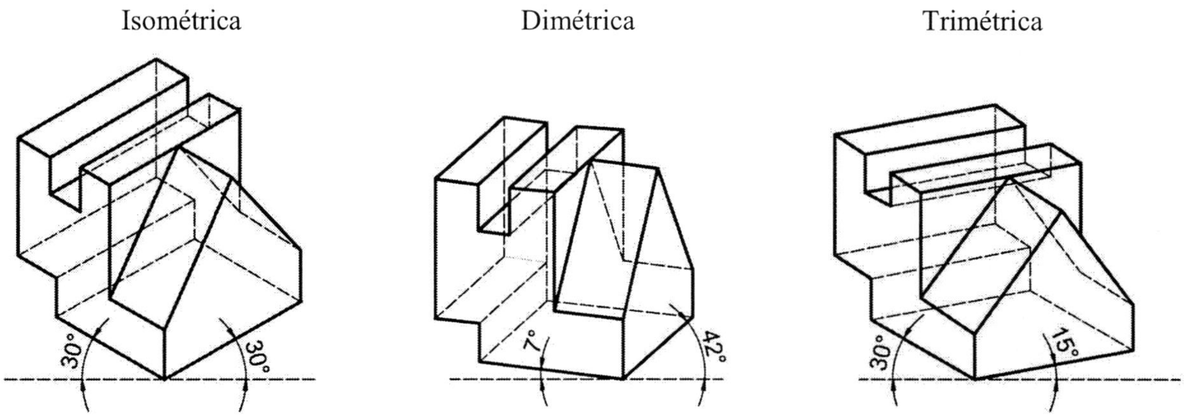

Representação de uma mesma peça em três perspectivas diferentes: isométrica, dimétrica e trimétrica, em que esta última possui a melhor aparência.

5.6 Comparação entre tipos de perspectivas, considerando o mesmo cubo

Os desenhos a seguir mostram um cubo, com as mesmas dimensões, representado nas diferentes perspectivas estudadas. A altura da perspectiva trimétrica foi desenhada com o mesmo valor das demais, mas teoricamente deve ser calculado o seu fator de redução.

Deve ser ressaltado que, uma rápida análise visual mostra que, para o cubo citado, das cinco perspectivas mostradas, duas sobressaem como a de melhor aspecto visual e boa compreensão do objeto: a dimétrica e a trimétrica. Em princípio, cada objeto, possui a sua melhor perspectiva. O parágrafo 5.7, a seguir, apresenta um bom exemplo, de qual perspectiva deve ser utilizada.

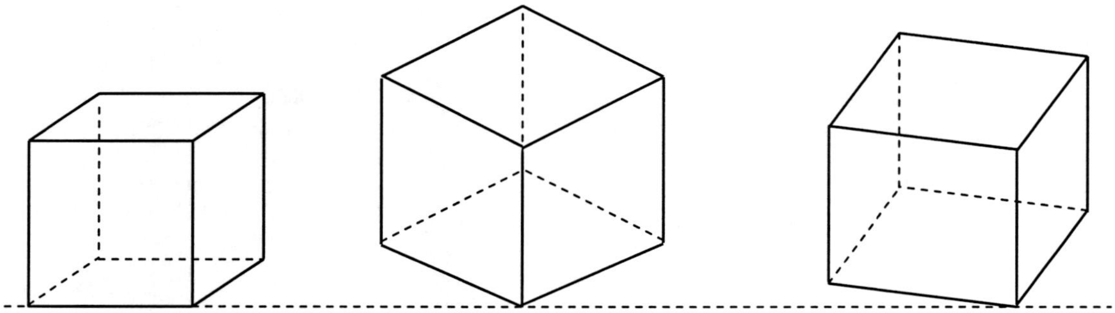

Cavaleira a 45°   Isométrica (ângulos de 30°)   Dimétrica com ângulos de 7° e 42°

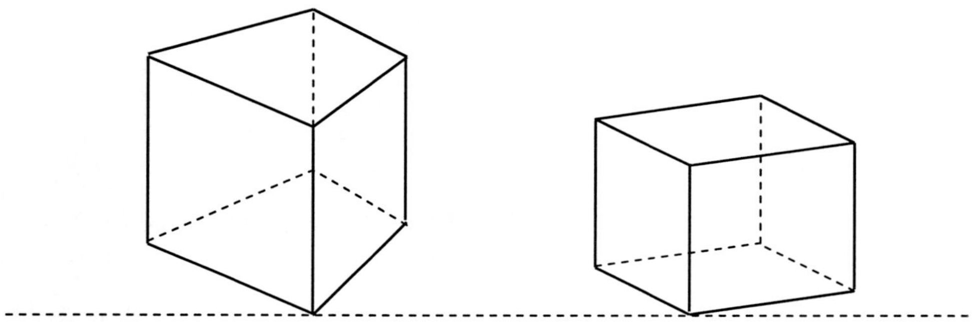

Cônica com 1 ponto de fuga   Trimétrica com ângulos de 15° e 30°

5.7 Escolha da perspectiva que apresenta a melhor visão tridimensional

Os exemplos a seguir mostram uma determinada peça mecânica, desenhada em três opções de perspectiva, de forma a que se escolha aquela que apresenta a melhor visão tridimensional.

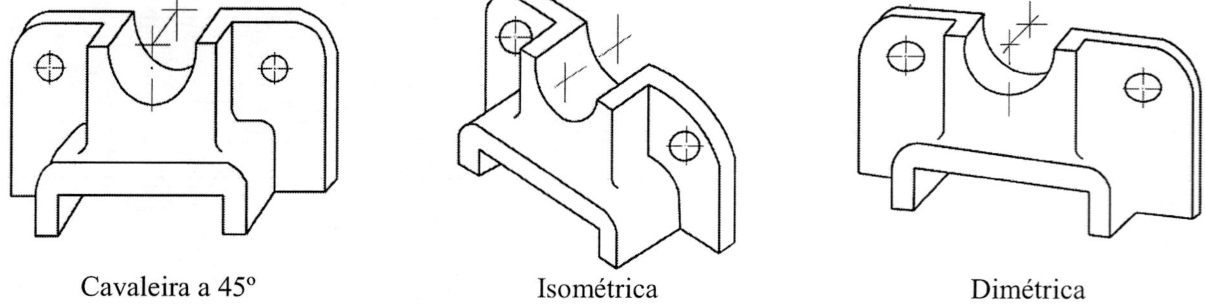

Cavaleira a 45°   Isométrica   Dimétrica

Nesse caso, a que apresenta a melhor visão é a da perspectiva dimétrica.

5.8 Observação sobre perspectiva (tridimensional) e vista ortográfica (bidimensional)

Sabe-se que é mais fácil entender-se um objeto ou peça a partir de sua perspectiva isométrica, por exemplo, do que apenas analisando suas projeções em planos ortogonais (vistas ortográficas). O ideal é que, por maiores que sejam os detalhes mostrados nas vistas do Desenho Técnico Projetivo, seja mostrada uma imagem do objeto ou peça, como um todo, em uma representação espacial ou tridimensional. Com programas de representação gráfica cada vez mais completos, está mais fácil e rápido mostrar uma representação espacial em perspectiva. Trata-se de entender as coisas do concreto (o desenho em perspectiva) para o abstrato (as vistas ortográficas). A seguir são analisadas vistas ortográficas, sendo comparadas com as imagens de suas perspectivas isométricas.

As três vistas ortográficas principais

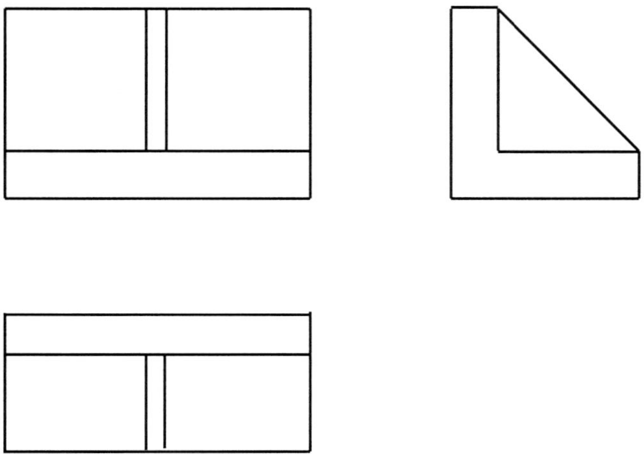

É mais fácil entender o que realmente é a peça, vendo a perspectiva, do que apenas as vistas ortográficas (só os iniciados em desenho técnico projetivo entendem).

Perspectiva isométrica

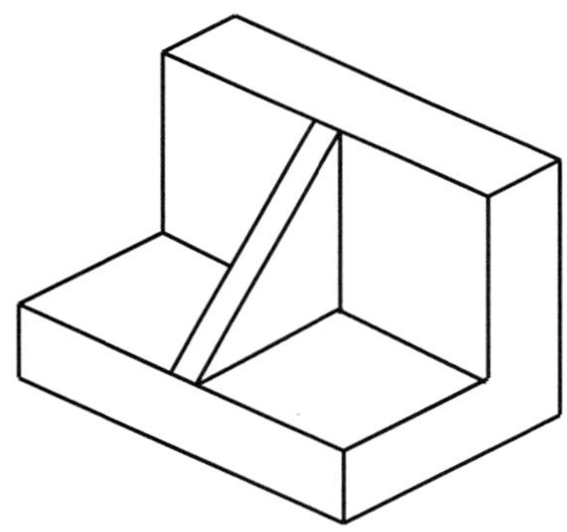

5.9 Exercícios resolvidos

5.9.1) Mostrar a perspectiva isométrica das peças, a seguir representadas por suas vistas ortográficas.

5.9.1.1)

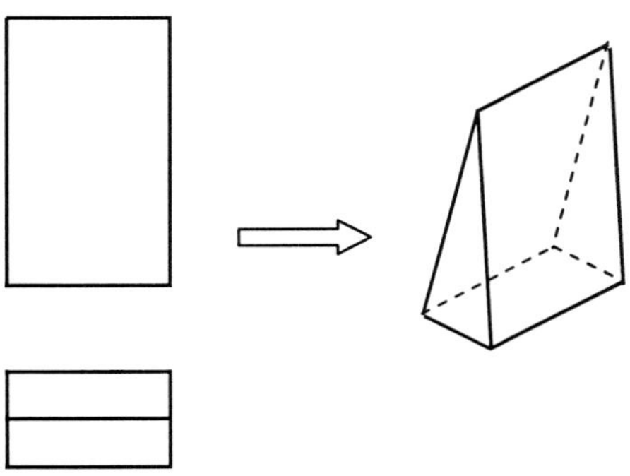

Estas duas vistas estão representadas, considerando o 1º diedro.

5.9.1.2)

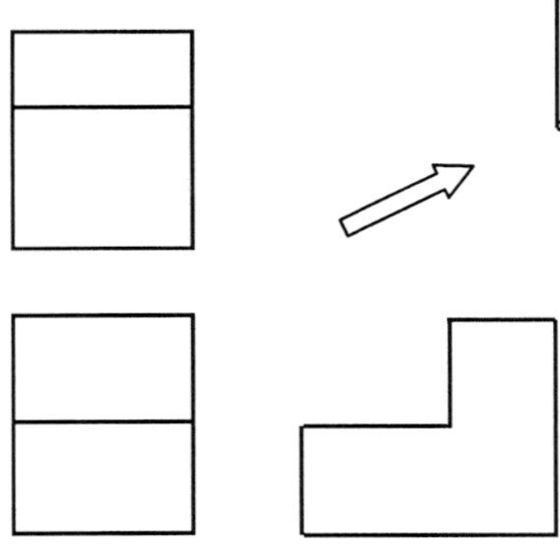

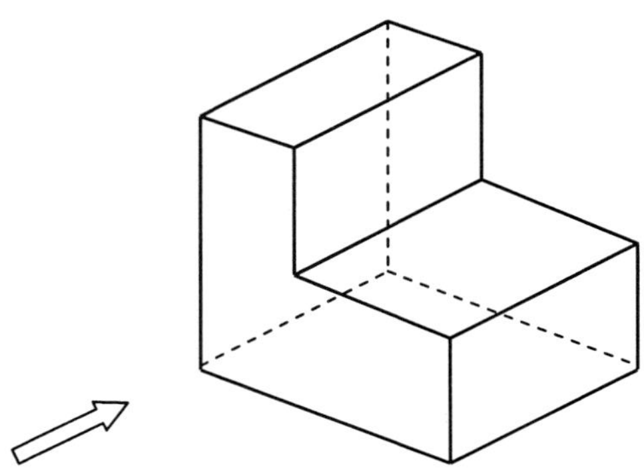

Estas três vistas estão representadas, considerando o 3º diedro.

5.9.1.3)

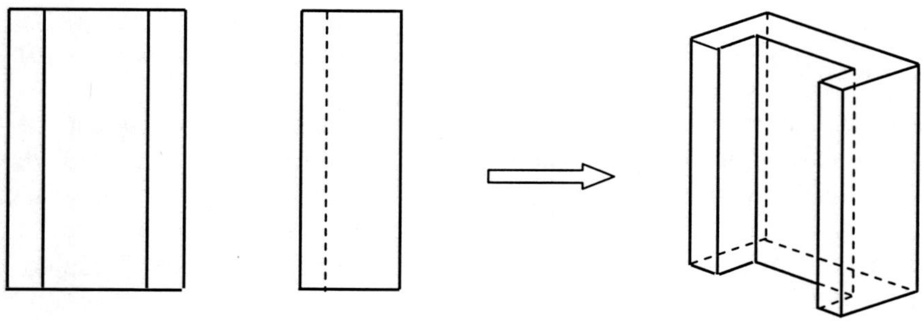

Estas duas vistas estão representadas considerando o 1º diedro.

5.10 Exercícios propostos (veja soluções no Apêndice A)

5.10.1) Mostrar em perspectiva, as peças representadas a seguir por suas vistas ortográficas.

5.10.1.1)

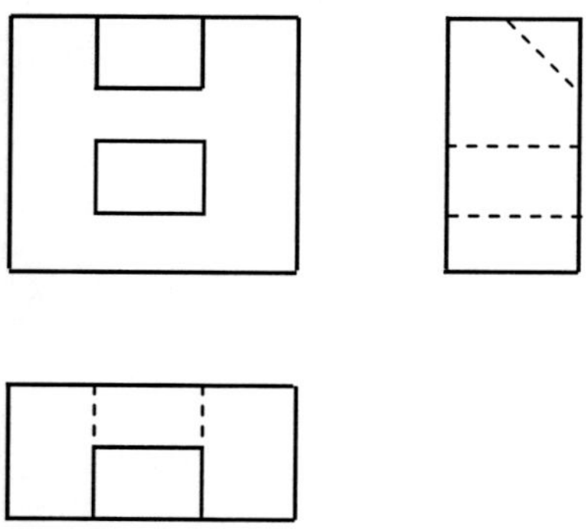

5.10.1.2)

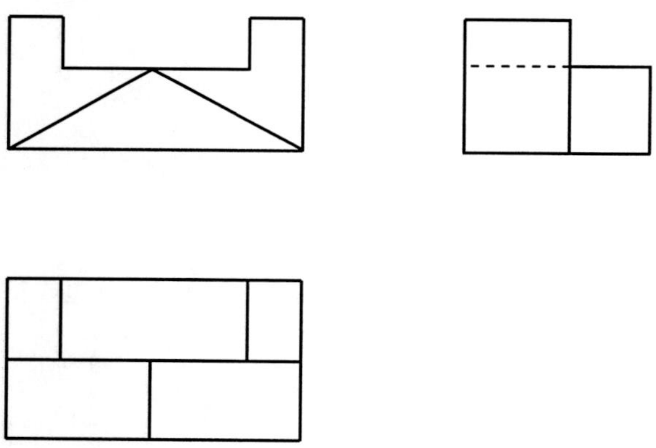

5.10.1.3)

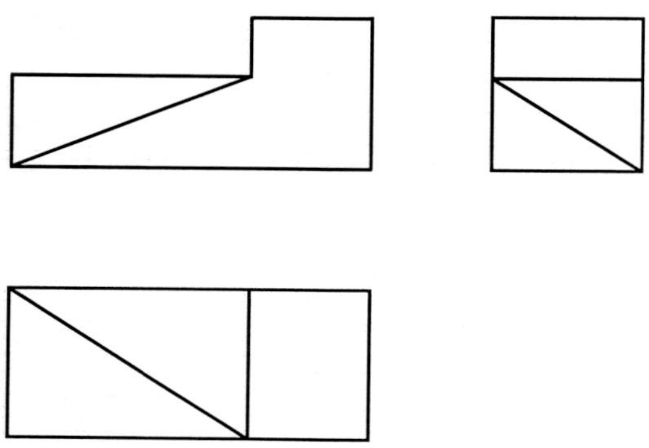

5.10.1.4)

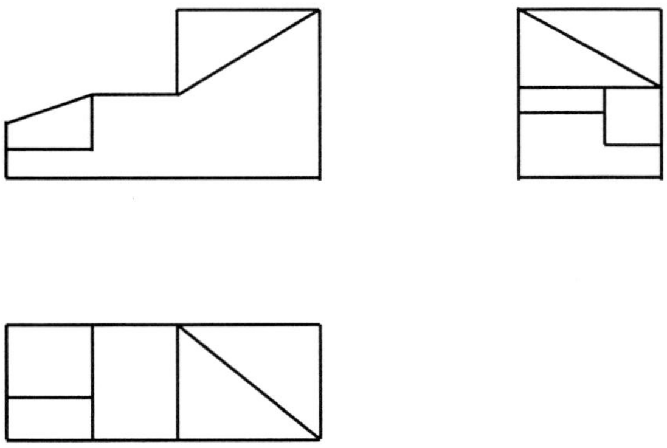

5.10.1.5)

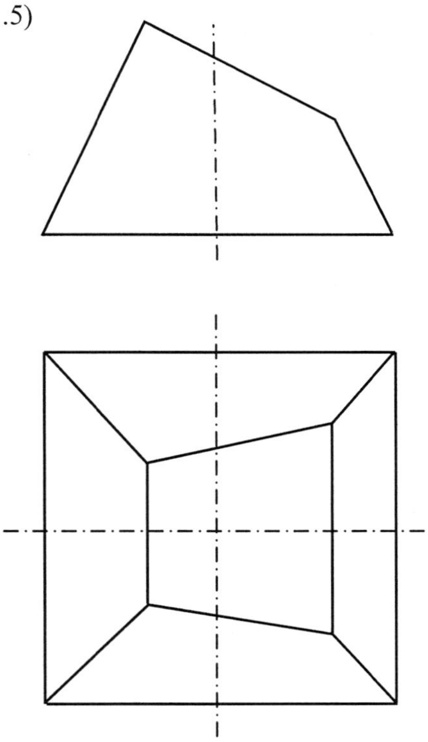

5.11 Exercícios propostos extras

5.11.1) Mostrar em perspectiva isométrica as três peças representadas a seguir por suas vistas ortográficas.

5.11.1.1)

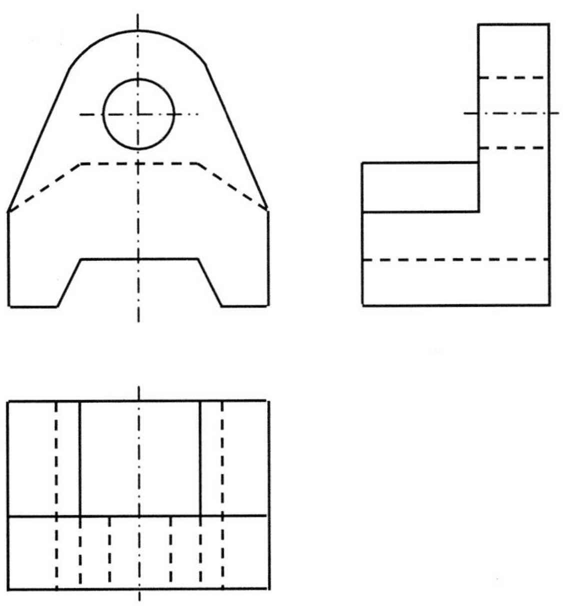

5.11.1.2)

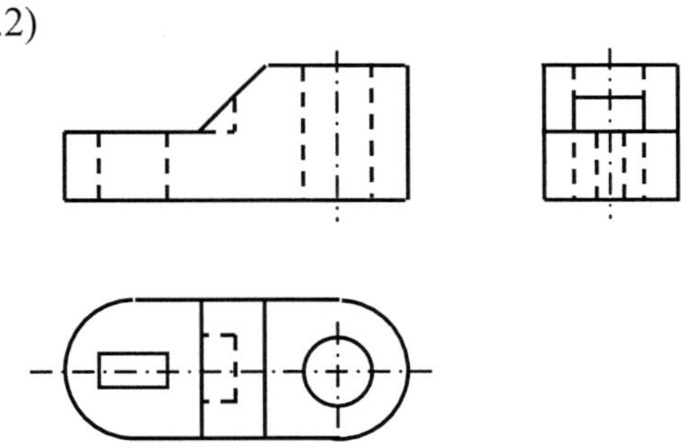

5.11.1.3)

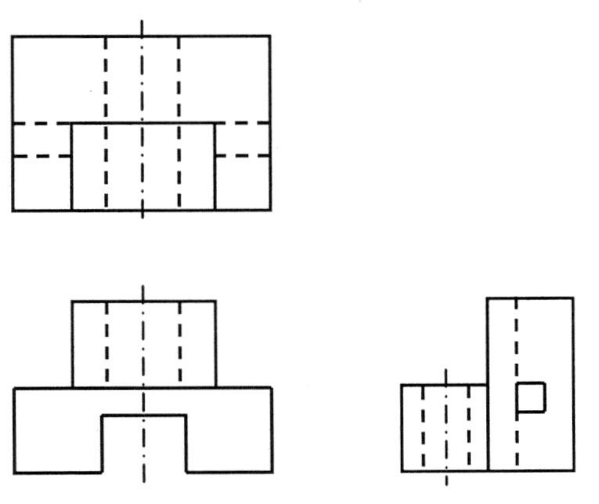

Capítulo 6
Planificações de superfícies poliédricas e corpos redondos

A palavra poliedro significa vários planos, pois *poli* significa vários e *edro* significa plano. Vários produtos e peças de máquinas têm o formato poliédrico, por exemplo, as torres dos computadores são prismas de base retangular. Um prédio de apartamentos e uma casa clássica são exemplos de superfícies poliédricas. Os poliedros podem ser: convexos e não convexos, regulares ou irregulares.
Um poliedro é convexo quando o segmento que liga dois de seus pontos quaisquer está contido dentro do poliedro. Nos regulares as faces são iguais e formadas por polígonos de lados iguais. Um poliedro é convexo se qualquer reta (não paralela a nenhuma de suas faces) o corta em, no máximo, dois pontos, caso contrário é não convexos.

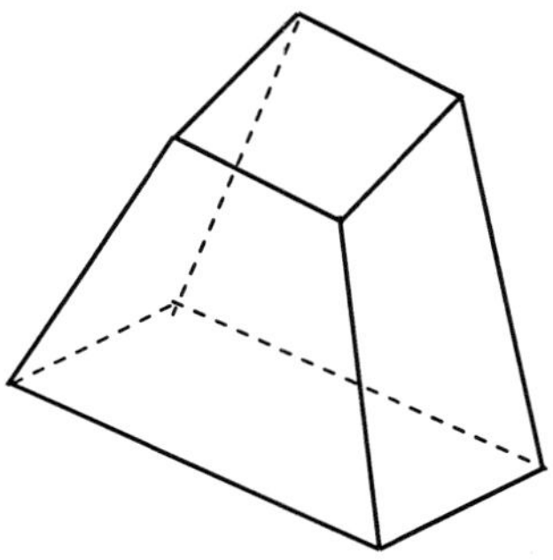

Poliedro convexo

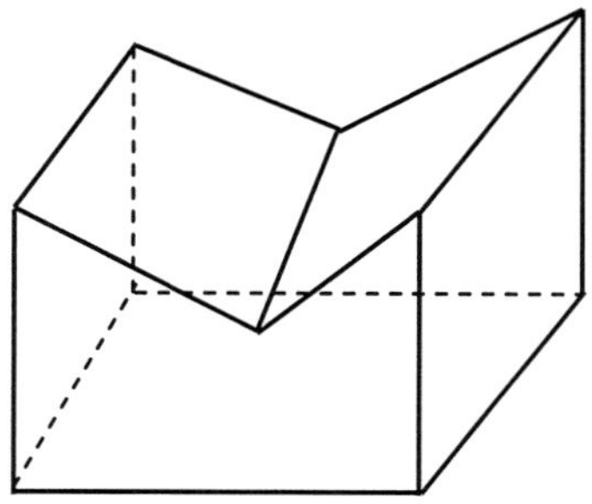

Poliedro não convexo

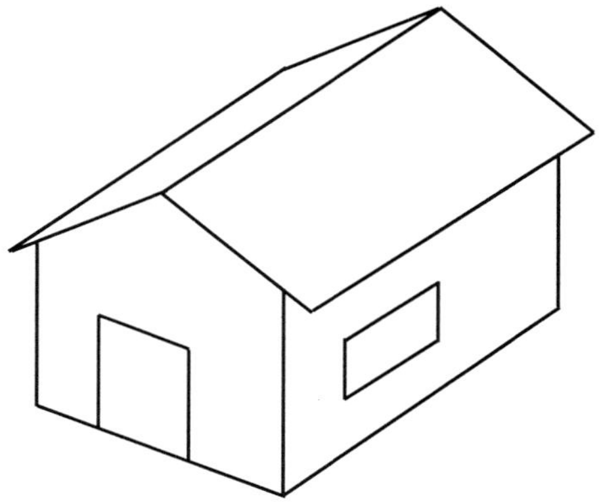

Essa casa é um poliedro irregular

Os poliedros podem ser regulares ou irregulares. Um poliedro convexo é chamado de regular se suas faces são polígonos regulares, cada um com o mesmo número de lados e, para todo vértice, converge um mesmo número de arestas. Existem nove (9) poliedros regulares que são os cinco (5) Sólidos de Platão (que são convexos) e os quatro Poliedros de Kepler-Poinsot, que, em verdade são poliedros estrelados. Os cinco poliedros de Platão são: tetraedro, hexaedro (ou cubo), octaedro, dodecaedro e icosaedro. Os quatro (4) poliedros de Kepler-Poinsot são: pequeno dodecaedro estrelado, grande dodecaedro estrelado, grande dodecaedro e icosaedro estrelado. Os poliedros, dos mais diversos tipos, regulares ou não, convexo ou não, são muito utilizados na prática, principalmente nas áreas da Arquitetura, Engenharia e Artes Plásticas. Um simples prédio de apartamento ou ainda, uma simples casa de um pavimento, são exemplos de aplicações práticas dos poliedros.

6.1 Os poliedros regulares de Platão

Platão (427 a.C. - 347 a.C.) foi um filósofo e matemático do período clássico da Grécia antiga, autor de diversos diálogos filosóficos e fundador da Academia em Atenas, a primeira instituição de educação superior do mundo ocidental. Acredita-se que seu nome verdadeiro tenha sido Arístocles. Além de ser regular e convexo, todo poliedro de Platão satisfaz, simultaneamente, às seguintes condições:
- Todas as faces têm o mesmo número de arestas.
- De cada vértice parte o mesmo número de arestas.
- A relação de Euler* é válida. (*Leonhard Paul Euler, matemático suiço: 1707-1783).

A relação de Euler é dada por: $V + F = A + 2$, onde: V = número de vértices; F = número de faces e A = número de arestas.

Os poliedros de Platão têm utilizações práticas específicas, por exemplo, na Arquitetura e nas Artes. Observa-se que hexaedros ou cubos são usados como caixas d'água e tetraedros são pirâmides de base triangulares.

Nome do Poliedro / Dados	Tetraedro	Hexaedro	Octaedro	Dodecaedro	Icosaedro
Nº de faces (F)	Quatro (4)	Seis (6)	Oito (8)	12	20
Formato da face	Triângulo equilátero	Quadrado	Triângulo equilátero	Pentágono	Triângulo equilátero
Nº de vértices (V)	Quatro (4)	Oito (8)	Seis (6)	20	12
Nº de arestas (A)	Seis (6)	12	12	30	30
Relação de Euler (V+F=A+2)	(4+4=6+2) 8 = 8	(8+6=12+2) 14 = 14	(6+8=12+2) 14 = 14	(20+12=30+2) 32 = 32	(12+20=30+2) 32 = 32

Tabela 6.1: características dos poliedros de Platão

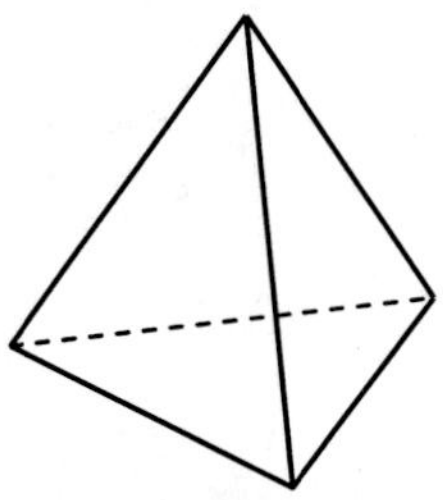

Tetraedro ou uma pirâmide de base triangular

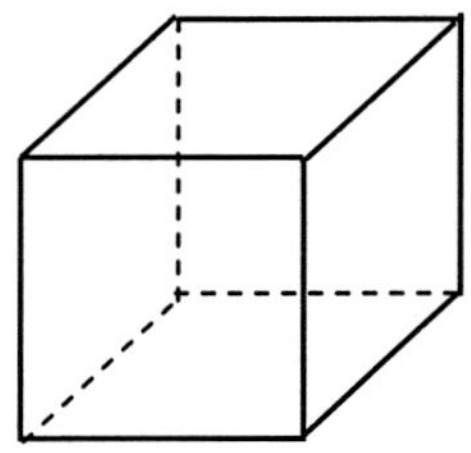

Hexaedro ou cubo

Octaedro

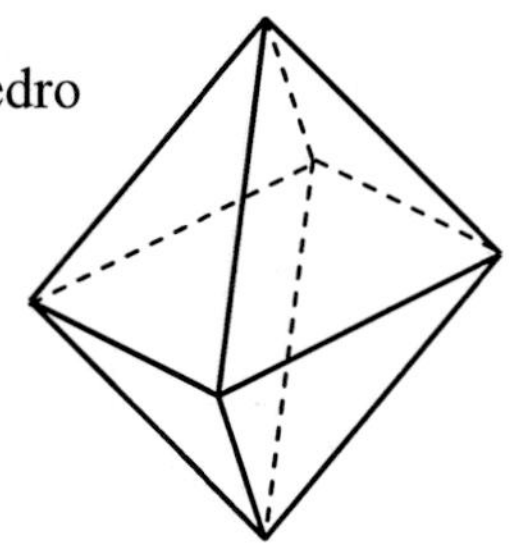

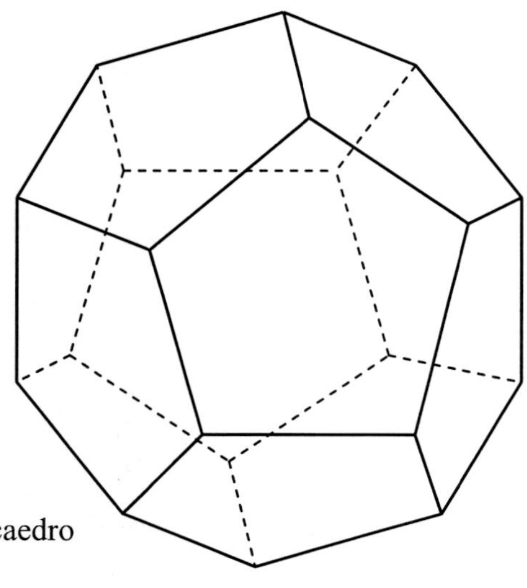

Dodecaedro

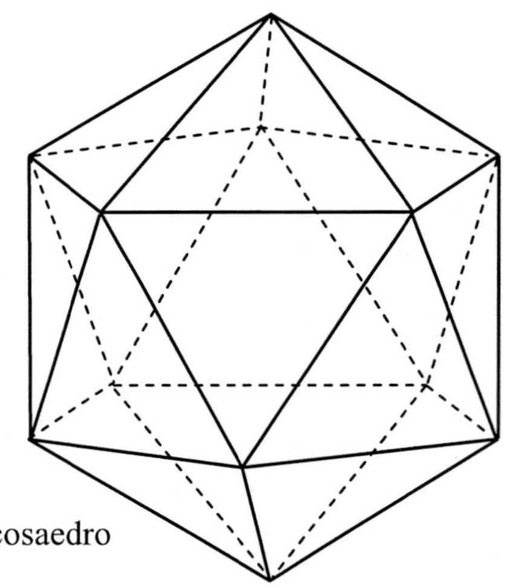

Icosaedro

6.2 Classificação dos poliedros, quanto ao número de faces. Os poliedros irregulares

Tais e quais os polígonos, os poliedros também utilizam prefixos com palavras de origem grega, como mostrados no quadro a seguir.

Nº de faces	Classificação
4	Tetraedro
5	Pentaedro
6	Hexaedro
7	Heptaedro
8	Octaedro
9	Eneaedro
10	Decaedro
11	Undecaedro
12	Dodecaedro
20	Icosaedro

Excetuando-se os cinco poliedros de Platão, que são regulares, os demais são obrigatoriamente irregulares, como mostrados a seguir.

Pentaedro

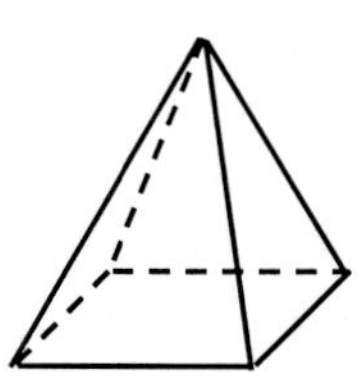

Pirâmide de base quadrada

Heptaedro

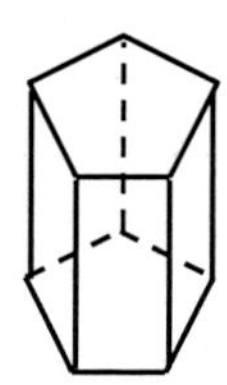

Prisma de base pentagonal

Para uma melhor visualização os: eneaedro, decaedro e undecaedro, serão mostrados em outras posições.

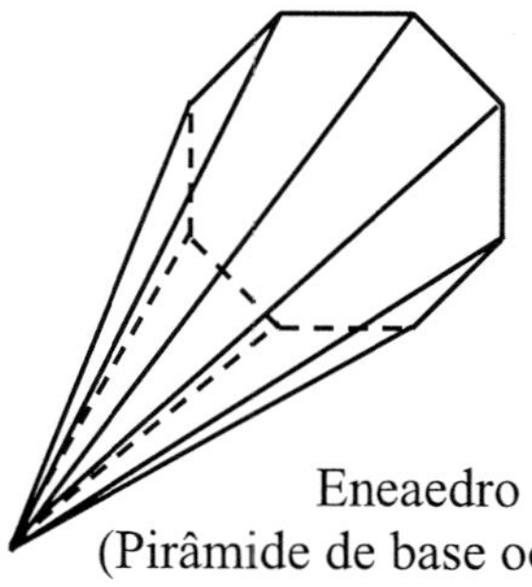

Eneaedro
(Pirâmide de base octogonal)

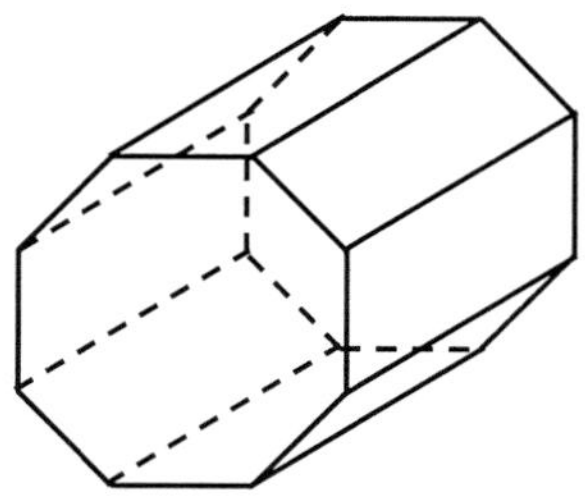

Decaedro
Prisma de base octogonal

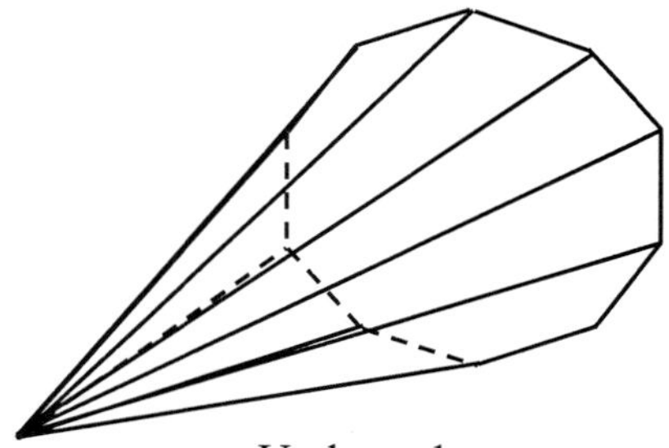

Undecaedro
(Pirâmide de base decagonal)

6.3 A bola de futebol, como uma superfície poliédrica

Em 1970, na copa mundial de futebol, na Cidade do México (quando o Brasil foi tricampeão), a FIFA passou a utilizar uma bola feita a partir de um Icosaedro truncado, composto por 12 faces pentagonais e 20 faces hexagonais. Este tipo de Poliedro é um dos treze poliedros conhecidos como sólidos de Arquimedes.

Visão Espacial

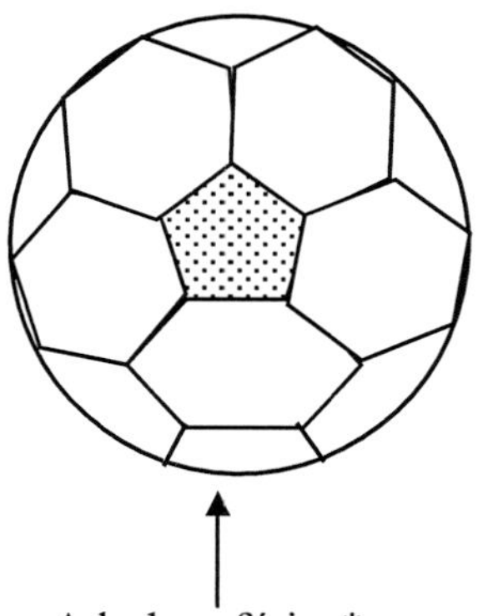

A bola esférica*

Planificação, com 12 pentágonos e 20 hexágonos

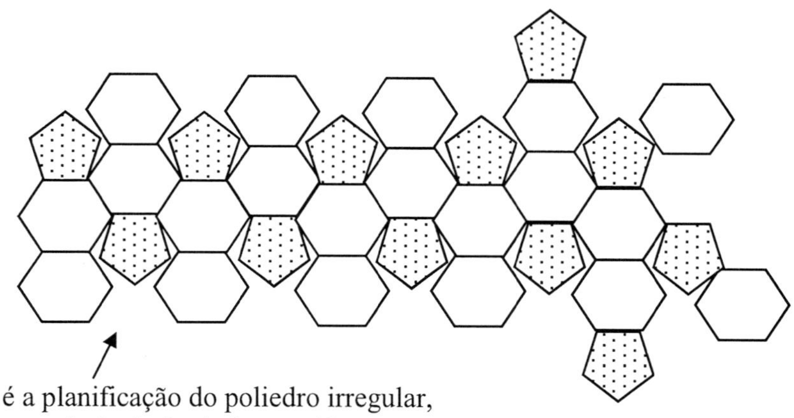

Etsa é a planificação do poliedro irregular, que gera a bola de futebol, com 12 gomos pentagonais e 20 gomos hexagonais.

*Apesar de composta por 32 faces planas, como existe uma câmara de ar interna, ao ser cheia com ar comprimido, e como as faces são flexíveis (couro ou plástico), assume o formato esférico.

6.4 Os corpos redondos: cilindros, cones e esferas

Corpos redondos são os sólidos que têm partes curvas, como os cilindros, os cones e as esferas. Cilindros ou superfícies cilíndricas são geradas por uma reta móvel (denominada geratriz) que se apóia sobre uma curva fixa (denominada diretriz), conservando-se paralela a uma direção dada. Observa-se que também existem cilindros elípticos, parabólicos e hiperbólicos. Cilindros circulares podem ser retos ou oblíquos, conforme seus eixos sejam perpendiculares ou inclinados em relação ao plano de base. Existem muitos exemplos de utilizações práticas de cilindros, principalmente na forma de tubulações, bem como em latas de refrigerantes, embalagens de óleos vegetais e lubrificantes, copos de vidro, extintores de incêndio e também na Arquitetura, em especial como colunas ou pilotis circulares.

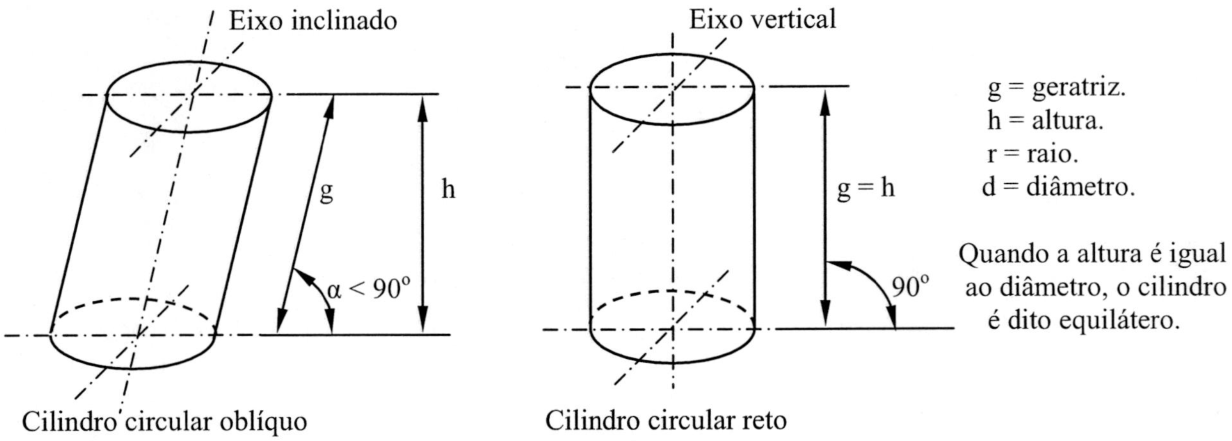

Uma superfície cônica (genericamente um cone) é uma superfície gerada por uma reta que se move ao longo de uma curva e que passa por um ponto fixo, fora da curva. A reta móvel é chamada de geratriz, a curva denominada de diretriz e o ponto fixo de vértice do cone. Ou seja, um cone é a reunião de retas passando por pontos de uma curva e por um ponto fixo (vértice) fora da curva. O vértice separa o cone em duas partes opostas pelo vértice, denominadas folhas embora, usualmente, representa-se apenas uma das folhas. A superfície cônica assume diversas formas, segundo sua diretriz, podendo-se ter cones: circulares, parabólicos, elípticos ou hiperbólicos.

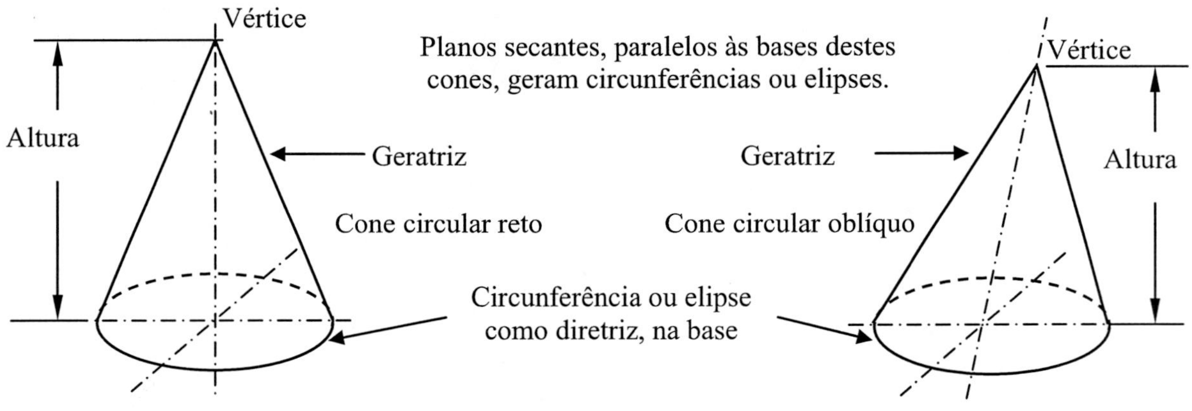

Um cone circular é equilátero, quando o diâmetro da base é igual ao comprimento da geratriz, ou seja, passando-se um plano secante pelo vértice e perpendicular à base, obtém-se um triângulo equilátero.

Superfície esférica (esfera) é aquela de centro C e raio r > 0, sendo o lugar geométrico dos pontos do espaço que mantêm a mesma distância r do centro C. Em termos de características geométricas e nomenclatura uma esfera apresenta os seguintes elementos principais:

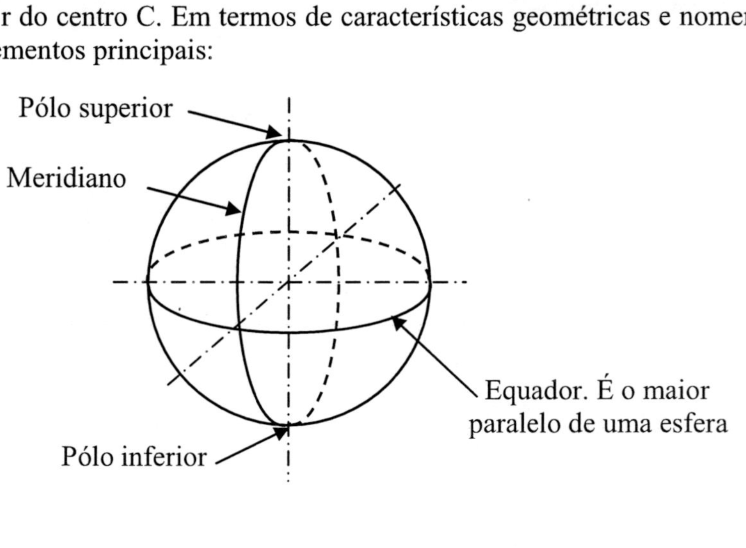

6.5 Prismas e pirâmides

Um prisma é um caso particular de poliedro, sendo definido como um sólido geométrico, ou seja, tridimensional, que possuí duas bases poligonais, paralelas e várias faces laterais. Além dos estudos geométricos, os prismas, nas suas diversas formas, são muito utilizados na prática, em especial na Arquitetura e Engenharia, além dos mais diversos tipos de embalagens. A seguir são mostrados alguns tipos de prismas.

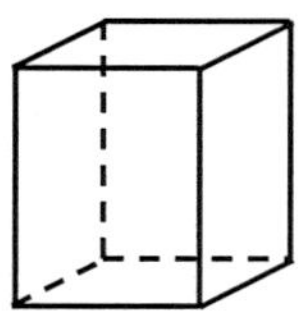

Prisma reto de bases retangulares

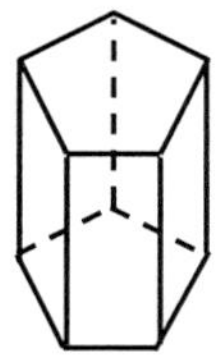

Prisma reto de bases pentagonais

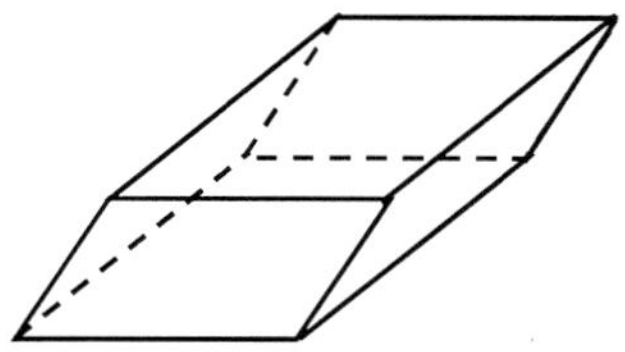

Prisma oblíquo de bases em paralelogramo

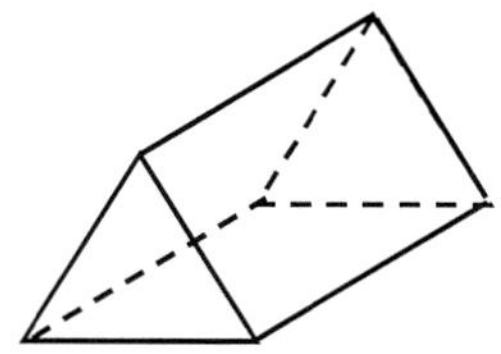

Prisma reto de bases triangulares

Pirâmide é um sólido geométrico, também um poliedro, formado pela reunião dos segmentos de reta com uma extremidade em um ponto fixo, chamado vértice, e outra num polígono dado sobre um plano fixo. Além dos problemas teóricos de geometria, as pirâmides têm utilização prática, por exemplo, na Arquitetura, Engenharia e nas Artes.

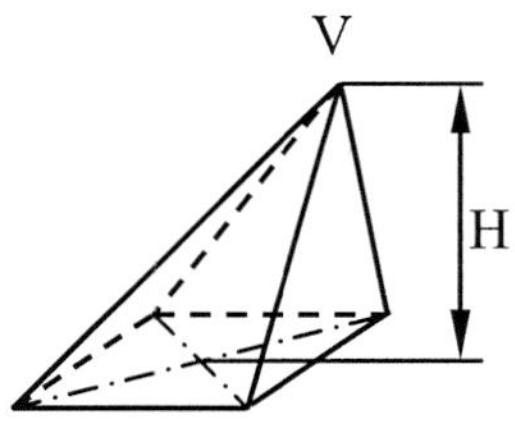

Pirâmide oblíqua de base retangular

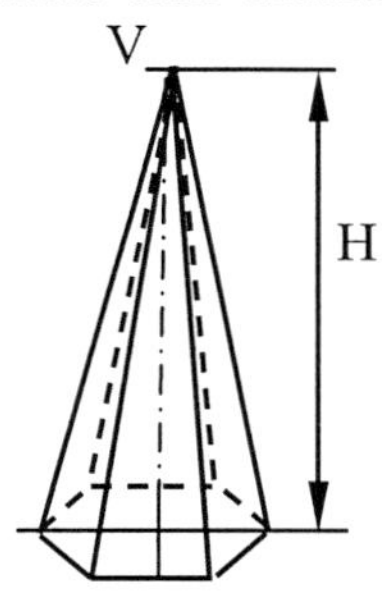

Pirâmide reta de base hexagonal

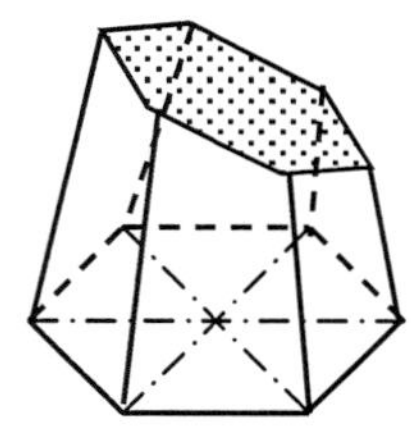

Tronco de pirâmide reta de base hexagonal

6.6 Planificações de superfícies poliédricas

O termo tronco, usado em geometria, significa corte. Ao se cortar um prisma reto, com um plano inclinado, em relação às bases, obtém-se uma imagem da base "deformada", como a seguir mostrado.

Tronco de prisma reto de base retangular

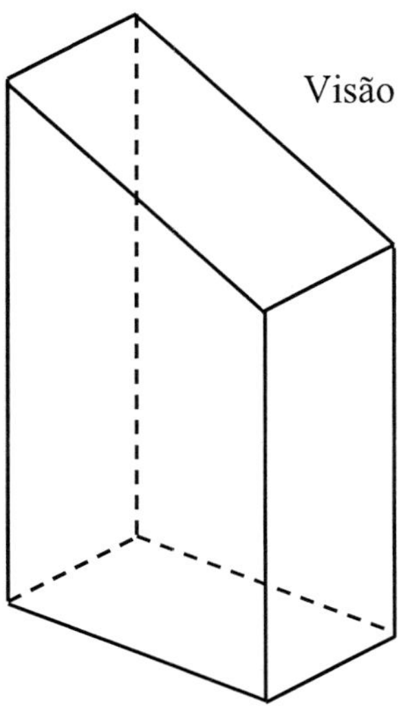

Visão espacial

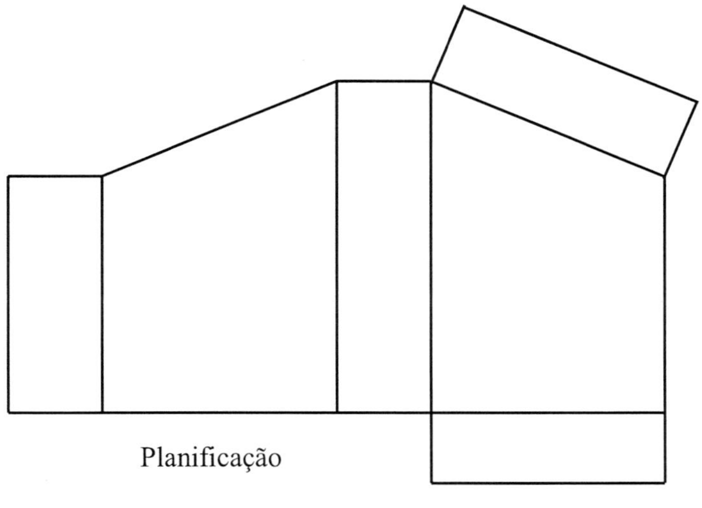

Planificação

Prisma reto de base hexagonal

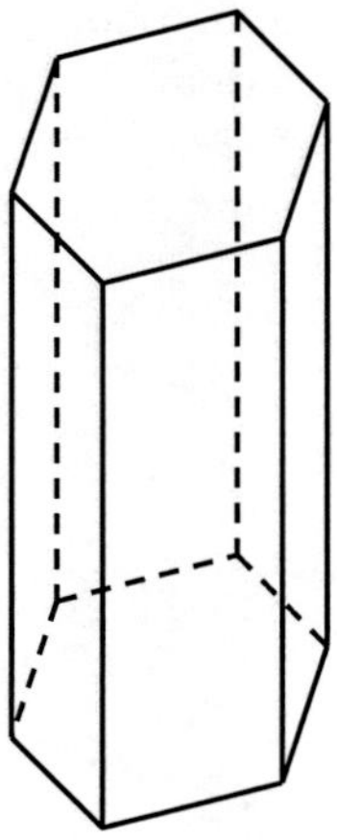

Visão espacial

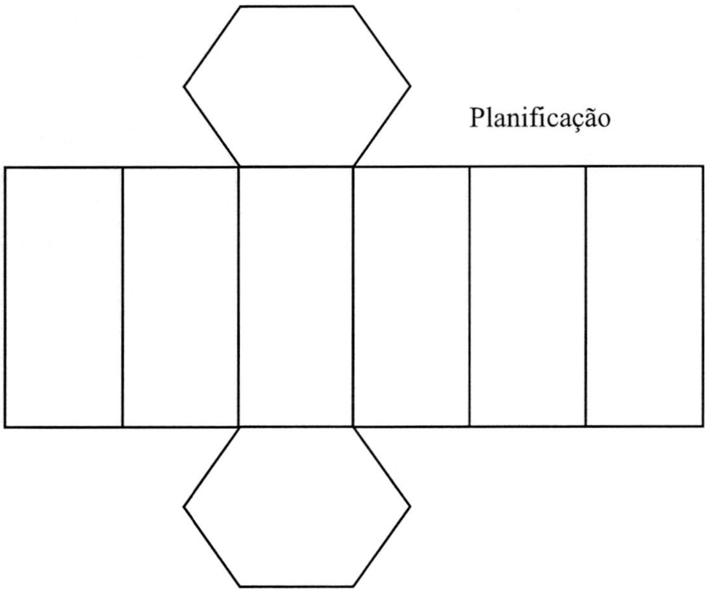

Planificação

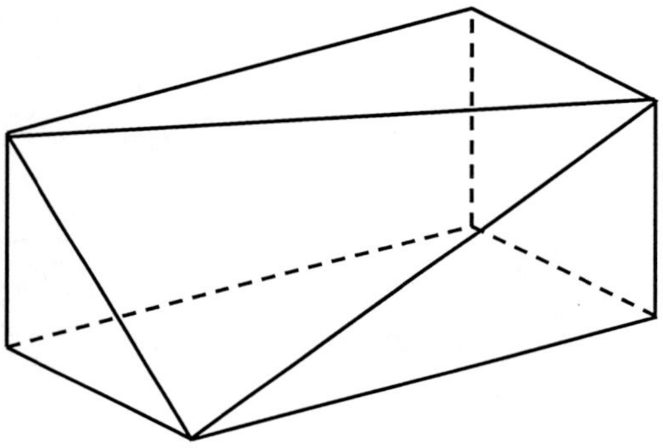

Visão espacial

Prisma reto de base retangular, com corte inclinado

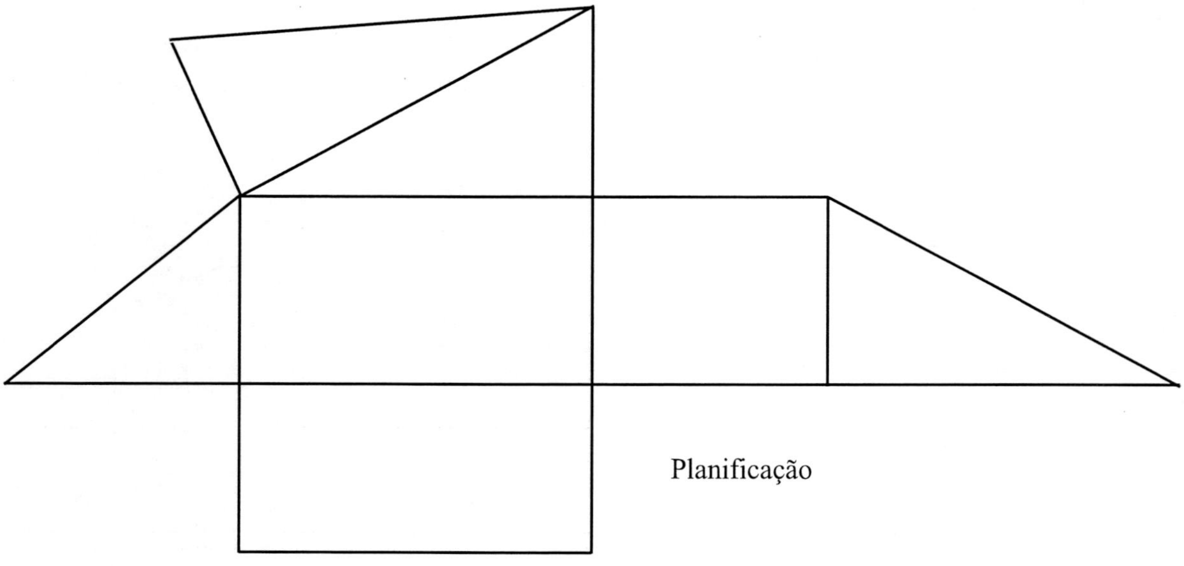

Planificação

Pirâmide reta de base quadrada

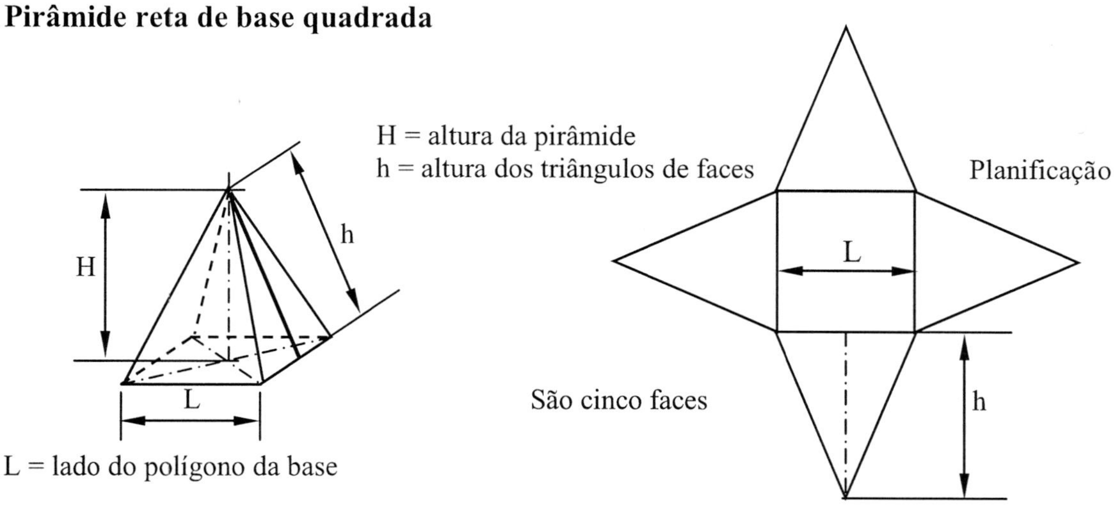

Tronco de pirâmide reta de base hexagonal

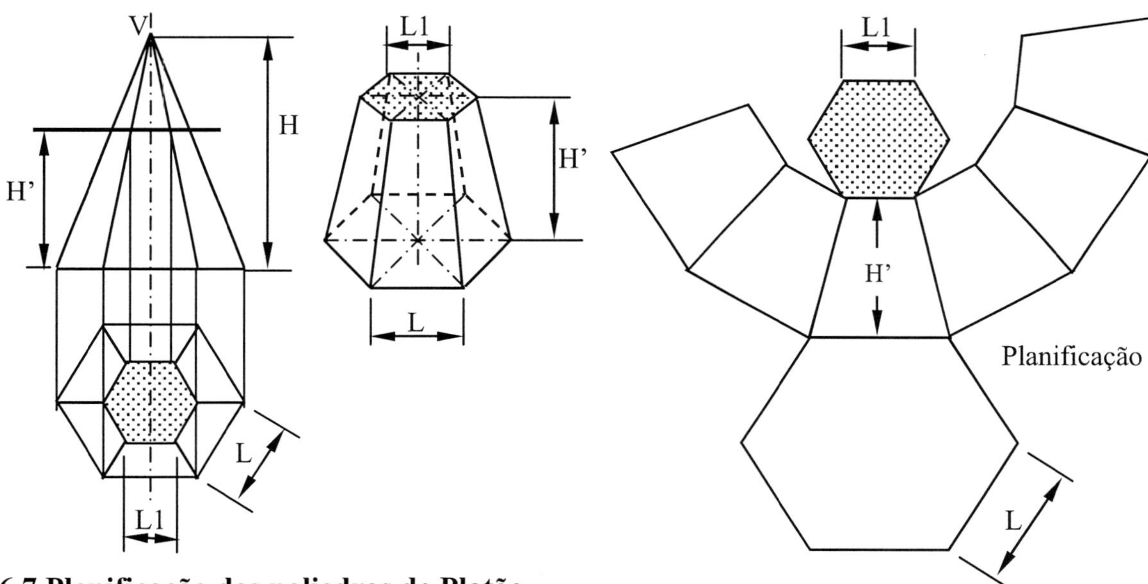

6.7 Planificação dos poliedros de Platão

Tanto para atividades escolares, quanto para uso na prática, é importante estudar-se a planificação dos poliedros de Platão. Por exemplo, imagina-se que se queira construir um octaedro em papelão ou cartolina, como deve-se cortar o papelão, de forma a se ter o menor número possível de uniões, ou seja, com o máximo de dobras possíveis. Observa-se que, como será mostrado, ao planejar a planificação de um poliedro, a ser construído em papelão, tem-se que deixar determinadas bordas (o mínimo), que permitem a colagem.

Tetraedro

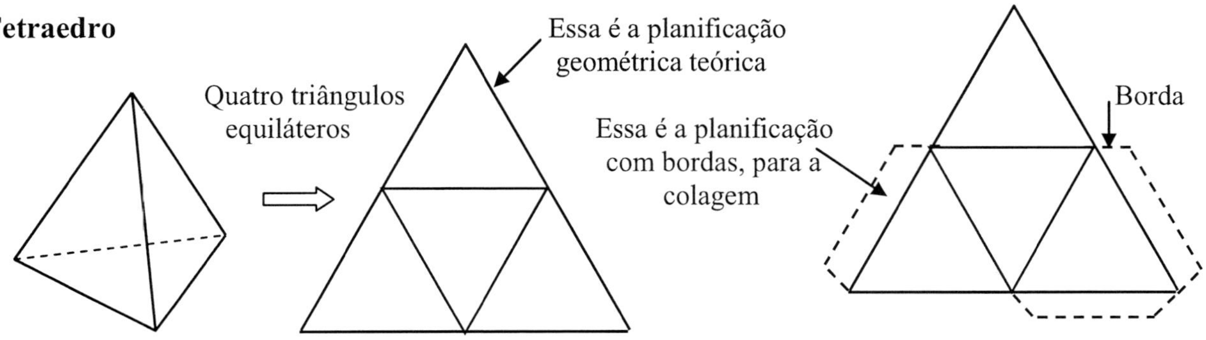

Existem embalagens, especialmente de alimentos, feitas a partir de um tetraedro.

Hexaedro ou cubo

Seis quadrados

Essa é a planificação geométrica teórica de um cubo

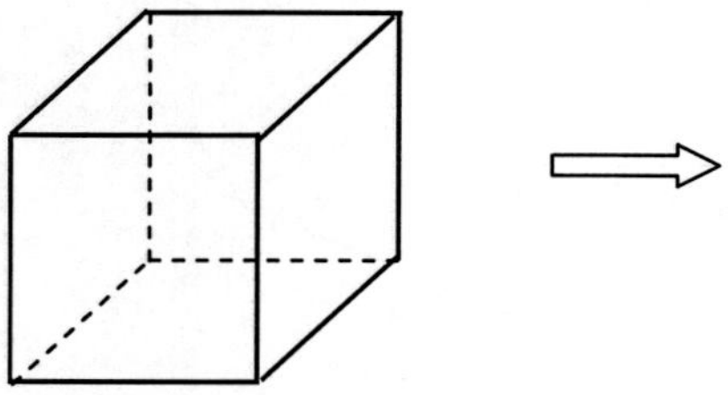

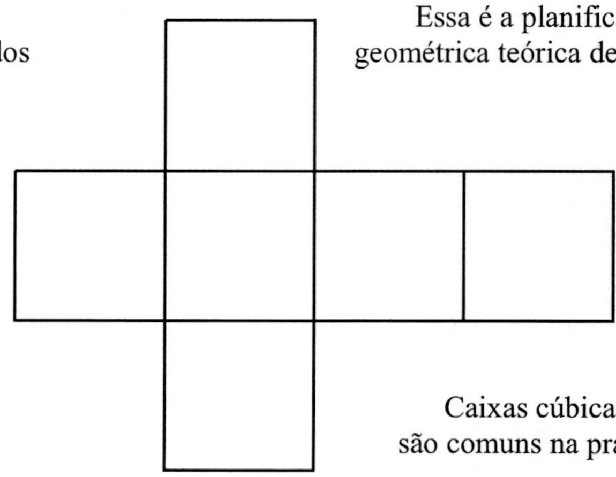

Caixas cúbicas são comuns na prática.

São comuns, os mais diversos tipos de embalagens no formato cúbico.

Octaedro

Oito triângulos equiláteros

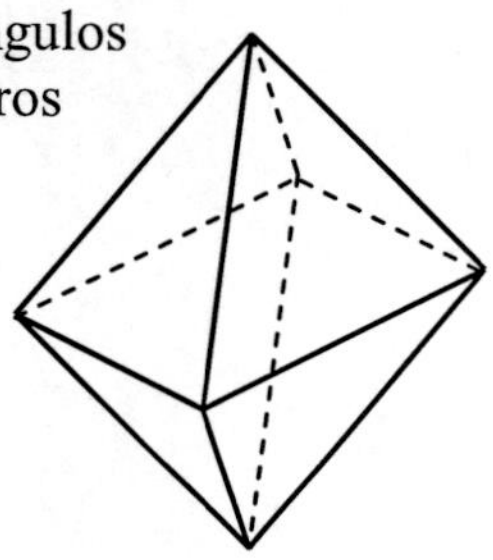

Essa é a planificação geométrica teórica de um octaedro

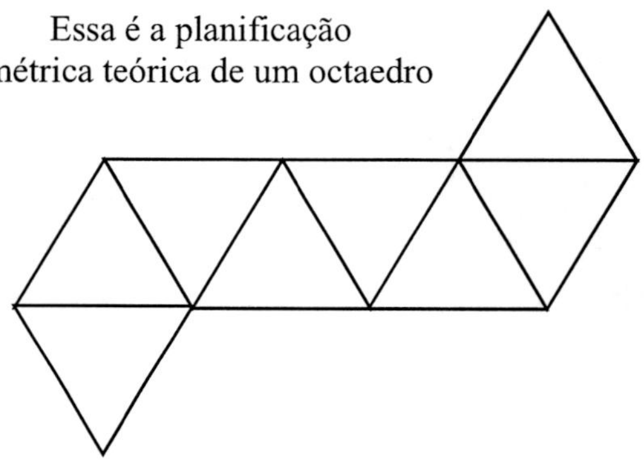

Dodecaedro

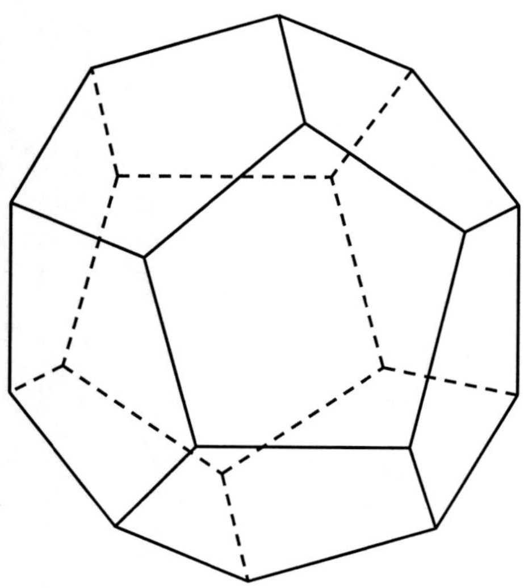

12 pentágonos regulares

O aspecto tridimensional do dodecaedro oferece boas alternativas de uso prático, em especial para artistas e arquitetos.

Essa é a planificação geométrica teórica de um dodecaedro

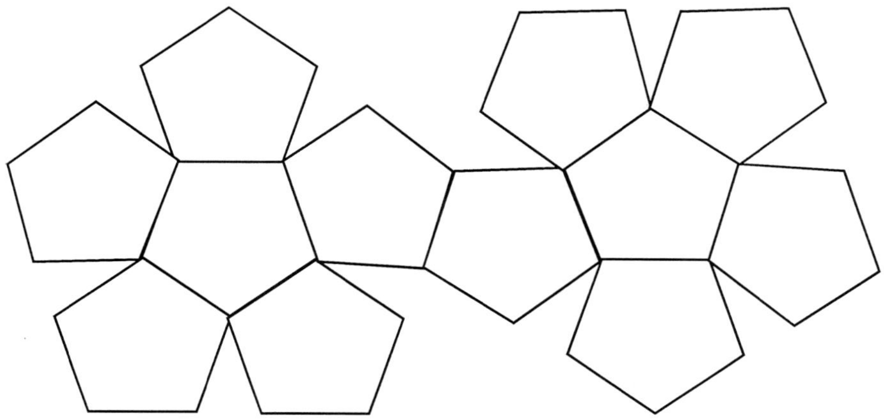

Icosaedro

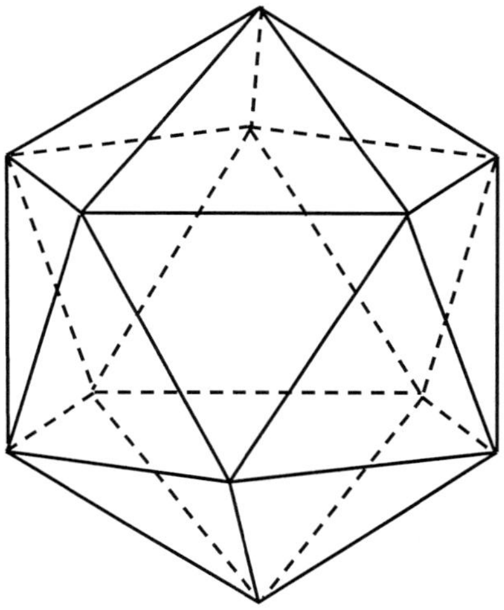

20 triângulos equiláteros

Existem jogos que utilizam um tipo de dado com 20 faces, na forma de um icosaedro.

Essa é a planificação geométrica teórica de um icosaedro

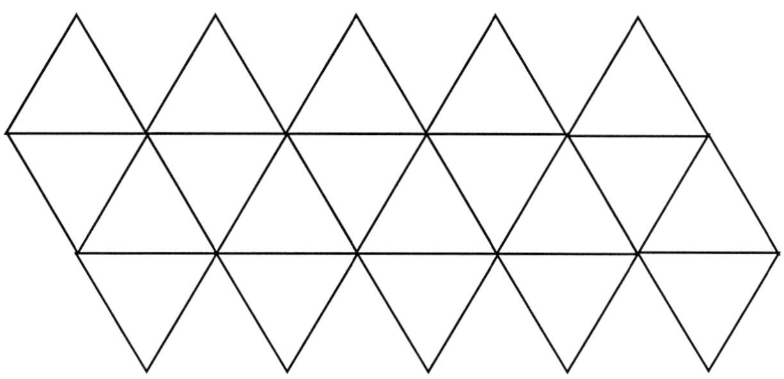

6.8 Planificação de superfícies poliédricas utilizadas na prática

6.8.1 Coifa industrial, para exaustão de gases

Projeções

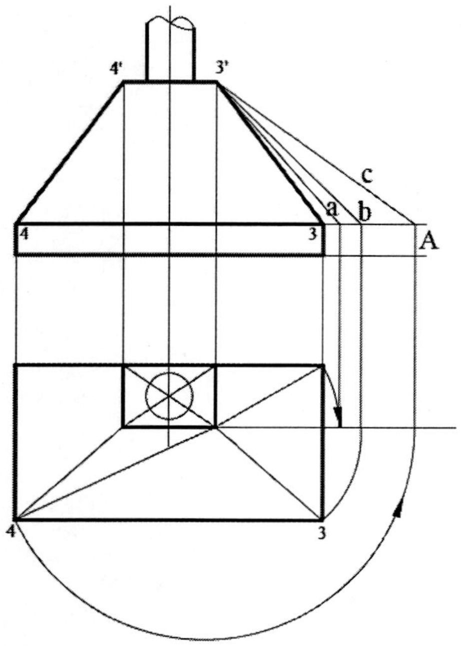

Imagem tridimensional da coifa

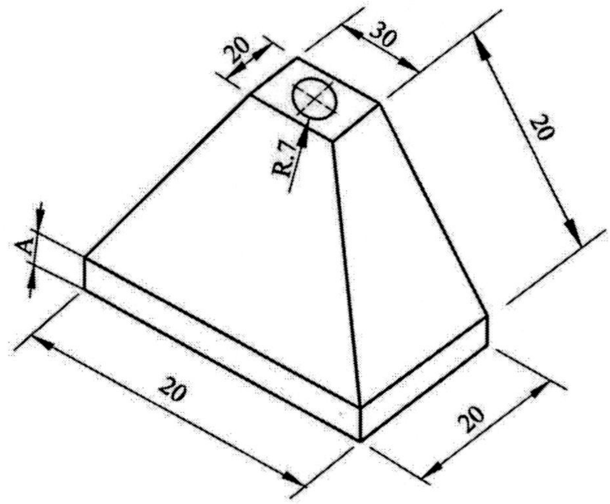

Medidas em milímetros

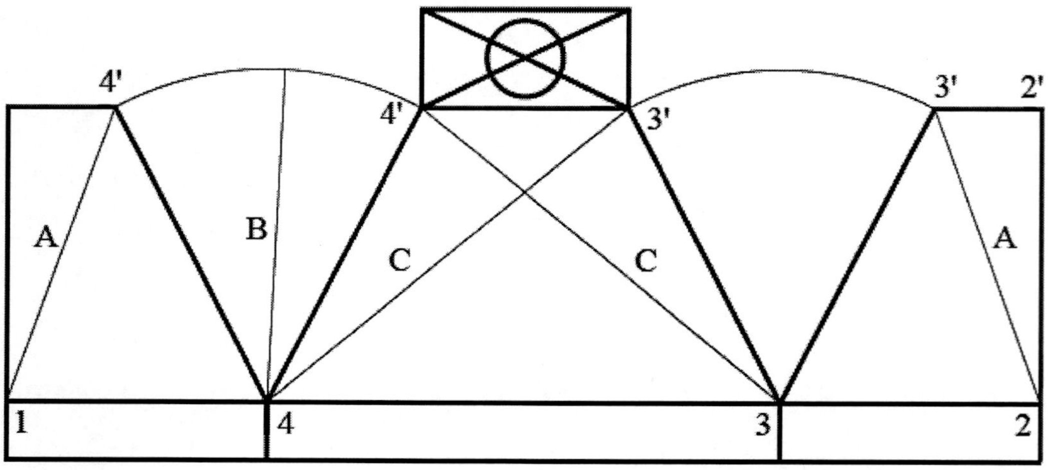

Planificação da coifa

Esse tipo de coifa, normalmente, é utilizado tanto em cozinhas industriais, especialmente em restaurantes, bem como em laboratórios de análises químicas.

6.8.2 Caixa de alimentação de materiais sólidos (moega)

Entrada de material

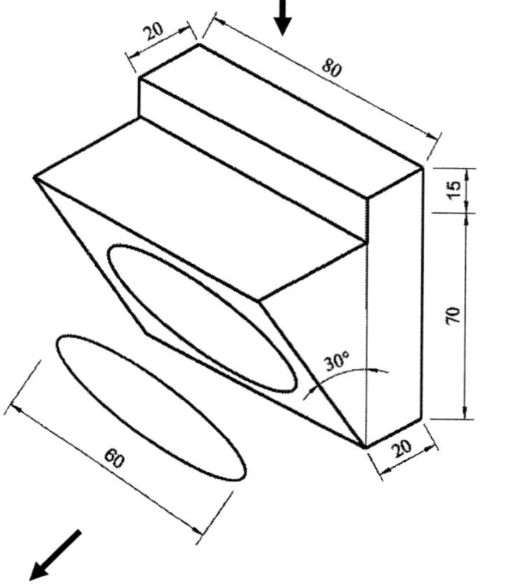

Projeções

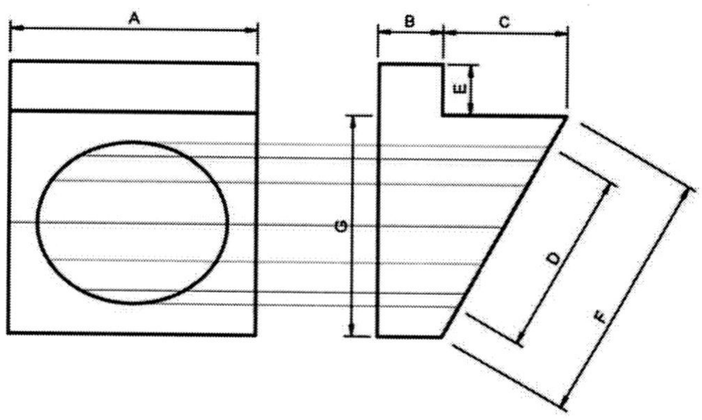

Saída de material

Medidas em centímetros

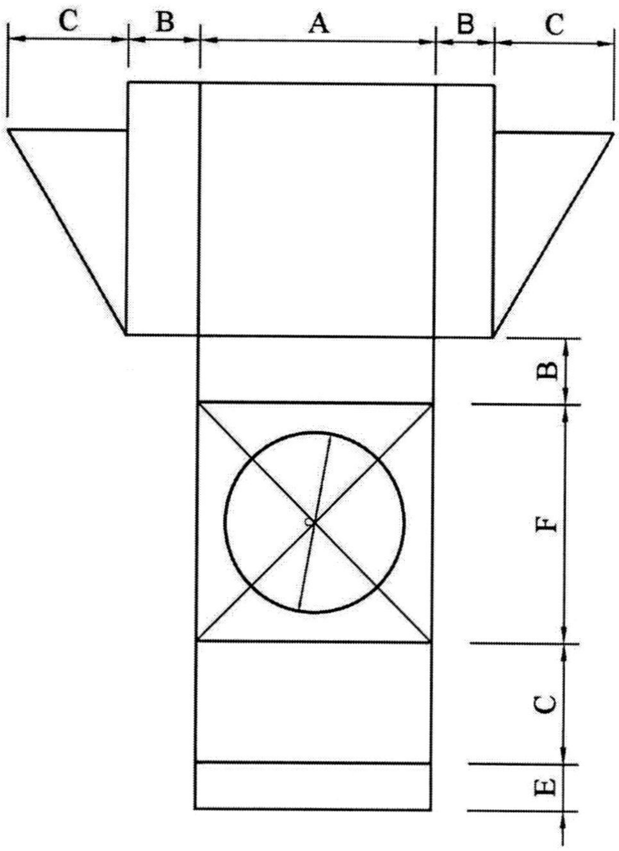

Planificação da moega

Esse tipo de caixa é muito utilizada em indústrias químicas, que processam materiais particulados, bem como em indústrias que manipulam grãos alimentícios.

6.9 Planificação de corpos redondos: cilindros, cones e esferas

Essas superfícies têm diversas aplicações práticas, especialmente na Engenharia Mecânica, nas especialidades das engenharias de tubulações e caldeiraria.

Cilindro circular reto fechado nas duas extremidades

Por óbvio, os círculos superior e inferior, se mantêm como círculo. Já são planos.

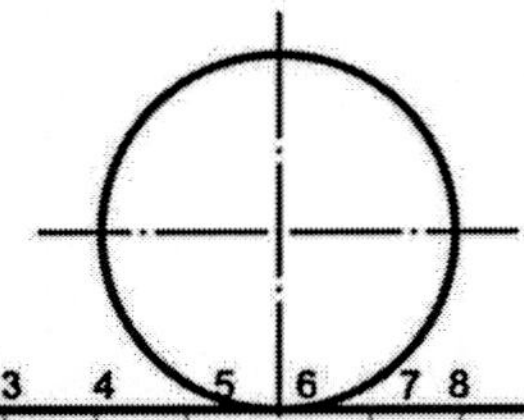

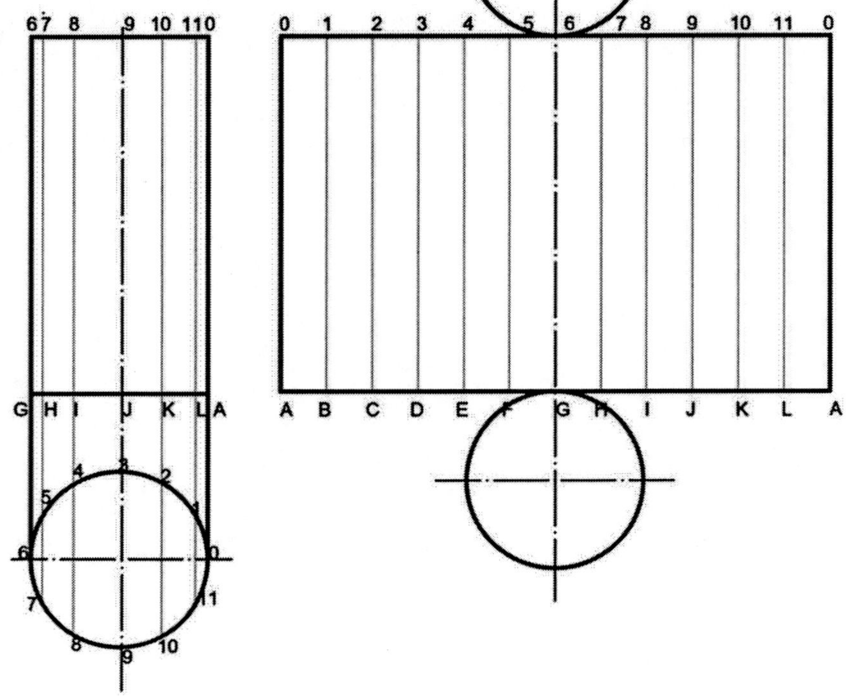

A planificação analítica de um cilindro circular é calculada a partir da retificação de uma circunferência. O comprimento L de uma circunferência é igual ao produto do diâmetro D pela constante π, que é igual a 3,1416. Ou seja: L = π x D.
No cilindro à direita, de diâmetro 500 mm, a planificação da parte cilíndrica é igual a:

L = 3,1416 x 500 mm => L = 1570,8 mm.
A planificação desse cilindro, com 90 cm de altura fica da seguinte forma:

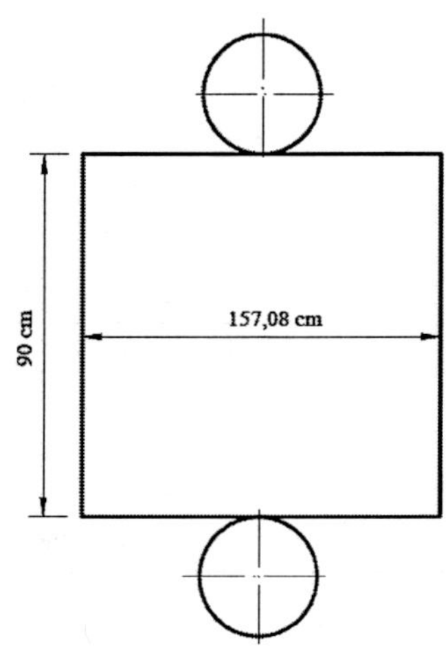

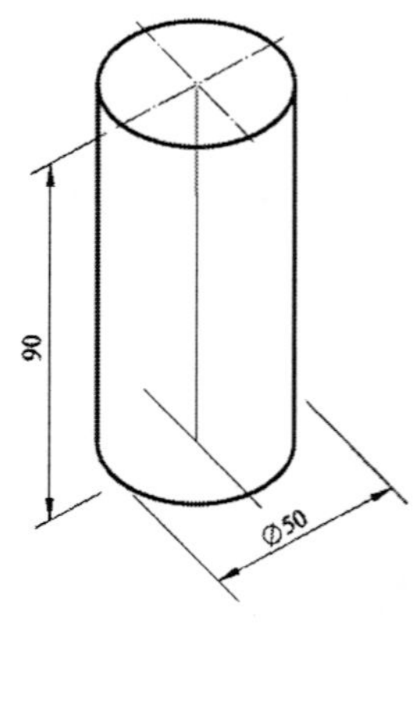

Existem diversas aplicações práticas e reais, para a utilização de cilindros fabricados a partir de chapas metálicas planas. O exemplo mais utilizado é na fabricação de tubos, a partir de chapas planas de aço.

Tronco inclinado de um cilindro circular reto fechado nas duas extremidades

Esse tipo de tronco gera uma elipse, na superfície do corte.

As dimensões da elipse formada, eixos maior e menor, podem ser determinadas, por cálculos trigonométricos, permitindo o cálculo da área.

Em 2022, e há anos, existiam programas que, além de desenhar com precisão dimensional, geravam um arquivo que, enviado para uma mesa de corte a laser, permitia um corte preciso dessa curva.

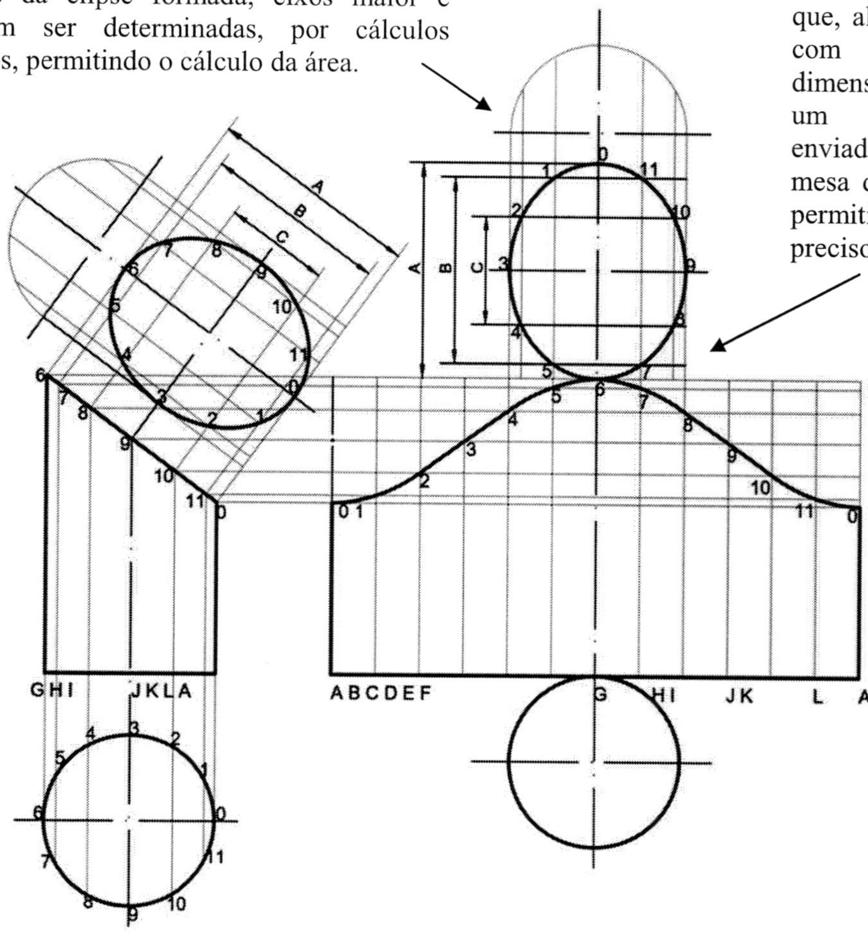

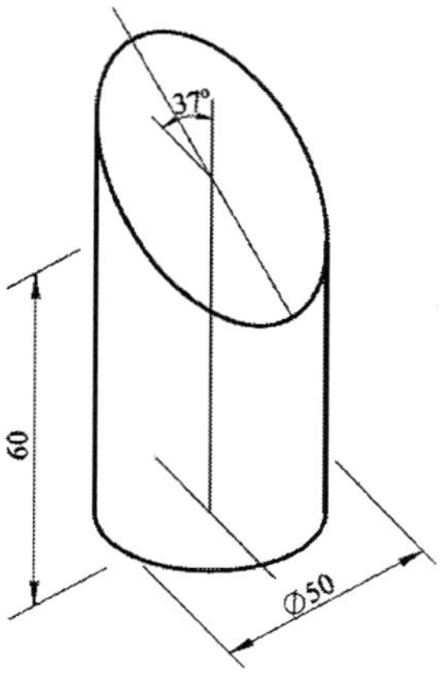

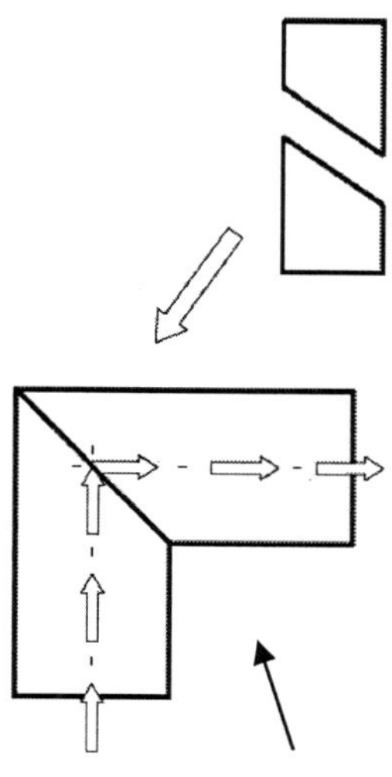

A partir de um tubo pode-se, por exemplo, com um corte a 45° obter-se uma curva de 90°, como mostrado acima. Na prática esse tipo de curva, por ter uma mudança brusca de seção (de círculo para elipse), só é utilizada para sistemas de baixa pressão, já que ao mudar abruptamente de direção, o fluido em escoamento causa forças na parede da curva. A curva é obtida com o corte inclinado a 45° e giro das partes.

Cone circular reto

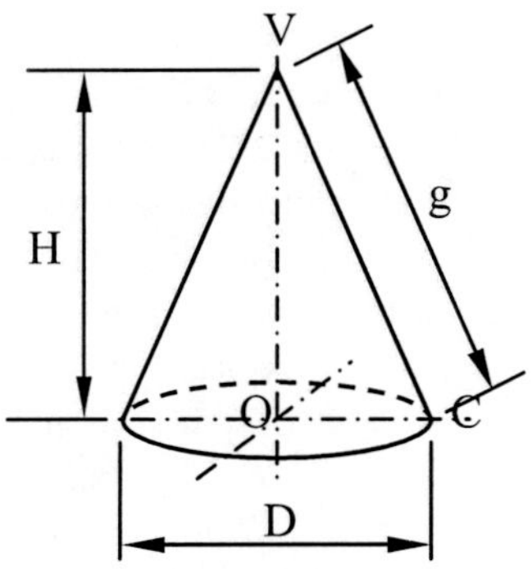

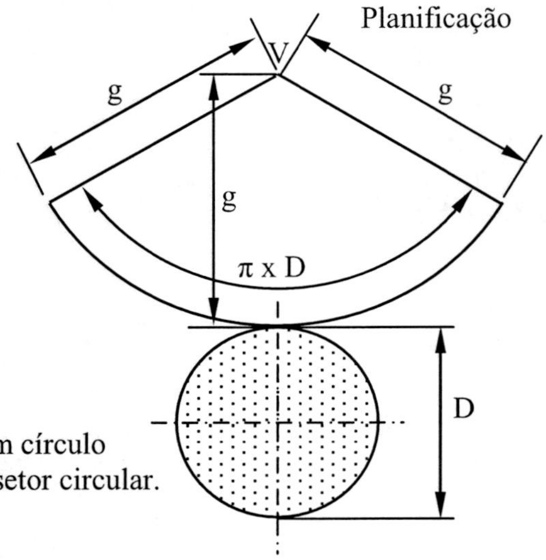

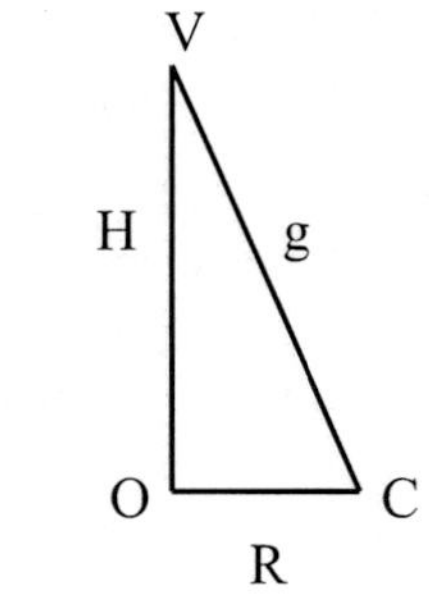

$$g = \sqrt{H^2 + R^2}.$$

A planificação mostra que a base é um círculo de diâmetro D e a superfície lateral é um setor circular.

Tronco de cone circular reto, com corte paralelo à base

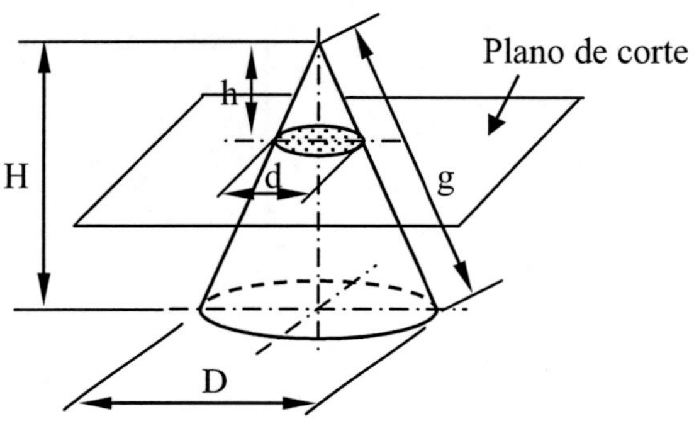

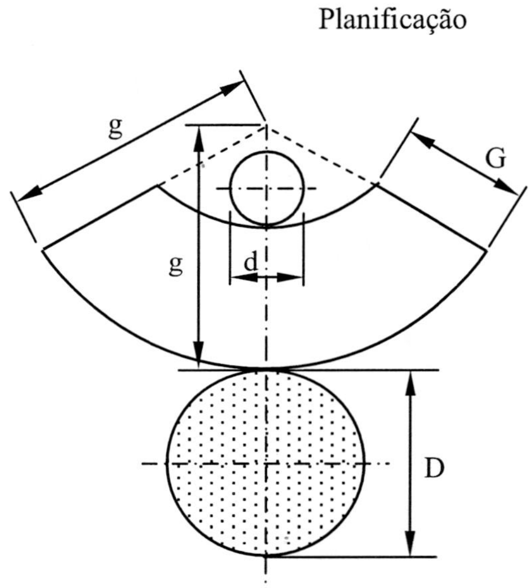

O corte gera uma circunferência ou círculo

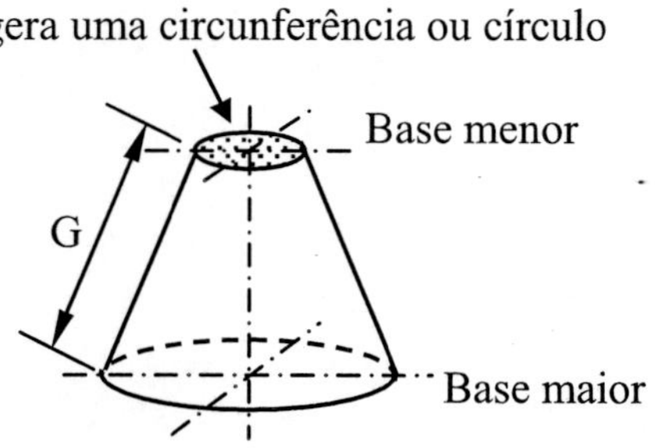

Uma aplicação prática de um tronco de cone circular, com corte paralelo à base, é como redução concêntrica de tubulações metálicas de grandes diâmetros, pois nesses casos, tanto os tubos, quanto o tronco, são fabricados a partir de chapas planas, ou seja, precisa-se calcular a perfeita planificação, tanto do tronco quanto dos tubos, no caso, cilindros circulares retos.

Tronco de cone circular reto, usado como redução concêntrica.

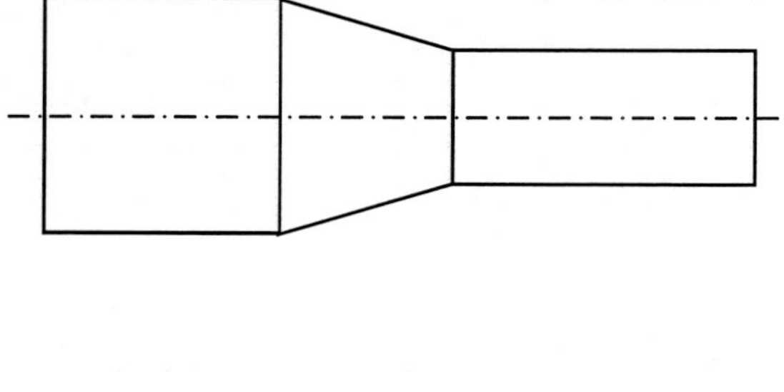

Em algumas aplicações práticas ocorrem troncos de cones inclinados em relação à base, como por exemplo, no fundo de silos da indústria de mineração. A seguir é mostrado um exemplo.

Abaixo são feitas as projeções e a planificação de um tronco de cone, similar a este.

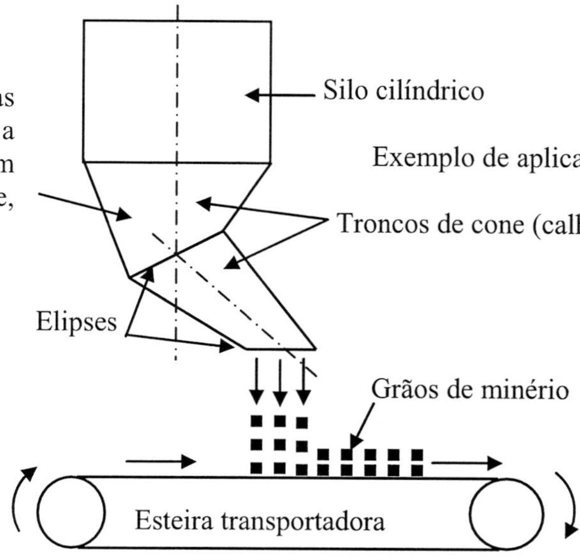

Exemplo de aplicação de tronco inclinado de cone

Detalhes e planificação do tronco de cone reto fechado, com corte inclinado em relação à base.

Esse tipo de corte gera uma elipse

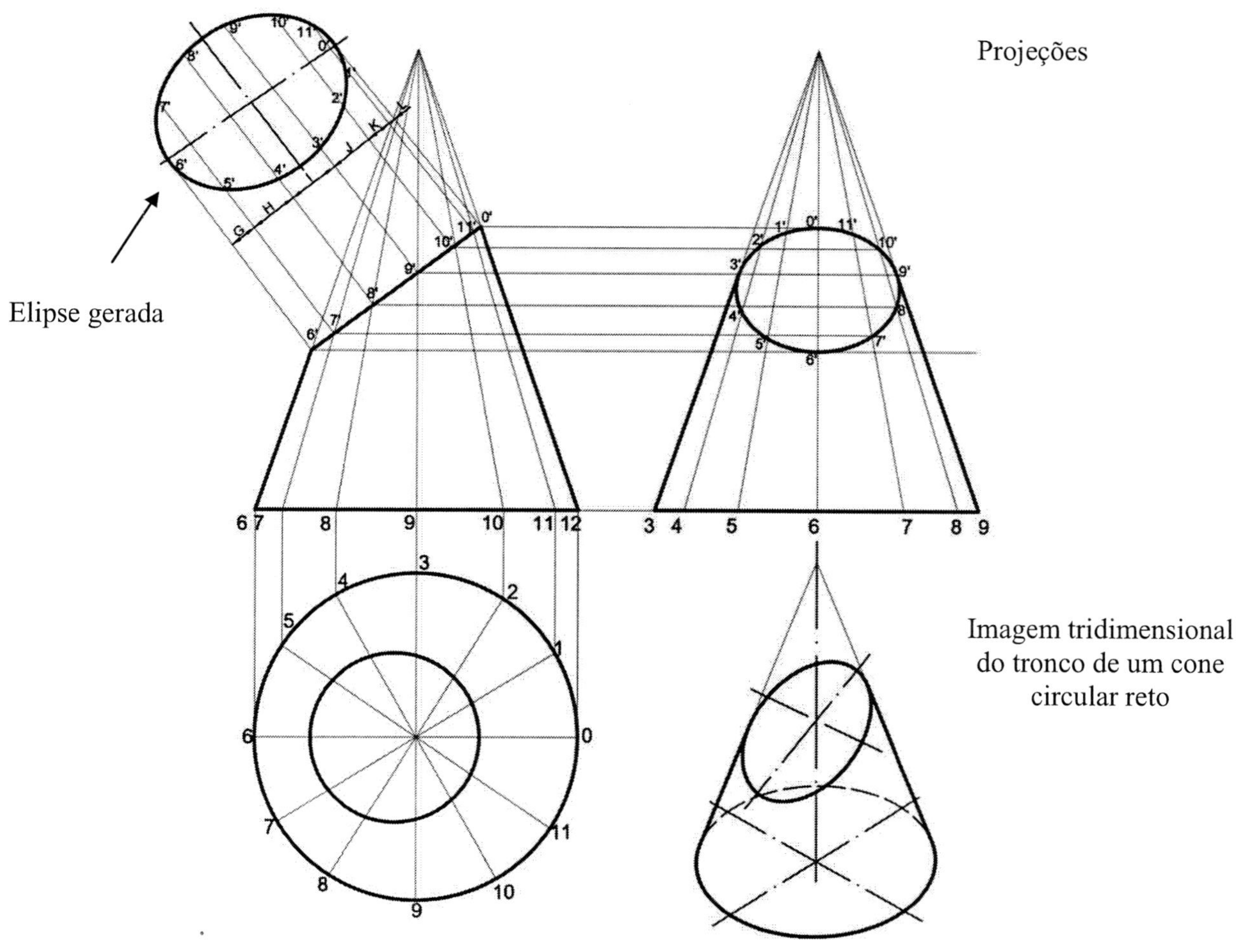

Essas projeções confirmam a Geometria Descritiva como base do desenho técnico projetivo

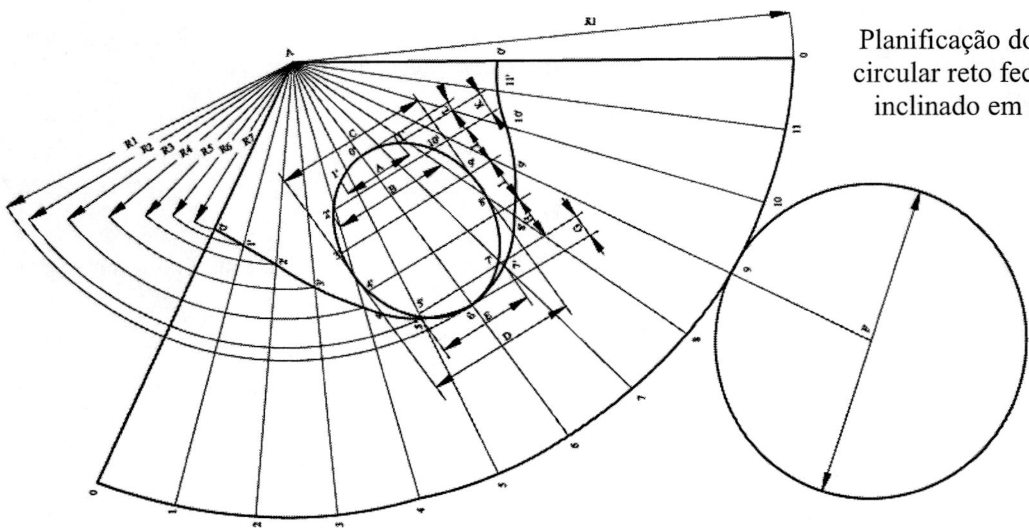

Planificação do tronco de cone circular reto fechado, com corte inclinado em relação à base.

Planificação de uma curva em gomos, a 45°, fabricada a partir de um trecho reto de tubo

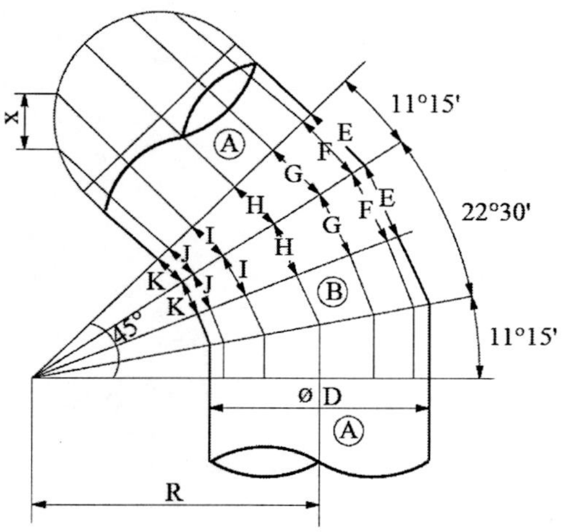

Assim devem ser cortados os trechos A e B.
Após a curvatura, tem-se três gomos de tubos que, após soldagem, vira uma curva a 45°.

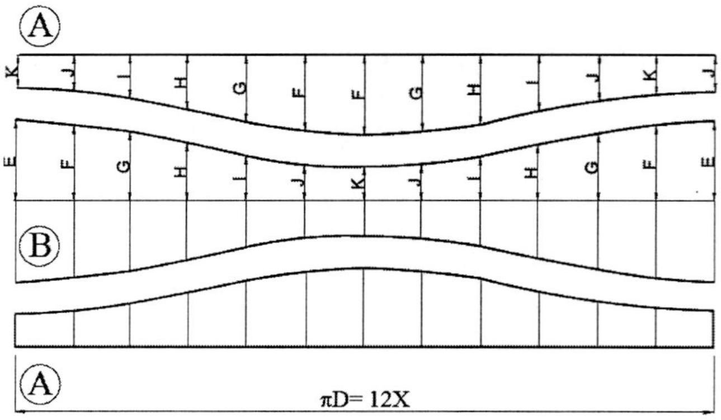

Planificação

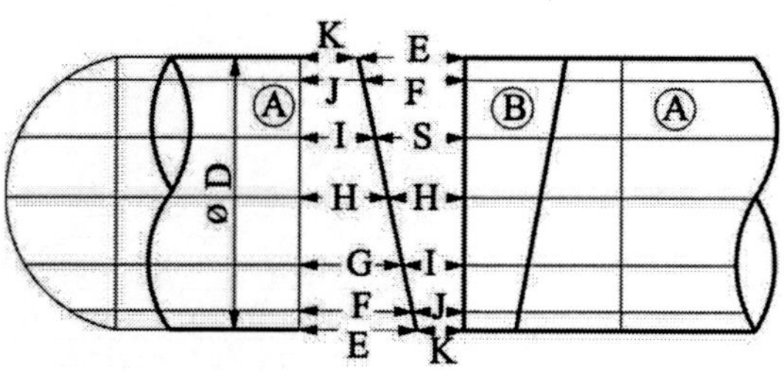

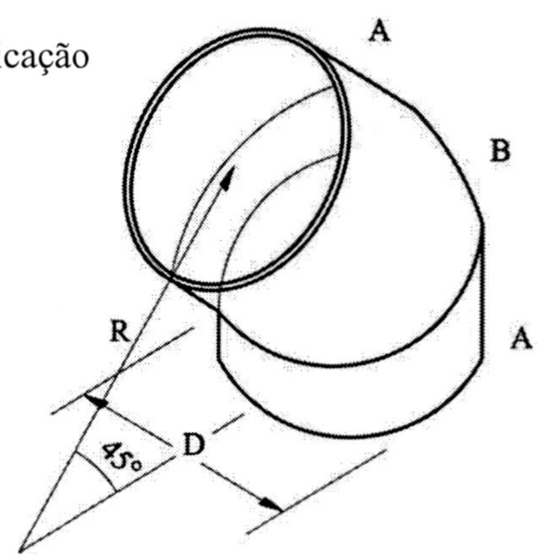

Esse tipo de curva em gomos é muito comum, para tubulações metálicas de grande diâmetro, pois uma curva sem soldas, fabricada por forjamento, é muito mais cara.

Imagem tridimensional

6.9.1 Planificação de esferas

A forma teórica e geométrica de se planificar uma esfera é dividindo-a em gomos, segundo os meridianos, e de forma semelhante a como se corta, por exemplo, uma laranja em gomos.

Conceito da planificação de uma esfera, considerando-se dez gomos.

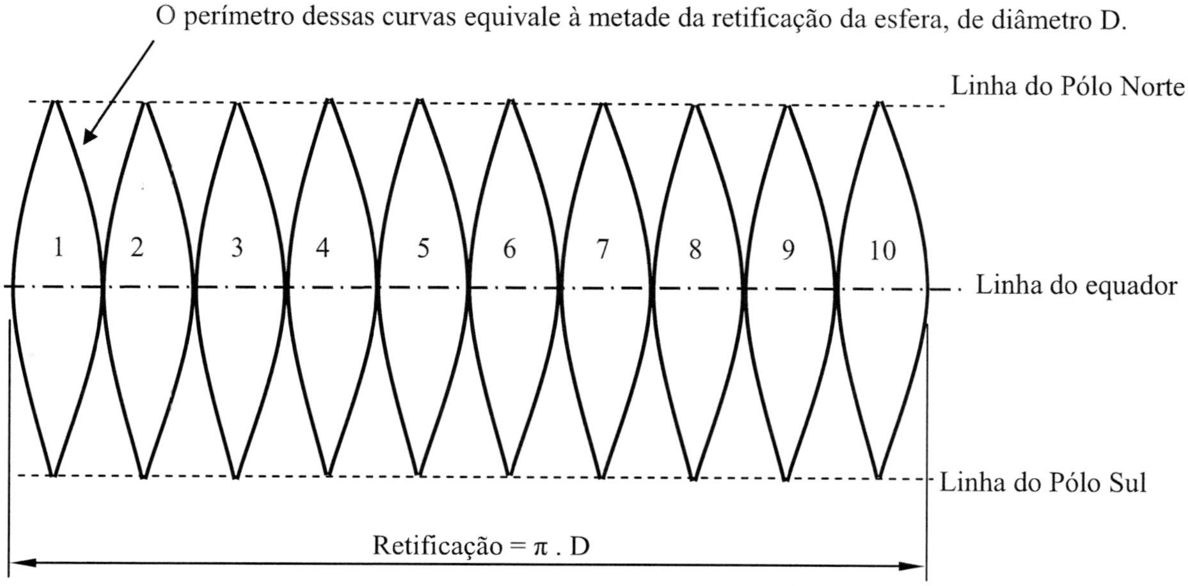

Quando a esfera é utilizada, como um reservatório esférico metálico, devido às soldas entre os gomos, a planificação não permite, por exemplo, que seja segundo os cortes de gomos anteriormente mostrados, pois nos Pólos ocorreria uma junção de várias soldas num único ponto, o que não é possível do ponto de vista da engenharia de fabricação mecânica (pois concentraria muitas tensões térmicas). Para esses tipos de esferas, também existem variações na forma de se planificar, dependendo do diâmetro e da espessura das chapas utilizadas.

Exemplo de uma esfera metálica, para armazenamento de gases sob pressão

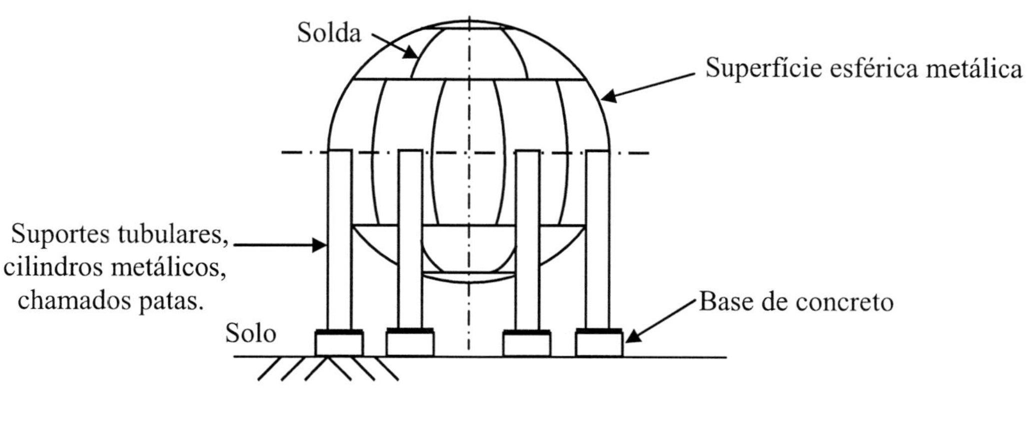

Especialmente em indústrias químicas e petroquímicas, utilizam-se esferas construídas em chapas metálicas de aço, para armazenamento de gases a pressão. Na prática existem esferas desse tipo com até 20 m de diâmetro, sendo que a altura total, entre o solo e o topo da esfera, tem uma altura equivalente a um prédio com oito andares ou 24 metros.

Planificação de uma esfera, considerando a soldagem dos gomos.

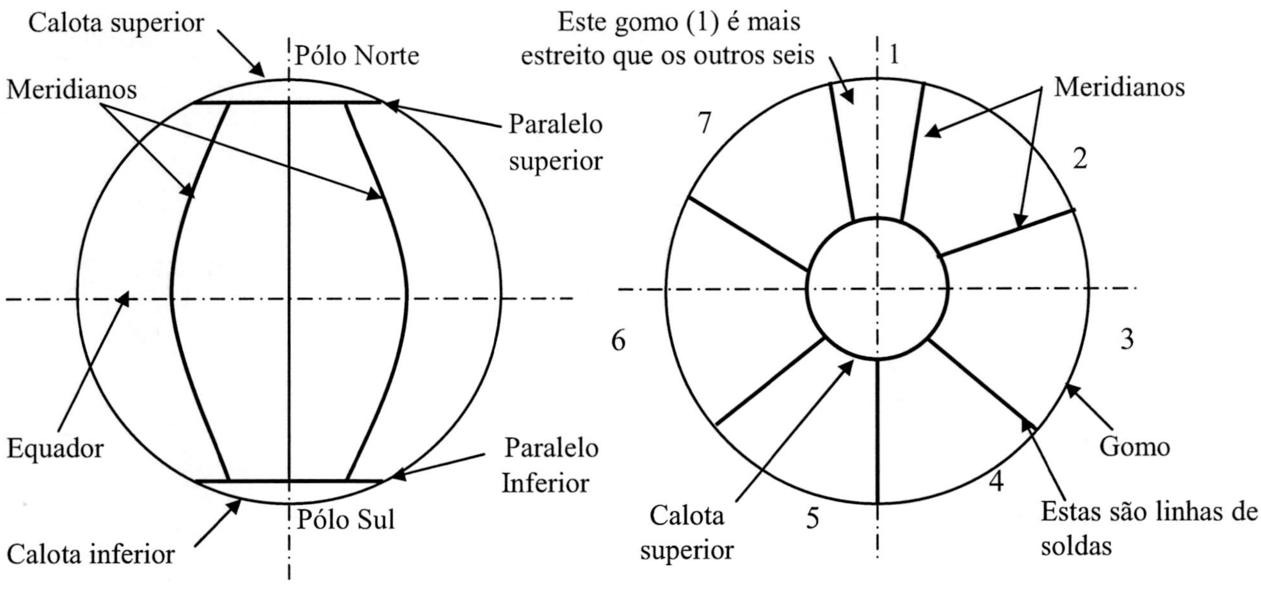

Vista de frente

Vista de cima

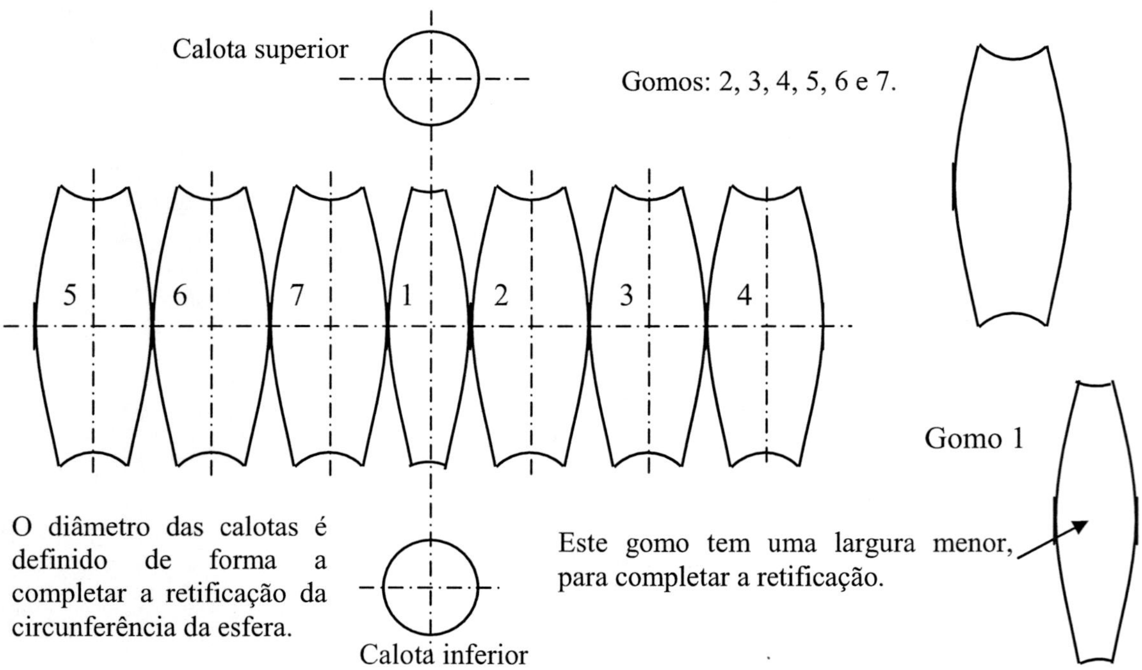

6.10 Exercícios propostos (veja soluções no Apêndice A)

6.10.1) Fazer as três vistas ortográficas principais e a planificação do seguinte poliedro:

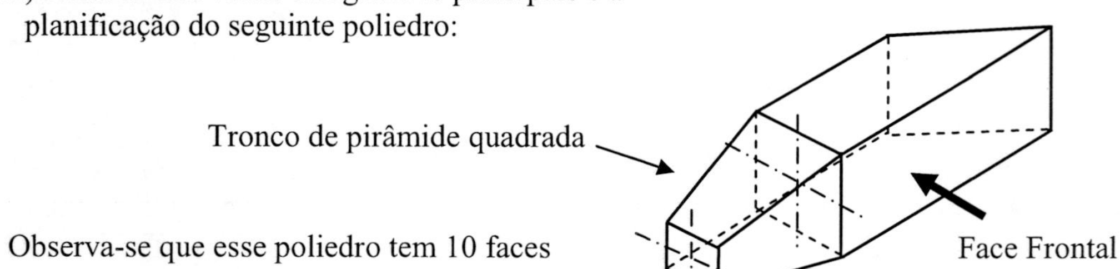

6.10.2) Fazer as três vistas ortográficas principais e a planificação do poliedro a seguir

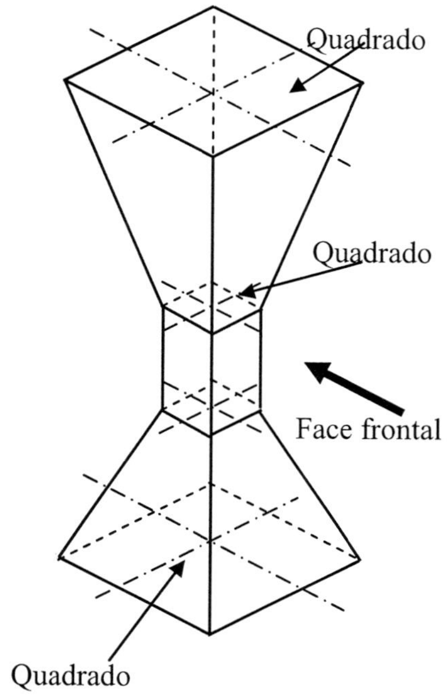

6.10.3) Desenhar a planificação do poliedro irregular a seguir.

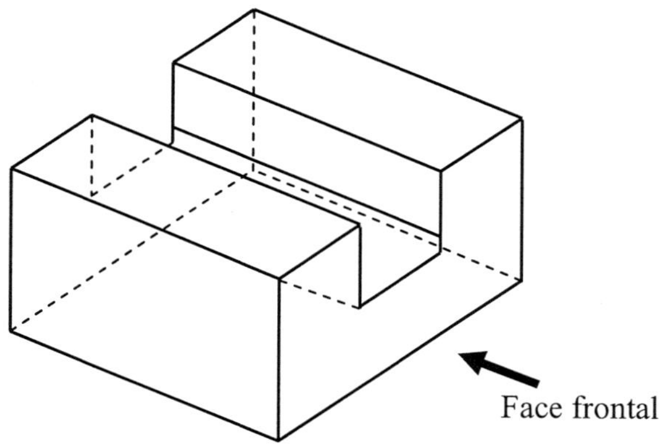

6.10.4) Desenhar a planificação do poliedro irregular a seguir. Na planificação mostrar a medida A.

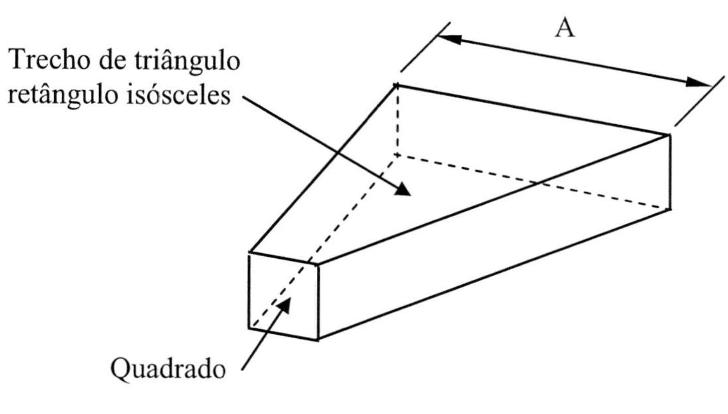

6.11 Exercícios propostos extras

6.11.1) (ENEM - 2015). Uma empresa que embala seus produtos em caixas de papelão, na forma de hexaedro regular, deseja que seu logotipo seja impresso nas faces opostas pintadas conforme a figura. A gráfica que fará as impressões dos logotipos apresentou cinco opções, para a caixa planificada. Qual opção, sugerida pela gráfica, atende ao pedido da empresa.

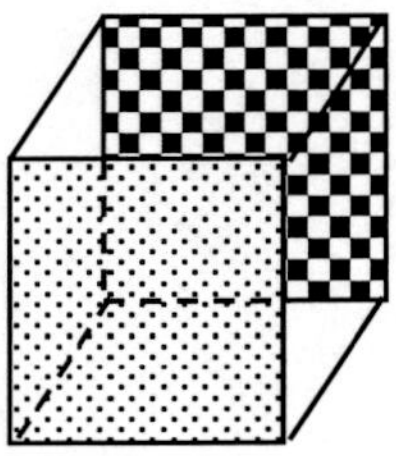

a)

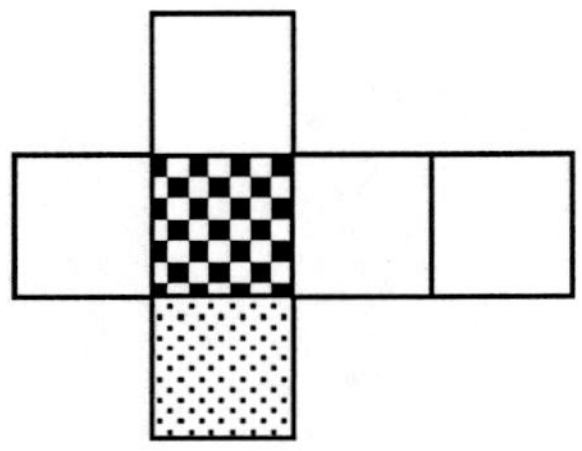

b)

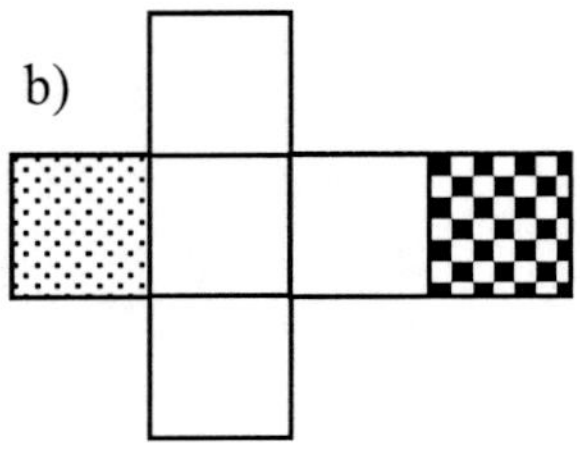

c)

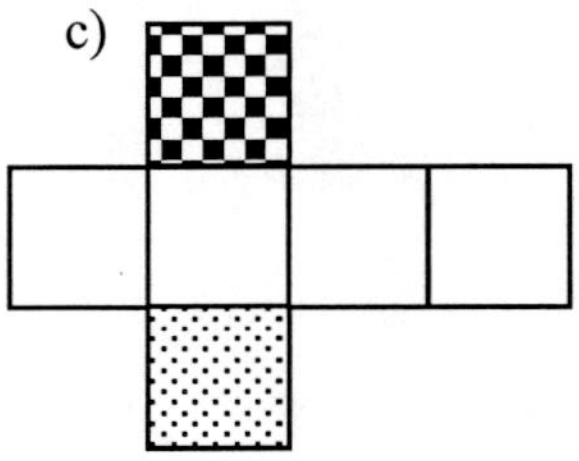

d)

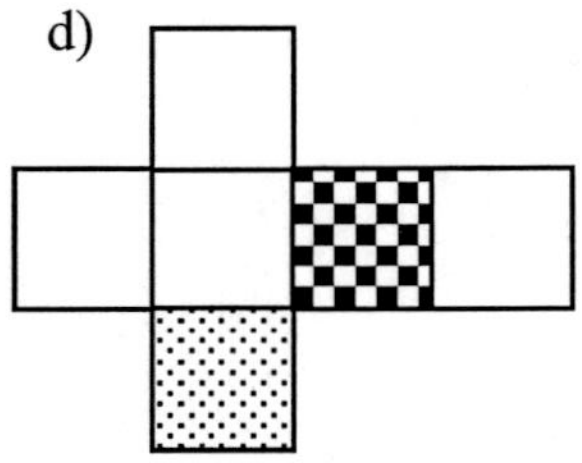

e)

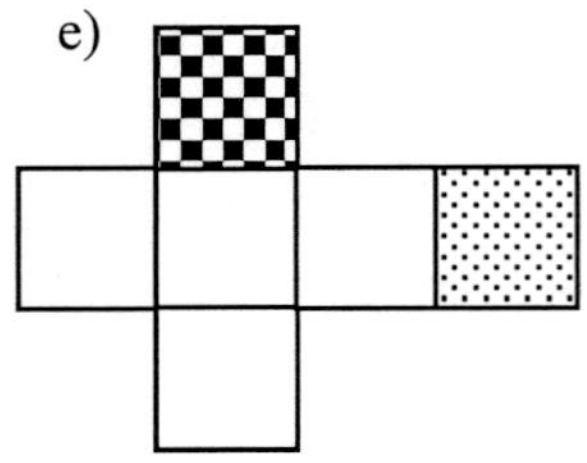

6.11.2/3/4) Fazer as planificações das seguintes superfícies poliédricas:

2)

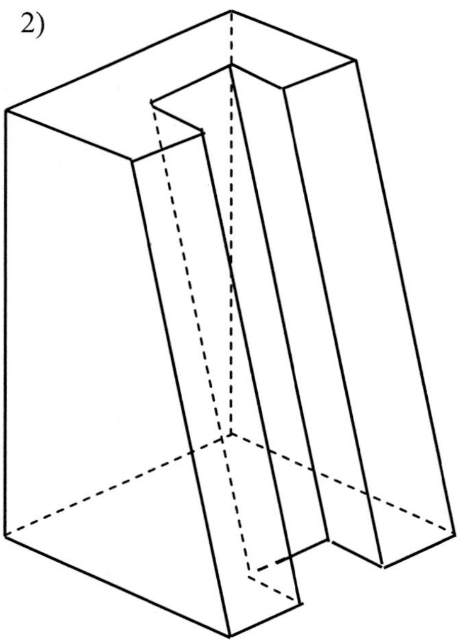

3)

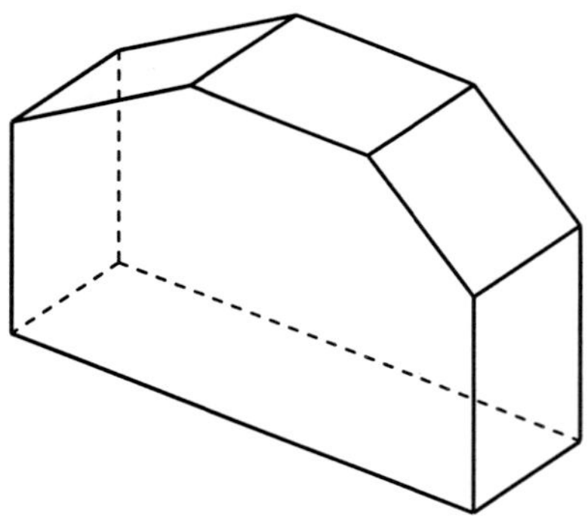

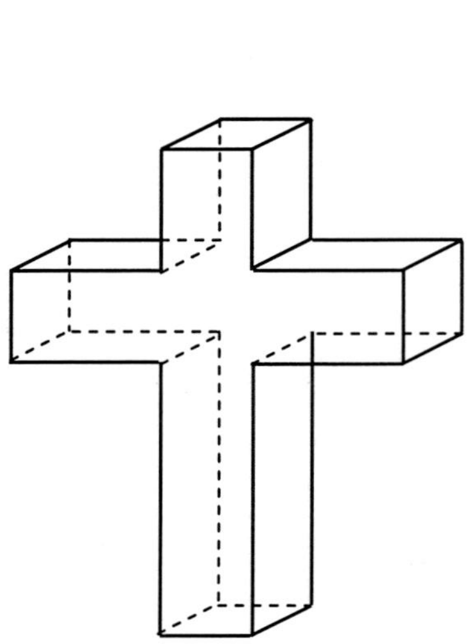

4)

Capítulo 7

Vistas auxiliares, parciais, deslocadas e interrompidas. Vistas com características e particularidades especiais. Cortes e seções

Em muitos casos, ocorrem objetos e peças com características especiais, onde a simples aplicação do conceito de vistas ortográficas, não consegue produzir bons resultados, ou seja, o desenho mostra "coisas" que dificultam e até impedem sua compreensão e uso. Várias destas características e particularidades são detalhadas nesse capítulo.

7.1 Vista auxiliar

Foi visto que as vistas ortográficas são oriundas do conceito de projeções cilíndricas ortogonais, ou seja, a visão é perpendicular ao plano ou face, que se quer projetar. Mas e quando uma face de um objeto ou peça, não é perpendicular, ou melhor, tem um ângulo diferente de 90º? É nesta condição que se utiliza o recurso da vista auxiliar.

Usa-se a vista auxiliar quando se quer mostrar detalhes e dimensões de uma face, que forma um ângulo diferente de 90º. É importante citar que, não é apenas o fato de se ter uma face inclinada, que se tem que fazer uma vista auxiliar. A mesma só deve ser feita, caso existam detalhes que, apareceriam "distorcidos" ou não em verdadeira grandeza. As figuras a seguir mostram estes detalhes.

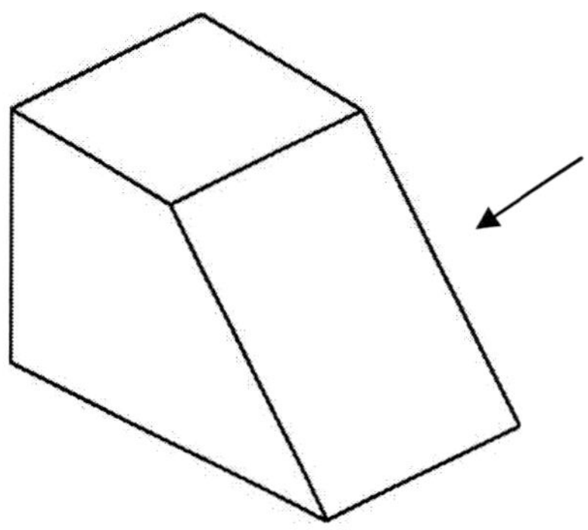

Este objeto, apesar de ter uma face inclinada, não precisa de uma vista auxiliar, pois não tem nenhum detalhe, na face inclinada, que precise ser representado em verdadeira grandeza

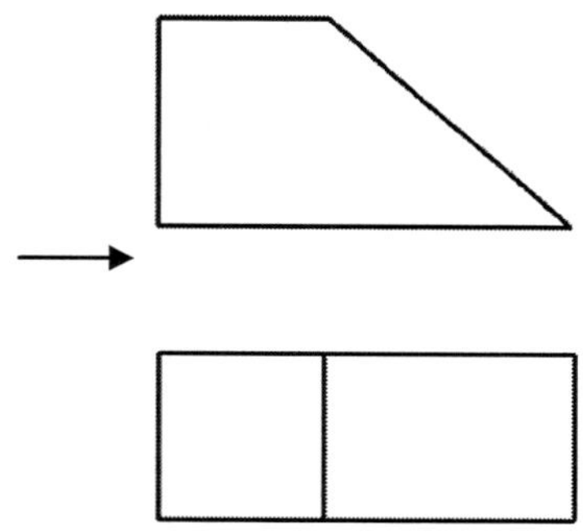

Se o mesmo objeto tiver um detalhe na face inclinada, por exemplo, um simples furo circular, ao compará-lo na vista superior, o mesmo apareceria como uma elipse, ou seja, de deformado e sem condições de um bom entendimento. Neste caso, faz-se necessária uma vista auxiliar, para mostrar o detalhe do furo circular em verdadeira grandeza. A figura a seguir mostra esta vista auxiliar.

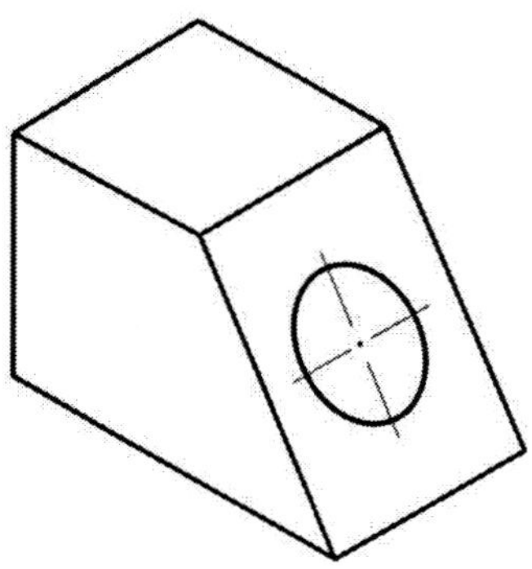

Na vista superior, o furo circular, além de aparecer como uma elipse, mostra uma distorção "feia" no seu prolongamento (aresta tracejada), até a base do objeto.

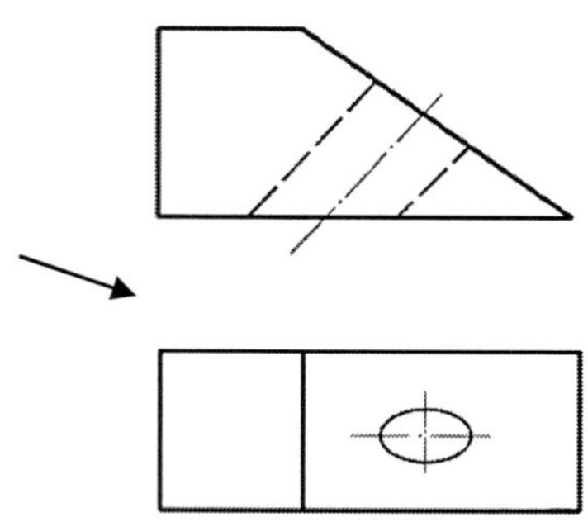

O conceito de vista auxiliar

Nesta figura, com a vista auxiliar, consegue-se mostrar, tanto a localização, quanto o diâmetro do furo, sem distorções.
Observe-se que, esta vista auxiliar, origina-se de uma projeção ortogonal ou perpendicular à face inclinada.

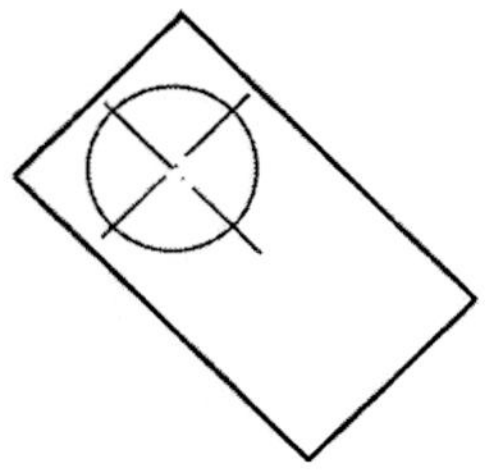

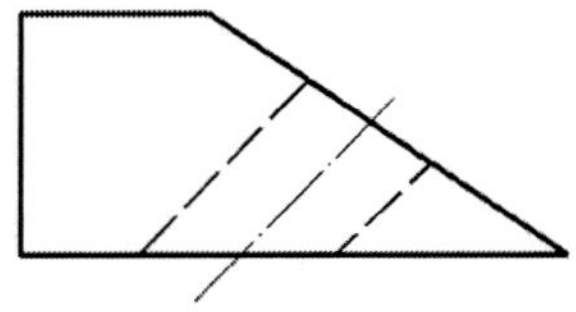

A seta, com a letra maiúscula A, na vista de Frente, indica que se está fazendo uma vista neste sentido e perpendicular à face inclinada.

O ideal é que a vista auxiliar seja colocada no mesmo sentido da projeção e logo depois da vista original. Em casos especiais, onde devido detalhes do objeto ou peça, isto fica difícil ou que congestione o desenho ou ainda para ficar melhor representado, pode-se representar a vista auxiliar em outra região do desenho, porém deixando claro o seu nome, no caso aqui foi escrito "Vista de A". Quando se coloca uma vista fora de sua posição correta, surge o termo "vista deslocada", exemplificada no parágrafo 7.3.

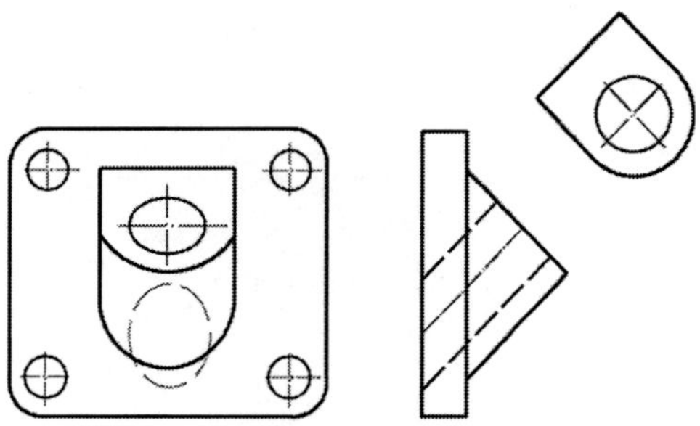

Exemplos de peças que necessitam de vistas auxiliares.

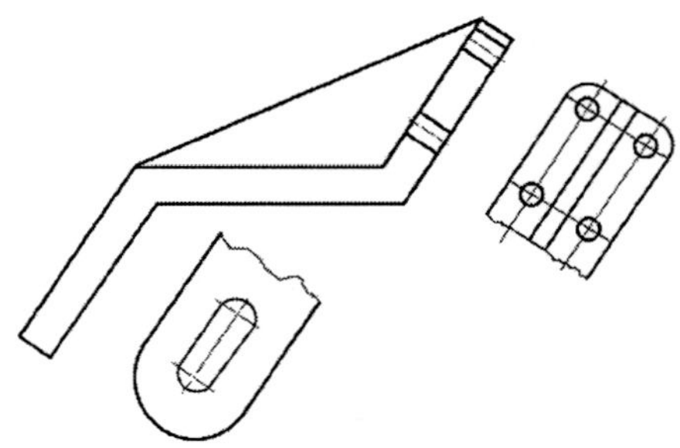

Esse tipo de representação é chamado de vista parcial, como será visto em 7.2.

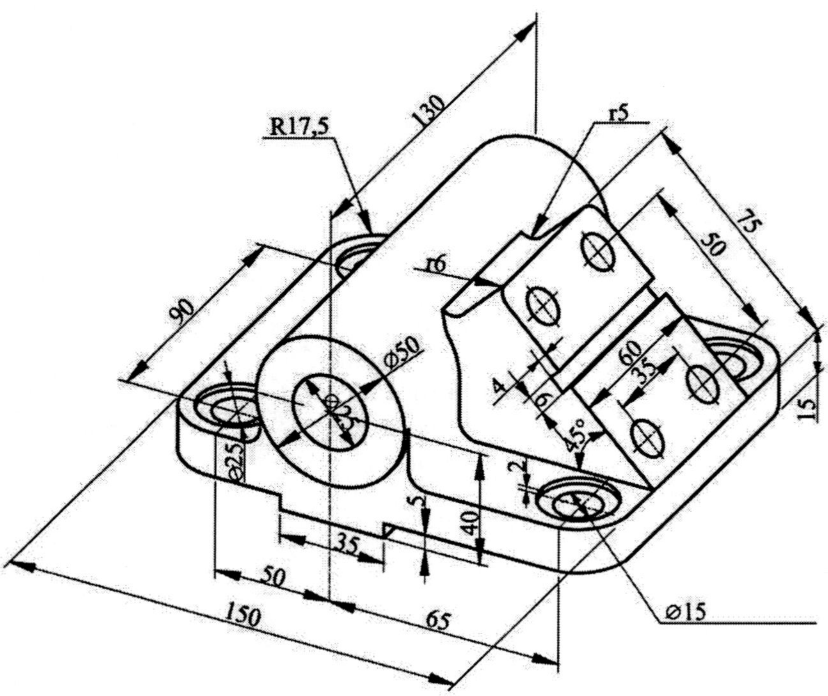

Essa peça tem uma face inclinada a 45º que, para ser detalhada em verdadeira grandeza, tem que ser executada usando o conceito de vista auxiliar, como a seguir mostrado.

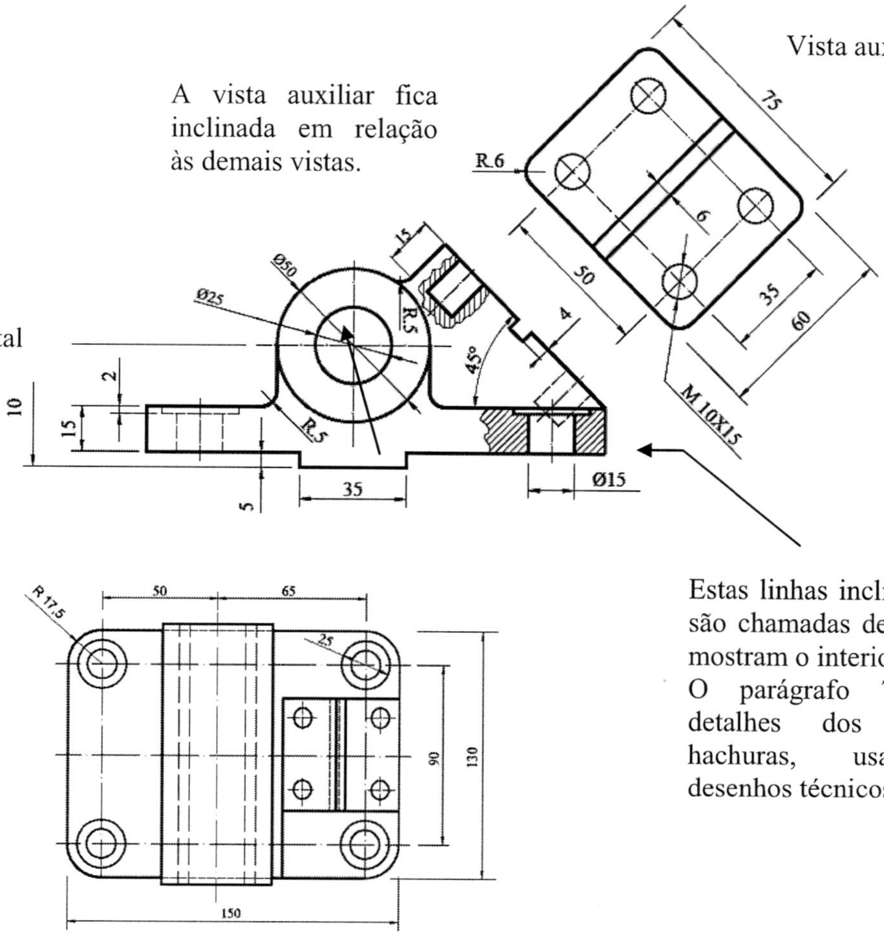

Observa-se que, da forma como a vista auxiliar está representada significa que foi usado o conceito de vista deslocada, já que as vistas de frente e em planta estão segundo o 1° diedro, enquanto a vista auxiliar segue o 3° diedro.

7.2 Vista parcial

A vista parcial é muito utilizada em vistas auxiliares com certos detalhes. Este termo parcial é porque faz-se como uma "fratura" no desenho da vista, para deixar visível apenas o que é relevante como informação, especialmente detalhes internos.

As linhas tipo rabisco, parecendo uma "fratura" é que configuram a vista parcial.

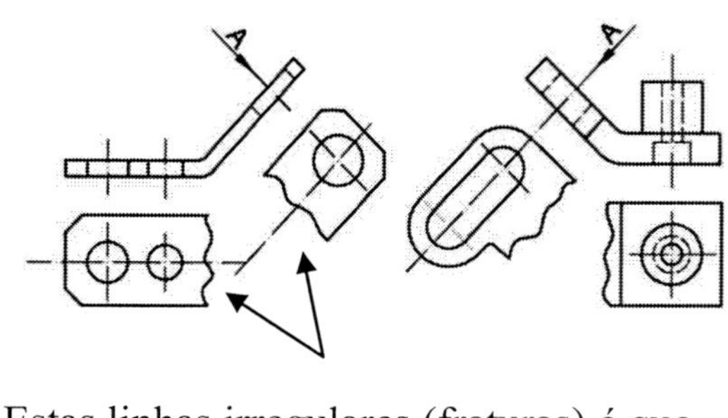

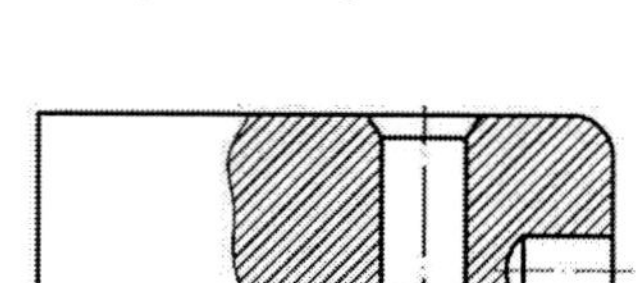

Estas linhas irregulares (fraturas) é que configuram a vista parcial. A vista parece "partida".

Exemplos de peças com vistas parciais

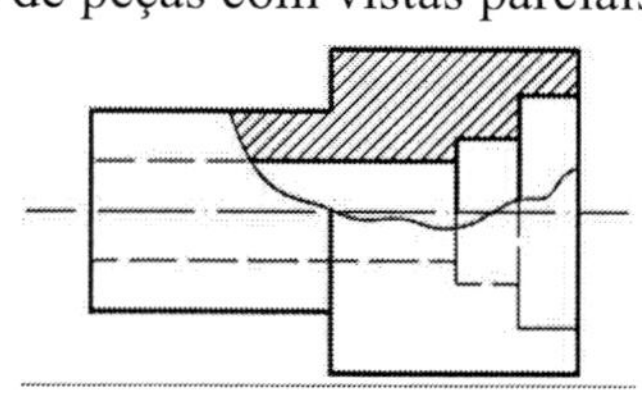

7.3 Vista deslocada

Algumas vezes fica melhor mostrar uma vista ortográfica, fora de sua posição convencional, surgindo então o conceito de "vista deslocada". Quando isto for necessário, tem que ficar bem claro de onde é a vista.

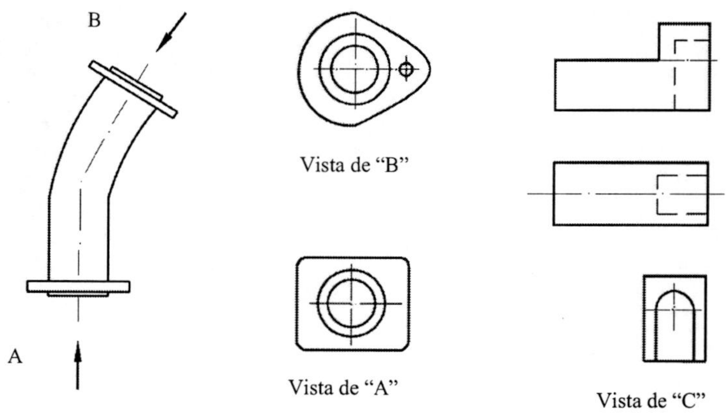

Exemplos de vistas deslocadas

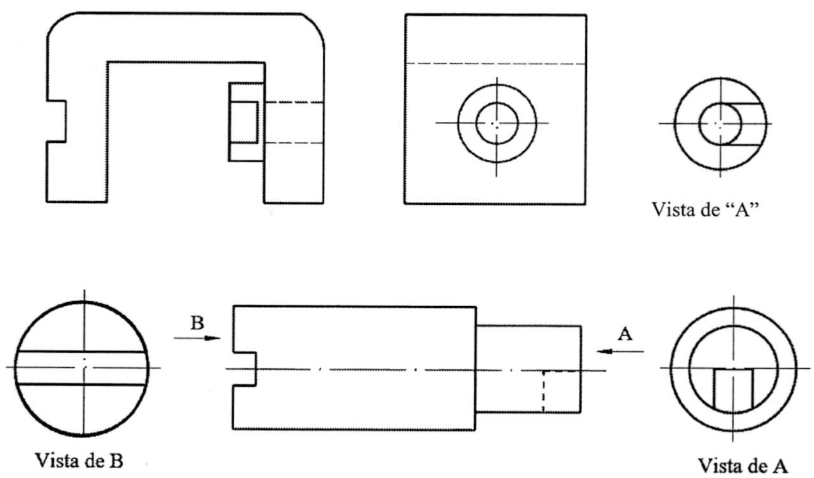

7.4 Vista interrompida

Às vezes tem-se que fazer uma vista de uma peça longa, com um pequeno detalhe no centro ou próximo, sendo o restante da peça de seção uniforme. Neste caso usa-se o conceito de vista interrompida, como mostrado a seguir. Deve ser observado que, tanto a peça em si, quanto a linha de cota, também são interrompidas, segundo o traçado mostrado na figura.

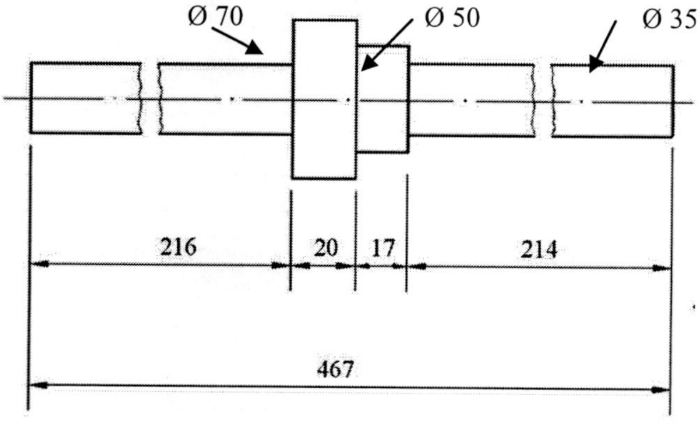

7.5 Rotação de detalhes oblíquos ou rebatimento de vista

Algumas peças apresentam faces ou detalhes em ângulos, que não necessitam de vista auxiliar, mas que ficam "deformadas" para representar, caso sigam exatamente os conceitos de projeção ortogonal. Nestes casos usa-se o recurso da rotação ou rebatimento da vista, exatamente como conceituado pela Geometria Descritiva.

Plano que passa por dois furos opostos

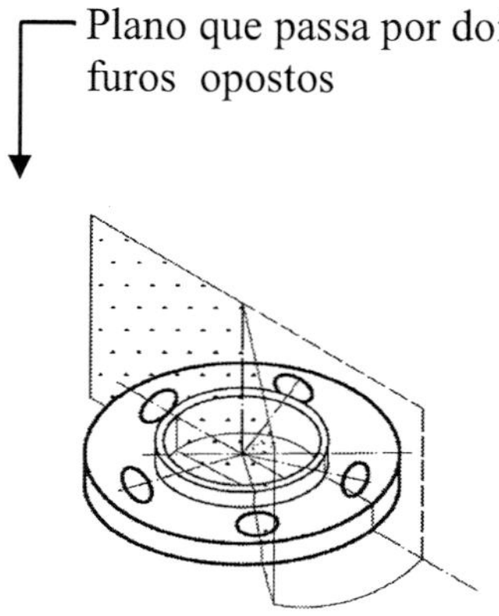

Sentido do rebatimento

Observe-se este flange com cinco furos. Para se representar de forma simétrica e com boa visualização, usa-se o conceito de corte em desvio, fazendo-se o rebatimento da vista do furo, que não está alinhado com o furo do outro lado.

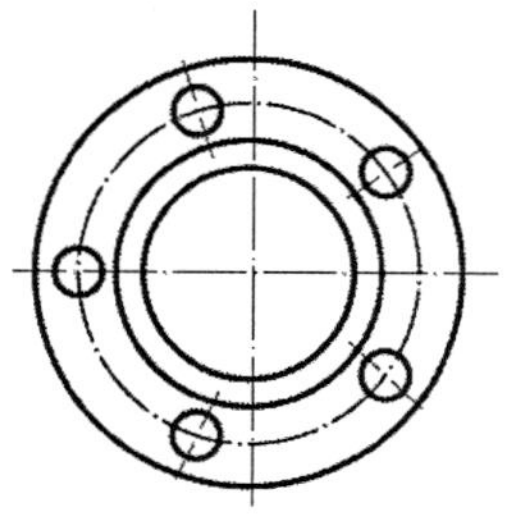

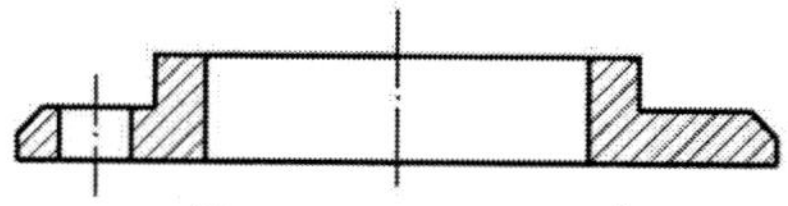

Representação real
(Visualização ruim)

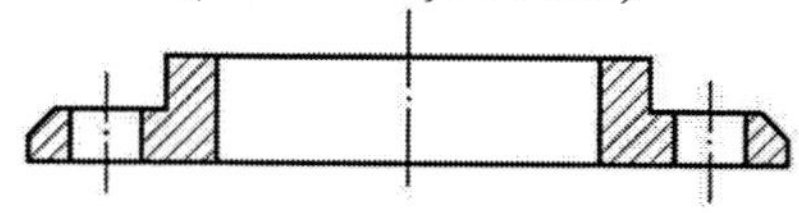

Representação convencional
(Boa visualização)

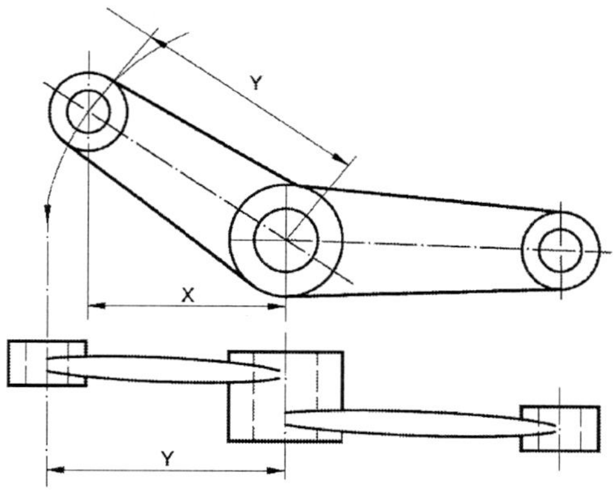

Nessa alavanca, observa-se que, caso a vista superior fosse representada, exatamente como projeção da vista de frente, haveria uma deformação nas medidas, dificultando a compreensão da peça. A vista superior é desenhada com a medida y, ao invés de x.

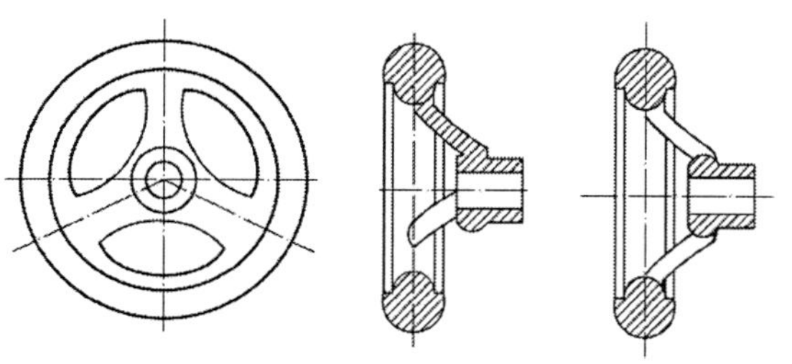

Representação Real

Representação convencional

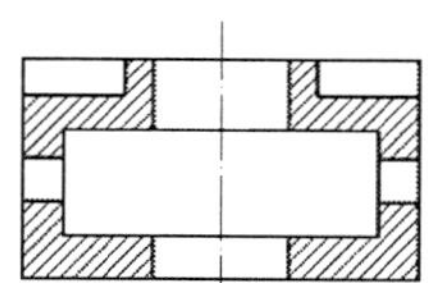

Representação Real

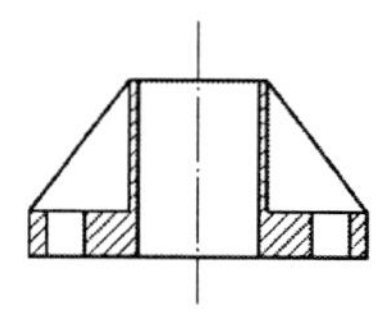

Representação convencional

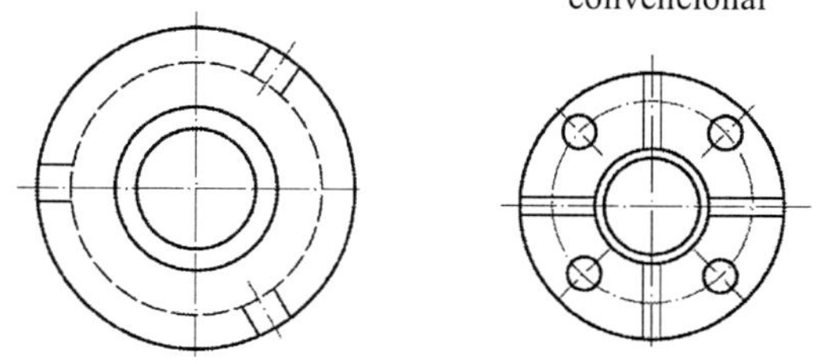

Esse tipo de volante, muito utilizado em máquinas e equipamentos, possuí três reforços, mas quando desenhado em corte lateral, para mostrar detalhes dimensionais, faz-se uma rotação, para uma melhor visão e entendimento.

Nesses exemplos, tem-se furos e nervuras sendo rebatidos, para se ter uma melhor visão e entendimento.

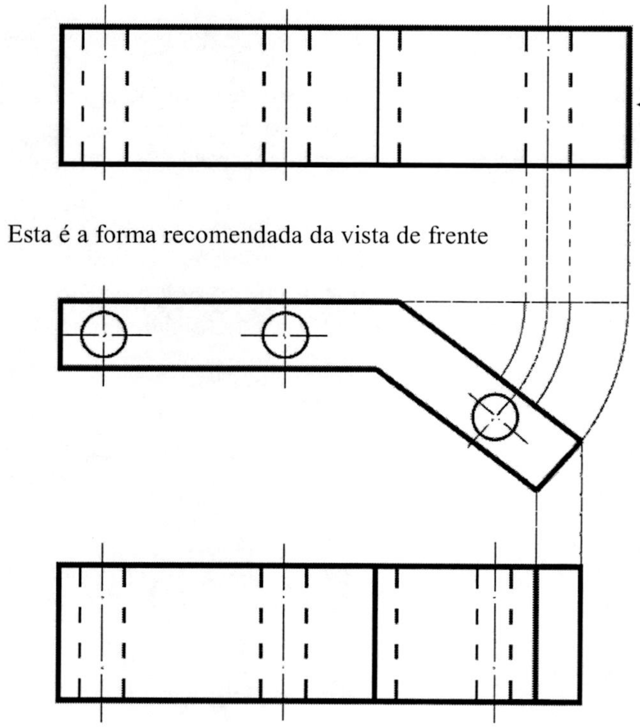

Observa-se que a vista de frente sofreu uma rotação ou rebatimento, para que não sejam representadas partes deformadas, que, além de confundir a compreensão, deixam o desenho "feio".
A vista "real" é mostrada, logo abaixo, para se ver o problema e o porque do rebatimento.

A vista de frente não é representada assim.

7.6 Representações convencionais de vistas e peças com características especiais

Embora a representação gráfica, via Desenhos Técnicos Projetivos siga conceitos teóricos, normas técnicas e até algumas padronizações, ocorrem casos anômalos que são representados de uma forma especial. A seguir são dados os principais exemplos, que podem ocorrer na prática.

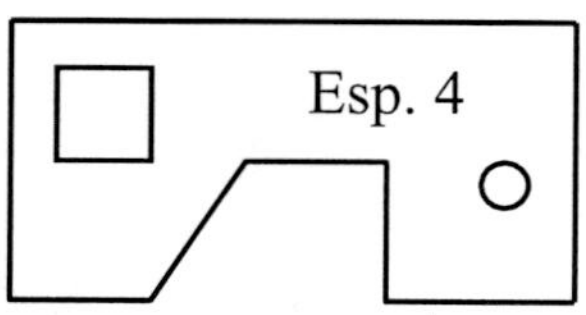

Peças finas, por exemplo, de uma chapa de aço de espessura 4 mm, bastam apenas ter a vista de Frente, com a indicação da espessura do material. Uma vista lateral ou superior ficaria muito "esquisita".

Principalmente em peças mecânicas, é comum a interseção de superfícies, cujo desenho real exige uma forte análise à luz da interseção de poliedros, como estudado na geometria descritiva. Como o Desenho Técnico Projetivo também é uma representação gráfica simbólica, não existe a necessidade deste rigor matemático. Desta forma são usadas algumas representações específicas, como adiante mostradas.

Linhas diagonais

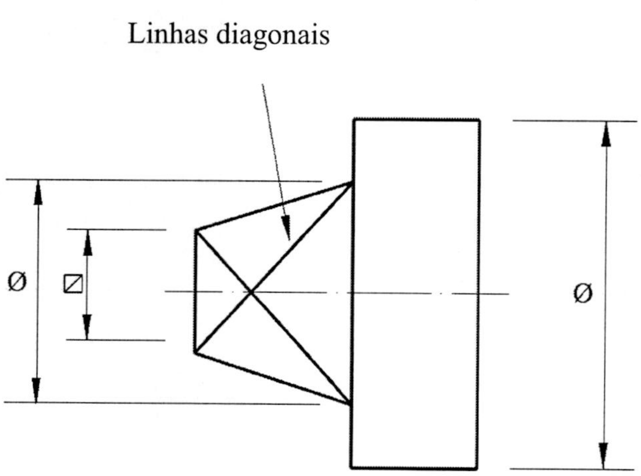

Observe-se que, nesta peça existe uma transição entre uma parte circular e outras quadradas, neste caso o uso de duas linhas diagonais indica que trata-se de uma face plana.

Interseções entre hastes de seção retangular e elíptica, com partes cilíndricas.

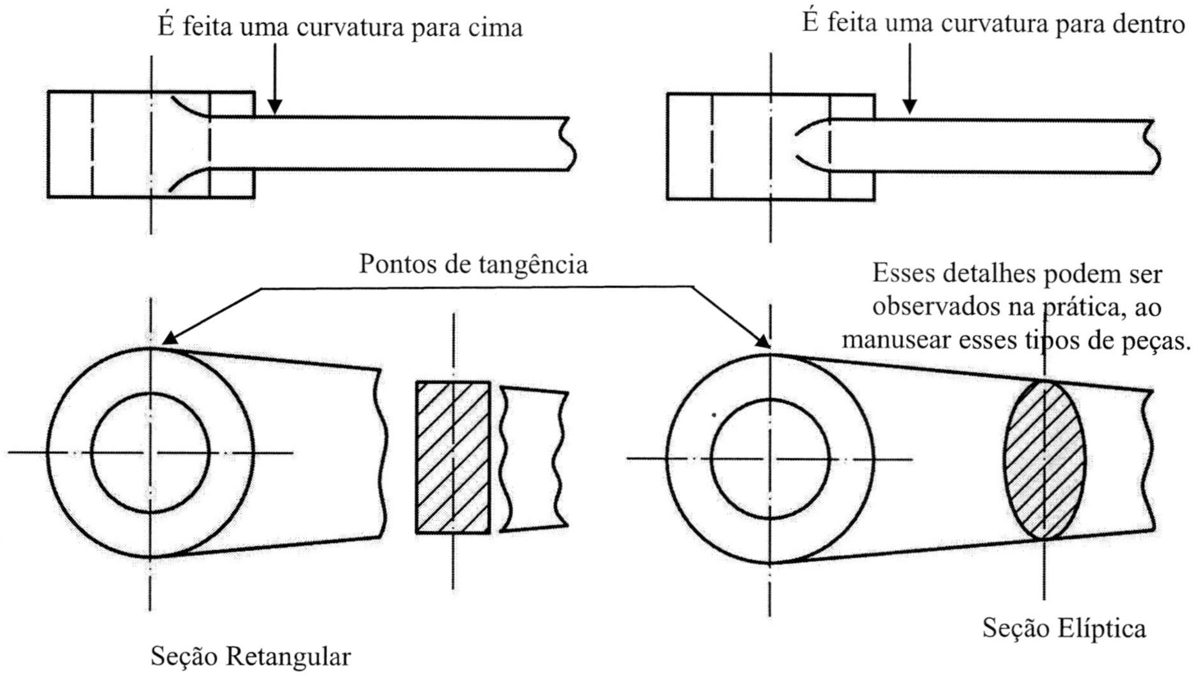

Segundo o parágrafo 4.6.4 da Norma ABNT NBR 10067, que fixa os princípios gerais de representação em Desenho Técnico, quando um detalhe for tão pequeno que impeça sua cotagem, é aceitável fazer sua ampliação, na forma de um detalhe, como mostrado a seguir.

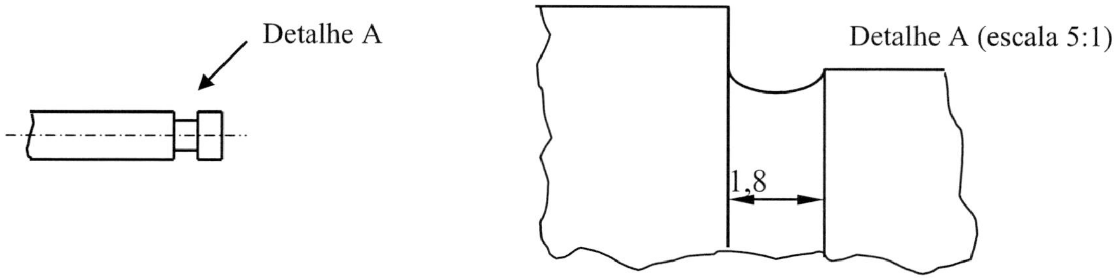

Interseções e curvaturas representadas por seções imaginárias

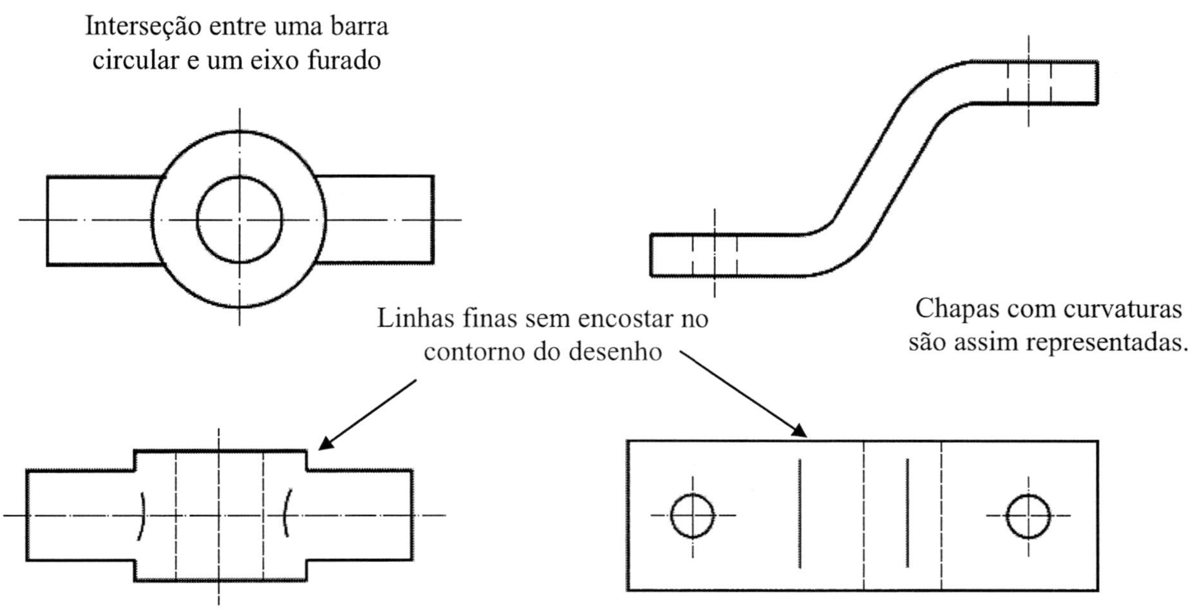

Representação em fraturas de eixos maciços, tubos e partes ocas

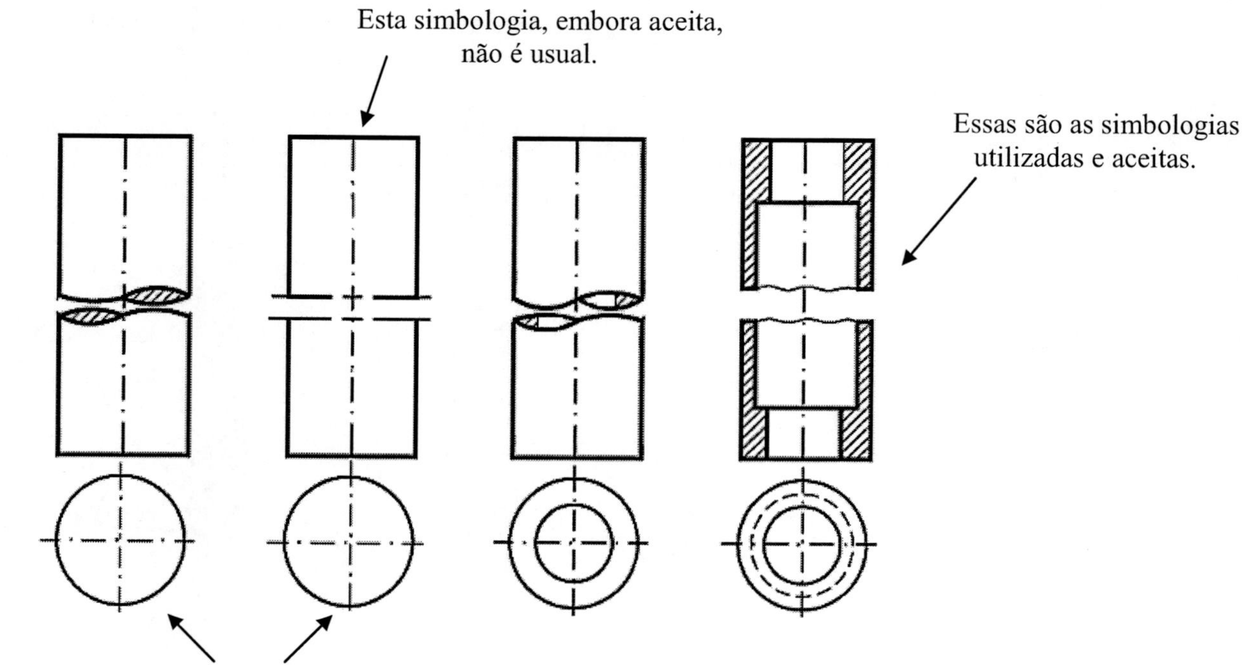

Eixos maciços (São aceitáveis essas duas representações) | Tubo | Peça com partes internas

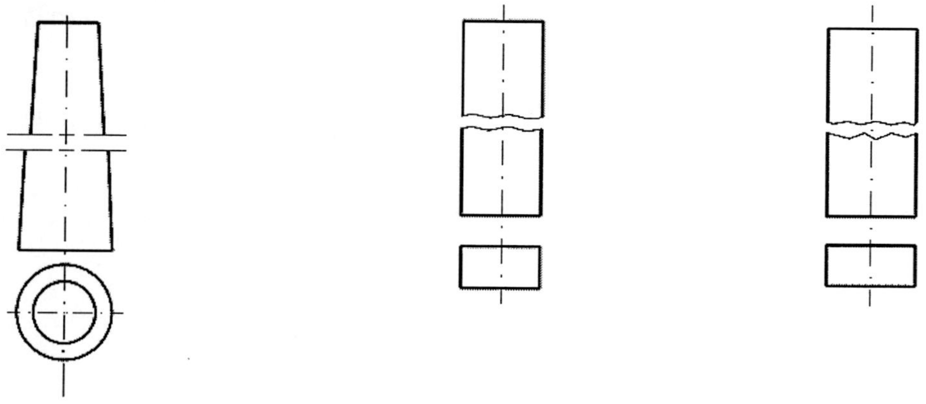

Fratura de eixo cônico longo | Fratura de barra metálica | Fratura em pedaço de madeira

Representação de roscas machos ou externas e fêmeas ou internas

Rosca macho ou externa | Rosca fêmea ou interna

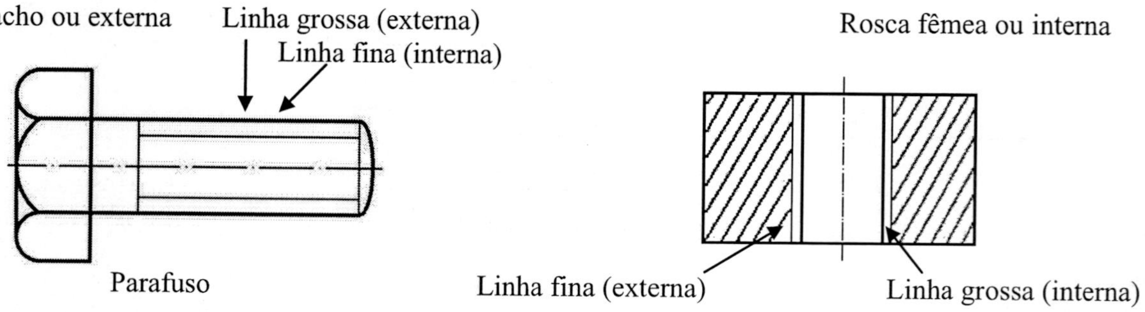

Parafuso

Os filetes das roscas não são desenhados, como no passado. Já há anos que as roscas são representadas como acima. Não há necessidade de desenhar os filetes, uma vez que, com a especificação do tipo de rosca, todos os detalhes ficam definidos.

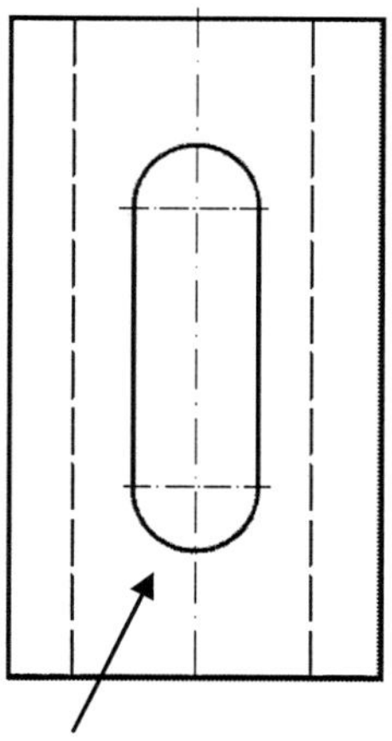

Furo oblongo*

Aqui tem-se a interseção de uma seção alongada com um tubo. Embora a vista real mostre exatamente a projeção, recomenda-se "retificar" a interseção.

*Furo oblongo ou furo alongado.

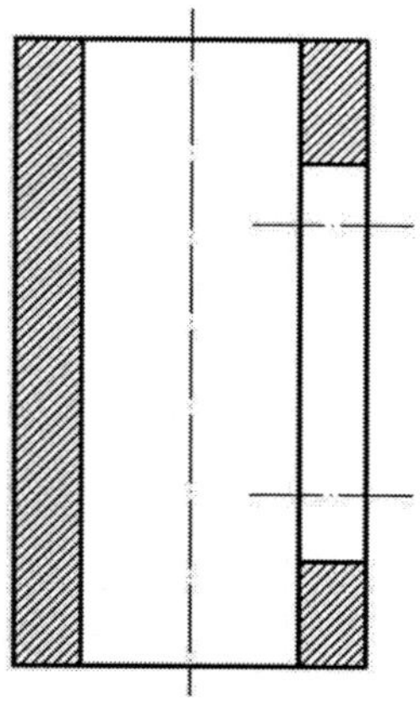

Vista recomendada

7.7 Vistas secionais: cortes e seções

Em desenho técnico projetivo, cortar um objeto ou peça, literalmente, significa imaginar um corte físico, por exemplo, com uma serra, para se ter acesso e ver os detalhes internos. As figuras a seguir, mostram este conceito de corte e, na sequência são detalhados os diversos tipos de cortes, classificados como: corte total, meio corte, corte em desvio, corte parcial e secções.

Plano imaginário, cortando o objeto.

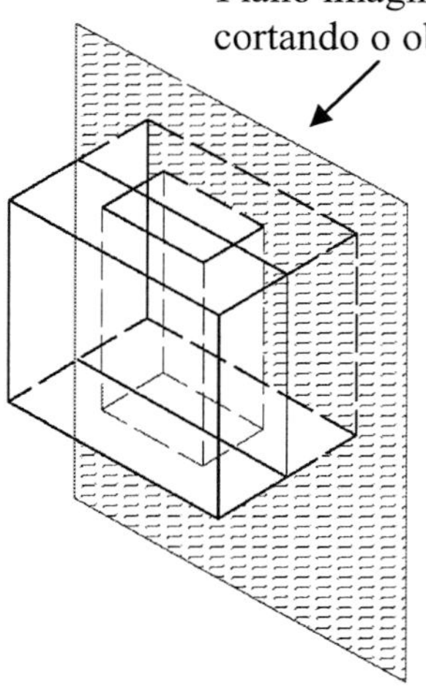

Essa é a ideia do corte

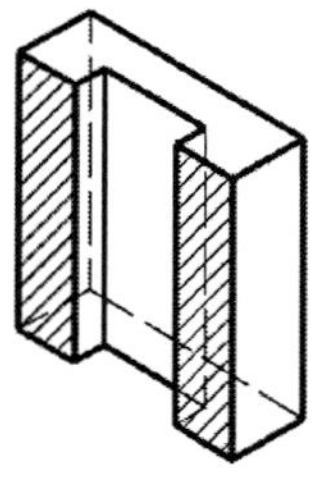

Com a vista sem corte, tem-se linhas não visíveis.

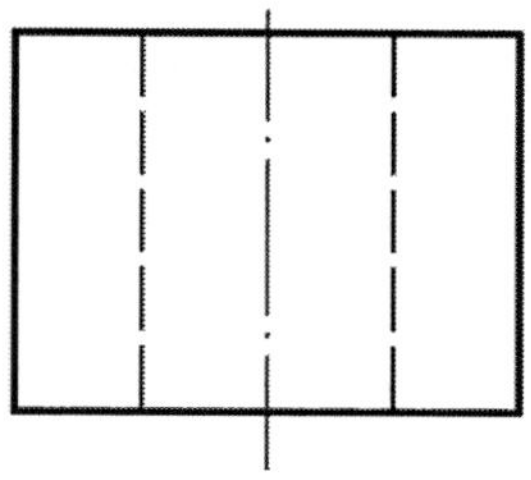

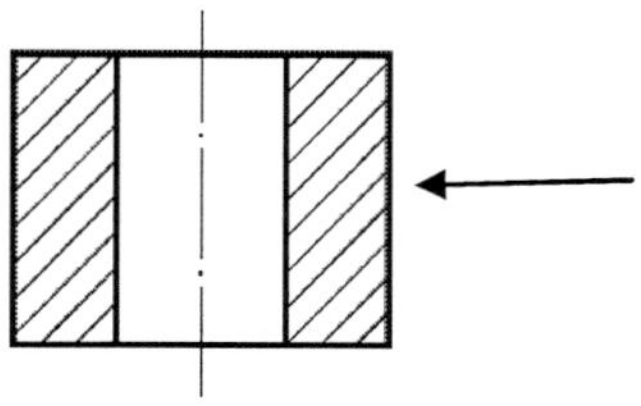

Com a vista em corte, evitam-se linhas não visíveis e uma melhor visão das partes internas.

Estas são linhas finas, inclinadas a 45°, para a direita ou esquerda, chamadas hachuras. São utilizadas para mostrar o interior de peças com cortes. Teoricamente, e por norma, cada material tem o seu tipo de hachura, como mostrado a seguir. Na prática, em especial em desenhos da área de mecânica, costuma-se representar todo tipo de material com hachuras contínuas, uma vez que, cada material tem a sua especificação totalmente detalhada. Por exemplo, não se descreve um material simplesmente como aço, mas sim faz-se a sua completa especificação: ASTM A - 283 Gr. C. Em cortes em desenhos de Arquitetura e construção civil, costuma-se mostrar os diferentes materiais com hachuras diferentes, embora também a lista de material os especifiquem completamente.

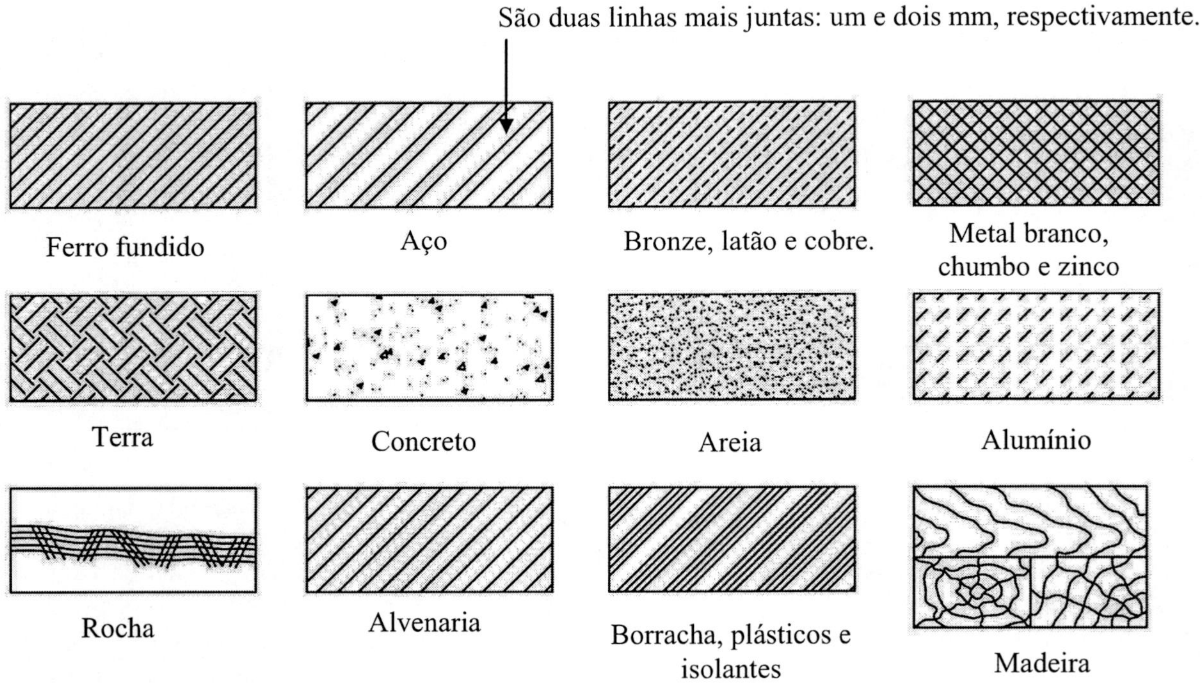

Principais tipos de hachuras usadas em desenhos técnicos projetivos

7.7.1 Corte pleno ou total

Nesse tipo, a peça é cortada em toda a sua totalidade, podendo ser, tanto no sentido horizontal, quanto do vertical, dependendo da complexidade e quantidade de detalhes internos que se queira mostrar. Lembra-se que, a grande função dos cortes é mostrar detalhes internos que, sem corte, aparecem em linhas não visíveis, dificultando, tanto a cotagem quanto a compreensão.

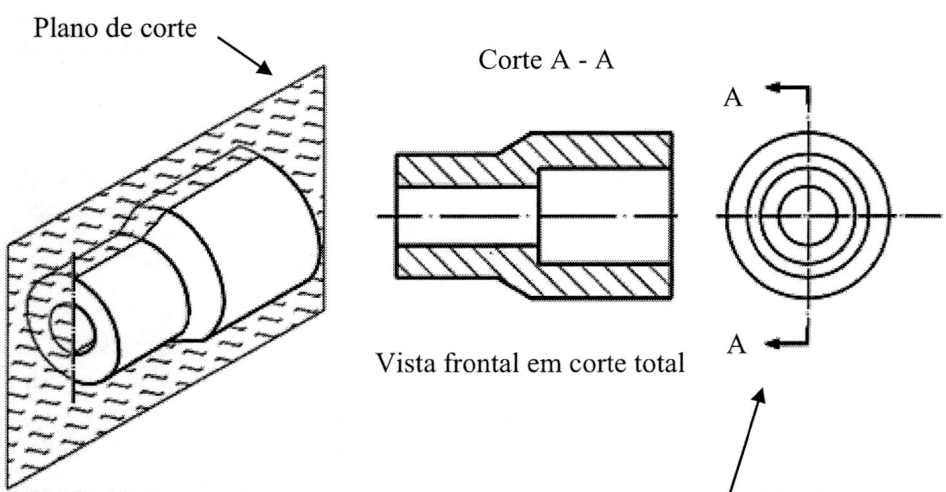

A indicação do corte segue a linha tipo H, descrita no capítulo 2, quadro 2.1. O sentido da seta indica como está sendo vista a projeção do corte.

7.7.2 Meio corte e em desvio

É utilizado quando uma peça tem simetria a um ou dois eixos, como é o caso da peça vista acima.

Corte "B - B"

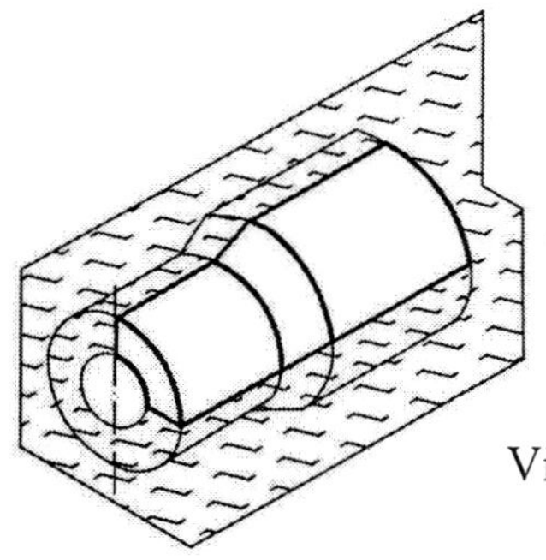

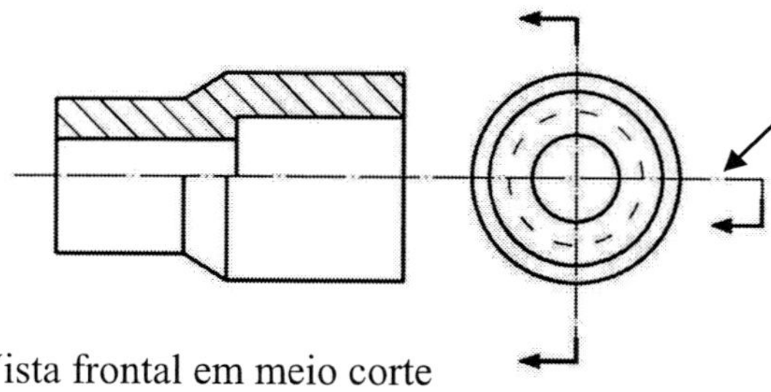

Vista frontal em meio corte

Embora pareça estranho, é assim que se indica o sentido da seta em um meio corte.

Em meio corte, não são representadas as arestas não cortadas. Ou seja, não se representam arestas não visíveis.

7.7.3 Corte em desvio

É utilizado quando a peça possui detalhes desalinhados, ou melhor, que não estejam sobre uma mesma linha de corte. A seguir são mostrados exemplos de peças com corte em desvio.

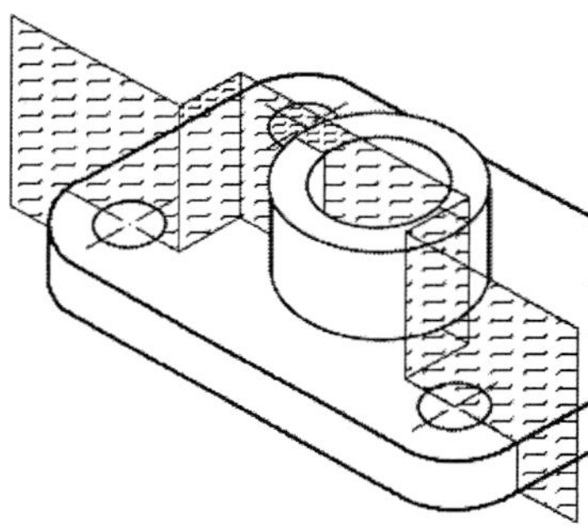

Como os furos estão em planos diferentes, em relação ao plano horizontal, faz-se um desvio no plano de corte, de forma a mostrar em uma só vista mais detalhes, sem a necessidade de fazer outro corte.

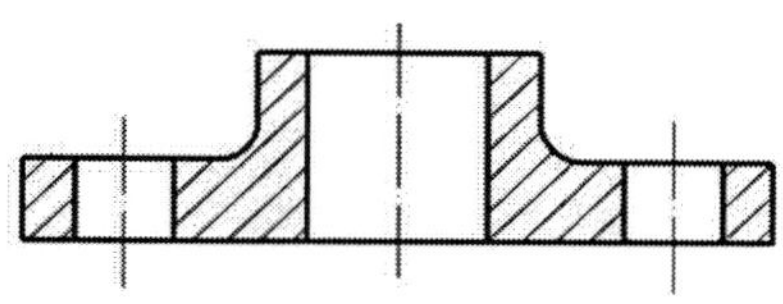

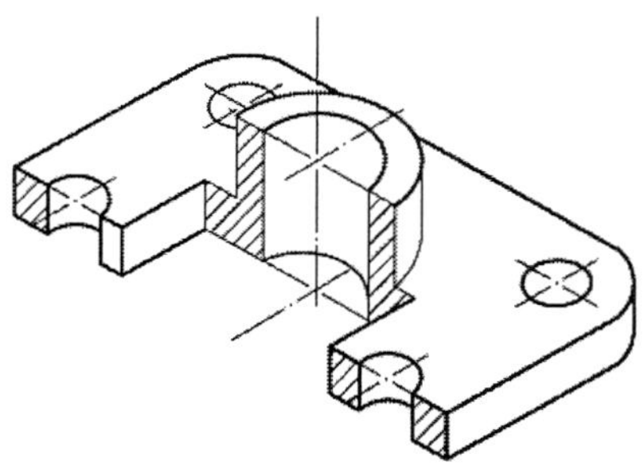

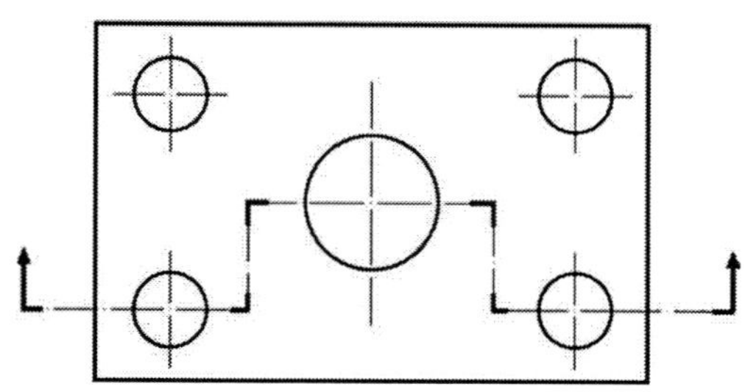

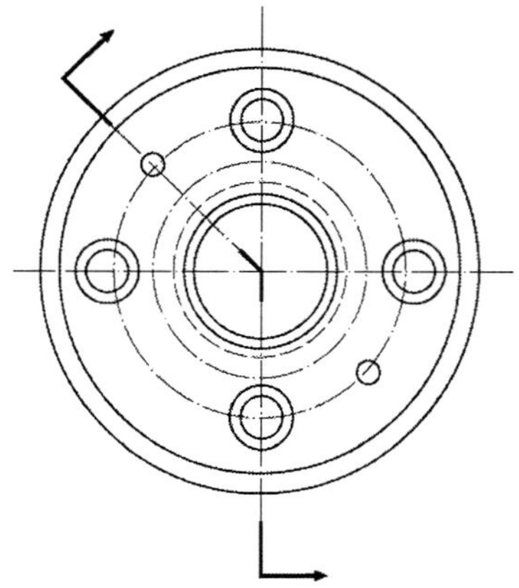

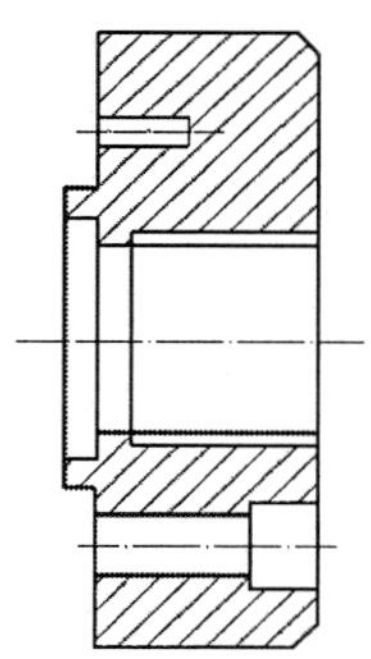

Observa-se aqui como um corte em desvio permite a representação de furos desalinhados, ou seja, em planos de cortes diferentes.

7.7.4 Corte parcial

Este tipo de corte é aplicado, quando se quer mostrar detalhes internos de apenas uma parte de uma peça. As figuras a seguir mostram exemplos de cortes parciais. É como se houvesse uma fratura na peça.

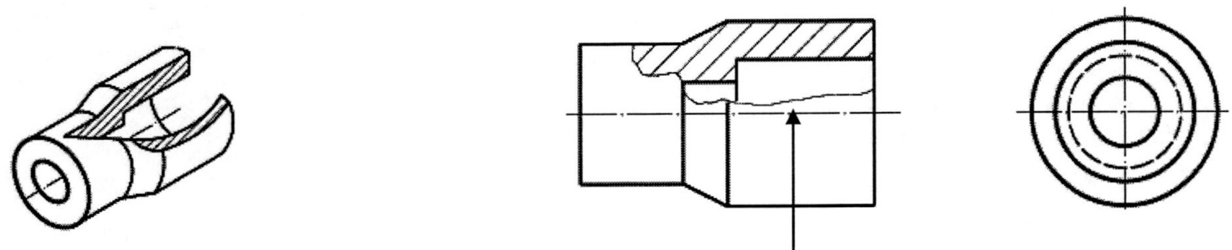

Esta é uma linha tipo C, mostrada no quadro 2.1, do capítulo 2. Também é chamada "linha tipo rabisco".

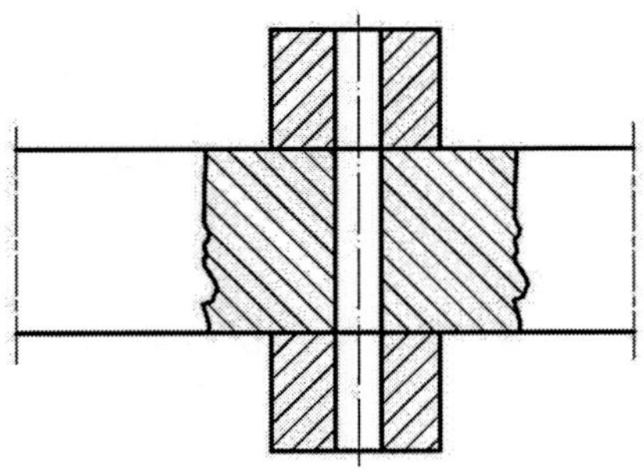

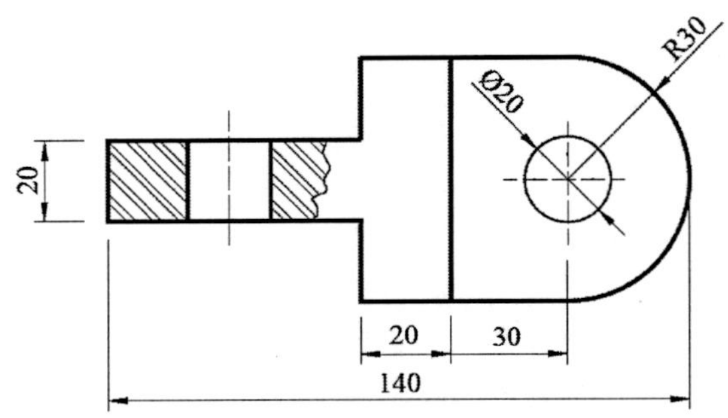

7.8 Seções

São cortes especiais que têm por finalidade mostrar apenas uma determinada região ou área de uma peça. Seções são muito utilizadas em eixos (por exemplo, para mostrar detalhes de rasgos de chavetas), perfis metálicos (cantoneiras), volantes e árvores mecânicas. As figuras a seguir mostram exemplos de seções.

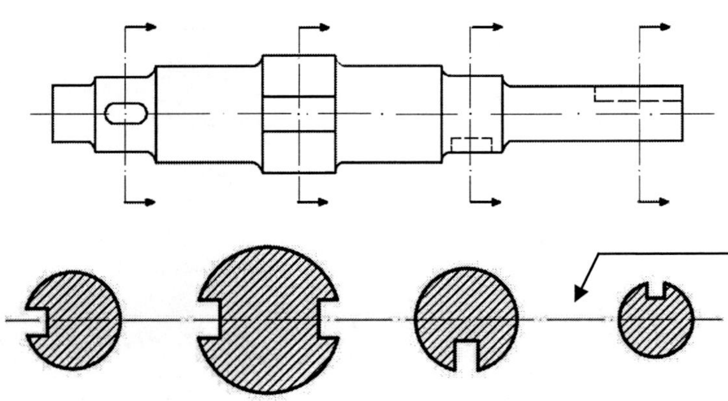

Essa figura mostra um eixo cilíndrico circular, com diferentes seções. Esse tipo de eixo é muito comum, por exemplo, em caixas de redução de velocidade, onde são acopladas várias engrenagens.

Esses entalhes são chamados de rasgo de chaveta, que são peças que unem o eixo e a engrenagem. Caso não haja a chaveta, o eixo desliza e não transmite o movimento.

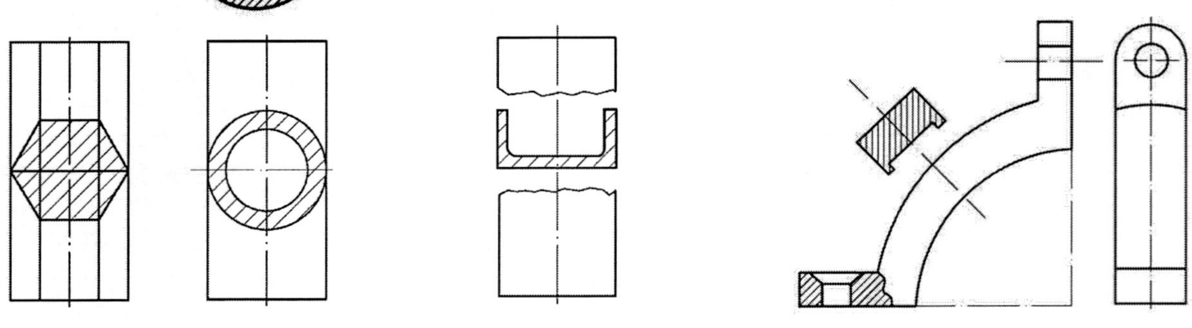

7.9 Observações gerais sobre cortes

Apesar de ter-se detalhado os diversos tipos de cortes e seção, na prática, ocorrem algumas situações, que obrigam a fazer uso de determinadas soluções específicas. A seguir são mostradas as principais, que podem ocorrer, principalmente em desenhos mecânicos.

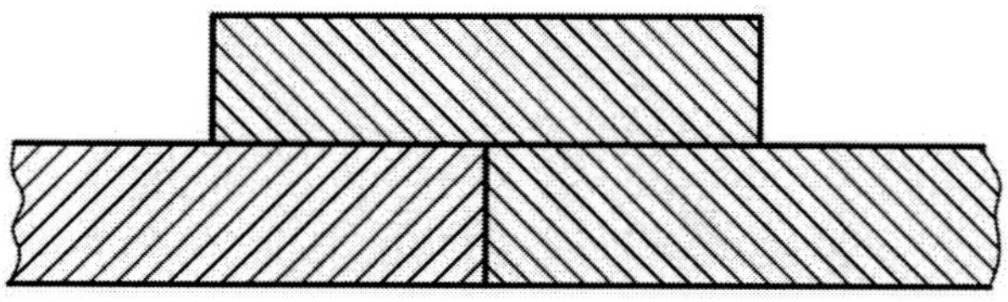

Quando existe uma situação, como ao lado, onde se tem que hachurar três partes juntas e sobreposta, é assim que se deve fazer, ou seja, duas partes a 45°, e invertidas e a terceira com espaçamento maior entre hachuras.
Também é possível que a parte superior tenha hachuras na vertical, para ficar diferente das demais.

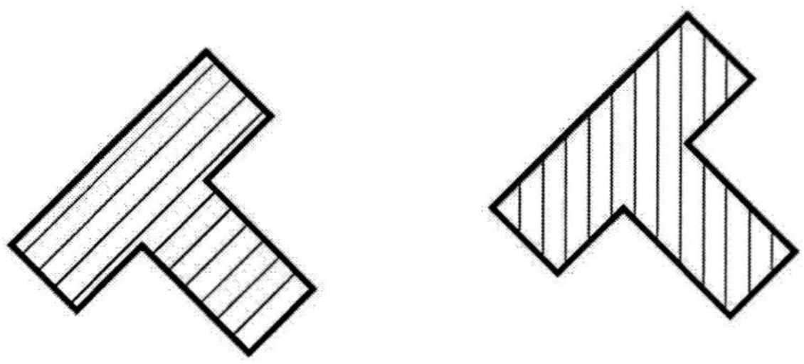

Caso a vista em corte esteja a 45° (ou outro ângulo), usa-se a hachura em outro ângulo, isto para não haver coincidência e uma má visualização. No caso mostrado optou-se por um ângulo de hachuras de 90°.

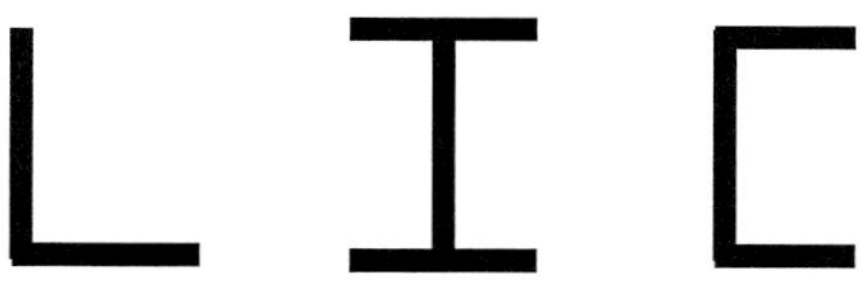

Quando a área a ser hachurada é muito delgada, ao invés de linhas finas, usa-se pintar de preto. Isto costuma ocorrer em cortes de desenhos de estruturas metálicas.

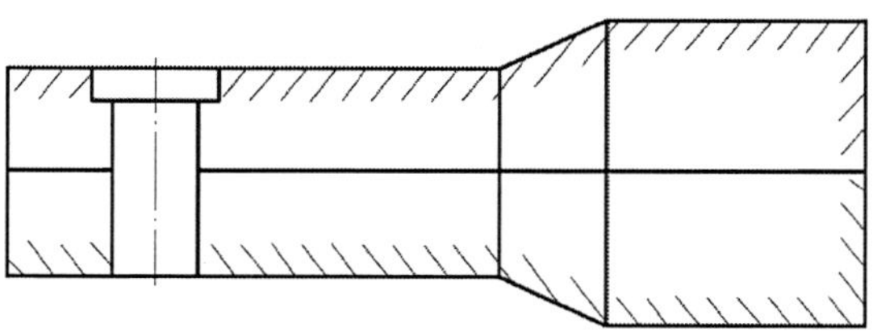

Quando a área a ser hachurada for muito grande, pode-se simplificar hachurando apenas o contorno interno da peça.

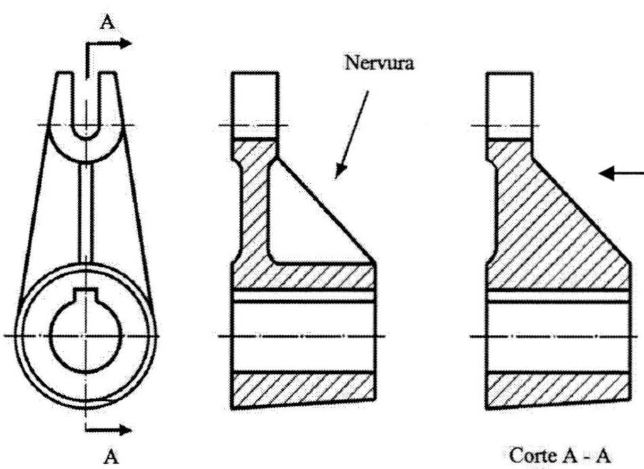

Aletas e nervuras não são hachuradas, mesmo quando o plano de corte passa por elas.
A representação da direita está em desacordo com as normas e a prática dos Desenhos Técnicos Projetivos.

Arestas não visíveis não são representadas em corte.

Nervuras não são representadas com hachuras.

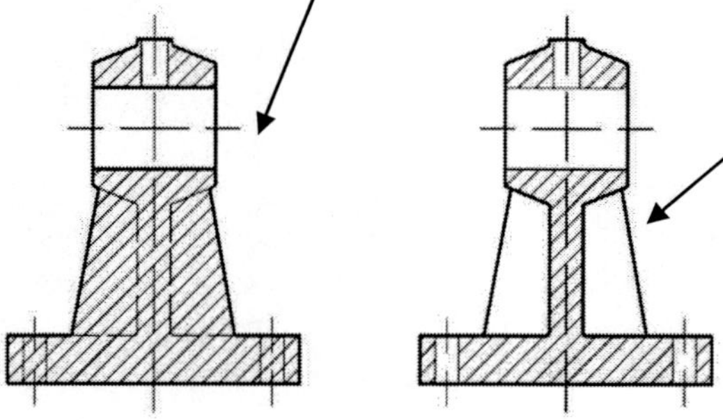

Observa-se que, mesmo com todo o desenvolvimento tecnológico, especialmente em processos de soldagens, em 2023, ainda existiam ligações por rebitagem, por exemplo, em vagões de trens e metrôs.

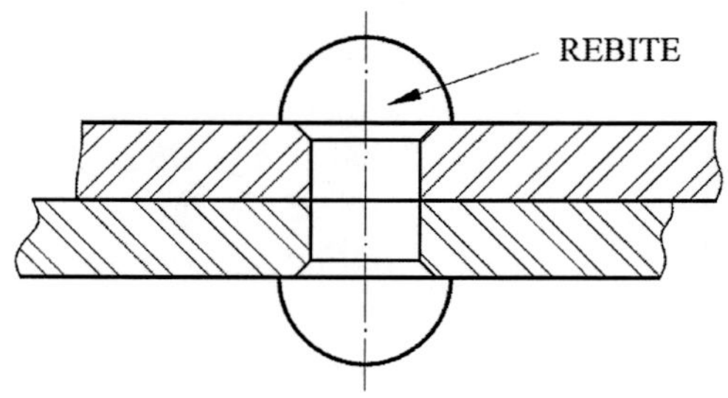

7.10 Exemplos de perspectivas e vistas ortográficas envolvendo cortes

7.10.1)

Essa peça é complexa e cheia de detalhes internos, exigindo vista com corte. A perspectiva aparece em meio corte, embora não seja uma peça simétrica.

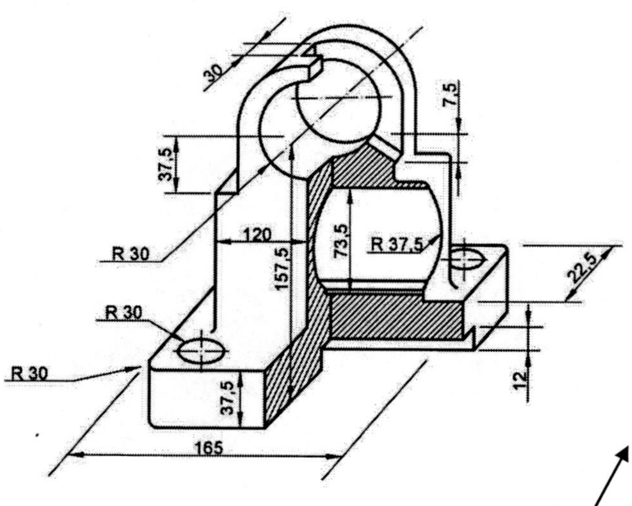

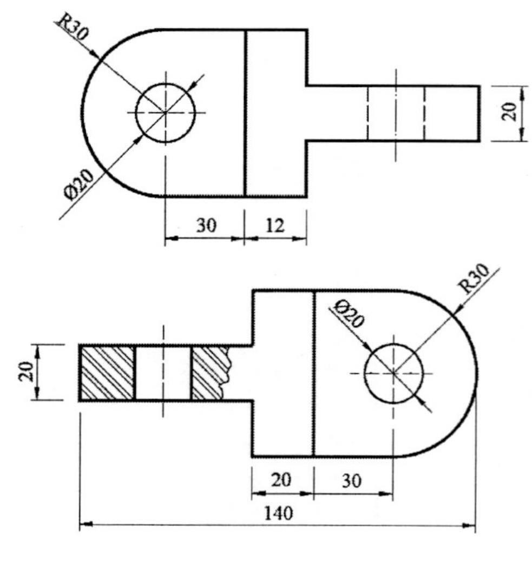

7.10.2) Peça simples, com a vista em planta com corte parcial.

7.10.3)

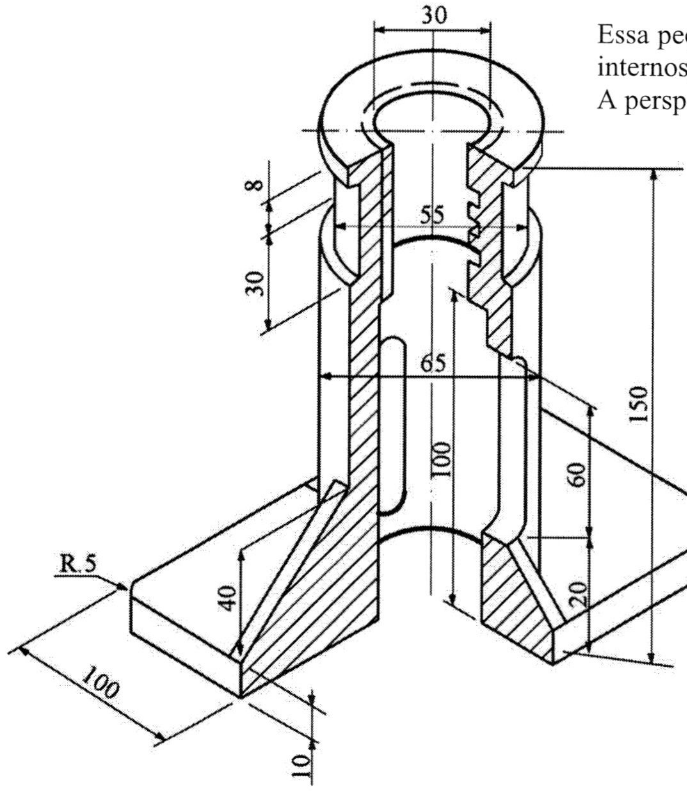

Essa peça é complexa e cheia de detalhes internos, exigindo vista com corte. A perspectiva aparece em meio corte.

7.11 Exercícios propostos

7.11.1) Fazer as vistas ortográficas necessárias das peças a seguir, definindo a face frontal.

7.11.1.1)

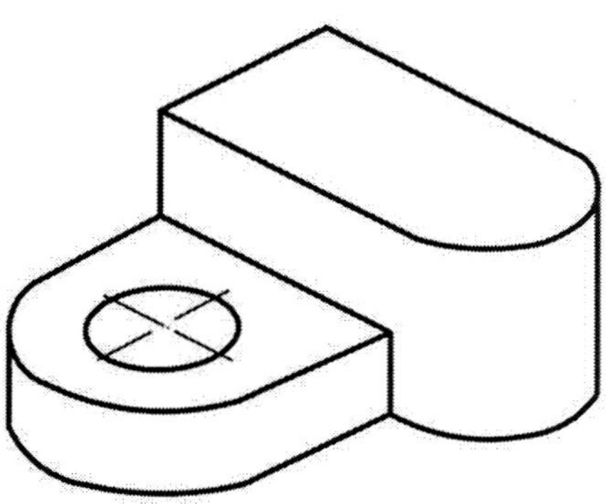

Os furos circular e quadrado têm as mesmas dimensões, estão alinhados e são passantes

7.11.1.2)

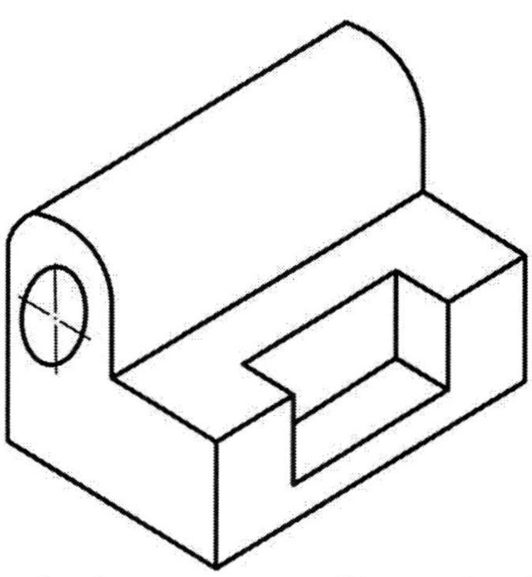

O furo circular é passante e tem diâmetro igual à metade do arco circular.

7.11.2) Fazer as vistas ortográficas necessárias da peça a seguir, definindo a face frontal. Fazer a cotagem, consultando o capítulo 8.

7.11.2.1)

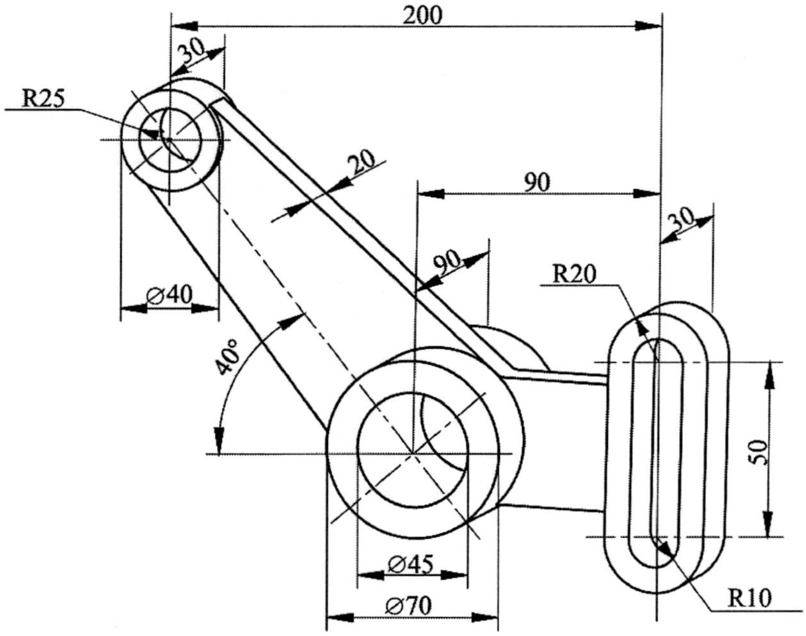

7.11.2) Fazer as vistas ortográficas necessárias da peça citada em 7.10.1, utilizando o conceito de vista em corte, onde necessário. Fazer a cotagem, consultando o capítulo 8.

7.11.3) Fazer a perspectiva isométrica da peça citada em 7.10.2. Fazer a cotagem, consultando o capítulo 8.

7.11.4) Fazer as vistas ortográficas necessárias da peça citada em 7.10.3, utilizando o conceito de vista em corte, onde necessário. Fazer a cotagem, consultando o capítulo 8.

Capítulo 8

Recomendações e regras para a cotagem dos Desenhos Técnicos Projetivos

Cotagem é a indicação das medidas da peça ou objeto em um Desenho Técnico Projetivo, conforme a norma NBR 10126. O desenho, além de representar, por meio de vistas ou projeções, dentro de uma escala, a forma tridimensional, deve conter informações sobre as dimensões do objeto representado. As dimensões irão definir as características geométricas do objeto, dando valores de tamanho e posição a todos os elementos e detalhes que compõem sua forma espacial. A forma mais utilizada é definir as dimensões por meio de cotas que são constituídas de linhas de chamada, linha de cota, setas ou tracinhos (ou até pontos) e do valor numérico em uma determinada unidade de medida. Portanto, para a cotagem de uma dimensão são necessários quatro elementos: A linha de chamada, a linha de cota, a seta ou tracinho (ou ponto) e o valor numérico da dimensão.

8.1 Conceitos básicos e observações gerais sobre cotagem

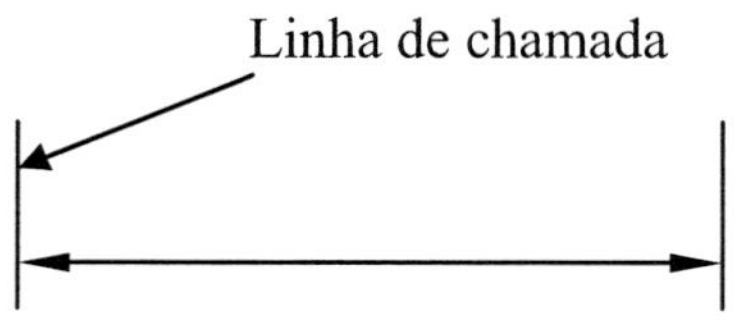

Cotagem com seta

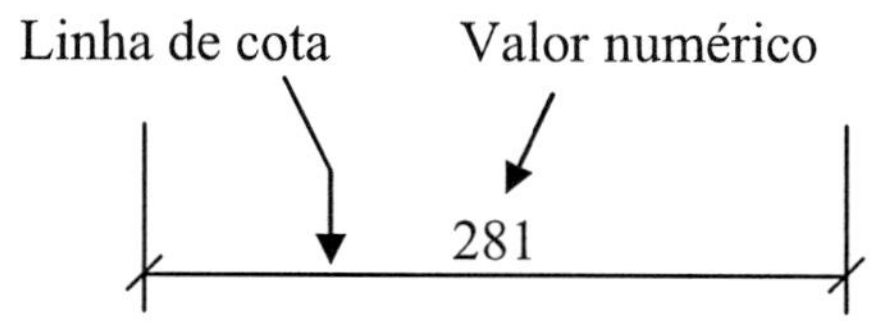

Cotagem com tracinho (inclinação de 45°)

A cotagem com tracinho é muito usada em desenhos de arquitetura e engenharia civil.

As linhas de cotas e de chamadas são finas (portanto espessura 0,5, para desenho a grafite).
A seta é desenhada com linhas curtas formando ângulos de 15°. A seta pode ser aberta, ou fechada preenchida. O tracinho oblíquo é desenhado com uma linha curta a 45°. A seta também pode ser desenhada (por exemplo, criando um bloco no AutoCad), com as seguintes medidas.

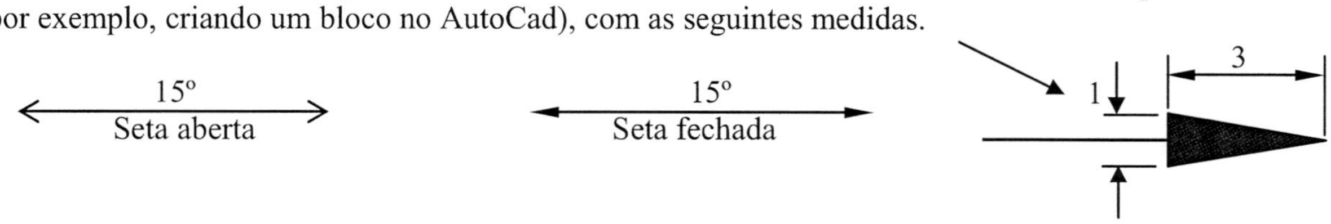

Como será visto adiante, existem muitos detalhes sobre a cotagem, mas os seguintes devem logo ser mostrados em cotagens horizontais e verticais.

A linha de chamada não toca a aresta do desenho.

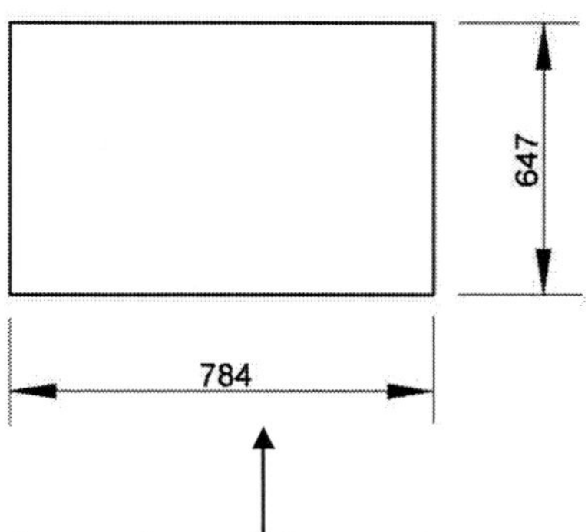

A linha de chamada passa um pouco da linha de cota.

O valor numérico é colocado no meio do vão da medida e o número não encosta na linha de cota.

De forma geral, as cotas podem assumir as seguintes posições: vertical, horizontal, inclinada para a direita e inclinada para a esquerda. A colocação do valor numérico, além de estar no meio do vão da medida, e de não tocar na linha de cota, deve obedecer as posições mostradas a seguir, considerando sempre que, o número fica acima da linha de cota. Estas posições são mostradas no chamado "leque de cotas".

Em qualquer posição, o número nunca encosta na linha de cota.

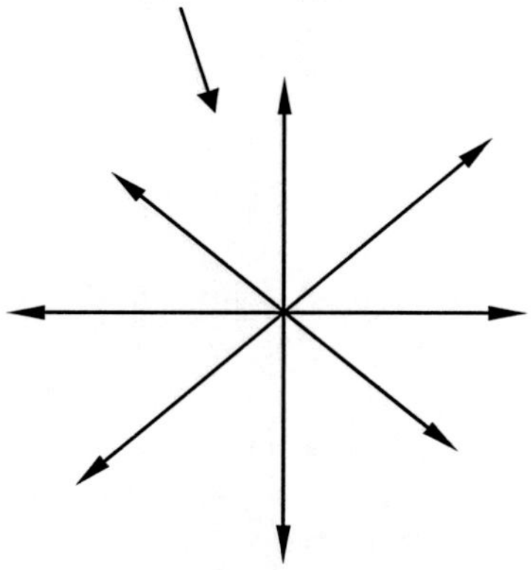

O leque de cotas

Observações do leque de cotas:

1) Em toda cota horizontal, o valor numérico fica acima da linha de cota (sem encostar na linha), independentemente de estar posicionada acima ou abaixo da vista.
2) Em toda cota vertical, o valor numérico fica à esquerda da linha de cota, independentemente de estar posicionada à direita ou à esquerda da vista.

A seguir são mostrados exemplos de aplicações do leque de cotas.

Cotas horizontais

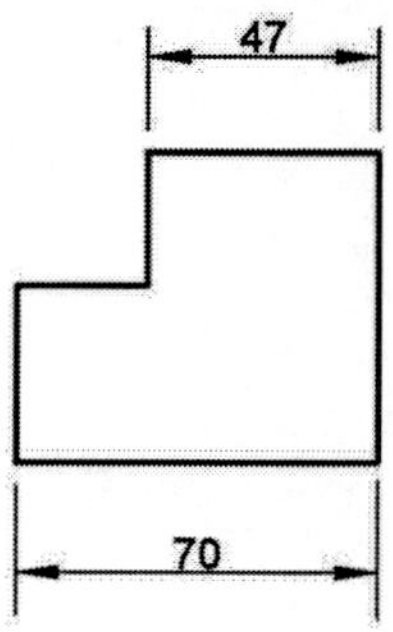

Cotas verticais

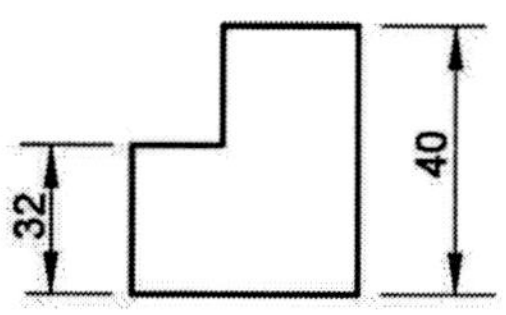

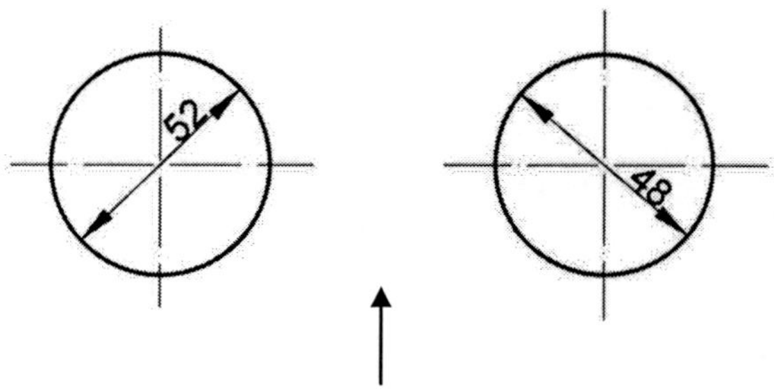

Cotas inclinadas, à direita ou à esquerda, são assim representadas.

A distância entre uma linha de cota e o contorno do desenho deve ser entre 7 mm e 10 mm, recomendando-se o valor de 10 mm, por dar maior clareza ao desenho. A mesma distância é seguida entre cotas paralelas. A figura 5.1 mostra estes espaçamentos e outros detalhes da cotagem.

Como embaixo já foi feita a soma = 50, aqui não há necessidade de dar a cota total

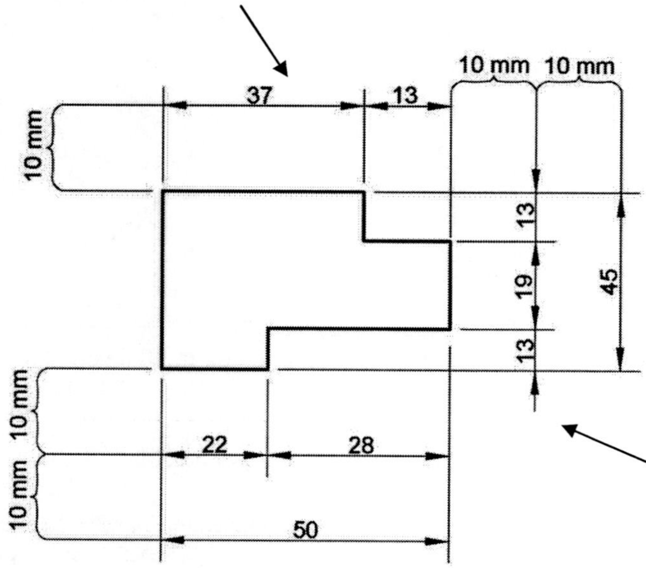

Não se deve deixar cotas parciais, sem indicar a cota total, ou seja, não se deixa para o usuário fazer a soma.

Embora não recomendado, em casos excepcionais, pode ocorrer o cruzamento de linhas de chamadas.

Figura 8.1: espaçamento entre linhas de cotas e observações gerais

Pequenas cotas, podem ser indicadas desta forma, com a flecha para fora.

Cotas de maior valor são colocadas por fora das menores

Várias cotas, horizontais e ou verticais, ficam sobre uma só linha.

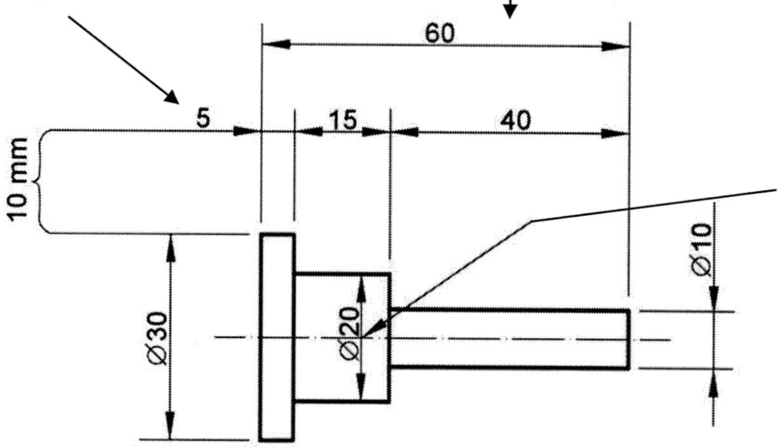

Embora não recomendado, quando necessário, a cota pode ser indicada dentro do desenho.

Observe que esta distância de 10 mm refere-se à parte mais externa do desenho.

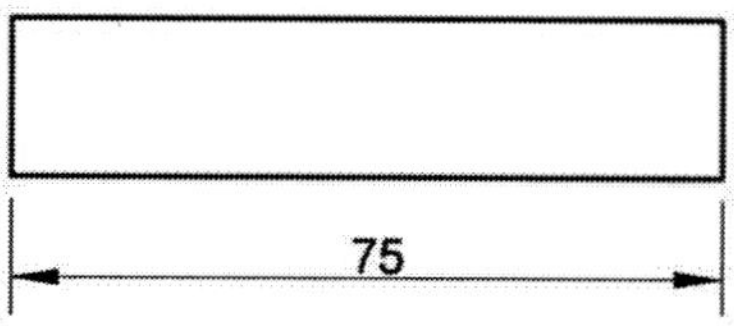

Quando, por algum motivo o valor da cota não estiver na escala indicada, a mesma tem que ser sublinhada.

8.2 Cotagem de diâmetros de círculos e de furos

Antes de mostrar as diversas formas e posições na cotagem de diâmetros e arcos, é importante citar que, a posição do centro destas figuras é uma cota importantíssima, ou seja, é essencial cotar a posição do centro. Círculos e arcos podem assumir diversas posições, com cotagens específicas, como mostradas adiante.

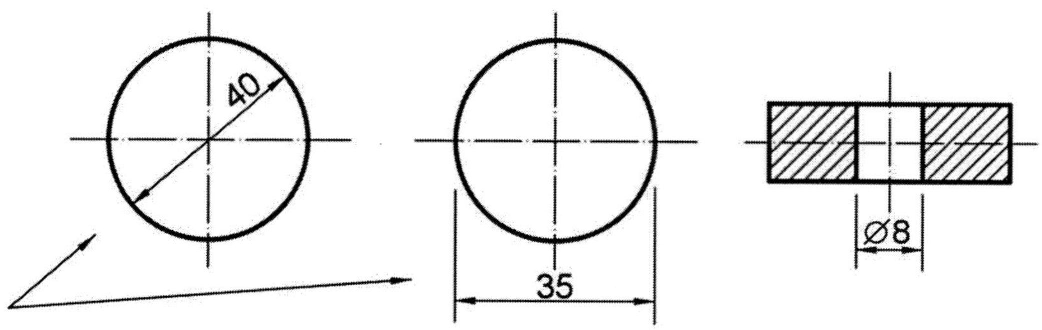

Diâmetros maiores podem ser cotados assim. Quando se vê a linha da circunferência, não se indica o símbolo de diâmetro ou Ø. Só se mostra o símbolo Ø, quando o diâmetro está em uma vista que aparece como linhas paralelas.

Formas de cotar diâmetros

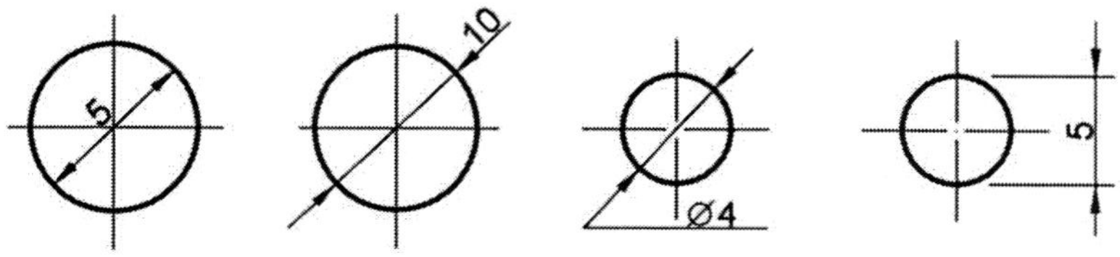

Formas de cotar pequenos diâmetros

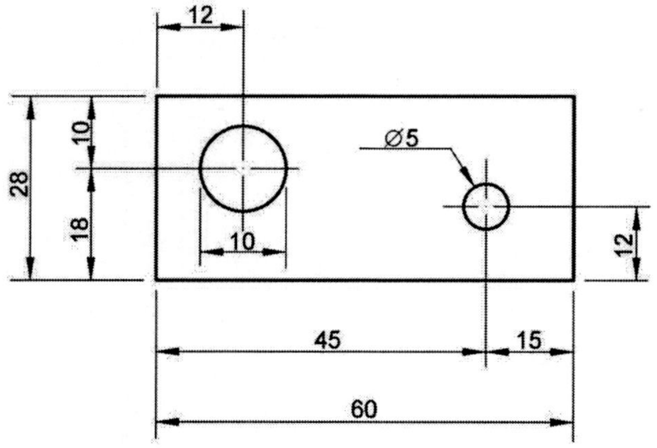

Esta figura mostra, por exemplo, como são indicadas as posições de centros e duas formas de cotar diâmetros.

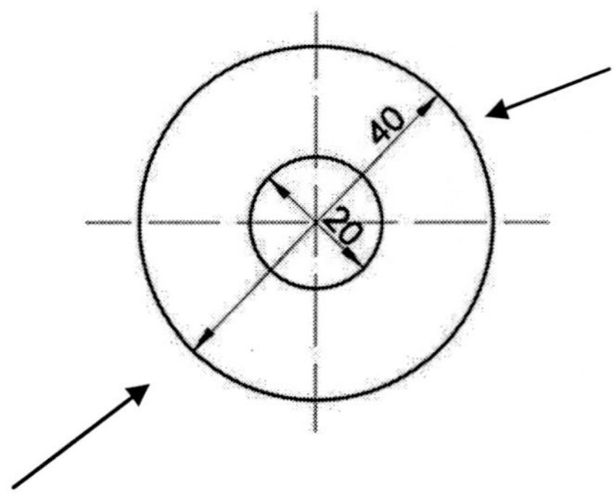

Forma de cotar dois diâmetros concêntricos

Sempre, ao desenhar circunferências, têm que ser traçados os dois eixos, horizontal e vertical, linha fina (0,3). A linha de centro, na prática com instrumentos analógicos, é traçada com um traço maior, um pequeno espaço, um traçinho (ao invés de ponto), outro espaço e novo traço maior. O centro é determinado por dois traçinhos e a linha termina próximo da borda da circunferência, com o traço maior.

Neste caso, o valor numérico da cota é colocado fora do centro, para não coincidir com a linha de centro.

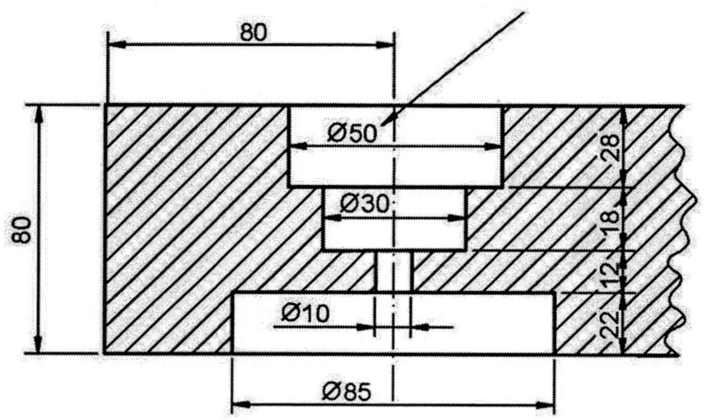

Quando for necessário cotar dentro da vista, e onde se tem hachuras, estas têm de ser interrompidas para se escrever e ler os números, sem interferência, e para não causar dúvidas quanto aos valores.

Cotagem de vários diâmetros de valores diferentes, sobre uma vista

Círculo	X	Y	Ø
1	13	90	30
2	78	80	12
3	50	53	33
4	80	20	10
5	10	15	9,5

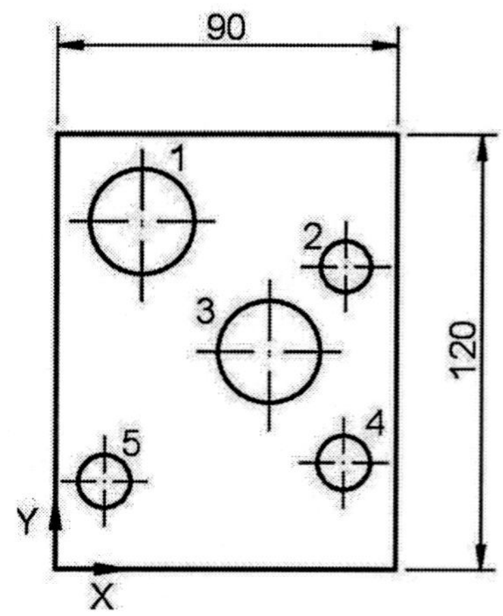

Em casos como este, pode-se usar a cotagem por coordenadas cartesianas (X, Y), definindo claramente a origem e, obviamente a localização e o diâmetro de cada círculo.

Existem alguns símbolos que são padronizados, mas existem outros que foram incorporados à prática do desenho técnico projetivo, na medida do necessário. Vejamos alguns e suas aplicações.

Ø = Diâmetro   Ø = Dois diâmetros concêntricos   R = Raio   R ESF = Raio esférico

◻ = Quadrado   ◻ = Dois quadrados concêntricos   Ø ESF = Diâmetro esférico

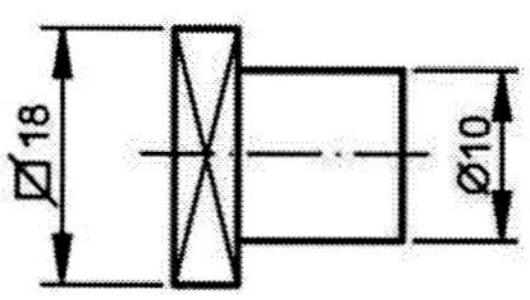

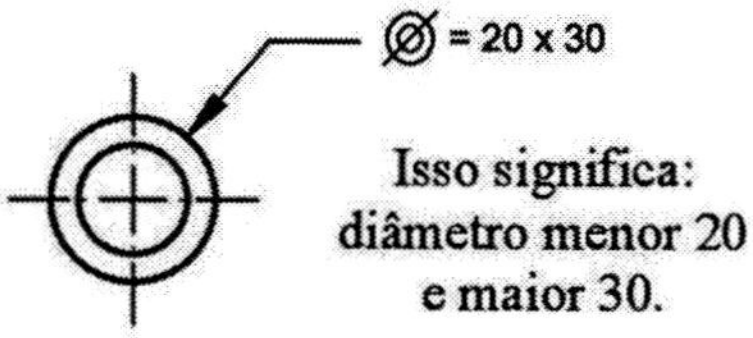

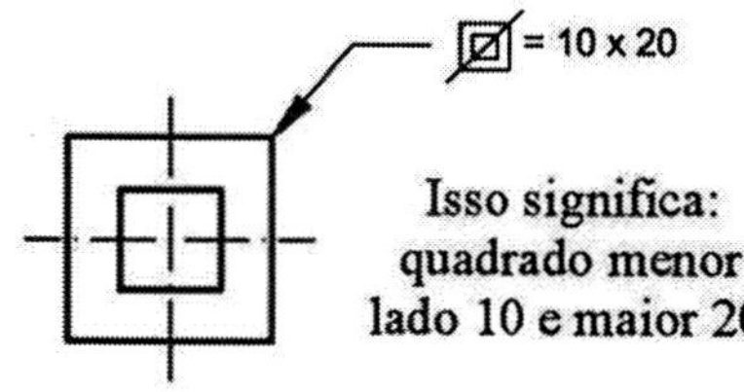

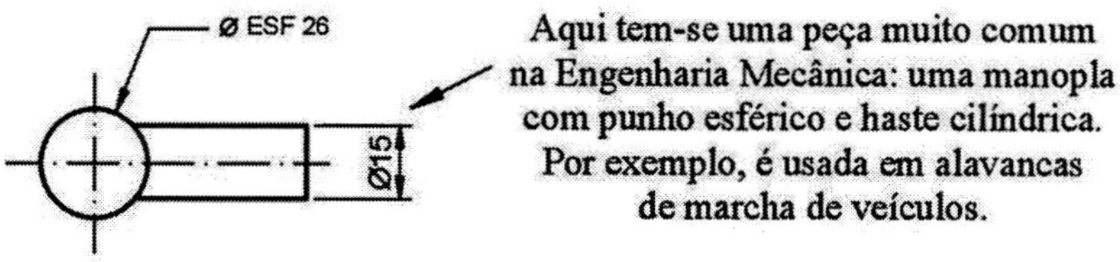

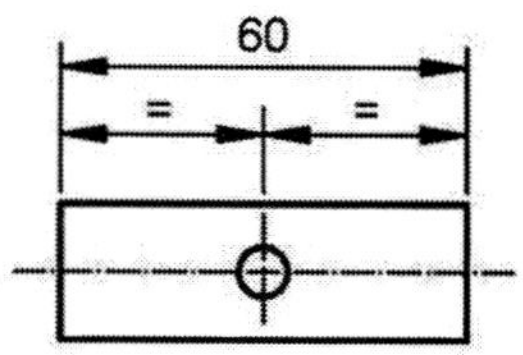

O furo está localizado no centro da chapa

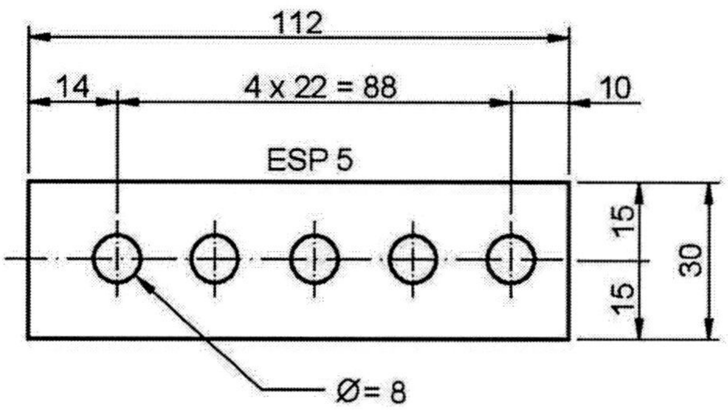

Esta figura tem o seguinte significado:

uma chapa de espessura 5, comprimento 112, largura 30, com cinco furos de diâmetro 8, espaçados a 22 entre si, com o primeiro furo a 14 da borda esquerda e 10 da borda direita. Os cinco furos estão no centro da largura de 30.

8.3 Cotagem de raios de arcos, cordas e retificações de arcos

Quando se tem um círculo, cota-se o diâmetro, se for um arco, cota-se o raio. Não faz nenhum sentido cotar o raio de um círculo, já que na prática, por exemplo, para fazer um furo será usada uma broca ou uma ferramenta com um determinado diâmetro e, não com um determinado raio. A cotagem do raio de um arco parte do seu centro, que tem que ser claramente definido. Assim como no caso de diâmetro, existem diversos casos de cotagem de raio, cordas e até retificações de arcos.

Esta cotagem está totalmente errada, pois neste caso, não se cota raio.

Esta é a forma correta.

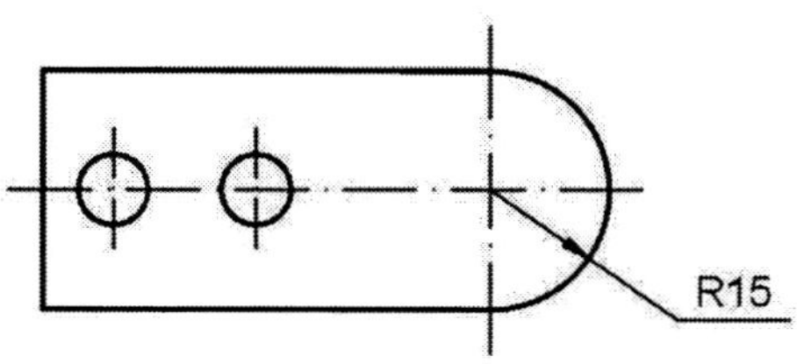

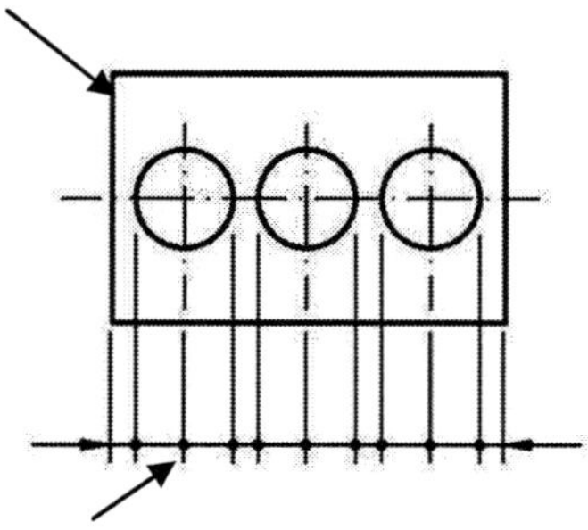

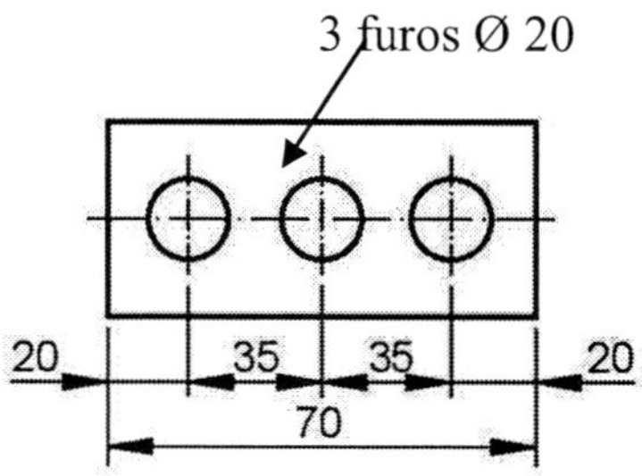

Observa-se o uso de pontinhos, para espaços pequenos, embora não previsto em norma.

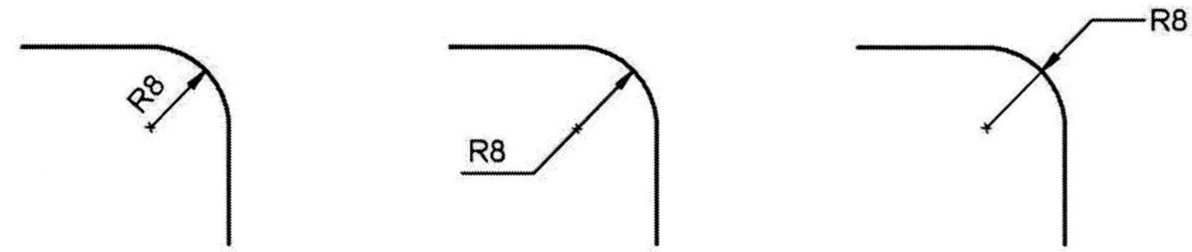

A forma de indicar a cota do raio depende do seu valor e do espaço no desenho. Aqui estão representadas três formas comuns, nestes casos.

A forma de indicar a cota do Raio, depende do seu valor e do espaço no desenho.

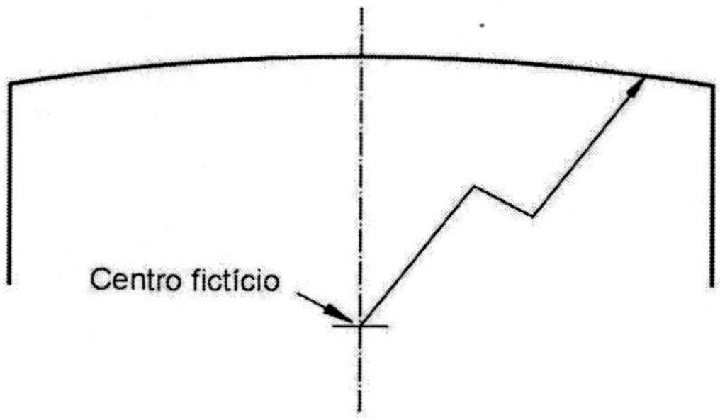

Usa-se esta forma para cotar raios grandes, com o centro distante e ou até fora dos limites do desenho.

Cotagem de um arco (retificação)

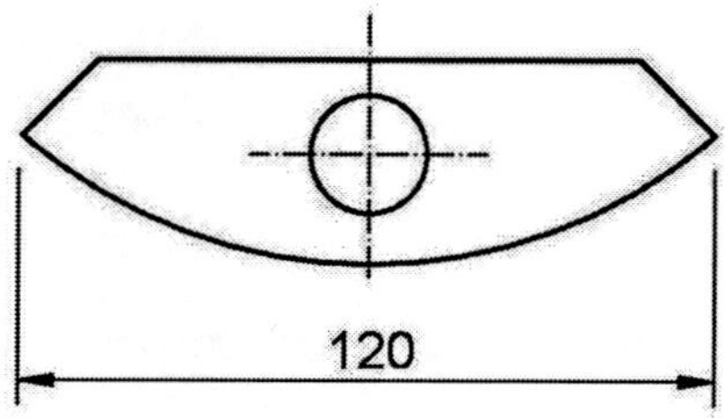

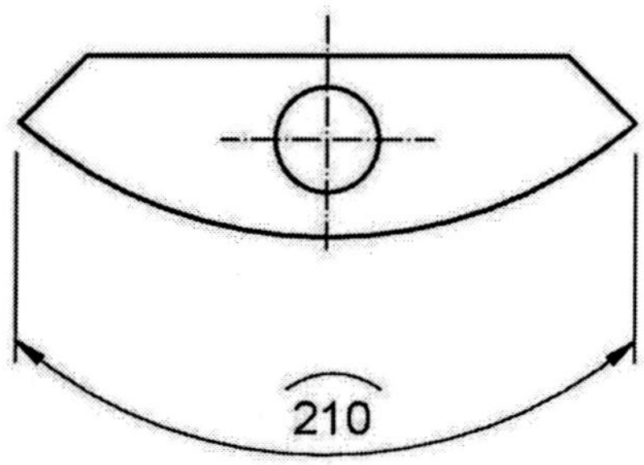

Cotagem de uma corda

8.4 Cotagem de ângulos

Cotagem de um grande ângulo

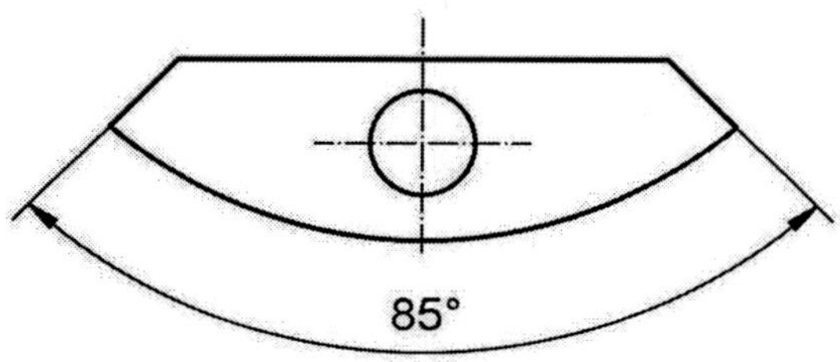

Cotagem de furos escareados. Esse tipo de acabamento é chamado de furo escareado.

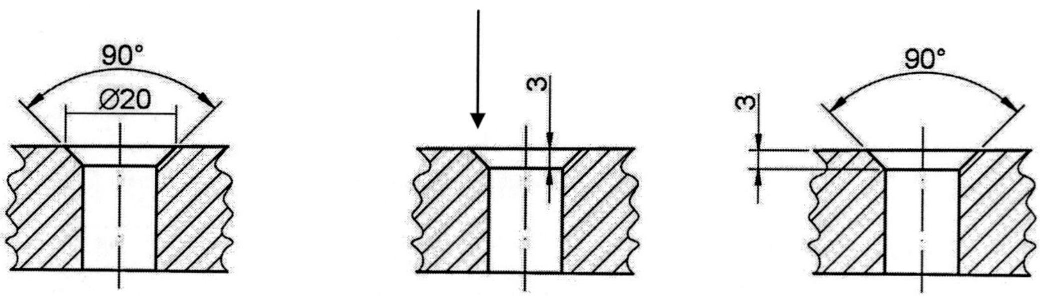

Cotagem de pequenos ângulos

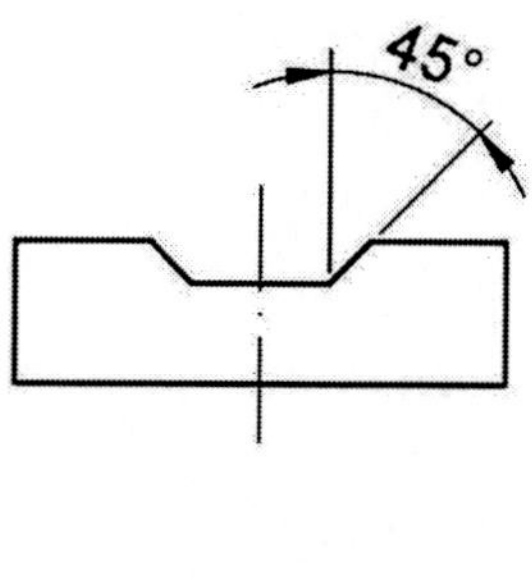

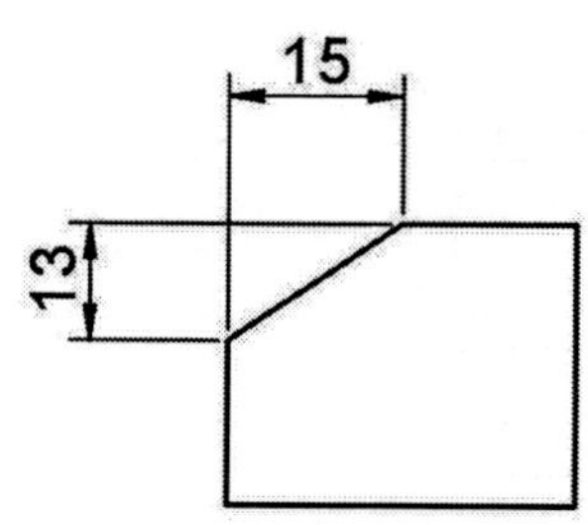

Um ângulo também pode ser cotado, via dimensões das arestas.

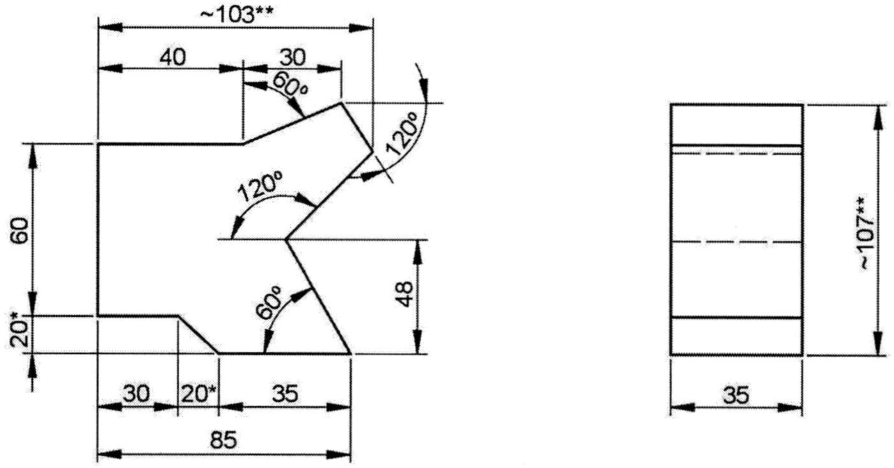

*Esse ângulo de 45° foi cotado indicando-se os valores dos dois lados.
** Esses valores de 103 e 107, são aproximados e consequência dos ângulos.

Especialmente quando se tem peças com muitos e seguidos ângulos, a cotagem de vistas ortográficas, tem que ser bem analisada, para descobrir-se quais são as dimensões e ângulos realmente necessários, pois, tanto o excesso, quanto a falta de cotas impedem uma boa interpretação e uso do desenho. Esta análise chama-se "projeto da cotagem" e pode ser até mais trabalhosa do que o desenho em si. A peça anterior é um exemplo, já que foram feitos vários cálculos, principalmente trigonométricos, até se chegar ao número mínimo e ideal de cotas.

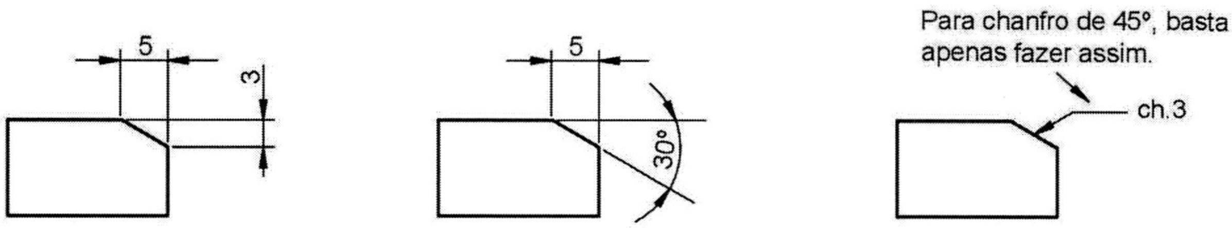

8.5 Detalhes especiais sobre cotagem

Além das já citadas, existem muitas outras formas de se cotar um desenho, sendo impossível mostrar todas. A seguir são mostrados vários detalhes que podem aparecer em desenhos técnicos projetivos, especialmente da área de mecânica.

Quando necessário, as linhas de chamada podem ser inclinadas, porém têm que ser paralelas.

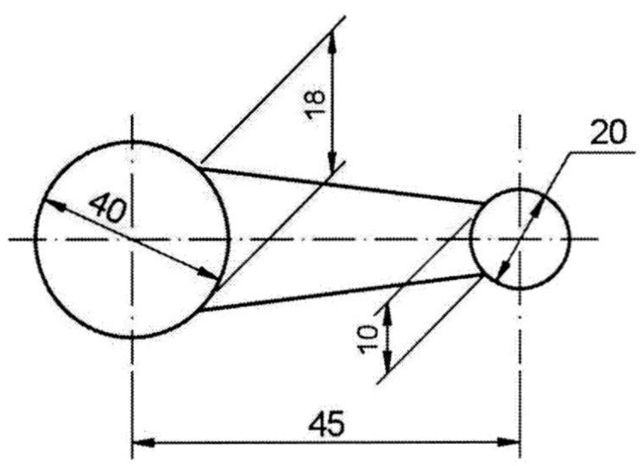

*A cota R 20 (Típ.), significa que o Raio 20 é igual ou típico na parte de cima.

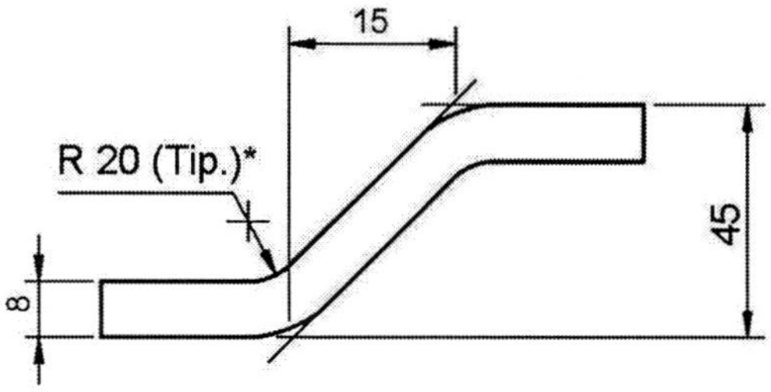

Para algumas cotas, usam-se as linhas de construção do desenho.

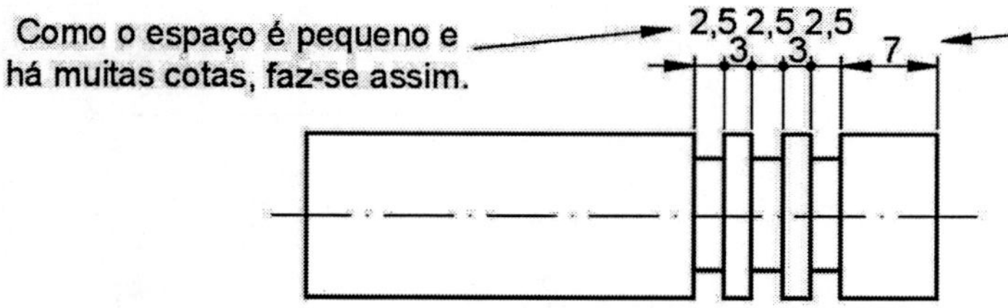

Observe-se o uso de pontos

Cotagem sequencial de cotas de baixo valor

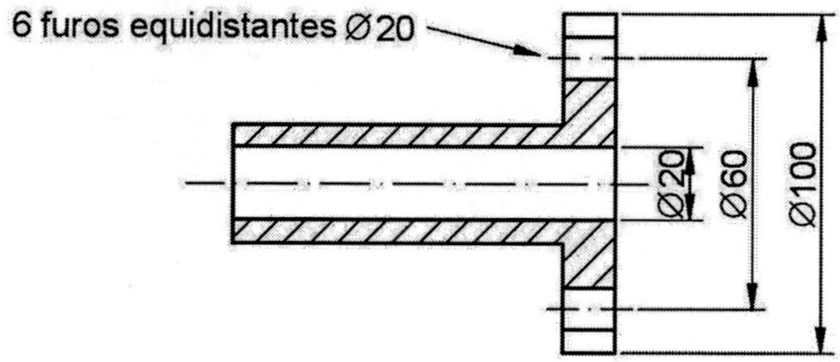

Simplesmente escrevendo uma nota sobre os seis furos basta apenas uma vista em corte da peça. Este é um exemplo de supressão de vista.

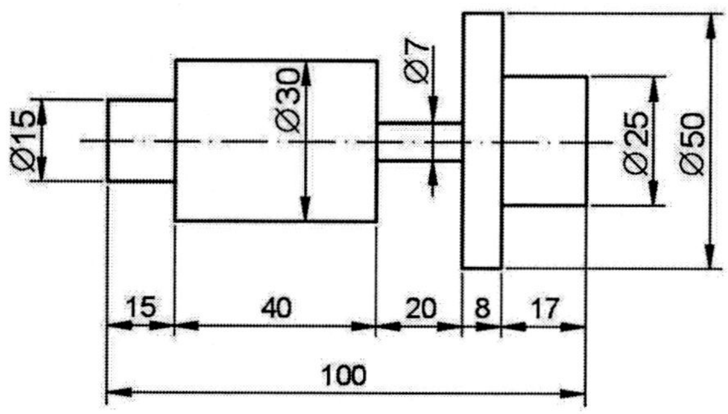

Exemplo de cotagem de peça com diâmetros de diversos valores.

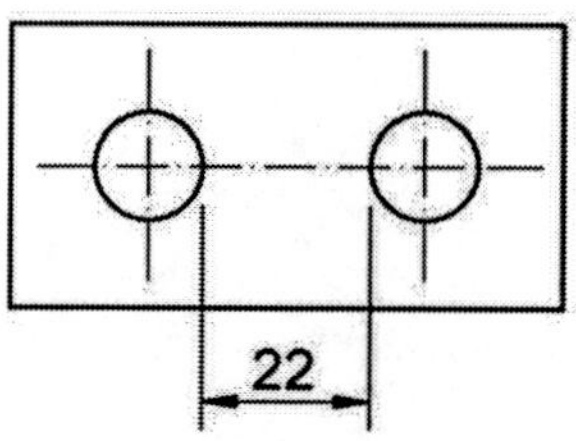

Cotagem errada

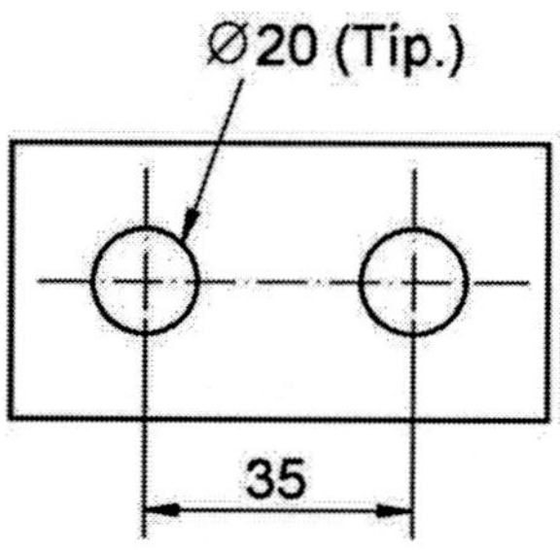

Cotagem correta

Para furos, o importante é cotar a distância entre furos e não a distância entre paredes. O motivo básico é que, ao se fazer furos, primeiro marcam-se os centros e depois, fura-se conforme os diâmetros. A distância entre paredes, neste caso, não serve para nada.

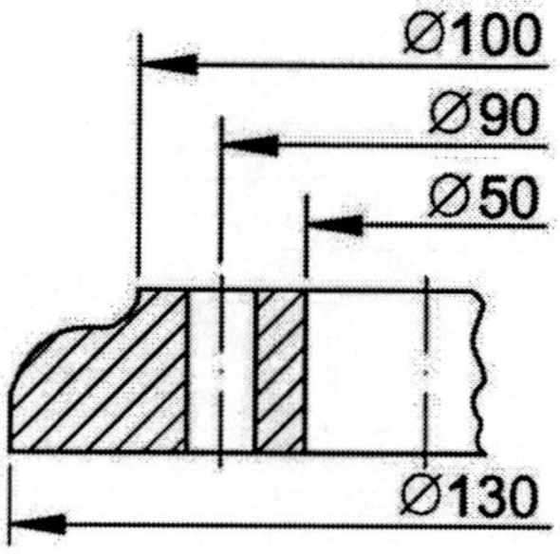

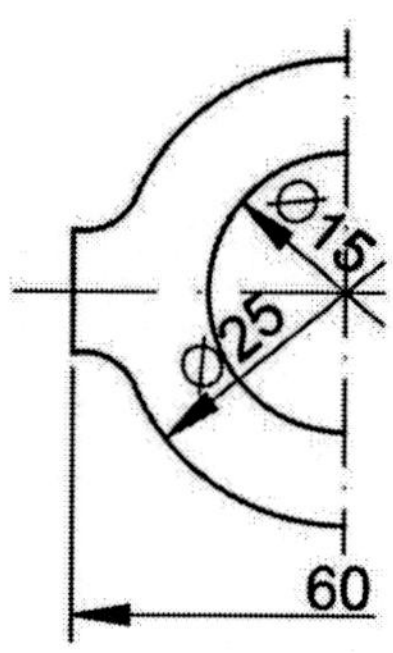

Peças simétricas podem ter suas cotas interrompidas. Aplica-se este detalhe na cotagem de peças em meio corte.

A cotagem de diversos furos, colocados sobre um mesmo diâmetro, pode ser por coordenadas polares ou cartesianas.

Coordenada polar   Coordenada cartesiana

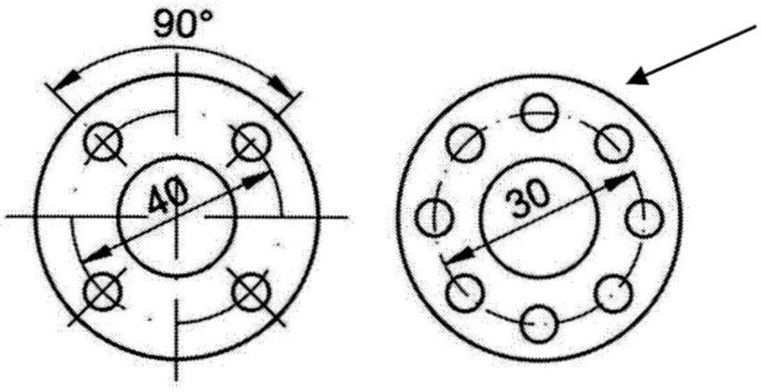

8 furos igualmente espaçados

8.6 Cotagem de perspectivas isométricas

Existem diversos tipos de perspectivas, mas a isométrica é a mais utilizada na prática, embora, por exemplo, arquitetos usem muito a perspectiva cônica. As figuras a seguir mostram como podem ser cotadas as perspectivas isométricas, lembrando que nas mesmas não se aplica exatamente o "leque de cotas", como nas vistas ortográficas.

Observa-se que, os números são escritos obedecendo o sentido do eixo isométrico.

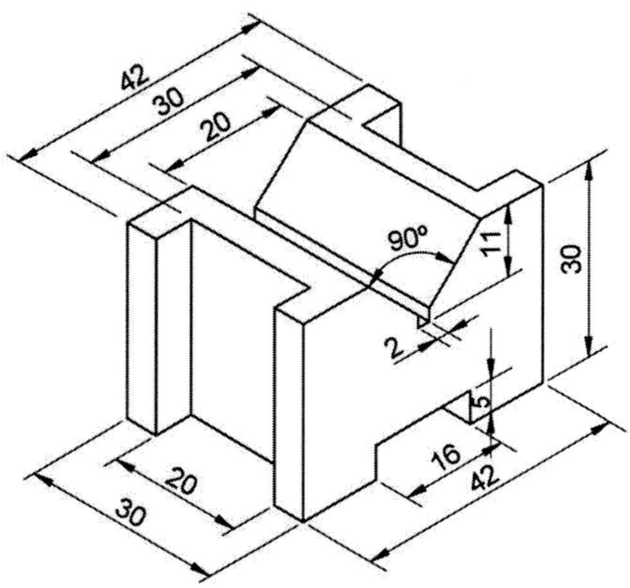

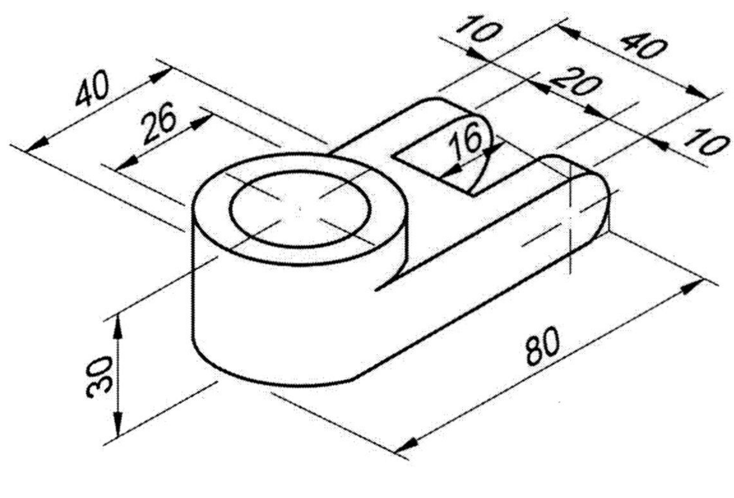

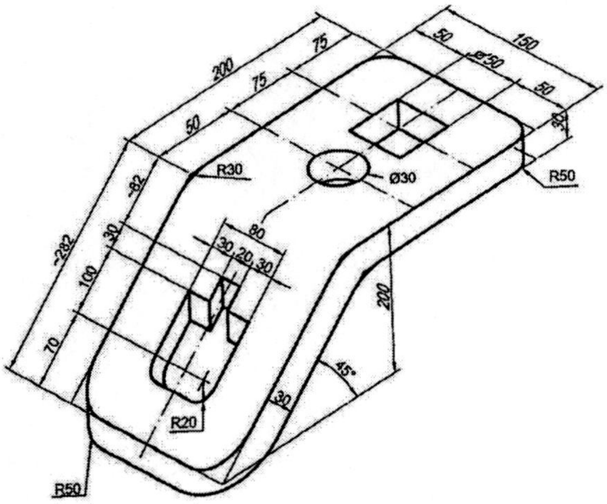

8.7 Exemplos de vistas ortográficas cotadas, a partir da imagem tridimensional de peças

8.7.1)

Vista de frente

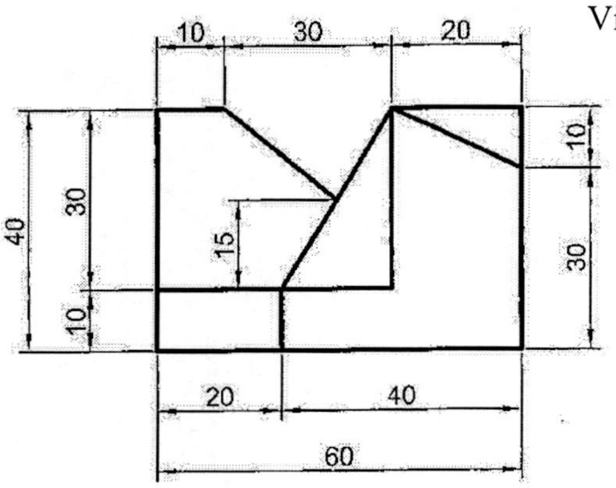

Imagem tridimensional

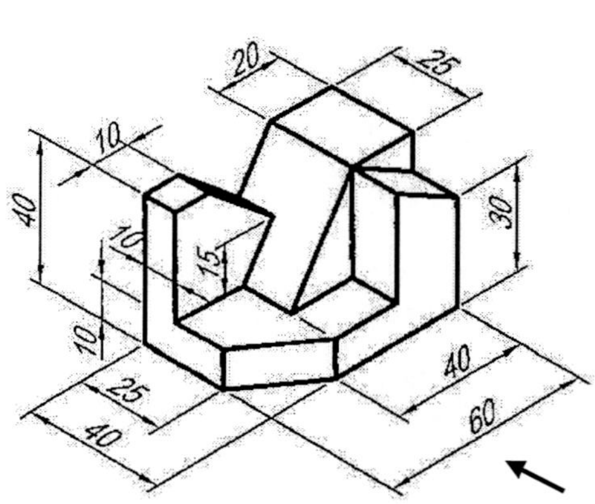

Frontal

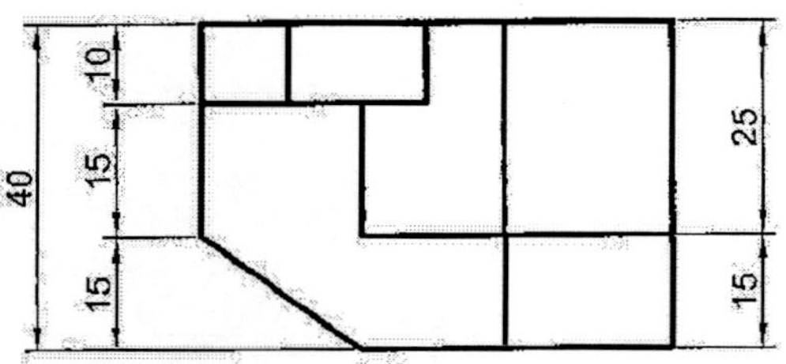

Vista superior

Essa é uma peça, relativamente simples, só contendo duas vistas e cotas de arestas horizontal e vertical.

8.7.2)

Vista de frente

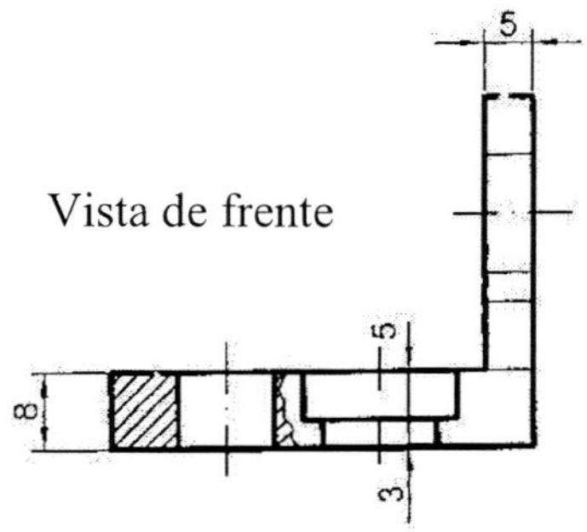

Vista lateral esquerda

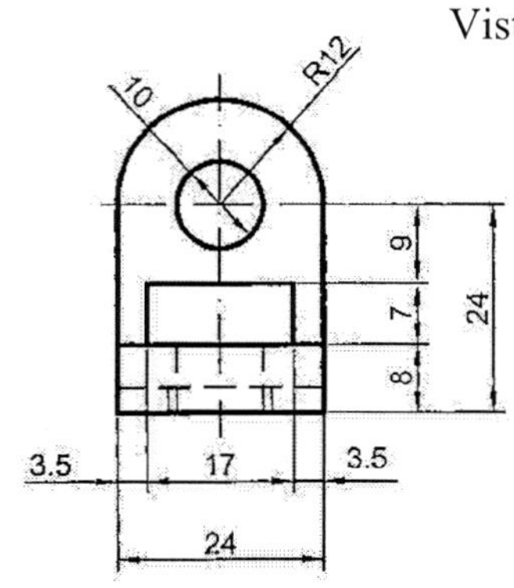

Essa peça já tem furos e arcos, mostrando a cotagem de diâmetros e raios.

Vista superior

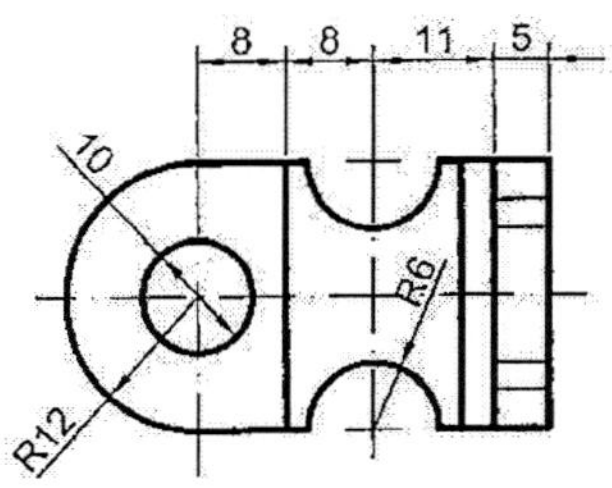

Imagem tridimensional

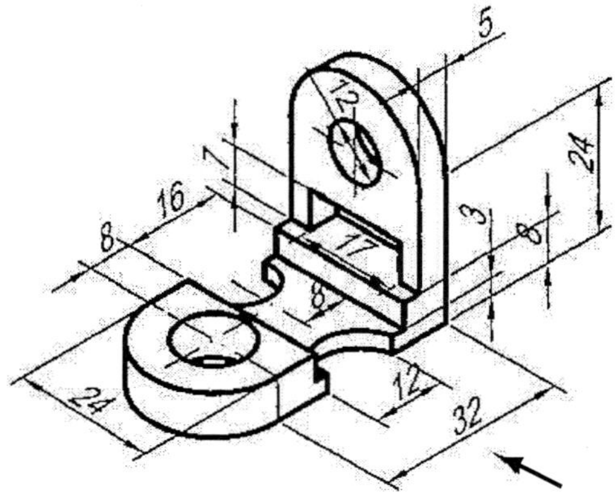

Frontal

8.7.3)

Vista de frente

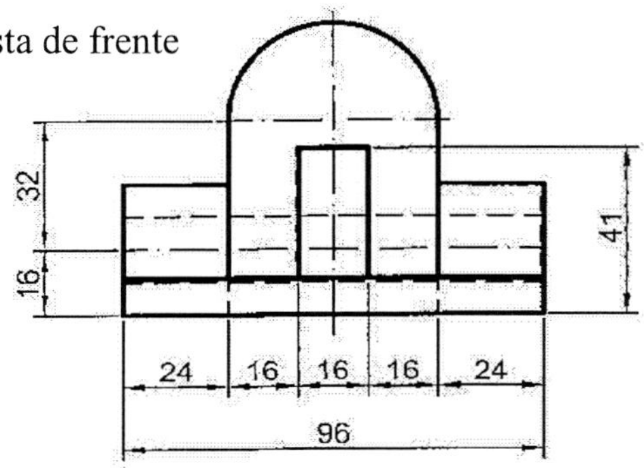

Vista lateral esquerda

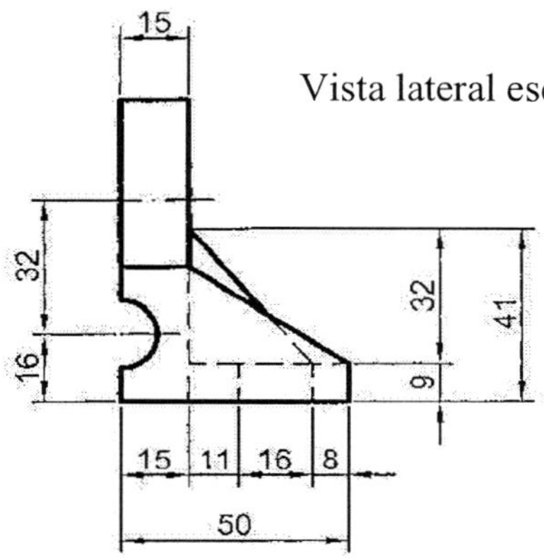

Vista superior

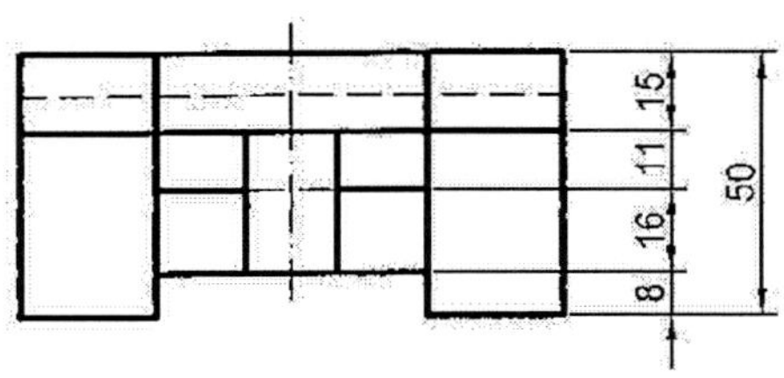

Imagem tridimensional

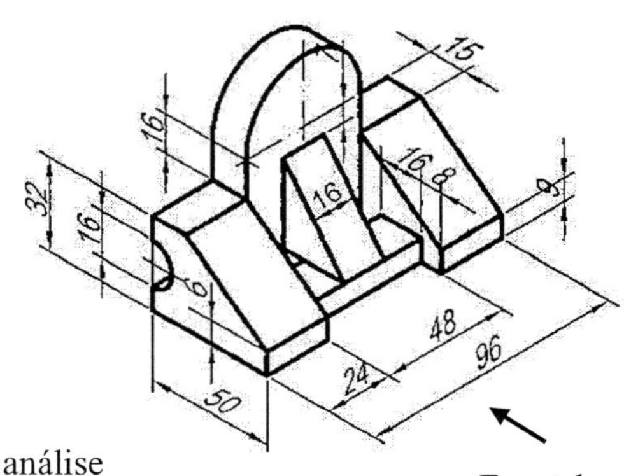

Frontal

Essa peça, puramente acadêmica, além de arcos, exige uma análise mais detalhada da colocação das medidas, ou "projeto da cotagem".

8.8 Exercícios propostos

Desenhar as vistas ortográficas cotadas das seguintes peças, definindo a face frontal:

8.8.1)

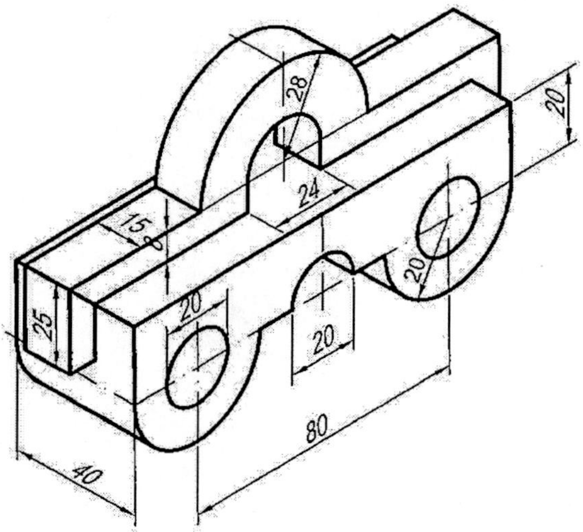

8.8.2)

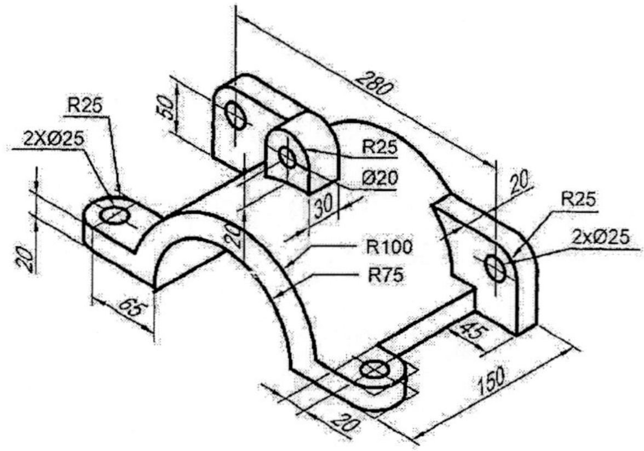

8.8.3)

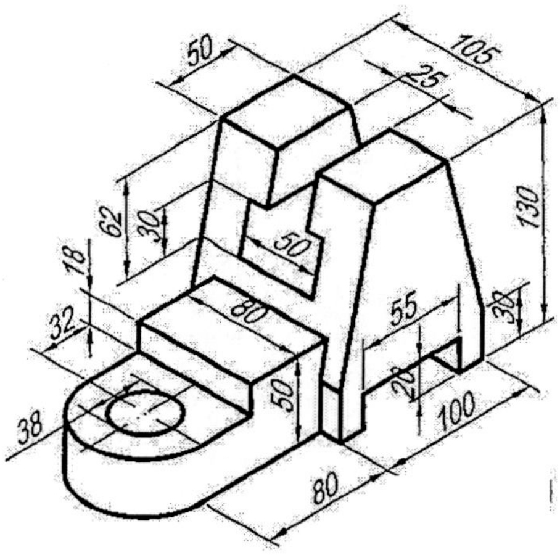

Capítulo 9

A prática do Desenho Técnico Projetivo básico. Peças em perspectivas e vistas ortográficas cotadas. O "projeto das vistas ortográficas" e o "projeto da cotagem"

Esse capítulo sintetiza toda a teoria, para a prática do Desenho Técnico Projetivo básico, segundo normas e práticas correntes. Ao longo dos parágrafos são mostrados exemplos, conforme os seus graus de dificuldades. Todas as vistas ortográficas seguem as projeções no 1° diedro, conforme padrão no Brasil. A ideia desse capítulo é que, mais do que simplesmente executar as vistas ortográficas, a partir de perspectivas, sejam feitos estudos, do que os autores chamam de: "projeto das vistas ortográficas" e "projeto da cotagem", bem como de informações técnicas específicas, incluindo comentários sobre processos de fabricação.

9.1 Peças que necessitam de apenas uma vista ortográfica

Embora conceitualmente seja possível se observar e representar uma peça ou objeto em até seis vistas ortográficas, na prática, na maioria dos casos, são necessárias apenas três ou duas vistas, sendo também possível peças que só necessitam de uma vista ortográfica, como mostradas a seguir.

9.1.1: Flange

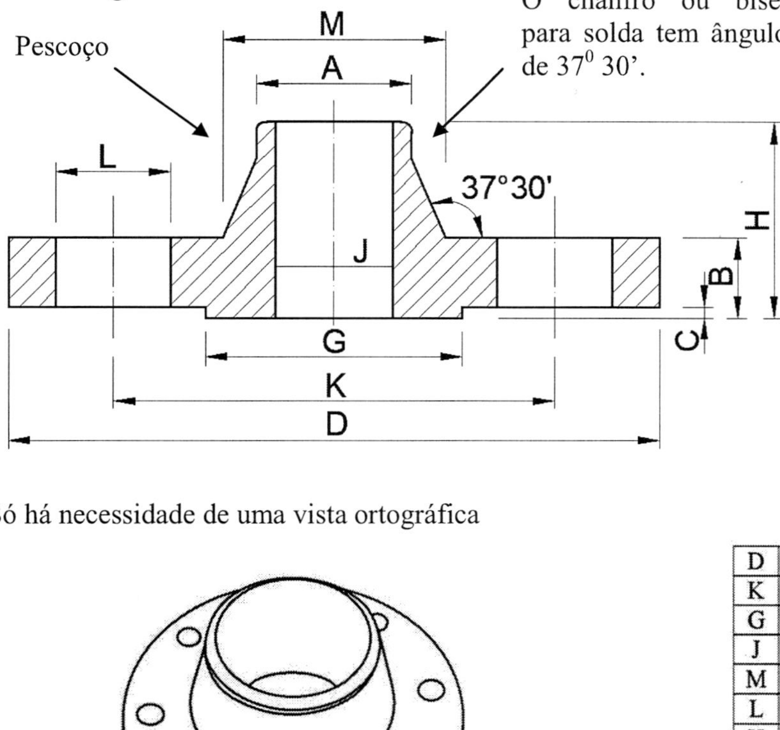

O chanfro ou bisel para solda tem ângulo de 37^0 30'.

Só há necessidade de uma vista ortográfica

Essa figura representa uma vista em corte de um flange de pescoço, em aço, para solda de topo, com ressalto ou *welding neck flange raised face*, muito comum em sistemas de tubulações industriais. Flanges são utilizados para unir trechos de tubulações e ligações de tubos com válvulas e equipamentos, de forma a permitir a desmontagem, para manutenção ou limpeza. Estes flanges têm suas medidas padronizadas, de acordo com a classe de pressão utilizada.

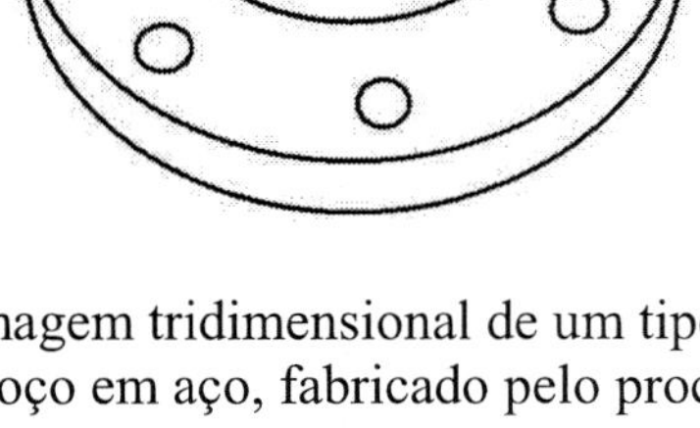

Essa é a imagem tridimensional de um tipo de flange de pescoço em aço, fabricado pelo processo de forjamento.

D	229 mm (9")	Diâmetros
K	190 mm (7 1/2")	
G	157 mm (6 3/16"")	
J	102,4 mm (4,03")	
M	135 mm (5 5/16")	
L	19,05 mm (3/4")	
H	76,2 mm (3")	
B	23,8 mm (15/16")	
C	1,6 mm (1/16")	

Dimensões padronizadas de um flange de pescoço, diâmetro 4"*, para solda de topo, com ressalto e classe de pressão de 150 libras. Esse flange tem oito furos, para parafusos ou estojos de diâmetro 5/8". Observa-se que existe uma folga de 1/8", entre o furo (3/4") e o parafuso (5/8").

*Tradicionalmente, tubos metálicos, para usos industriais e seus acessórios têm suas dimensões em polegadas, observando-se que uma polegada (*one inch*) equivale a 25,4 mm ou 1" = 25,4 mm.

9.1.2: Conexão tipo *Barbará

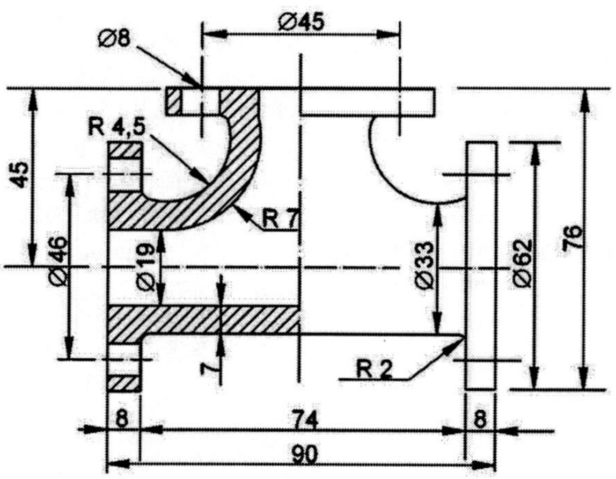

Essa é uma conexão tipo "T", usada em sistemas hidrossanitários, com faces flangeadas. É conhecida, comercialmente, como conexão *Barbará. É uma peça fabricada pelo processo de fundição, que utiliza o denominado ferro fundido dúctil.

São peças com dimensões padronizadas, em função do diâmetro nominal da tubulação ao qual se acopla.

Observa-se que, como a peça é simétrica, foi utilizado o recurso de só mostrar um corte parcial, permitindo a visão clara das medidas e detalhes internos.

Devido dimensões, essa peça pode ser desenhada na escala de 1;1 e no formato A4.

*Companhia Siderúrgica Bárbara, localizada na cidade de Barra Mansa, no Rio de Janeiro, que fabricava esse tipo de conexão no Brasil.

9.1.3: Capa do mandril

Só há necessidade de uma vista, podendo ser na escala 1:1 e formato A4.

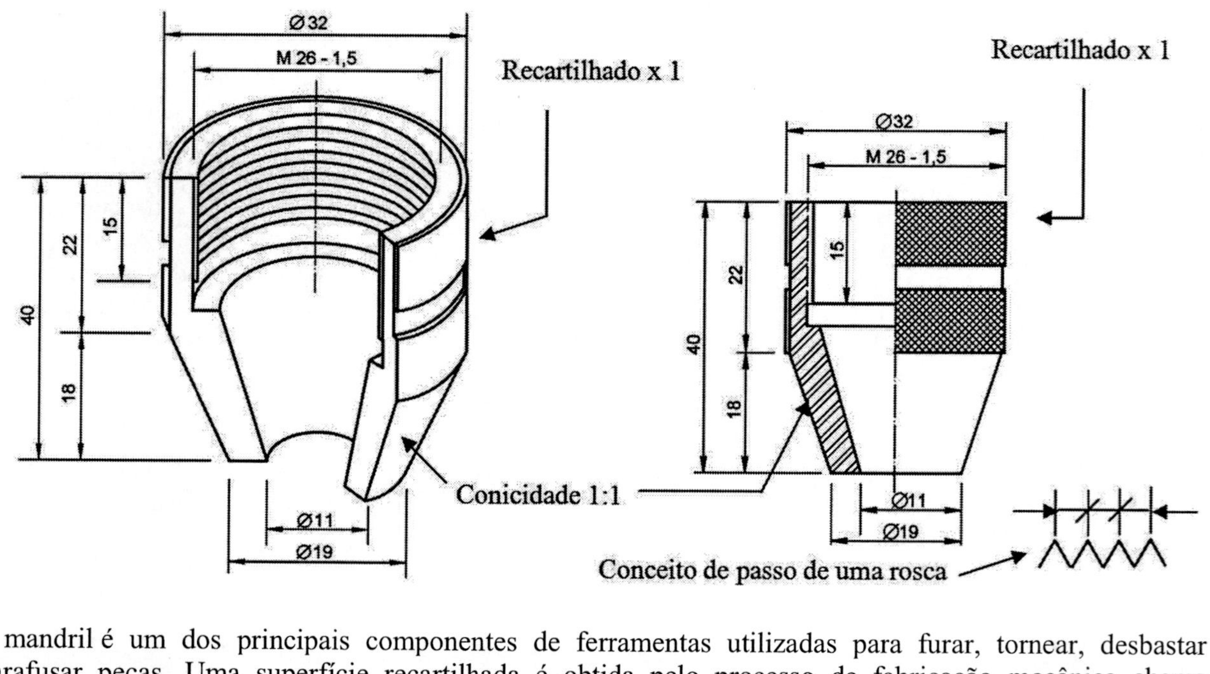

O mandril é um dos principais componentes de ferramentas utilizadas para furar, tornear, desbastar e parafusar peças. Uma superfície recartilhada é obtida pelo processo de fabricação mecânica chamado recartilhamento, que cria uma rugosidade na peça, tornando-a menos escorregadia e facilitando, dessa forma, o seu manuseio. Numa furadeira manual, por exemplo, introduz-se uma broca, girando-se a capa do mandril, segurando-a pelo recartilhado. Na sequência, a broca é fixada, utilizando-se a chave do mandril.

*M 26 x 1,5, significa que tem-se uma rosca interna (ou fêmea) métrica triangular, de diâmetro 26 mm e com passo de 1,5 mm. Passo é a distância entre duas espiras de uma rosca, como mostrado acima.

**Conicidade 1:1,866, significa uma inclinação equivalente a um triângulo retângulo, com cateto maior igual a 1,866 e cateto menor igual a 1. Essa conicidade equivale a um ângulo α de 28,187°, pois tg α = 1/1,866 = 0,5359056. Isso significa que, 28,187° é o ângulo cuja tangente é igual a 0,5359056.

Esse tipo de peça, normalmente, é toda produzida por torneamento mecânico.

9.2 Peças que necessitam duas vistas ortográficas

9.2.1: Dada a perspectiva isométrica a seguir, desenhar as vistas ortográficas mínimas necessárias, determinando a vista de frente, a escala recomendada e o formato a ser utilizado.

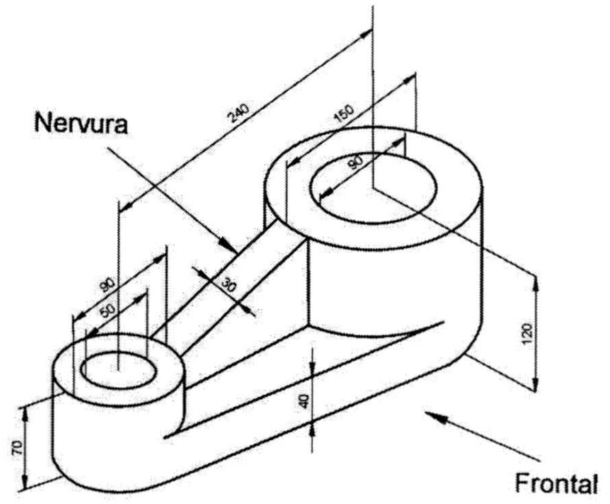

Essa peça só necessita de duas vistas ortográficas. A vista de frente ou frontal é a de maior dimensão, como indicada.
Como é uma peça, relativamente simples, recomenda-se a escala de 1:5, com o desenho no formato A4.
Será feita a vista de frente em corte total e a vista superior ou em planta.
Essa peça é clássica, sendo estudada há décadas, com utilização em sistemas de transmissão de movimentos em máquinas. Pelos dois furos passam eixos.

Apesar do corte passar pelo meio da nervura, por convenção não são representadas as hachuras no corte da mesma.

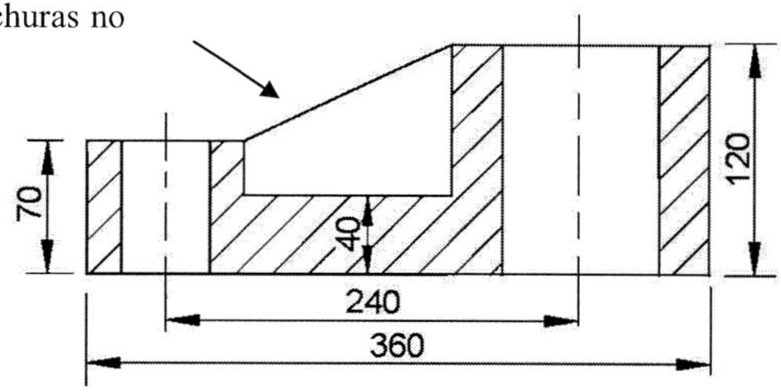

Corte "A - A"

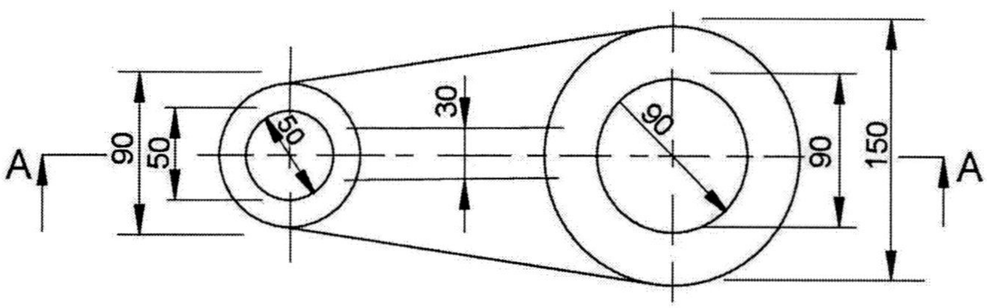

Essa peça, em geral, é fabricada pelo processo de fundição em areia, embora para poucas unidades também possa ser fabricada, em aço, por soldagem e torneamento mecânico. Em 2022, era perfeitamente possível fabricar essa peça usando a impressão tridimensional em aço.

9.2.2: Dada a perspectiva isométrica a seguir, desenhar as vistas ortográficas mínimas necessárias, determinando a vista de frente, a escala recomendada e o formato a ser utilizado. Fazer comentários sobre os processos de fabricação que podem ser utilizados, para produzir esse tipo de peça.

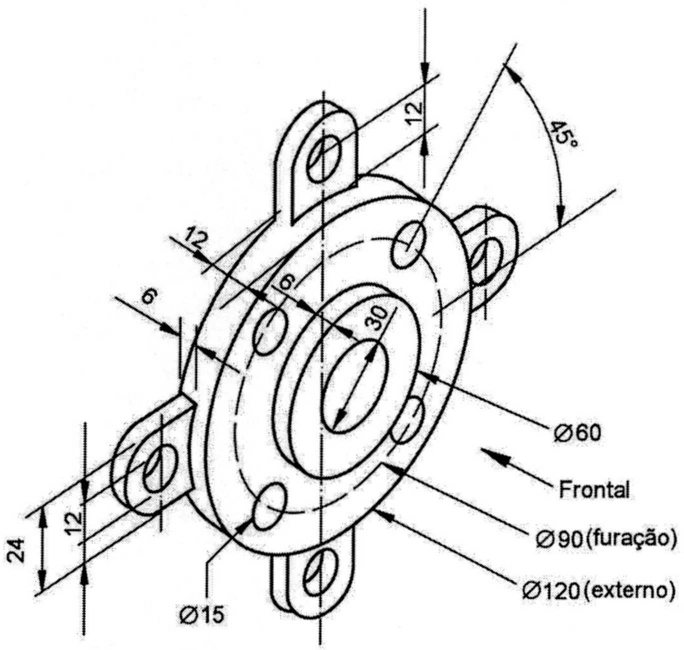

Essa peça só precisa de duas vistas ortográficas: a de frente com indicação de todas as circunferências e detalhes das quatro orelhas e uma lateral em corte total, para mostrar as espessuras, bem como permitir uma boa cotagem dos vários diâmetros envolvidos, sem congestionar a vista de frente.

A escala recomendada é a 1:2, desenhando as duas vistas no formato A4.

*Essa peça é um tipo de flange, utilizada em máquinas de grande porte. Em geral é fabricada em ferro fundido, porém, também pode ser fabricada a partir de usinagens (torneamento e furação) da placa maior de diâmetro 120 mm e espessura 18 mm. As quatro orelhas podem ser fabricadas a partir de barras de espessura 6 mm, furadas e depois soldadas ao corpo principal.

*Com relação ao processo de fabricação, é mais econômico usar a fundição, caso tenha que ser produzido um grande número de peças. Para uma ou poucas peças, a fabricação por usinagens e soldas é mais econômica.

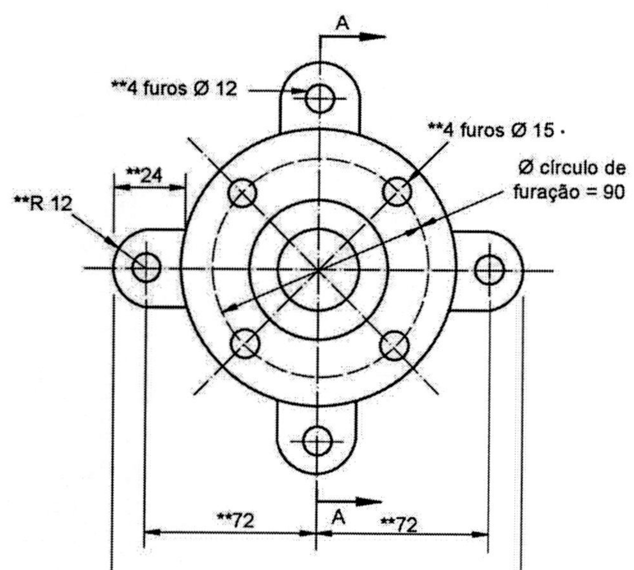

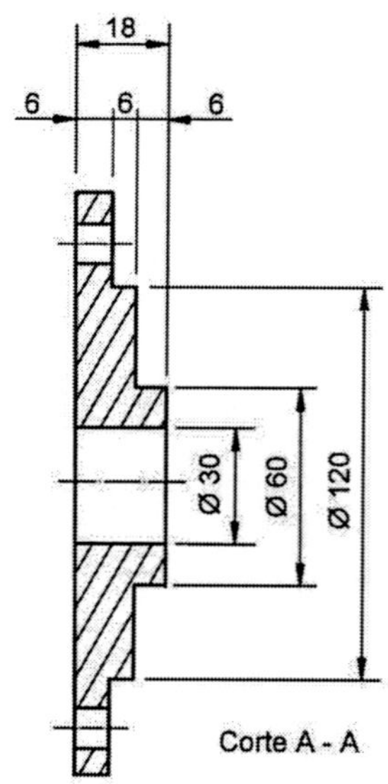

**As medidas marcadas com asterisco se repetem em cada detalhe. Como visto no capítulo 8, sobre cotagem de desenhos técnicos projetivos, na prática também se usa o termo abreviado “Típ.”, que significa “Típico” ou seja, igualdade de medidas.

9.2.3: Dada a perspectiva cavaleira a 45° a seguir, desenhar as vistas ortográficas mínimas necessárias, determinando a vista de frente, a escala recomendada e o formato a ser utilizado.

Essa peça é chamada abraçadeira, sendo comum o seu uso como suporte de tubulação industrial.

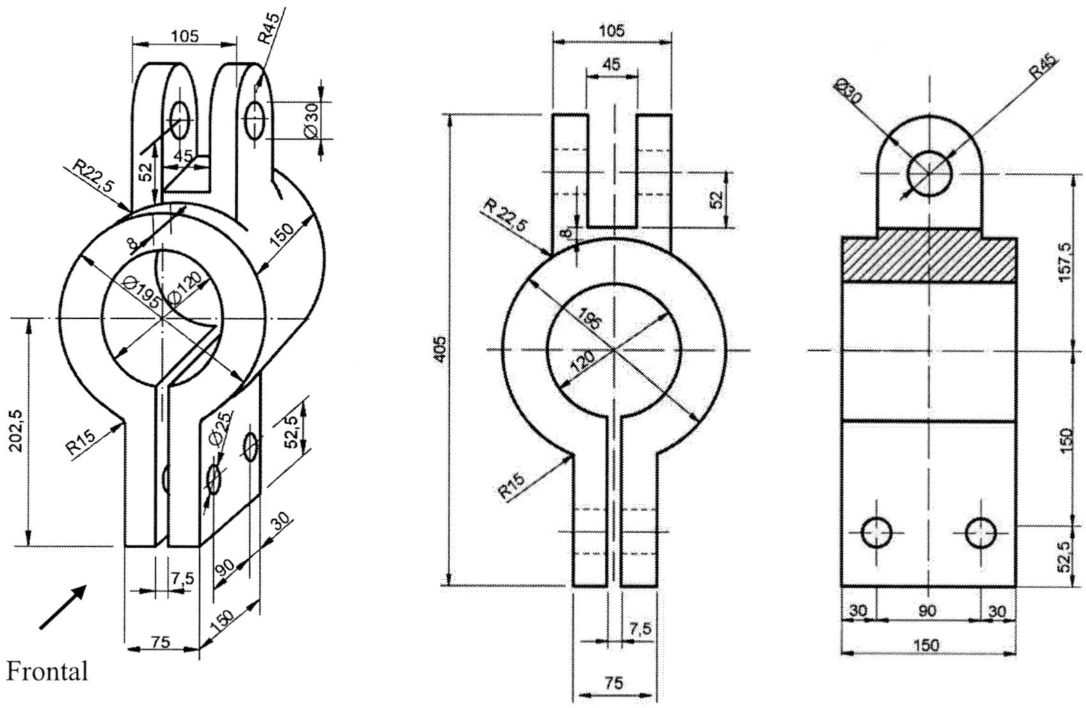

São necessárias apenas duas vistas, a de frente e a lateral direita. Pode-se recomendar a escala 1:5, com o desenho feito no formato A4. Esse tipo de peça é fabricado pelo processo de fundição.

9.2.4: Dada a perspectiva isométrica a seguir, desenhar as vistas ortográficas mínimas necessárias, determinando a vista de frente, a escala recomendada e o formato a ser utilizado.

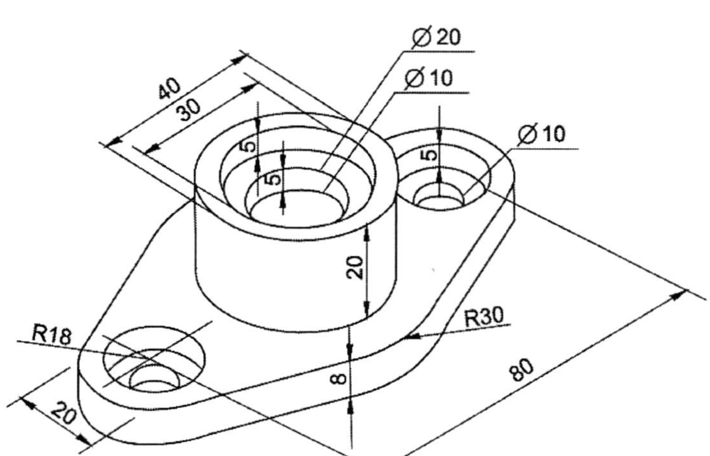

São necessárias apenas duas vistas: a de frente e a superior ou em planta. Essa peça pode ser desenhada na escala de 1:1, no formato A4. A vista de frente será desenhada em corte total longitudinal, permitindo a visualização e cotagem correta dos detalhes internos, ou seja, essas vistas ortográficas não terão arestas não visíveis.

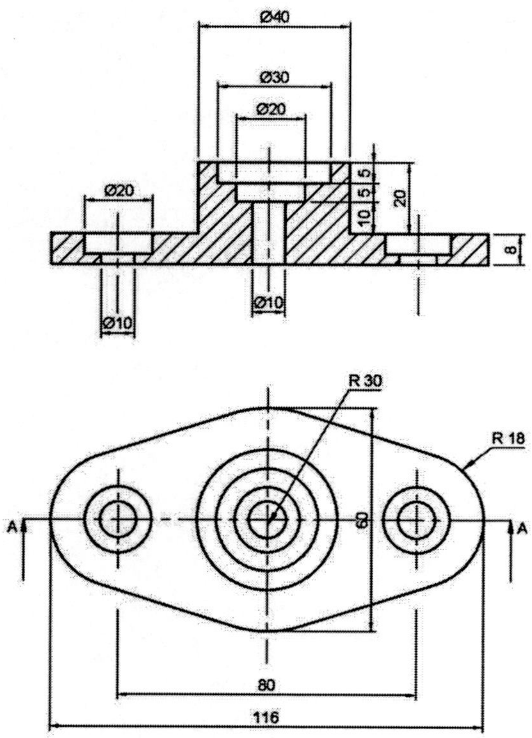

Essa é uma peça clássica e com uso prático, por exemplo, como suporte de apoio ou escora de eixos.

Trata-se de uma peça, normalmente fabricada pelo processo de fundição, mas que pode ser impressa em 3D.

É importante ressaltar como a cotagem foi feita. Na vista superior estão colocadas as cotas vistas diretamente. Na vista de frente em corte, estão as cotas referentes às medidas de perfil.

O desenho desta vista superior exige detalhes de desenho geométrico, especialmente as concordâncias entre os arcos de raios 30 mm e 18 mm.

9.3 Peças que necessitam três vistas ortográficas

9.3.1: Dada a perspectiva isométrica a seguir, desenhar as vistas ortográficas mínimas necessárias, determinando a vista de frente, a escala recomendada e o formato a ser utilizado.

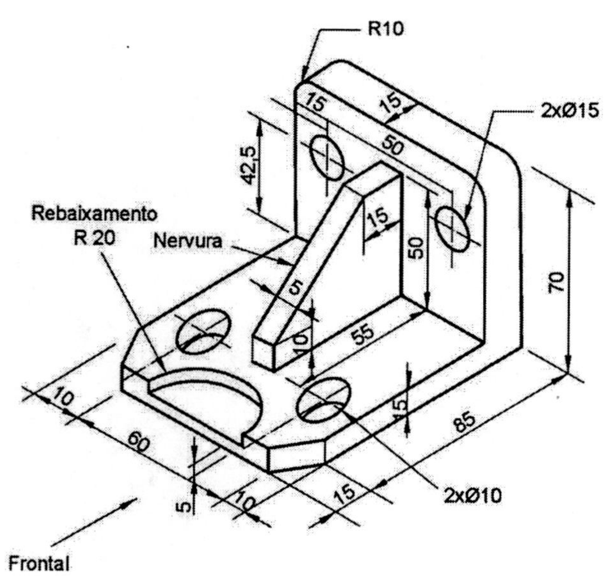

Devido ao rebaixamento horizontal de raio 20 mm, bem como aos dois furos diâmetro 15 mm, na vertical, constata-se a necessidade de executar três vistas ortográficas, de forma a minimizar arestas não visíveis, bem como para se ter um bom entendimento da peça, para sua fabricação.

Embora a face lateral, com 100 mm, seja maior do que a frontal com 80 mm, escolheu-se essa como frontal, pois mostra os furos sem arestas não visíveis.

Serão feitas as seguintes três vistas: de frente, superior e lateral direita. Essas três vistas têm dimensões máximas, respectivamente de: 80 x 70, 100 x 80 e 100 x 70.

Devido, às três vistas e dimensões, recomenda-se usar a escala 1:1 e formato A3.
Essa peça, tradicionalmente, é fabricada pelo processo de fundição, mas também pode ser feita por soldagens e usinagens, envolvendo furação e fresamento.

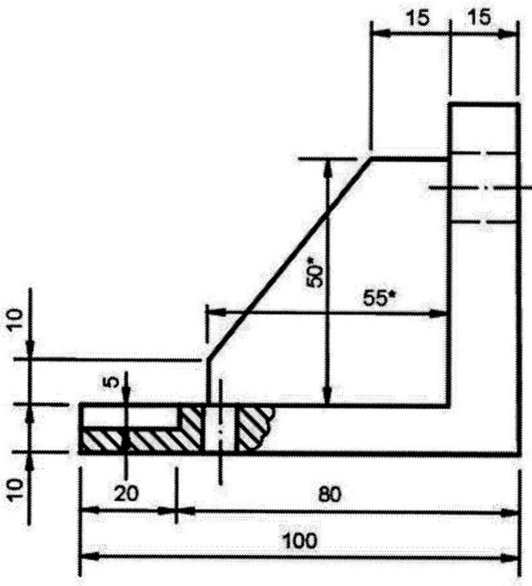

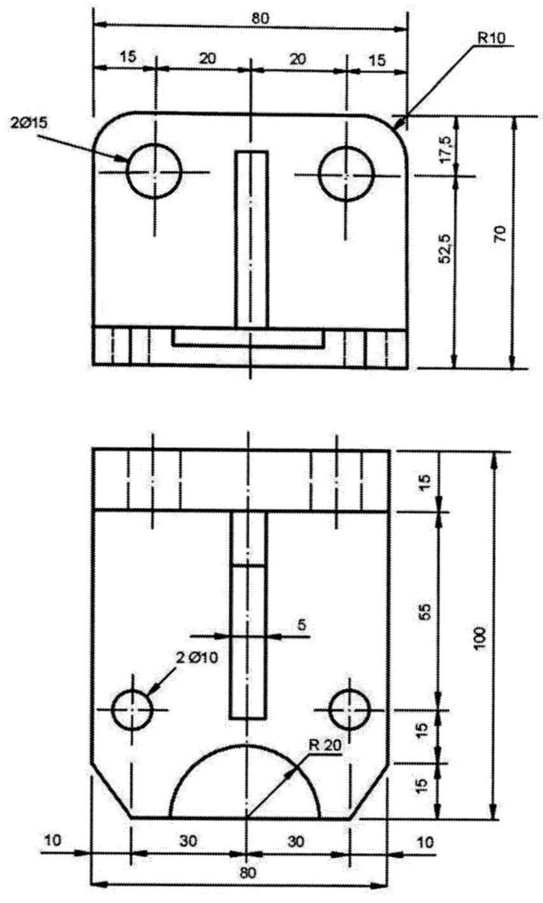

*Essas cotas foram colocadas dentro do desenho e se cruzando, pois se fosse mostrar a cota vertical de 50, alinhada com as outras duas de 10, existiria uma linha auxiliar horizontal muito longa, o que causaria "poluição" no desenho.

Observa-se que cada vista tem as suas cotas características e, com apenas duas vistas não se consegue mostrar claramente a dimensão ou da nervura ou do rebaixamento.

9.3.2: Dada a perspectiva isométrica a seguir, desenhar as vistas ortográficas mínimas necessárias, determinando a vista de frente, a escala recomendada e o formato a ser utilizado.

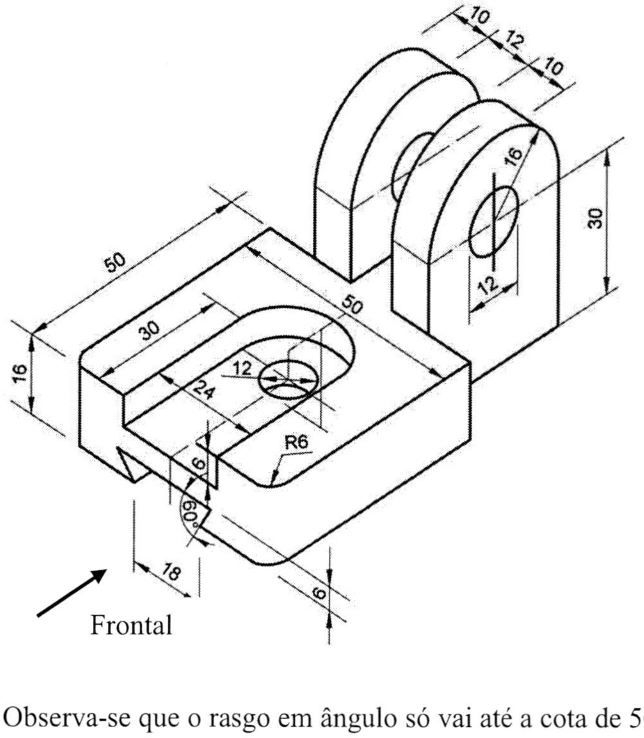

Como a peça tem um rasgo em ângulo de 60º na parte inferior, e para que o mesmo não seja representado de forma apenas por arestas não visíveis, tem-se a necessidade de três vistas. Embora a face frontal mostrada tenha dimensão menor que a lateral ou de perfil, o rasgo inferior fica perfeitamente visível e em verdadeira grandeza na vista de frente.

Serão feitas as vistas: de frente, superior e lateral direita. Como essas três vistas têm dimensões máximas de: 50 x 46, 50 x 82 e 82 x 46, recomenda-se a escala de 1:1 e formato A3.

Esse tipo de peça, apesar de ser puramente acadêmica, ou seja, aparentemente sem aplicação prática real, deveria ser fabricada pelo processo de fundição em molde de areia.

Essa peça possui características dimensionais e geométricas, que obrigam alguns cálculos trigonométricos, mostrados adiante, para se determinar exatamente se existem coincidências de arestas, bem como as dimensões exatas.

Observa-se que o rasgo em ângulo só vai até a cota de 50, no plano horizontal.

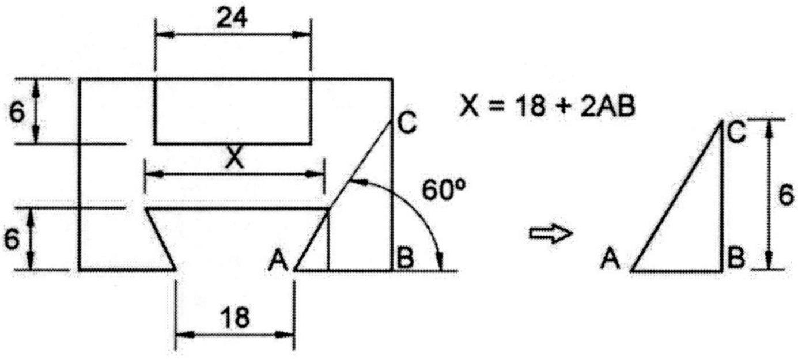

Cálculos trigonométricos necessários:

⇨ tg 60º = BC/AB

⇨ AB = BC/tg 60º

⇨ tg 60º = +1,7321; AB = 6/1,7321

AB = 3,464. Portanto: X = 24,928.

Observa-se que X = 24,928 é maior do que 24. Isso significa que, na vista superior tem que haver uma pequena diferença entre as projeções das arestas, tanto do rasgo, quanto do rebaixo.

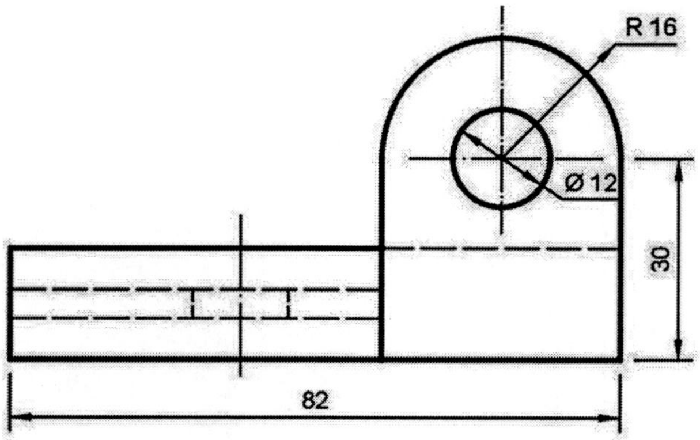

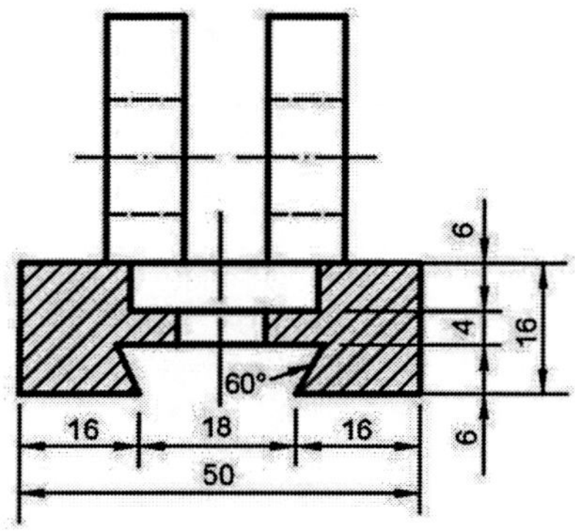

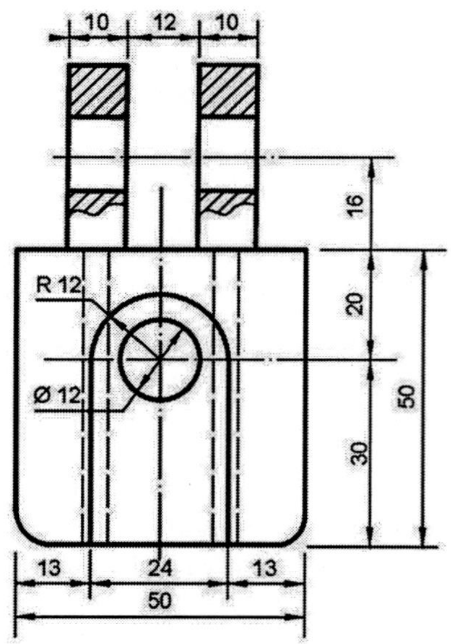

Essa é uma peça que exige um estudo prévio da cotagem, pois apesar de pequena, a peça tem detalhes e particularidades que exigem a colocação das cotas certas em cada vista.

Observa-se que a vista de frente foi mostrada com uma seção transversal, para deixar nítido o detalhe do rasgo na parte inferior, segundo um ângulo de 60º, bem como para permitir uma cotagem mais nítida.

Na vista superior também foi feito um corte parcial, para mostrar os furos diâmetro 12 mm, bem como para reduzir o número de arestas não visíveis.

Observa-se que o rasgo em ângulo só vai até a cota de 50, no plano horizontal.

9.3.3: Dada a perspectiva isométrica a seguir, desenhar as vistas ortográficas mínimas necessárias, determinando a vista de frente, a escala recomendada e o formato a ser utilizado.

A perspectiva isométrica está em meio corte, para mostrar detalhes internos.
Como vista de frente foi escolhida a face de maiores dimensões.

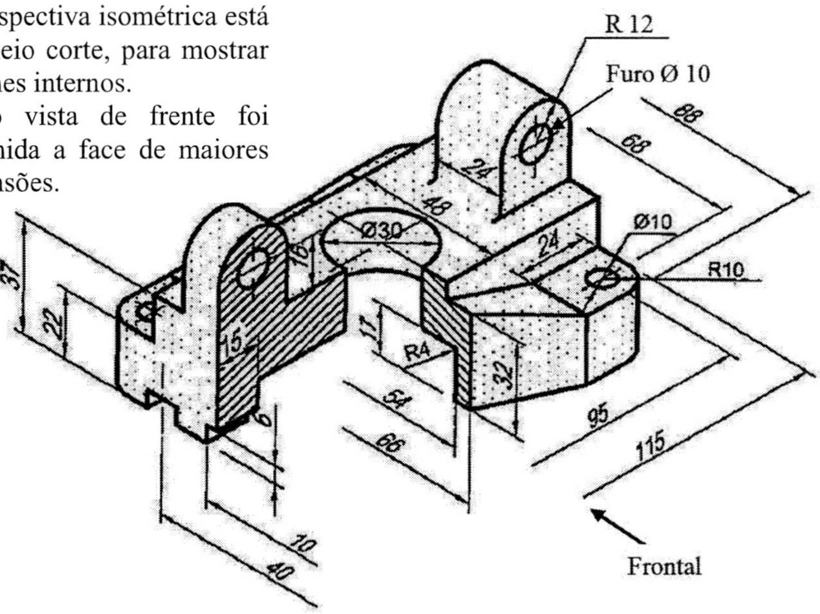

Várias cotas estão interrompidas, para não atrapalhar a compreensão da peça

Essa peça é fabricada pelo processo de fundição em molde de areia.

Trata-se de uma peça complexa, com muitos detalhes internos e características geométricas que exigem três vistas ortográficas, para ser bem representada.

Devido dimensões e número de vistas necessárias, será utilizada a escala de 1:1 e o formato A3.

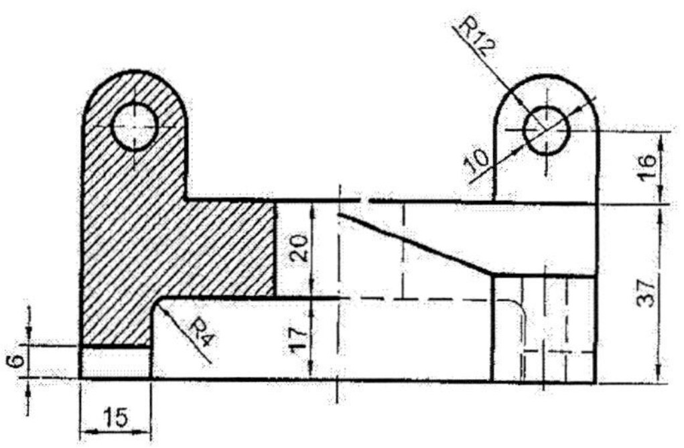

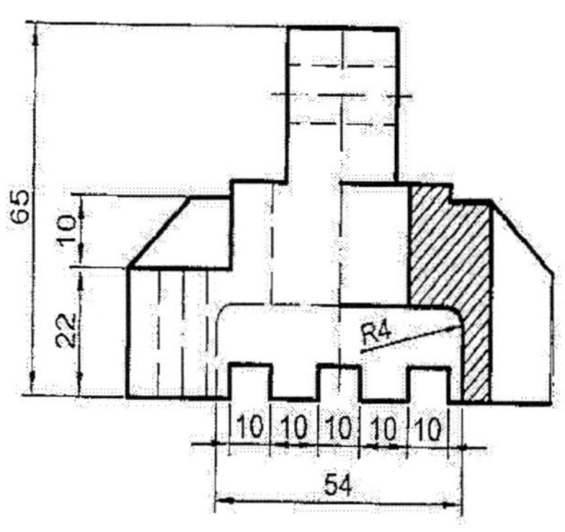

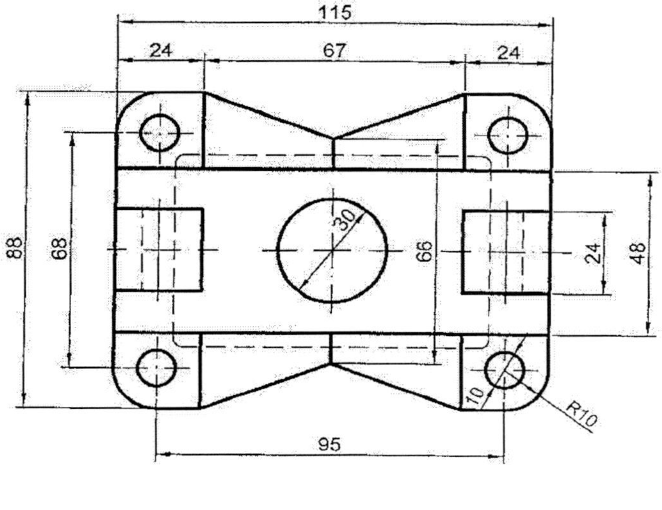

Devido particularidades, foram feitos cortes e seções, que permitem uma melhor cotagem e compreensão.
Essa é um tipo de peça que, devido sua complexidade geométrica, deve ser apresentada também com a sua perspectiva, já que o tridimensional permite uma visão direta sem erros de interpretação.
Com programas 3D, cada vez mais sofisticados, e muitos recursos de rotação da imagem, fica mais fácil o desenho tridimensional, comparativamente ao passado, quando tudo era desenhado com instrumentos e em pranchetas.

9.4 Peças com aplicações de vistas auxiliares

9.4.1: Dada a peça a seguir, representada em perspectiva cavaleira a 30º, determinar e detalhar as vistas ortográficas mínimas necessárias. Observa-se que as medidas estão em polegadas* (unidade inglesa).

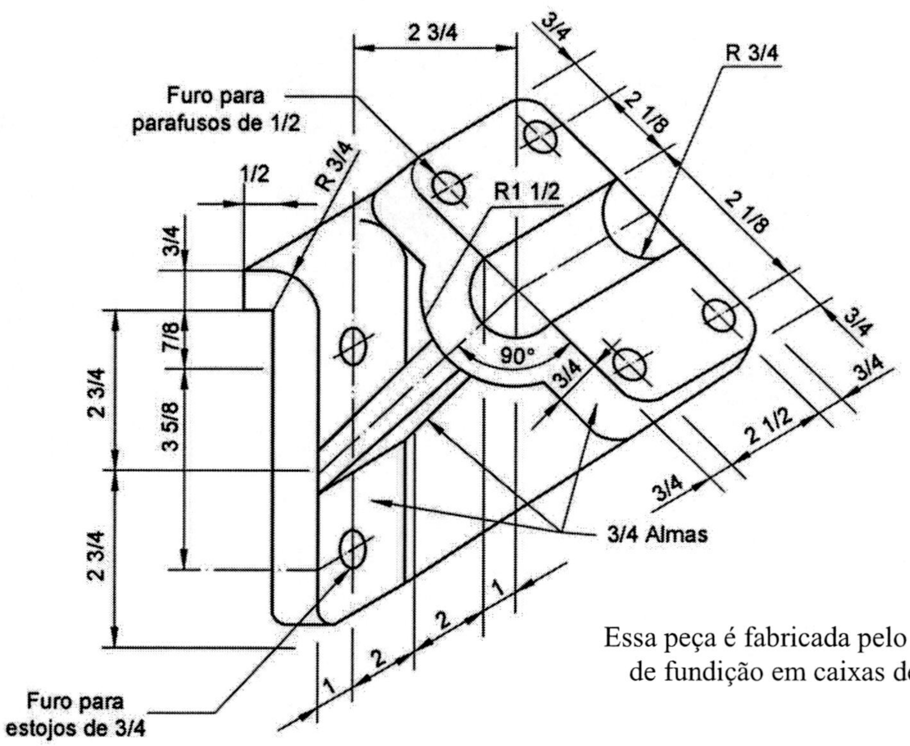

Essa peça é fabricada pelo processo de fundição em caixas de areia.

*Uma polegada ou *one inch*, é equivalente a 25,4 mm. A forma correta de indicar uma medida em polegada é utilizando aspas após o valor numérico, ou seja: 1", 2 3/4", 7/8", etc.
Observa-se que, em 2022, não era incomum o Brasil importar peças e máquinas produzidas nos EUA, recebendo desenhos técnicos, com a polegada e seus submúltiplos, como unidade de medida.
Sempre que existirem medidas em polegadas, para serem representadas em desenho técnico, recomenda-se primeiro fazer conversões para milímetros, que é a unidade de medida utilizada, nesse tipo de peça, no Brasil. Vejamos:
1/8" = 3,175 mm; 1/2" = 12,7 mm; 5/8" = 15,875 mm; 3/4" = 19,05 mm; 7/8" = 22,225 mm; 1" = 25,4 mm; 2" = 50,8 mm; 2 1/8" = 53,975 mm; 2 1/2" = 63,5 mm; 2 3/4" = 69,85 mm e 3 5/8" = 92,075 mm.
A maneira prática de converter é passando a forma de fração para a forma decimal e, então multiplica-se por 25,4 para obter-se o equivalente em milímetros. Por exemplo: 2 3/4" = 2,75" (pois: 3/4 = 0,75). 2,75" x 25,4 = 69,85 mm.
Outra observação importante é quanto à soma de unidades em polegadas, quando ocorrem soma de frações. Por exemplo: 3/4" + 2 1/8" + 2 1/8" + 3/4" => 6/8" + 2 1/8" + 2 1/8" + 6/8" = 4 2/8" + 12/8" => 4 14/8", que é igual a 4" + 1" (8/8" = 1") + 6/8", pois 14/8" = 8/8" + 6/8".
4" + 1" + 6/8" = 5" + 6/8" = 5 3/4". Convertendo para mm: 5 3/4" = 5,75" = 146,05 mm.

Nas vistas ortográficas, as cotas serão indicadas em polegadas, porém o desenho será feito em milímetro. Devido medidas em milímetros com décimos, centésimos e milésimos, são feitas aproximações, para mais ou para menos, de forma que não alterem de maneira perceptível as imagens. Por exemplo: 3,175 mm será desenhado com 3 mm; 53,975 mm ficará com 54 mm, e assim por diante. Outra observação importante é quanto à conversão de polegada para milímetro, para evitar erros acumulados, recomenda-se efetuar a divisão fracionária de polegada, obtendo-se um número decimal e, só então se multiplica por 25,4 mm. Por exemplo: 7/8" = 0,875", que em mm fica: 0,875 x 25,4 mm = 22,225 mm.

Raciocínio lógico espacial matemático, para definição da quantidade e tipos de vistas ortográficas necessárias, bem como da escala e formato de folha a serem utilizadas:

1) Como a peça tem uma face inclinada com quatro furos e um rasgo em meia cana, será necessária uma vista auxiliar, dessa face inclinada.
2) A vista de frente será no sentido da perspectiva, ou seja, a 30º, como mostra a seta mais grossa, na perspectiva.
3) Devido particularidades da peça, serão necessárias três vistas ortográficas: de frente em corte, lateral esquerda e a vista auxiliar da face inclinada.
4) Para definição da escala e do formato de folha a serem utilizadas, faz-se um esboço das dimensões máximas, de cada vista. Isso é chamado de "projeto das vistas ortográficas". No caso dessa peça tem-se as seguintes dimensões máximas, aproximadas, para as três vistas previstas, inclusive considerando as distâncias entre as vistas, para permitir uma boa cotagem.

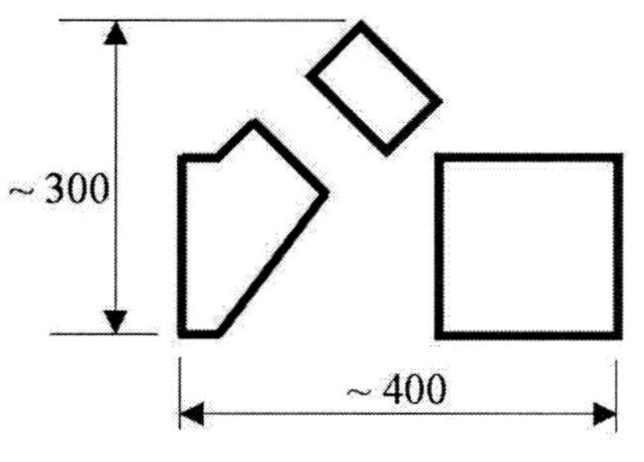

Estas dimensões máximas, aproximadas advém de cálculos aproximados de distâncias.

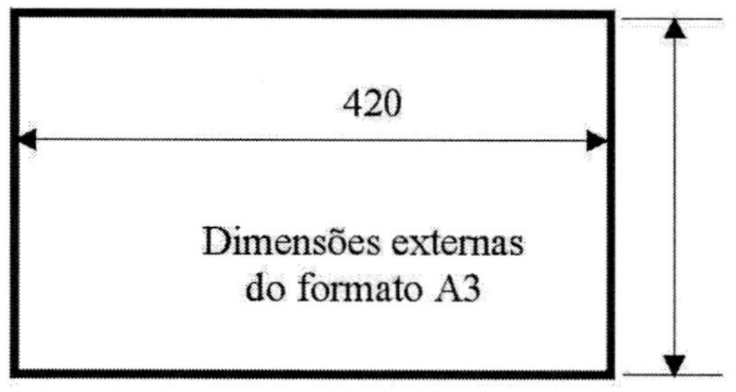

Comparando-se as dimensões do formato A3 com as dimensões das vistas, percebe-se que uma boa escala a ser usada, neste caso é a de 1:2.

Quando o desenho é feito no computador, a escala e o formato são definidos a posteriori, já que as imagens podem ser deslocadas, nos mais diversos sentidos. Ou seja, as vistas são desenhadas numa escala tal que não se tenha dificuldade de visão e entendimento e depois enquadra-se no formato mais adequado. Mais uma vez, lembra-se que os desenhos têm que ter originais em papel vegetal ou sépia, de forma que cópias sejam feitas, tanto para o manuseio durante a fabricação, quanto para eventuais consultas. É normal cópias em papel, durante o manuseio da fabricação, ficarem sujas. No Word, também é possível esse deslocamento.

Observa-se que, em 2022, com todo o avanço tecnológico de fabricação, inclusive com uso de robôs, ainda era normal fábricas não estarem 100% adaptadas às mais modernas tecnologias digitais e de fabricação.

Uma vez a peça entendida, a escala definida, bem como o formato a ser usado, inicia-se o desenho das vistas, fazendo-se as projeções entre vistas, como a seguir. Para esse tipo de peça, recomenda-se fazer um rascunho ou *croquis* das vistas ortográficas, bem como do projeto de cotagem, antes de se iniciar o desenho, principalmente quando feito em papel.

Como pode ser visto na perspectiva, mostrada no início desse parágrafo 9.4.1, essa peça é complexa, principalmente devido sua face inclinada. Essa característica obriga que, tanto a vista auxiliar, quanto a lateral esquerda, tenham representações de arestas encobertas, ou seja, linhas não visíveis mostradas, o que teoricamente não é recomendado.

Fica patente que essa peça, para uma perfeita compreensão, permitindo sua correta fabricação, além de suas vistas ortográficas, tem que ter a perspectiva desenhada e cotada, pois além de exigir mais atenção para ser entendida, não se deve correr o risco de errar e, portanto fazer a peça de forma não correta.

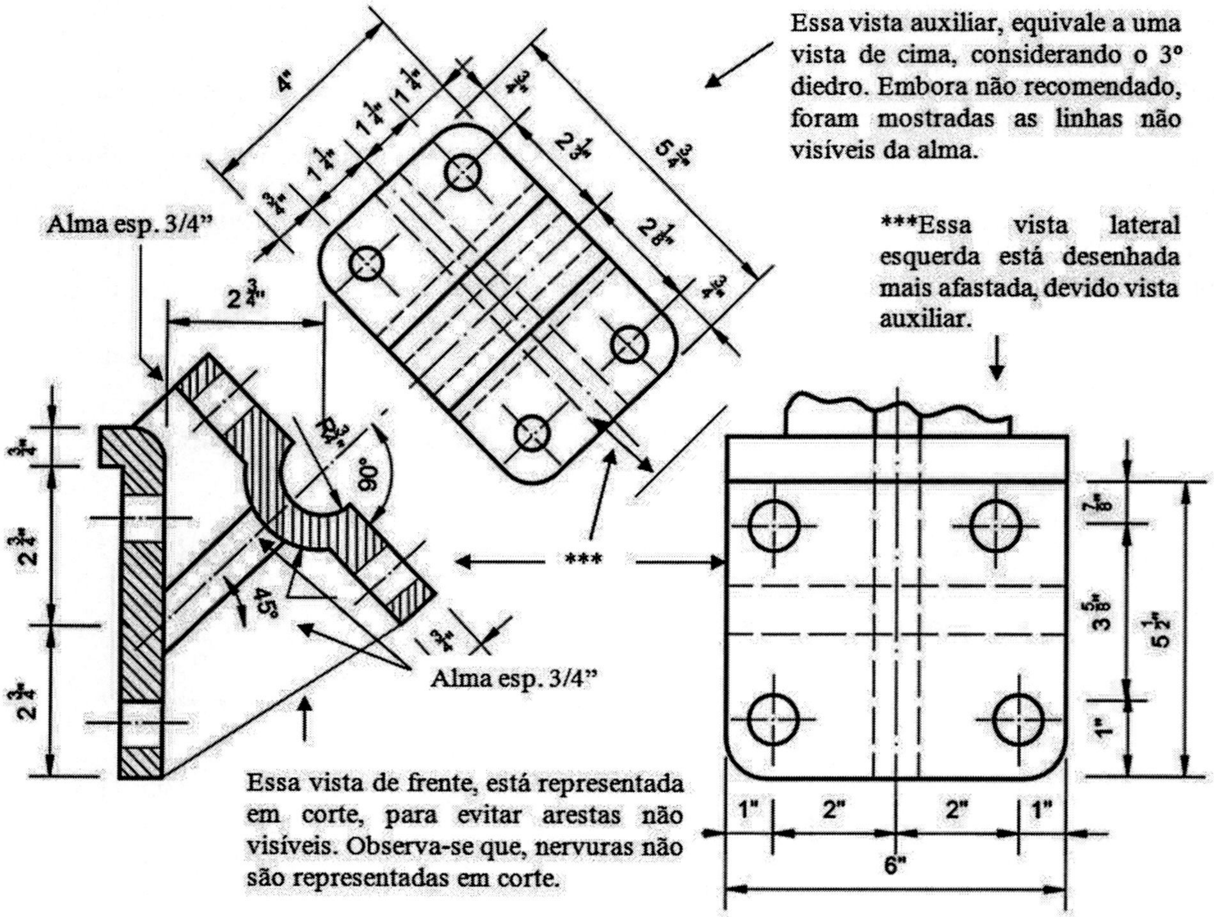

9.4.2: Dada a peça a seguir, representada em perspectiva isométrica, determinar e detalhar as vistas ortográficas mínimas necessárias. Observa-se que as medidas estão em milímetros

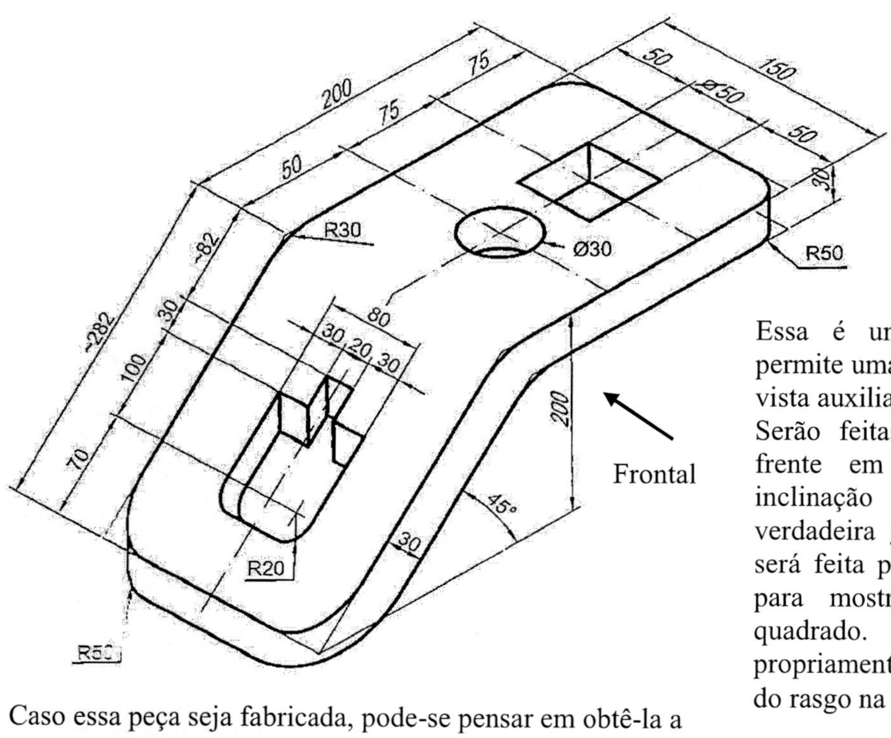

Caso essa peça seja fabricada, pode-se pensar em obtê-la a partir de uma chapa plana, usinada e dobrada.

Essa é uma peça acadêmica, que permite uma boa prática do conceito de vista auxiliar e sua cotagem.
Serão feitas três vistas, sendo a de frente em sua totalidade, com a inclinação de 45° representada em verdadeira grandeza. A vista superior será feita parcialmente (com ruptura), para mostrar os furos redondo e quadrado. A vista auxiliar, propriamente dita, mostrará o detalhe do rasgo na parte inclinada.

Projeto gráfico das vistas, para definir escala e formato.

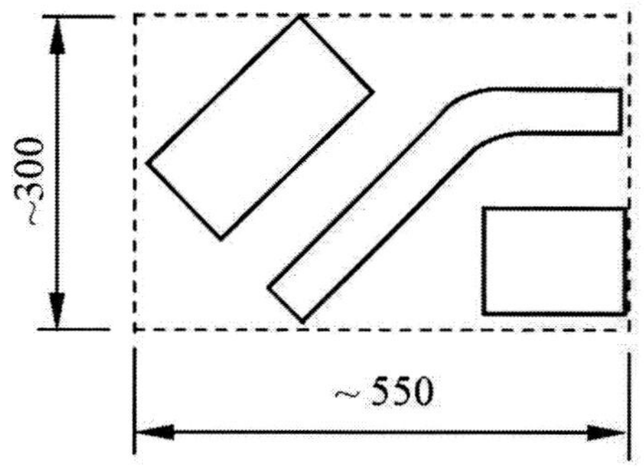

Essa são as vistas previstas e as dimensões aproximadas da área necessária, para desenho e cotagem.

Será usada a escala de 1:2,5, no formato A3.

Como a parte inclinada está a 45°, as hachuras dos cortes parciais estão desenhadas na horizontal. Se colocadas a 90°, na parte horizontal ficarão paralelas à projeção dos furos, podendo causar má interpretação.

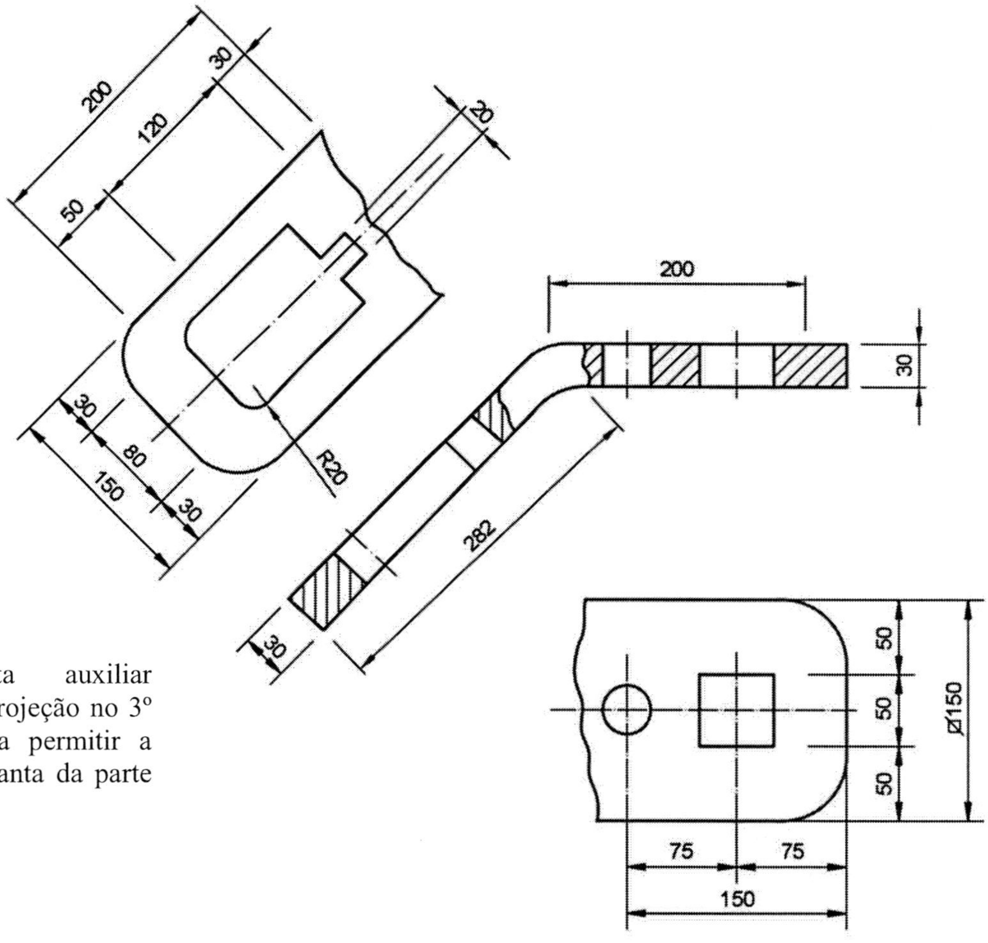

Esta vista auxiliar considera projeção no 3° diedro, para permitir a vista em planta da parte horizontal.

9.5 Exemplos de detalhes específicos de Desenho Técnico Projetivo básico, utilizados em projetos de Engenharia

Na prática da Arquitetura, Desenho Industrial e Engenharias, existem os mais diversos tipos de desenhos técnicos aplicados como: planta, desenho de conjunto, desenho de peças, etc. Em cada tipo de Desenho Técnico Projetivo aplicado, de qualquer área, existem detalhes de peças e partes, desenhadas tais e quais visto ao longo desse livro.

Nesse parágrafo são mostrados dois exemplos de detalhes de desenhos técnicos aplicados, envolvendo várias especialidades. O primeiro exemplo mostra, como a partir de um suporte de tubulação industrial, apoiado numa parede de concreto, são desenvolvidos vários desenhos básicos, o segundo exemplo, mostra um detalhe de um bocal em um vaso de pressão, com desenhos básicos da área da Engenharia Mecânica, chamada de caldeiraria.

9.5.1 Desenhos de detalhes de um suporte de tubulação industrial, apoiado numa parede de concreto

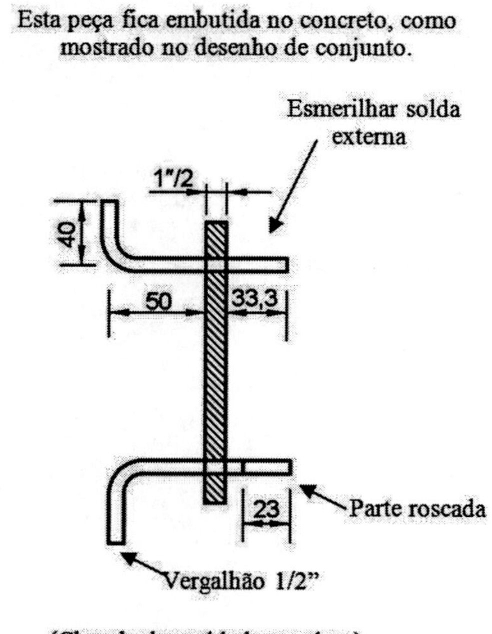

(Chumbador soldado na placa)

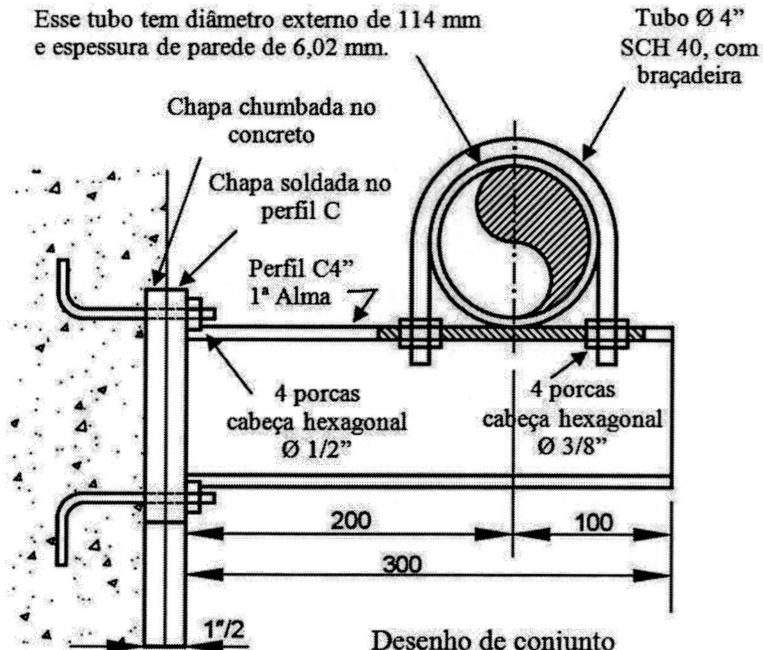

Desenho de conjunto
(escala: 1:2,5)

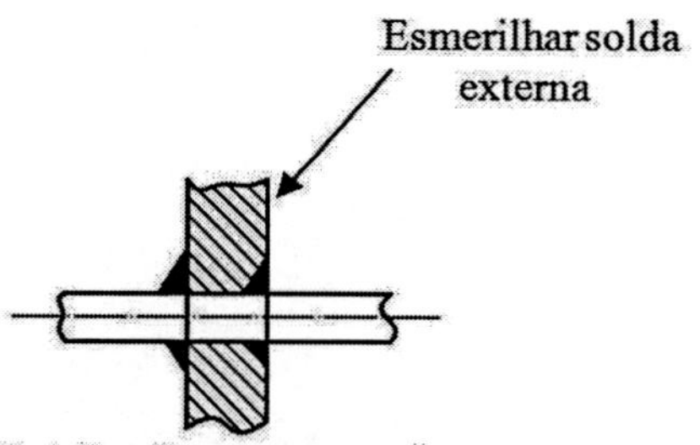

Detalhe da passagem do chumbador na placa

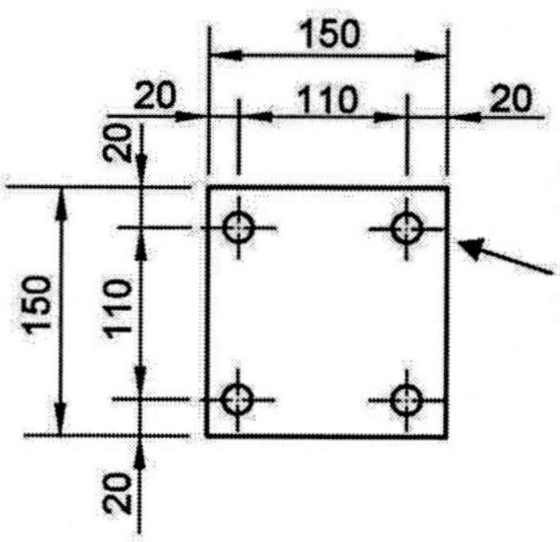

Detalhe da chapa, onde são soldados os chumbadores

O furo na chapa quadrada é de 5/8", por onde passa o vergalhão de 1/2".
Chapa quadrada de lado 150 e espessura 1/2".

Detalhe da chapa onde o perfil é soldado

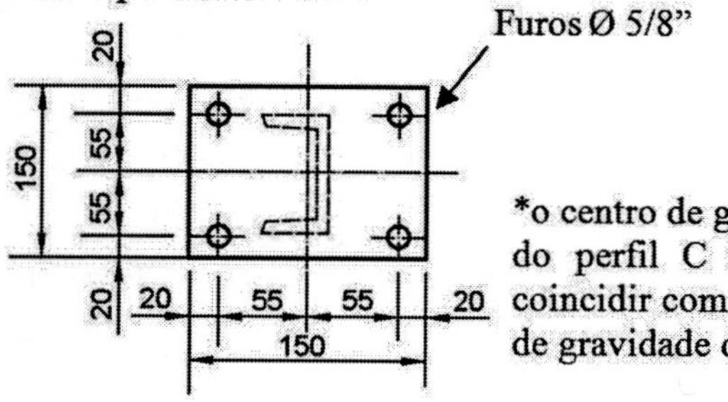

*o centro de gravidade do perfil C tem que coincidir com o centro de gravidade da chapa

Detalhe do perfil C

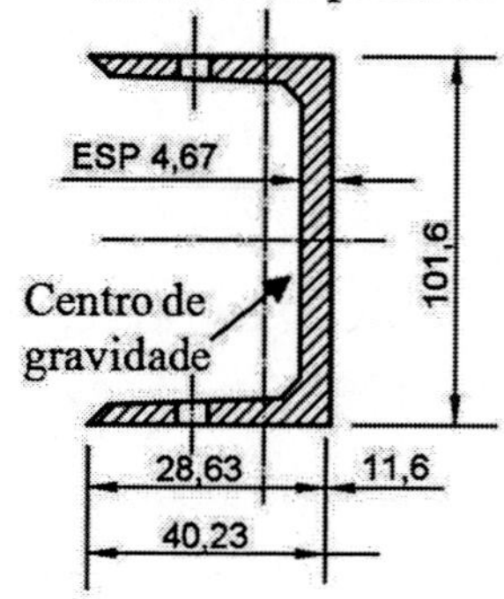

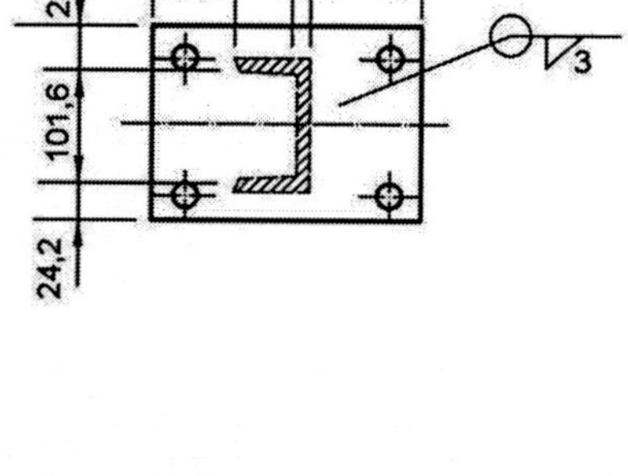

É assim que tem que soldar o perfil C na chapa

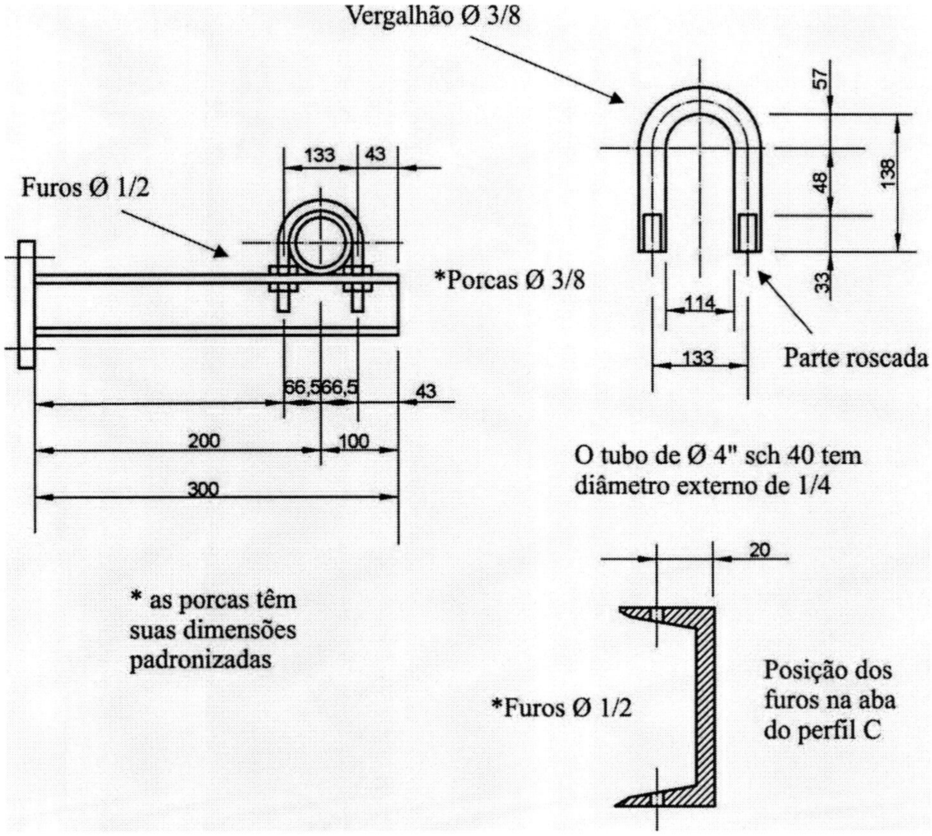

9.5.2 Desenho dos detalhes de um bocal de um vaso de pressão

Vaso de pressão é um equipamento cilíndrico fechado com tampos abaulados, em geral tipo toroesférico, com várias entradas e saídas, chamadas bocais. O fluido armazenado ou processado é mantido sob pressão. Os bocais são constituídos por um trecho reto de tubo, com um flange soldado na ponta. Também costumam ter um bocal de maior diâmetro, chamado boca de visita, que permite a entrada de pessoas, para trabalhos de inspeção e manutenção. O desenho abaixo representa um vaso de pressão cilíndrico horizontal, muito comum em indústrias químicas, petroquímicas e petrolíferas. À direita é mostrado o detalhe dimensional do bocal.

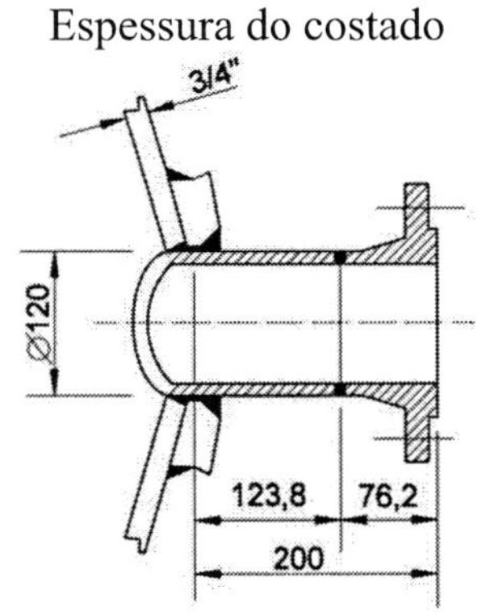

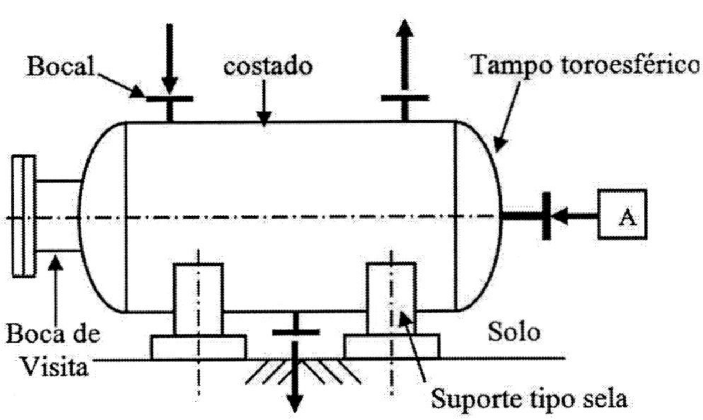

*O detalhamento das soldas, exige todo um projeto específico, normalmente, feito por um engenheiro mecânico, sendo feito um desenho para cada solda, com todas as características dimensionais e metalúrgicas.

O desenho à direita e acima detalha o bocal A, que é de diâmetro nominal 4", schedule 40, classe pressão 150 #, com flange de pescoço, com face de ressalto. Detalhes e dimensões desse tipo de flange, foram mostrados na peça do exemplo 9.1.1.

9.6 Peças propostas como exercícios

Nesse parágrafo são representadas peças apenas com suas perspectivas, de forma que alunos e professores possam determinar e desenhar as suas vistas ortográficas mínimas necessárias, seguindo todas as normas e recomendações. Observa-se que a primeira peça tem medidas em polegadas e as demais em milímetros.

9.6.1) Medidas em polegadas.

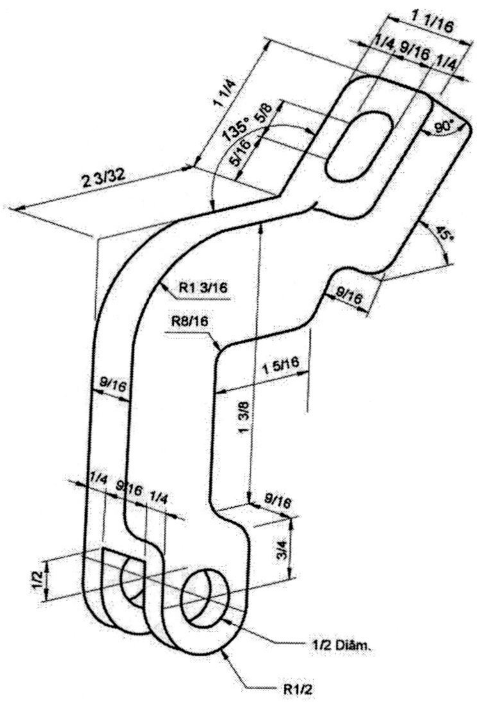

9.6.2)

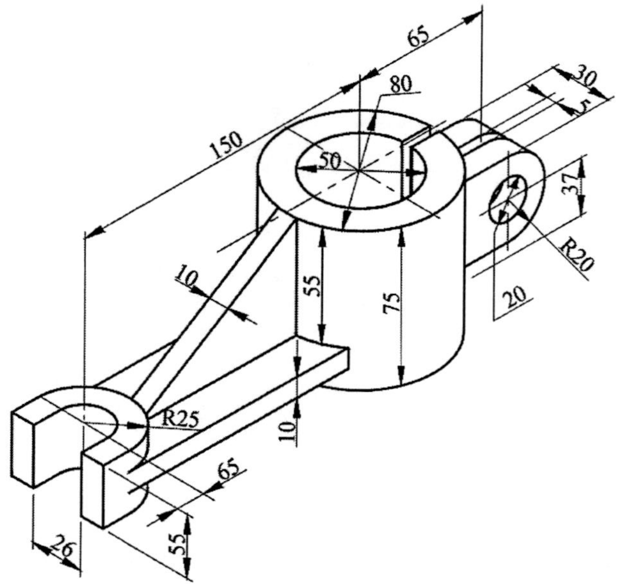

9.6.3)

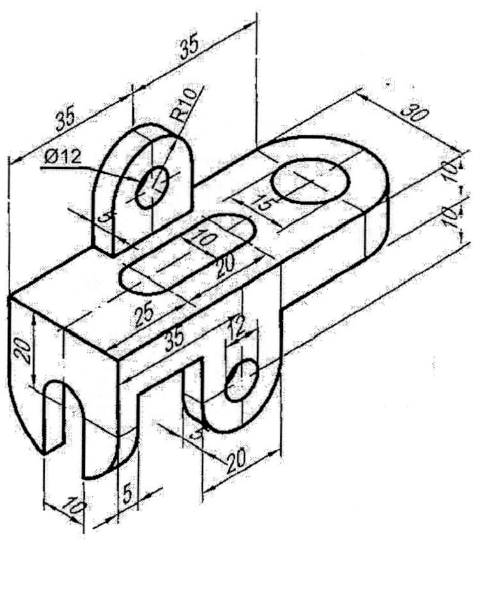

Referências

ABRANTES, José. A **Geometria Descritiva como base conceitual e introdutória ao Desenho Técnico Projetivo**. Rio de Janeiro: Ciência Moderna, 2022.

ABRANTES, José e FILGUEIRAS FILHO, Carleones Amarante. Desenho Técnico Básico. Teoria e Prática. Rio de Janeiro: LTC, 2018.

ABRANTES, José e GRANADO, René Mendes. **Projeto e Engenharia de Produtos.** O *design*, a fabricação de produtos industriais e seus impactos socioambientais. Rio de Janeiro: Ciência Moderna, 2020.

BARETA, Deives Roberto e WEBBER, Jaine. **Fundamentos de Desenho Técnico Mecânico**. Caxias do Sul, RGS: EDUCS, 2010.

CRUZ, Michele David da. **Projeções e Perspectivas para Desenhos Técnicos**. São Paulo: Érica, 2014.

ESTEPHANIO, Carlos. **Desenho Técnico: uma linguagem básica**. 4. ed. Reimp. Rio de Janeiro: C. Estephanio, 1999.

FRENCH, Thomas E. e VIERCK, Charles J. 9. reimp. **Desenho Técnico e Tecnologia Gráfica**. Globo: São Paulo, 2014.

HOELSCHER, Randolph P, SPRINGER, Cliford H e DOBROVOLNY, Jerry S. **Expressão Gráfica. Desenho Técnico**. Tradução de Raul dos Santos Rodrigues. Livros Técnicos e Científicos, Rio de Janeiro, 1978.

LEAKE, James M. e BORGERSON, L. Jacob. **Manual de Desenho Técnico para Engenharia**. Desenho, modelagem e visualização. Tradução Ronaldo Sérgio de Biasi. 2.ed. Rio de Janeiro: LTC, 2015.

MANFÉ, Giovanni, POZZA, Rino e SCARATO, Giovanni. **Desenho Técnico Mecânico**. Hemus: São Paulo, 2004.

MICELI, Maria Teresa e FERREIRA, Patrícia. 3.ed. **Desenho Técnico Básico**. Rio de Janeiro: Imperial Novo Milênio, 2008.

MONTEIRO, Nilson Bastos e BASTOS, Ronaldo Rodrigues. **Desenho Técnico Básico**. Vol. 1. Edição independente: Rio de Janeiro, 2016. (Registro número 1193, na Biblioteca Nacional).

PROVENZA, Francesco. **Desenhista de Máquinas – Pro-Tec**. 47. ed. São Paulo: Editora F.Provenza, 1976.

RABELLO, Paulo Sérgio Brunner. **Geometria Descritiva**: fundamentos e operações básicas. Rio de Janeiro: Ciência Moderna, 2021.

RIBEIRO, Antônio Clélio et al. **Curso de Desenho Técnico e AUTOCAD**. 1.ed. 2. reimp. São Paulo: Pearson Education do Brasil, 2014.

SILVA, Eurico de Oliveira e ALBIERO, Evando. **Desenho Técnico Fundamental**. 3. ed. São Paulo: E.P.U, 1977.

SILVA, Arlindo et al. **Desenho Técnico Moderno**. 4. ed. Reimp. Rio de Janeiro: LTC, 2010.

SPECK, Henderson José e PEIXOTO, Virgílio Vieira. 3. ed. **Manual Básico de Desenho Técnico**. Florianópolis, SC: Editora da UFSC, 2004.

Normas ABNT (Básicas, para Desenho Técnico Projetivo)

ASSOCIAÇÃO BRASILEIRA DE NORMAS TÉCNICAS. **NBR 6492: Representação de projetos de Arquitetura**. Rio de Janeiro,1994.

__________. **NBR 07191: Execução de desenhos para obras de concreto simples ou armado**, 1982.

__________. **NBR 8196: Desenho Técnico: emprego de escalas**. Rio de Janeiro, 2000.

__________. **NBR 8402: Execução de Caractere para escrita em Desenho Técnico**. Rio de Janeiro, 1994.

__________. **NBR 8403: Aplicação de Linhas em Desenho – Tipos de Linhas – Larguras de Linhas**. Rio de Janeiro, 1984.

__________. **NBR 10067: Princípios gerais de representação em desenho técnico - Procedimento**. Rio de Janeiro, 1995.

__________. **NBR 10068: Folha de desenho: leiaute e dimensões - Padronização**. Rio de Janeiro, 1987.

__________. **NBR 10126: Cotagem em Desenho Técnico - Procedimento**. Rio de Janeiro, 1998.

__________. **NBR 10582: Apresentação de folha para Desenho Técnico - Procedimento**. Rio de Janeiro, 1988.

__________. **NBR 10647: Desenho Técnico. (Terminologia)**. Rio de Janeiro, 1989.

__________. **NBR 12288: - Representação simplificada de furos de centro em Desenho Técnico – Procedimento**. Rio de Janeiro, 1992.

__________. **NBR 12298: Representação de área de corte por meio de hachuras em desenho técnico**. Rio de Janeiro, 1995.

__________. **NBR 13104: Representação de entalhado em Desenho Técnico – Procedimento**. Rio de Janeiro, 1994.

__________. **NBR 13142: Desenho Técnico: dobramento de cópias**. Rio de Janeiro, 2000.

__________. **NBR 13272: Elaboração das listas de itens**. Rio de Janeiro, 2000.

__________. **NBR 13273: Desenho Técnico. Referência a itens**. Rio de Janeiro, 1999.

Apêndice A

Soluções dos exercícios propostos

Capítulo 3: As projeções cilíndricas ortogonais ou vistas ortográficas, em três planos

Exercício 3.9.1) Dado o prisma reto de base hexagonal, a seguir, considerando o 3º diedro, desenhar as vistas ortográficas de frente, em planta e de perfil.

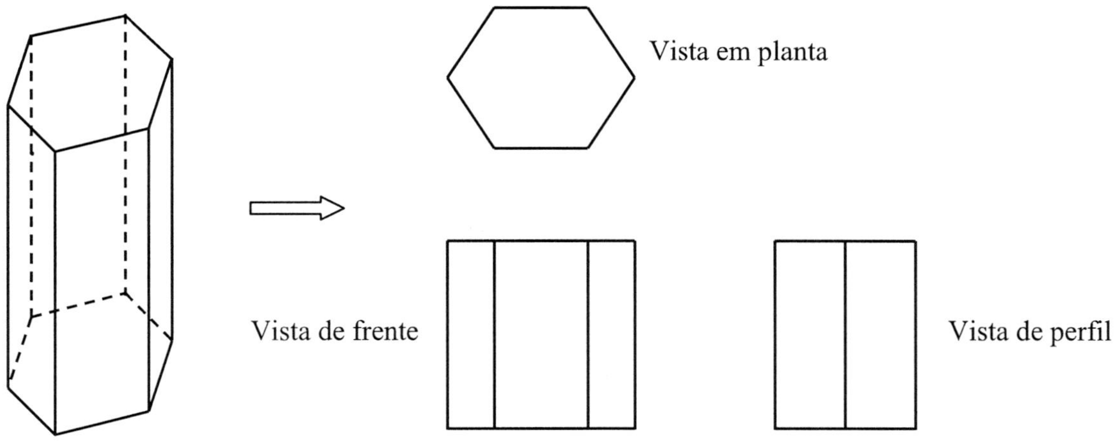

Prisma reto de base hexagonal

Exercício 3.9.2) Dadas as vistas ortográficas a seguir, pedem-se: a) Qual diedro está sendo considerado? b) Desenhar a imagem tridimensional ou visão espacial, do objeto em questão.

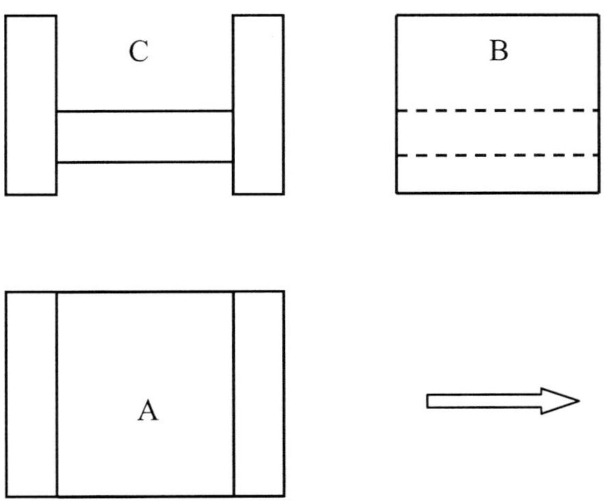

Essas vistas ortográficas estão consideradas no 1º diedro, onde C é a vista de frente, B é a de perfil e A é a vista em planta. A imagem tridimensional a seguir, pode ser interpretada como a de uma poltrona.

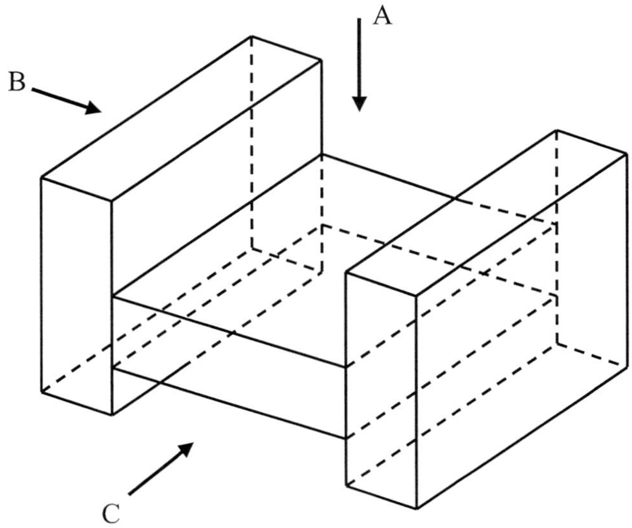

Exercício 3.9.3) Considerando as três projeções a seguir, desenhar a imagem tridimensional ou visão espacial do poliedro originário, indicando a face frontal.

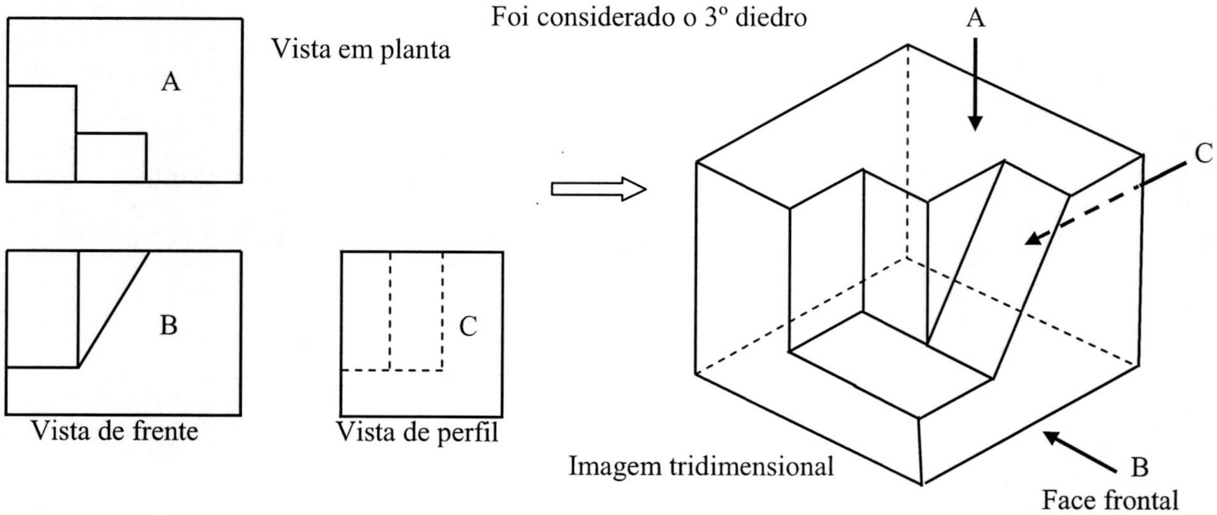

Exercício 3.9.4) Desenhar as três vistas ortográficas: de frente, em planta e de perfil, do objeto a seguir, considerando o 3° Diedro e a face frontal citada.

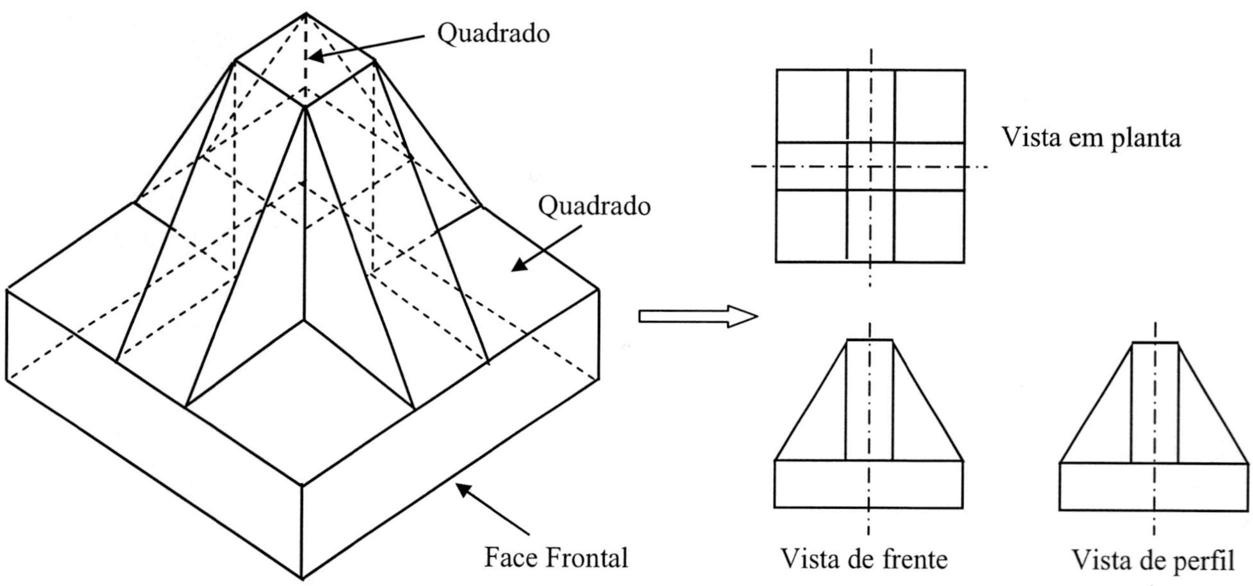

3.9.5) Dadas as duas projeções a seguir, representadas no 3° diedro, de um tronco de prisma reto de base hexagonal, desenhar a 3ª projeção.

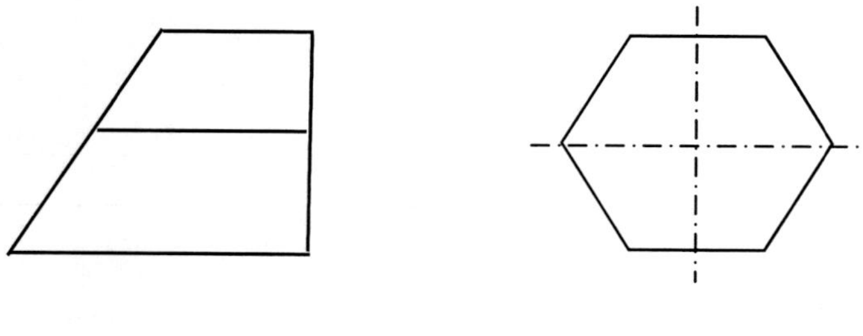

Raciocínio lógico espacial: devido posição das duas projeções, ou seja, projeção em π' ou vista de frente e projeção em π" ou vista de perfil, constata-se que falta a projeção em π ou vista em planta.

Para uma melhor compreensão de como surge a 3ª projeção, foram deixadas as notações típicas usadas na geometria descritiva.

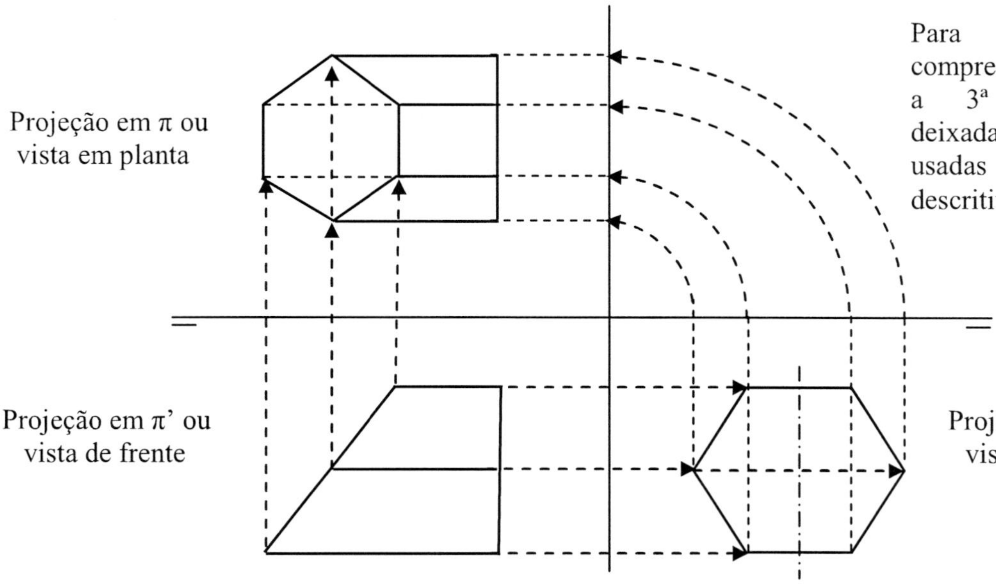

3.9.6) Dadas as projeções a seguir, representadas no 1° diedro, desenhar a sua visão tridimensional

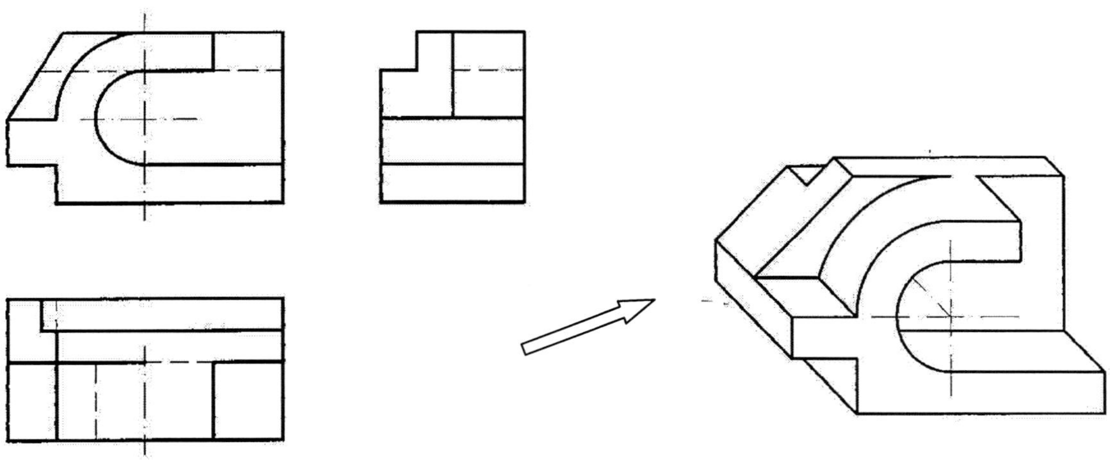

Capítulo 4: As projeções cilíndricas ortogonais em seis planos. As seis vistas ortográficas utilizadas nos desenhos técnicos projetivos

4.4.1) Representar as seis vistas ortográficas dos poliedros a seguir, considerando: a) O 1^0 diedro e B) O 3^0 diedro. Observe o posicionamento das vistas, conforme o diedro considerado.

4.4.1.1)

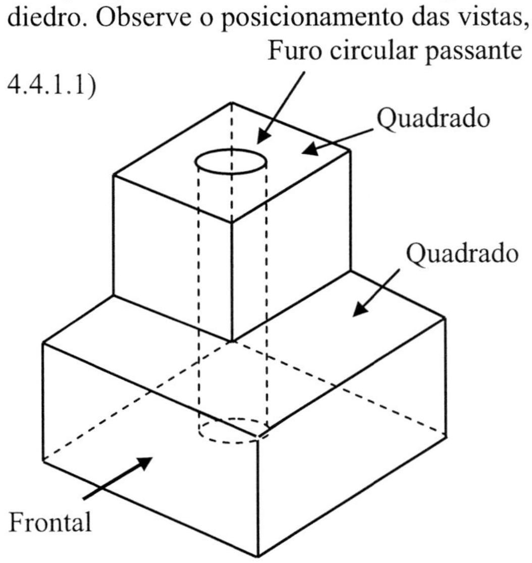

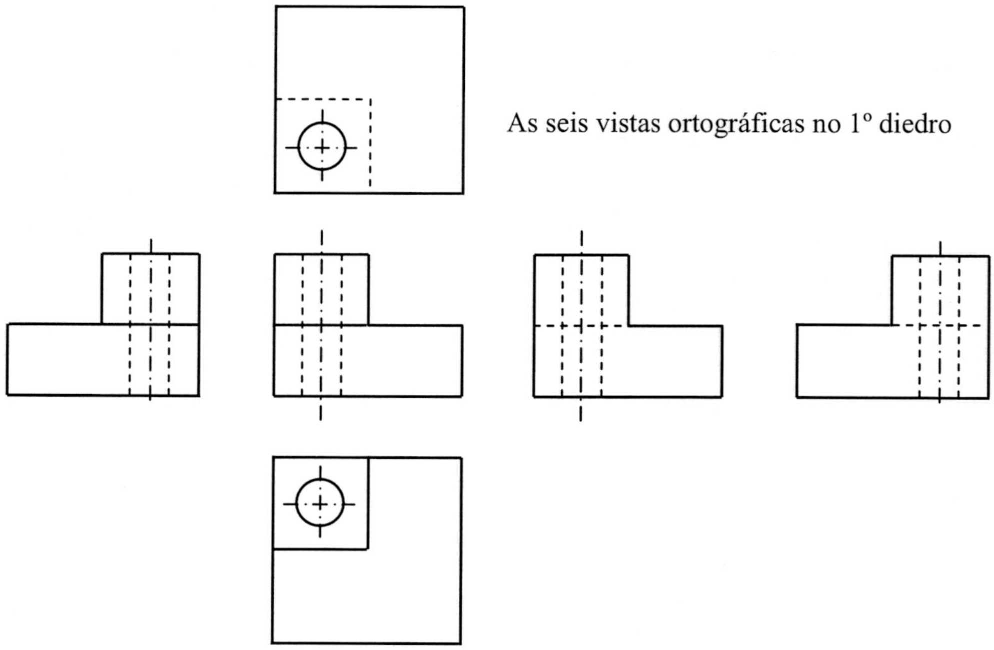

As seis vistas ortográficas no 1º diedro

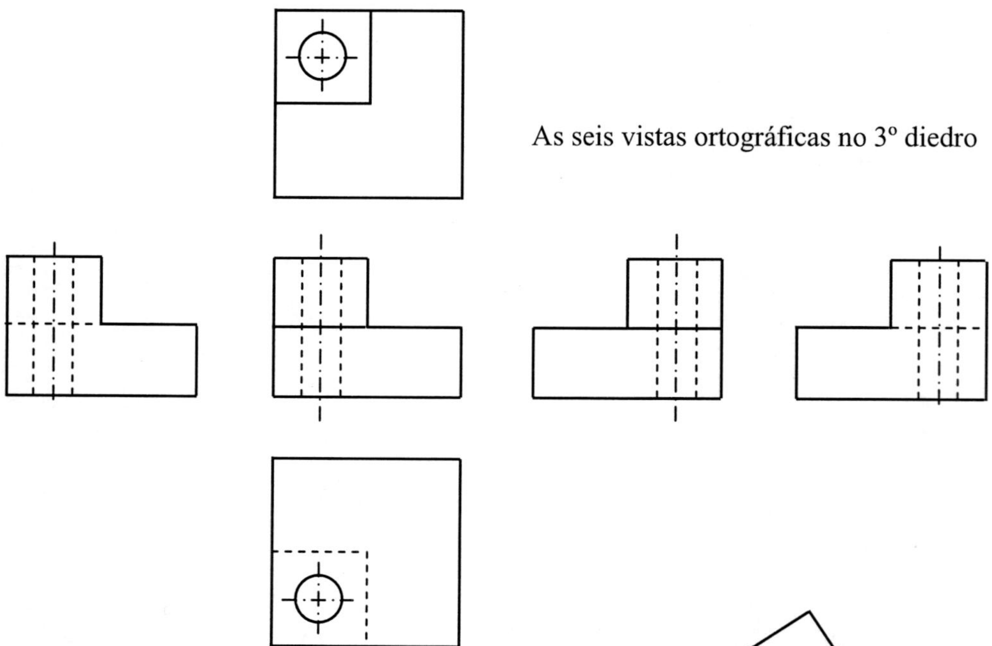

As seis vistas ortográficas no 3º diedro

4.4.1.2)

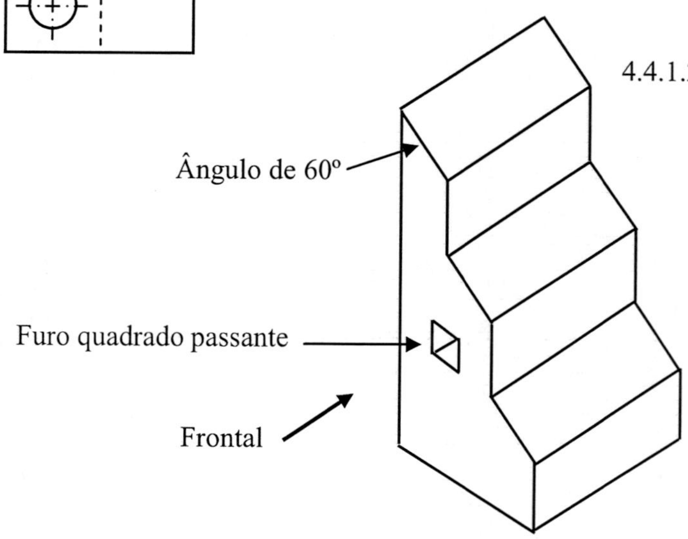

As seis vistas ortográficas no 1º diedro

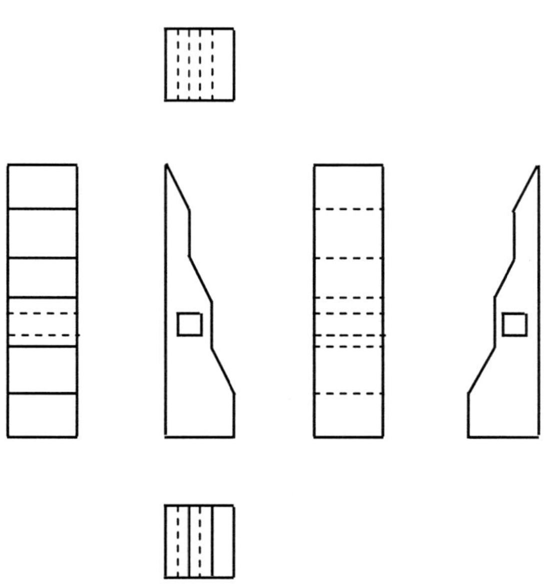

As seis vistas ortográficas no 3º diedro

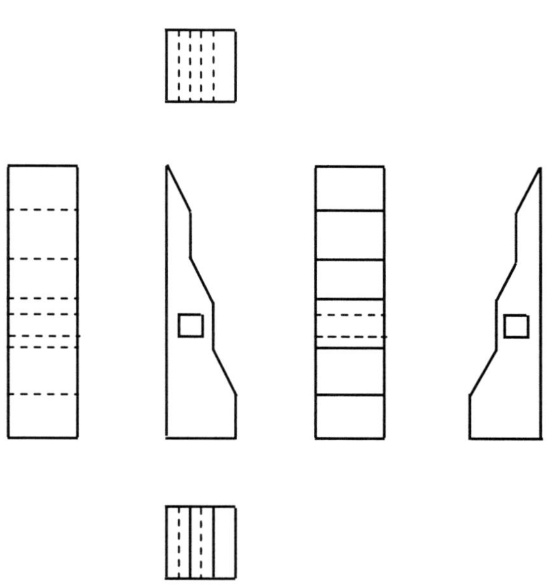

4.4.1.3)

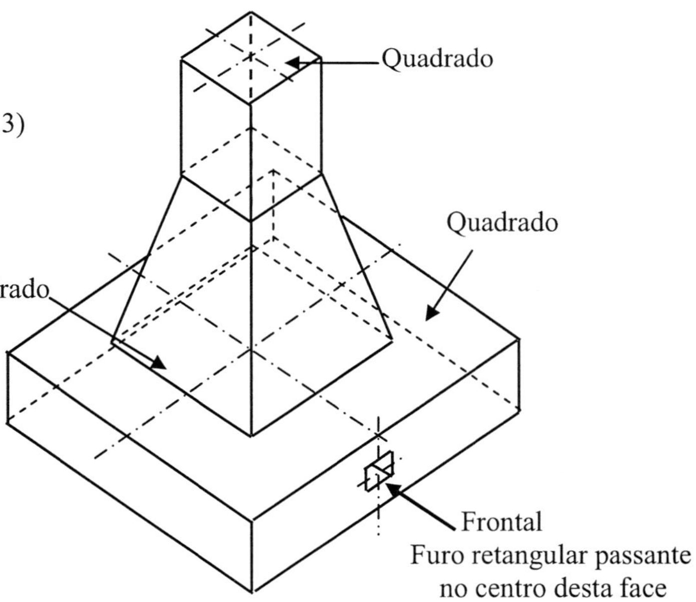

As seis vistas ortográficas no 1º diedro

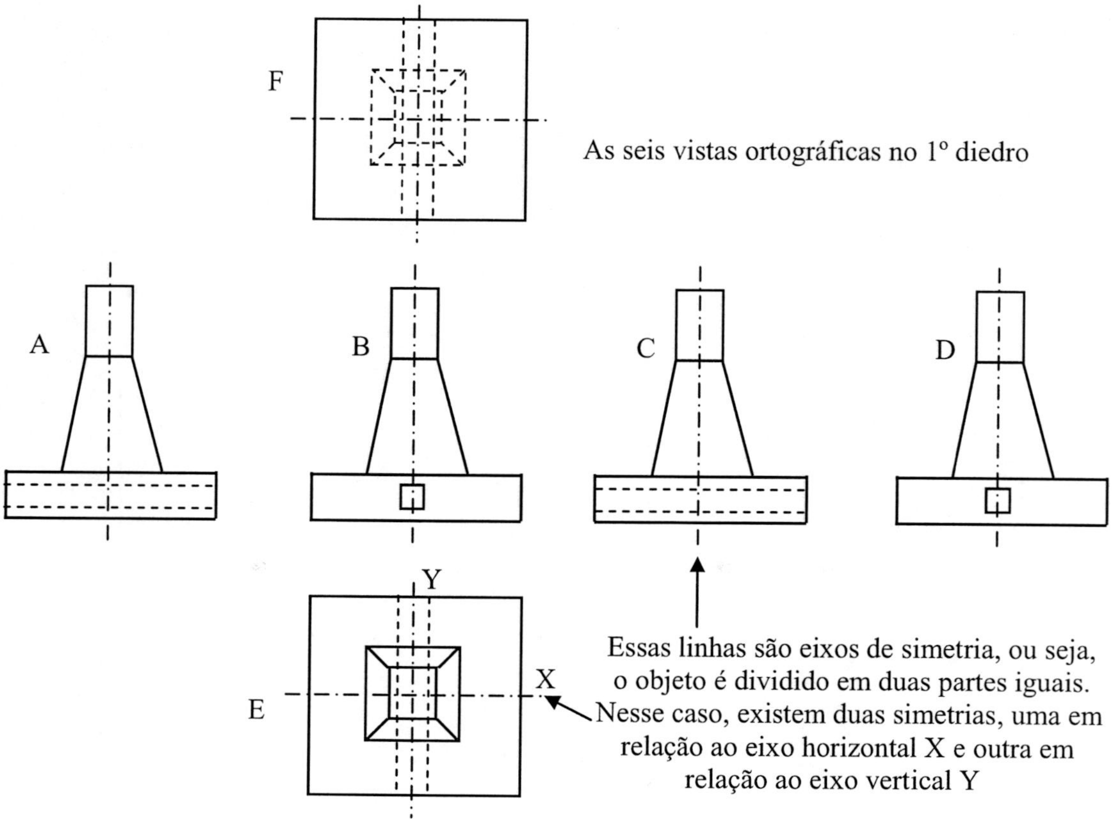

As seis vistas ortográficas no 3º diedro.

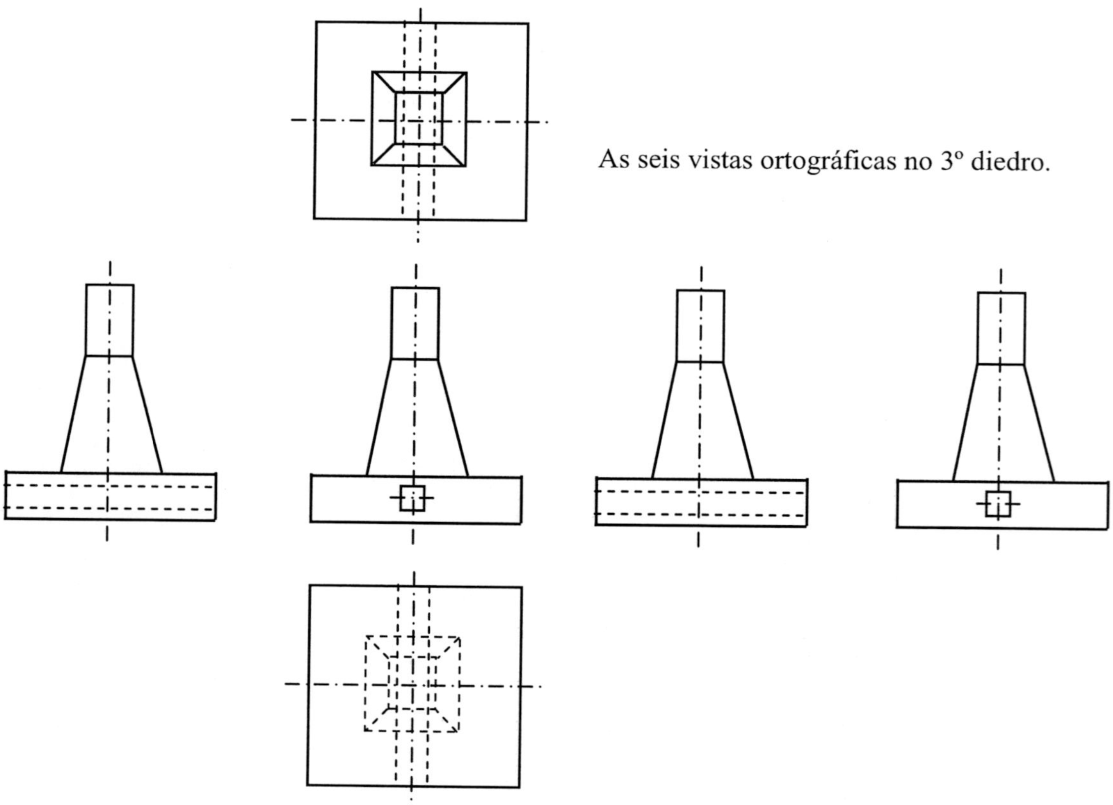

Embora seja possível a execução de seis vistas ortográficas, ou seja, o objeto pode ser visto de seis planos diferentes (conceito do hexaedro básico), na prática, por exemplo de peças da área da Engenharia Mecânica, na grande maioria dos casos, só são necessárias no máximo três vistas, constituindo-se perda de tempo,

executar mais vistas do que o necessário. No caso acima, observa-se que as A e C e as B e D, são rigorosamente iguais. Conclusão, nesse caso específico, bastariam apenas as vistas B e E, ou seja: as vistas de frente e a superior. A vista F ou vista de baixo, é totalmente desnecessária, pois não acrescenta nenhuma informação relevante, para a compreensão do objeto, no caso uma peça de uma máquina.
Conclusão: na prática, essa peça, seria representada por apenas as vistas B e E, ou seja: vista de frente e vista superior.

4.4.1.4)

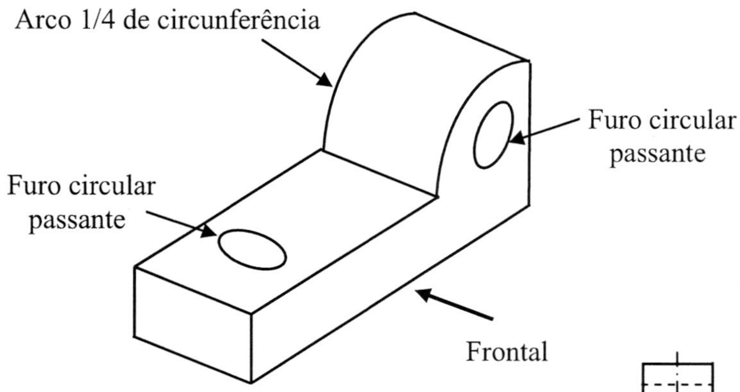

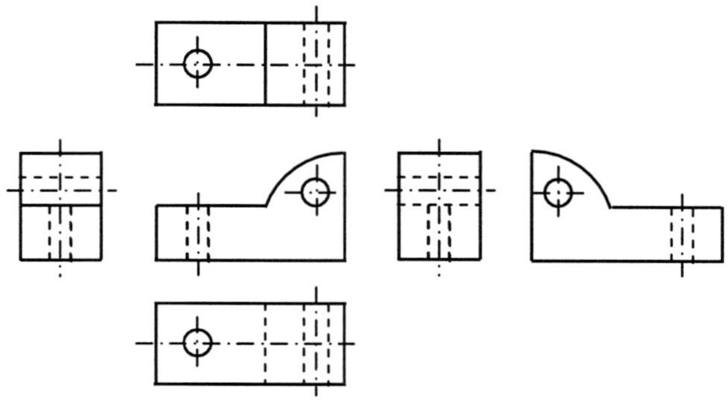

As seis vistas ortográficas no 3° diedro

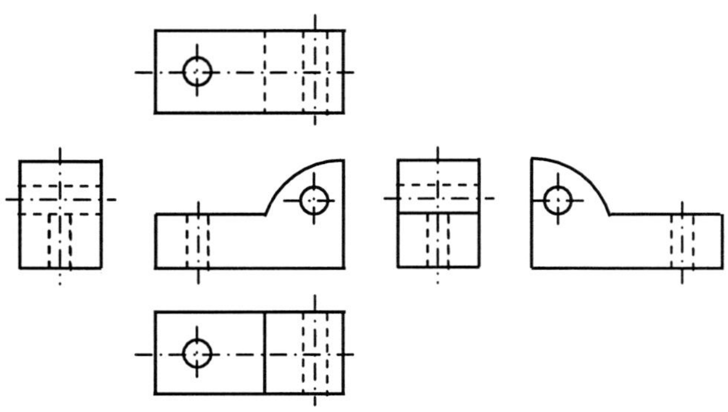

As seis vistas ortográficas no 1° diedro

4.4.1.5)

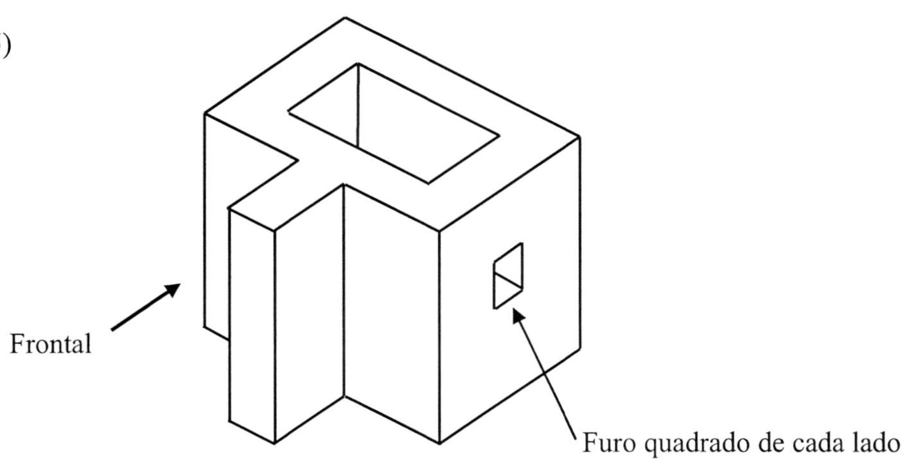

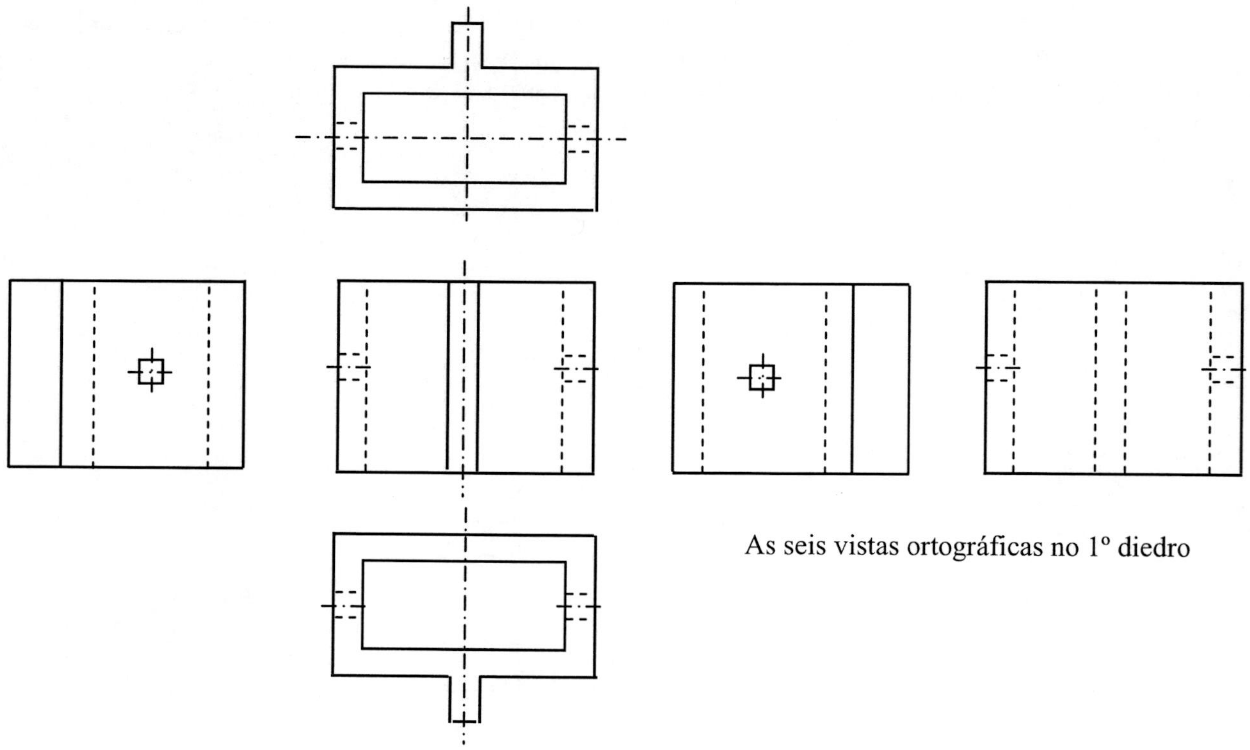

As seis vistas ortográficas no 1º diedro

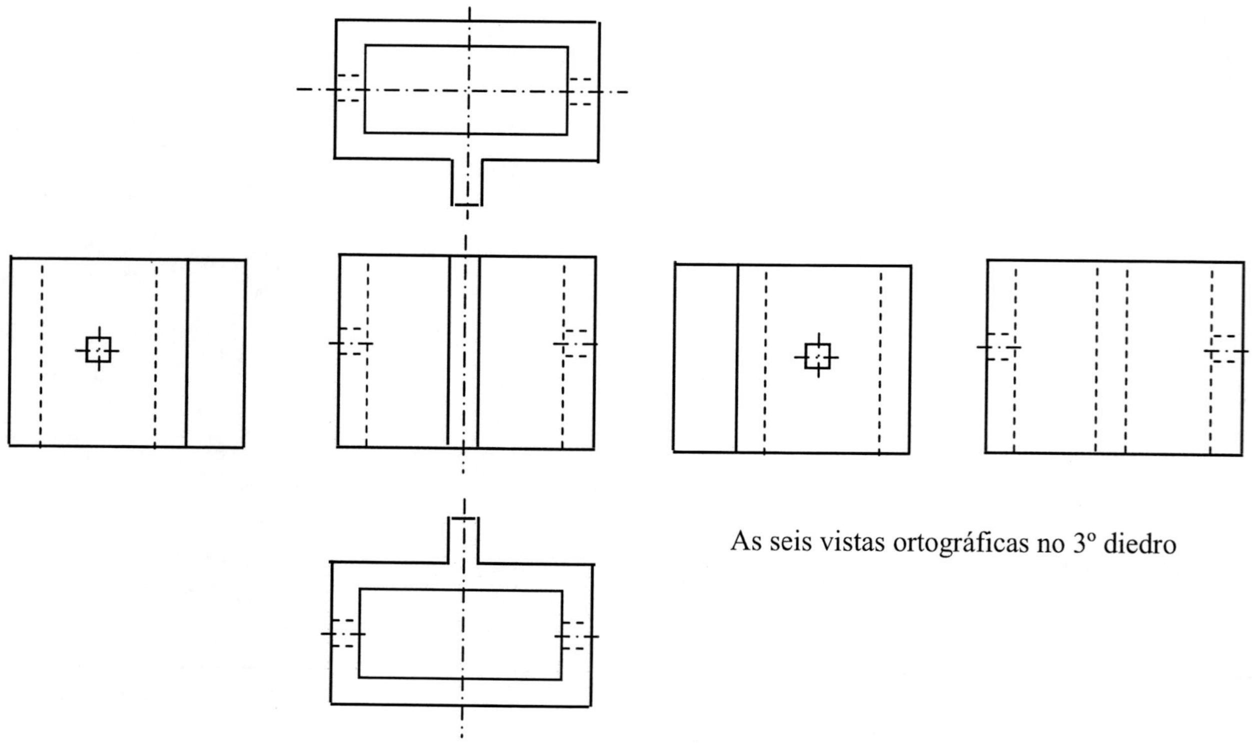

As seis vistas ortográficas no 3º diedro

Capítulo 5: Perspectivas: o desenho técnico tridimensional

5.10.1) Mostrar em perspectiva, as peças representadas a seguir por suas vistas ortográficas.

5.10.1.1)

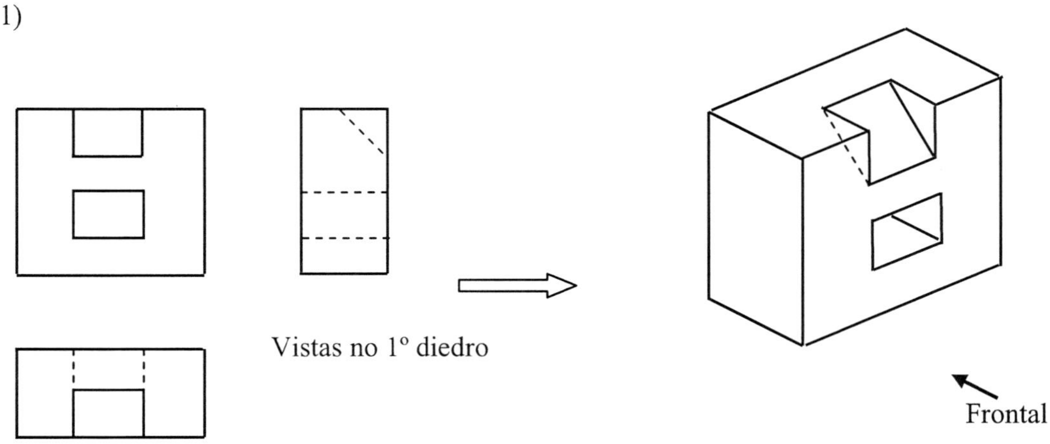

5.10.1.2)

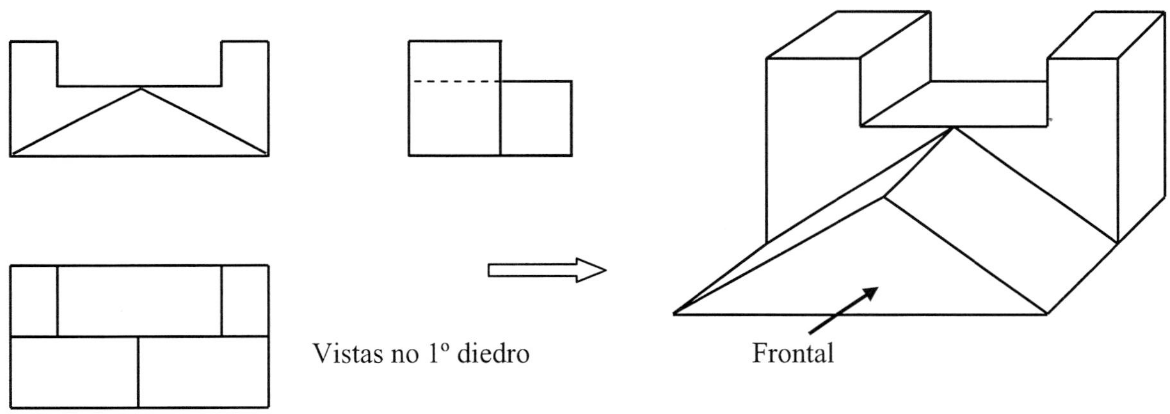

5.10.1.3)

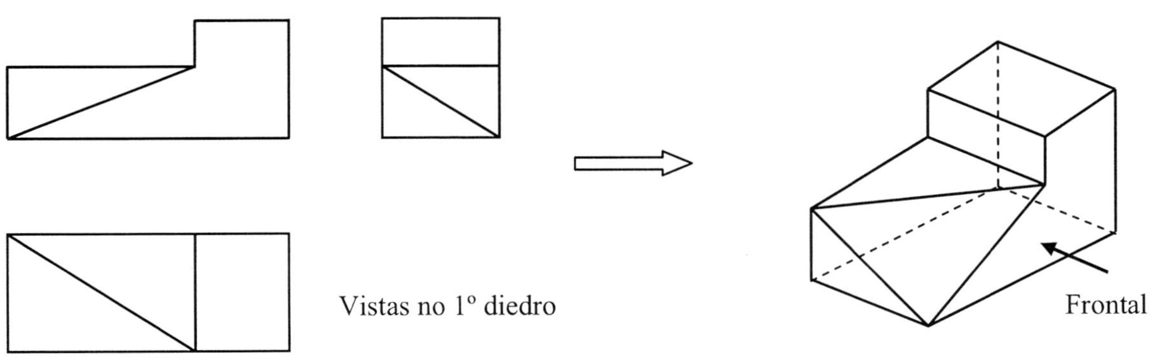

5.10.1.4)

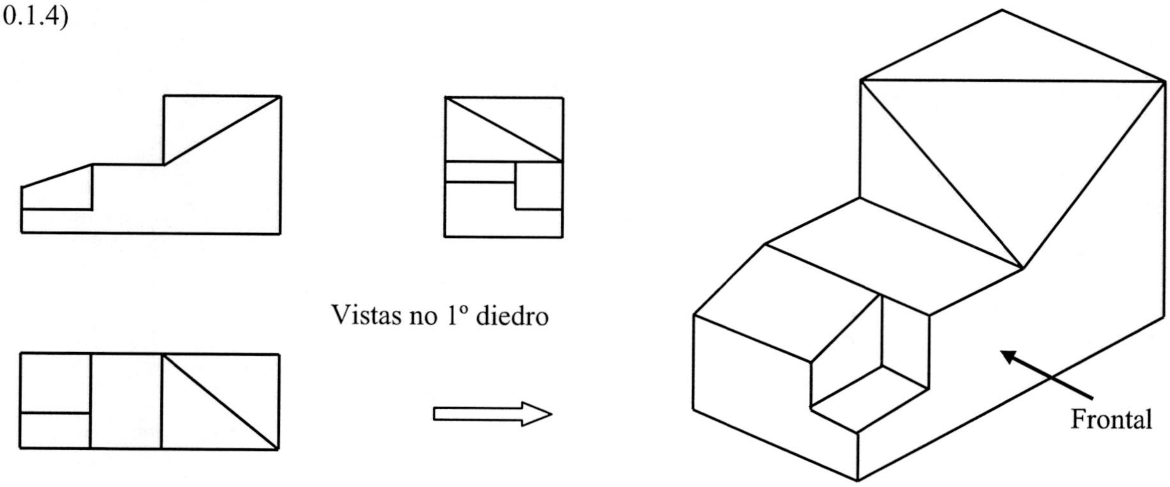

5.10.1.5)

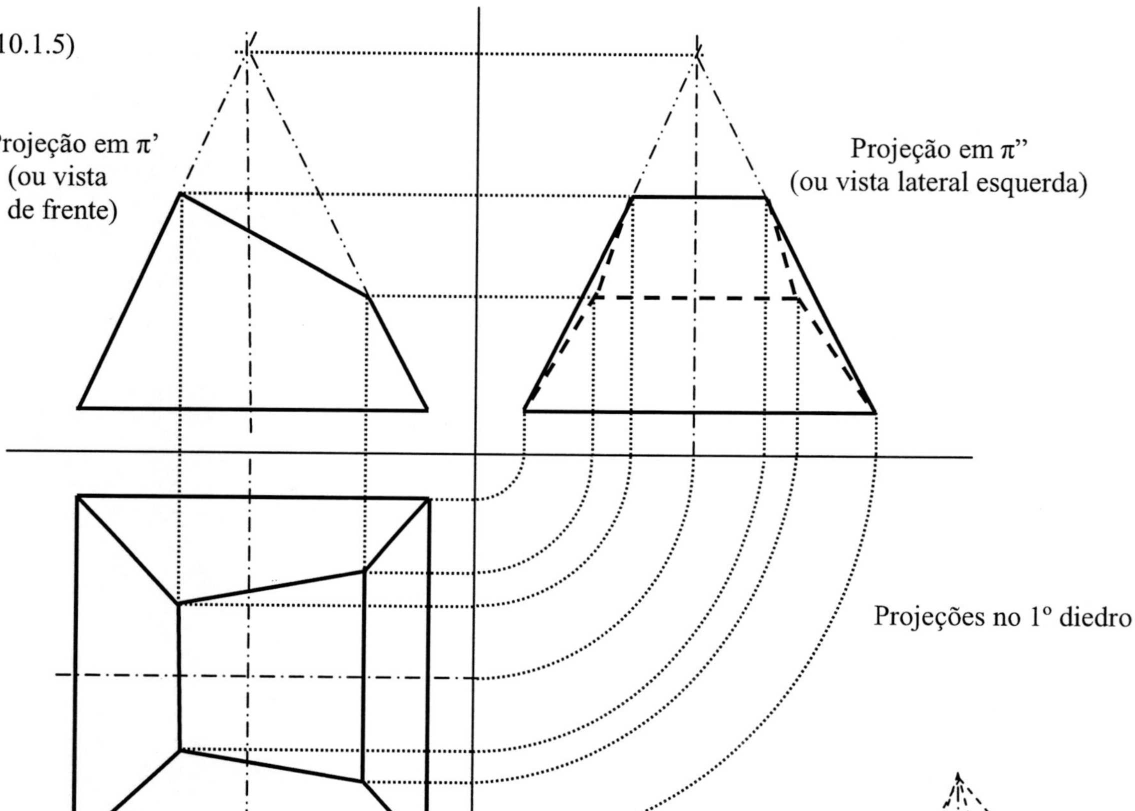

Esta é a imagem tridimensional do tronco de pirâmide reta de base quadrada

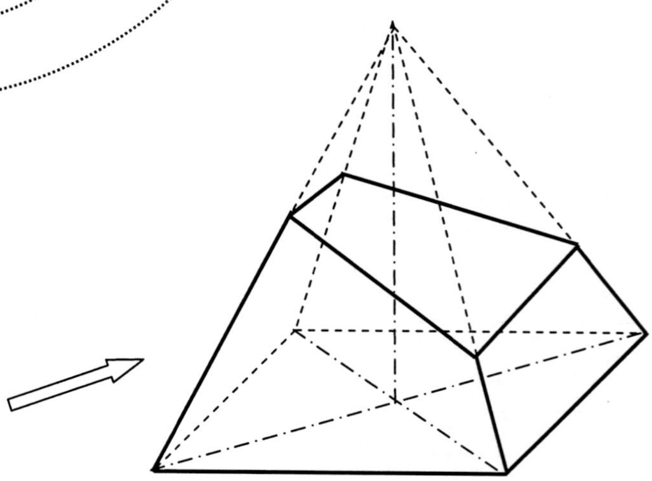

Capítulo 6: Planificações de superfícies poliédricas e corpos redondos

6.10.1)

Vistas ortográficas

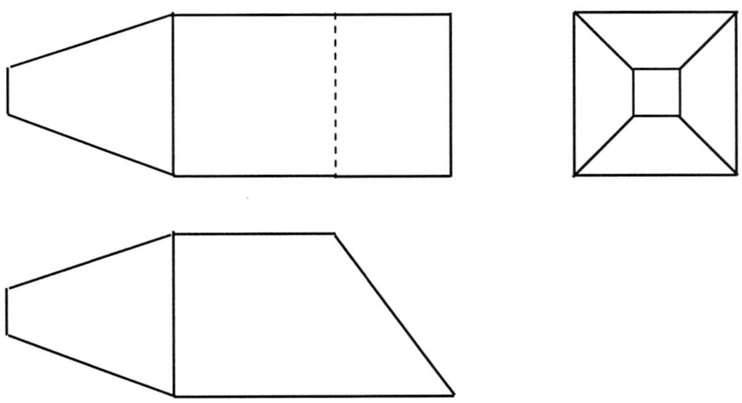

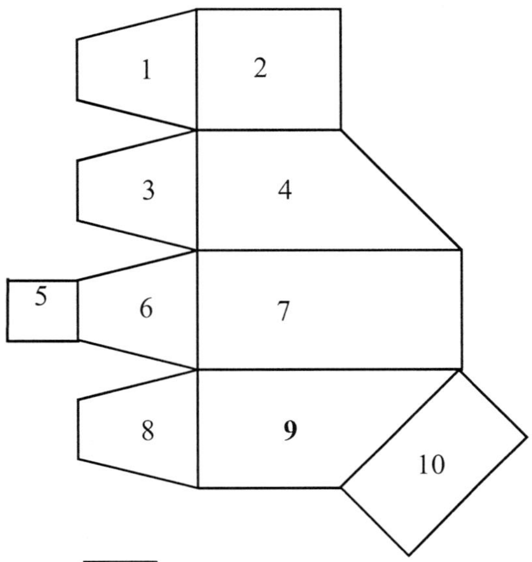

Planificação

6.10.2)

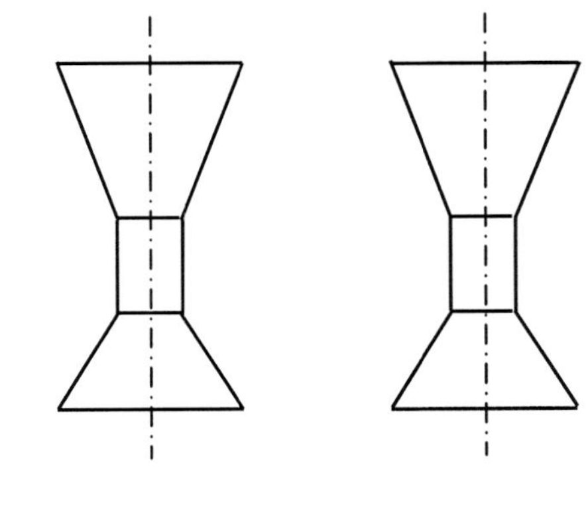

Vistas ortográficas

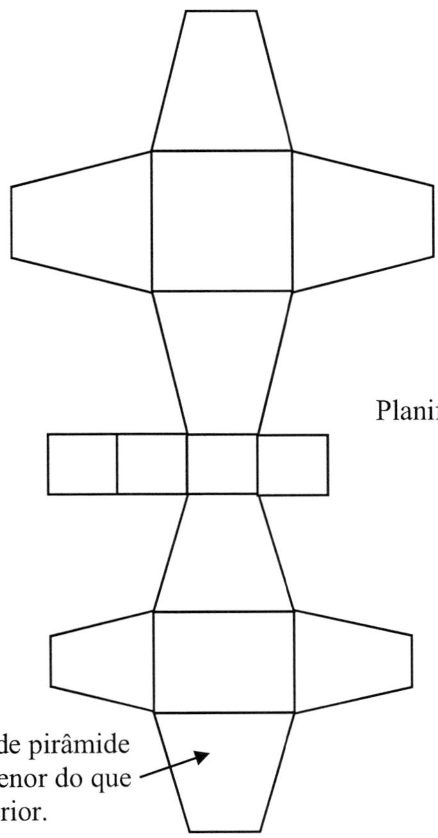

Planificação

Esse tronco de pirâmide inferior, é menor do que o superior.

Esse poliedro, geometricamente, é a junção de dois troncos de pirâmides retas, de base quadrada, com um prisma reto de base quadrada.

6.10.3)

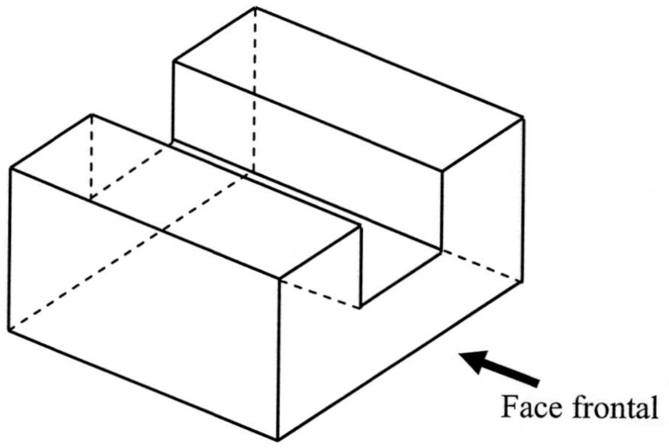
Face frontal

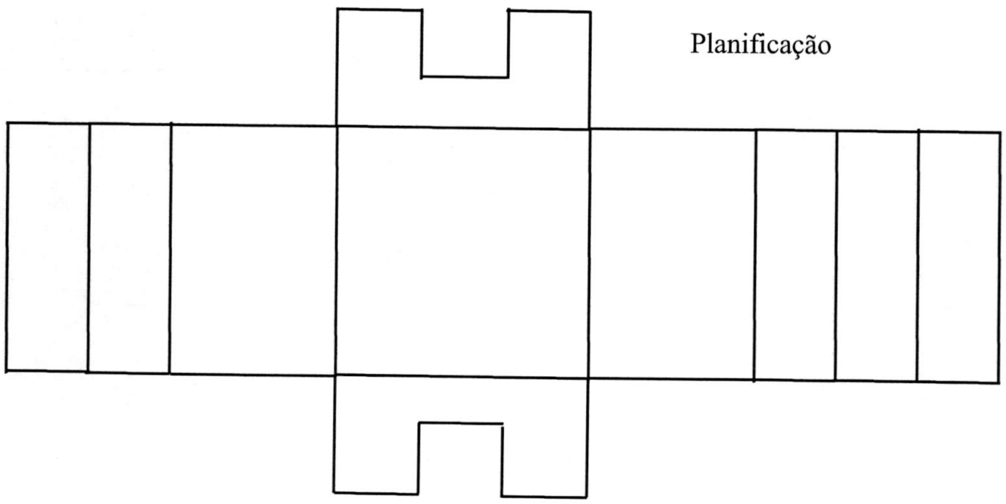
Planificação

6.10.4)

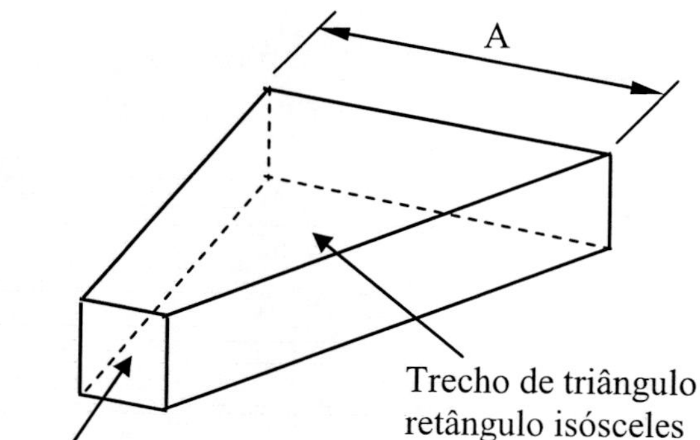
A
Trecho de triângulo retângulo isósceles
Quadrado

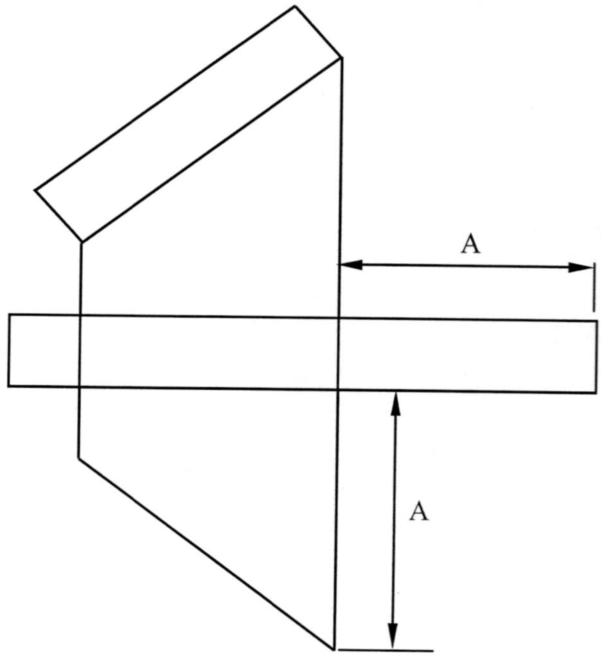
A
A

Apêndice B

Introdução à ciência dos materiais, dos processos de fabricação e de construção civil

O objetivo deste Apêndice é mostrar de forma resumida, tanto os principais materiais utilizados em fabricação e construção, bem como os diversos processos de fabricação mecânica e construção civil. Para maiores detalhes sobre materiais e processos de fabricação, recomenda-se a consulta ao livro "Projeto e Engenharia de Produtos", da Editora Ciência Moderna e dos mesmos autores.

B.1 Introdução

Na seleção do material para um determinado produto é essencial um perfeito entendimento das exigências de funcionalidade individual de cada componente e, para tanto, as propriedades mecânicas, físicas e químicas devem ser consideradas na escolha do material. Como propriedades mecânicas podemos considerar: dureza, tenacidade, ductibilidade, resistência à fadiga, deformação e impacto. Propriedades físicas incluem: densidade, ponto de fusão, calor específico, condutividade térmica e elétrica, expansão térmica e propriedades magnéticas. As principais propriedades químicas consideradas na fabricação industrial são a sensibilidade à oxidação e à corrosão.

Ferrante e Walter (2010, p.159) citam que os seguintes atributos devem ser considerados, quando se está na fase do projeto de um produto/peça, relacionados à qual material deve ser escolhido: ecologia, estética, funcionalidade, viabilidade técnica, propriedades, disponibilidade, processabilidade, condições de trabalho e custo.

Uma vez desenvolvidos, projetados e detalhados, os produtos são fabricados, e para tanto se usam os mais diversos tipos de materiais e processos de produção. Existe uma infinidade de tipos de materiais. O que não se pode esquecer é que: tudo que é produzido pelo homem, retiram-se materiais da natureza, sendo que alguns são renováveis como os de origens animal e vegetal, e outros não são como os de origem mineral (carvão, petróleo, urânio, argila e rochas). Tanto a escolha dos materiais, quanto os processos de fabricação, devem primar pelo menor impacto ambiental possível. Deve-se procurar o máximo possível usar materiais renováveis e processos, que utilizem pouca energia e baixo impacto ao meio ambiente.

Alguns exemplos de materiais e suas aplicações: A) A partir de minerais metálicos são produzidos os aços, os ferros fundidos e ligas metálicas como bronze. B) A partir de minerais não metálicos são produzidas cerâmicas e placas refratárias. C) A partir de vegetais, podem ser produzidos carvão, móveis, utensílios domésticos, itens da construção civil, obras de arte e artesanato. D) A partir de materiais de origem animal, pode-se produzir sabão, lubrificantes e colas. Sapatos, bolsas, cintos, colares, pulseiras, casacos, calças, etc. podem ser produzidos a partir de pele, couro, ossos, unhas, dentes e escamas.

A utilização de produtos de origem vegetal e animal têm que obedecer a uma série de leis, normas, critérios e recomendações de órgãos como: Ministério do Meio Ambiente, IBAMA, Ministério da Agricultura, Vigilância Sanitária, etc.

Com pelos de animais, como do cavalo, podem ser produzidos excelentes pincéis. Com penas de aves são produzidas roupas, artesanatos e obras de arte. Com a carne de animais são produzidos vários tipos de alimentos. Com cartilagens e espinhas de peixes são produzidas rações, cosméticos e remédios. Com o látex da seringueira produz-se a borracha natural. Com a resina dos pinheiros produz-se uma excelente cola. Com a casca da árvore sobreiro (típica de Portugal e Espanha) produz-se a cortiça, tanto para rolhas, quanto para isolamento térmico. Com a areia o vidro. Com a língua do peixe pirarucu produz-se um tipo de lixa. A partir do petróleo pode-se obter uma dezena de produtos e centenas de subprodutos. Enfim, produtos podem ser fabricados utilizando materiais dos três reinos conhecidos: vegetal, animal e mineral.

Uma grande e importante observação é quanto ao crescente e contínuo uso de recursos minerais, especialmente metais e derivados do petróleo, já que são recursos não renováveis, existindo em quantidades "fixas e definidas", ou seja, um dia não mais estarão disponíveis. Muito se fala do fim do petróleo, mas quase nada sobre a extinção dos minérios, de onde são produzidos os metais. Para o petróleo já existem algumas alternativas, especialmente quanto à produção de energia, mas, e quanto aos metais? Como será a produção industrial, baseada nos metais, quando não mais tivermos os minérios de onde são extraídos?

B.1.1Classificação geral dos materiais

De forma geral, os materiais utilizados no desenvolvimento e fabricação de produtos podem ser classificados como a seguir, e detalhados nos subparágrafos indicados:

- Materiais
  - Minerais
    - Metálicos
      - Ferrosos (Ferro fundido e aço)
      - Não ferrosos (Alumínio e cobre)
    - Não metálicos (Plásticos, vidro e rochas)
  - Vegetais (Madeiras)
  - Animais (Couros)
  - Materiais de engenharia e compósitos (por exemplo, fibra de carbono)

Materiais minerais metálicos e ferrosos

São classificados em ferros fundidos e aços, nos seguintes tipos:

- Ferros fundidos
  - Cinzento
  - Branco
  - Dúctil
  - Maleável
  - Grafítico compacto
- Aços
  - Ao carbomo
  - Aços ligas
  - Aços inoxidáveis

Ferros fundidos são as ligas Ferro-Carbono, contendo de 2 a 4,5% de Carbono, mais Silício, Manganês, Fósforo e Enxofre, podendo ter outros elementos de liga, como Níquel e Cromo.

Materiais minerais metálicos e não-ferrosos: Alumínio e Cobre

Existem dezenas, porém dois se destacam na fabricação de produtos: Alumínio (Al) e Cobre (Cu), bem como suas ligas. O metal mais utilizado na fabricação de produtos é o aço (ao carbono, ligas e inoxidáveis), em segundo lugar vem o Alumínio e suas ligas e em terceiro o Cobre e suas ligas.

Alumínio (Al): É utilizado em artigos domésticos, na indústria eletroeletrônica, na construção civil, bem como em chapas finas para embalagens. Depois dos aços, é o metal mais utilizado pelo homem moderno. Seu ponto de fusão é 660 ^{0}C.

Cobre (Cu): É utilizado na construção civil, elétrica, automobilística, arquitetura, eletro-eletrônica, mecânica, objetos decorativos, bélica, mineração, construção naval e exploração petrolífera. Depois dos aços e Alumínio, é o metal mais usado pelo homem moderno.

Materiais minerais metálicos

Também são não renováveis, ou seja, o homem não consegue reproduzi-los. Embora muitos existam em abundância na natureza, um dia acabarão. Muitos podem ser reciclados e ou reutilizados. Existe um grande número destes materiais utilizados na fabricação de produtos e os principais são: petróleo, carvão, grafite, pedras preciosas, rochas, talco, areias e argilas. Alguns são utilizados diretamente, como as pedras preciosas na confecção de joias e outros são misturados, como o caso das argilas para a produção de cerâmicas especiais resistentes à altas temperaturas. Das areias extrai-se a sílica, matéria prima dos vidros e na fabricação de *chips* de computadores.

Dentre todos esses materiais, sem dúvida, o petróleo é o mais utilizado, tanto para a produção de combustíveis e geração de energia, quanto para a produção de uma infinidade de tipos de plásticos. Do ponto de vista de custo e praticidade de uso, sem dúvida, pode-se dizer que a descoberta dos plásticos revolucionou o desenvolvimento, projeto e fabricação de milhares de produtos, tendo substituído muitos metais e o vidro.

B.2 Nanomateriais e grafeno

B.2.1 Nanomateriais

São estruturas de tamanho muito reduzido ou nanométricas, sendo o nanômetro (nm) igual a um bilionésimo do metro (10^{-9} m). Apenas como comparação, basta lembrar que um fio de cabelo humano é 100 mil vezes mais espesso que um nanômetro. Na prática, nanomateriais são substâncias químicas ou materiais até 10 mil vezes menores que o diâmetro de um fio de cabelo humano e dotados de características inovadoras.
Os nanomateriais começaram a ser estudados e desenvolvidos a partir da década de 1990, pelo pesquisador japonês Sumio Iijima, sendo que em 2022 já existiam várias aplicações práticas, dentre as quais: nano partículas de dióxido de titânio (TiO_2), usadas nos protetores solares, para aumentar a capacidade de refletir a radiação ultravioleta do Sol; em telas LED; nanopartículas de prata, usadas como agente antibacteriano em aplicações têxteis e medicinais e nanopartículas especiais adicionadas aos pneus de carros da fórmula um, objetivando reduzir o desgaste dos mesmos.
Em 2022 podiam ser citados os seguintes usos práticos de nanopartículas de materiais: em lentes fotocromáticas de óculos e em vidros de automóveis e prédios, para evitar embaçamento e dar efeito autolimpante e em células solares fotovoltaicas flexíveis e feitas a partir de pequenas moléculas de carbono. Os nanomateriais também se aplicam em camisas, camisetas, meias soquetes, raquetes, tacos de hóquei, de beisebol, utensílios de cozinha, materiais para espelhos, metais compostos para aeronáutica, painéis solares e em cristais de transparência regulável. As nanotecnologias também muito podem ajudar no uso de recursos energéticos, através de novas baterias, novas células de combustível e veículos mais leves e rápidos.
Uma das grandes possibilidades, geradas pelos nanomateriais, foi a criação dos chamados "materiais inteligentes", definidos como aqueles que podem ter suas características físicas controladas mediante alterações de certos parâmetros ambientais ou operacionais (força, temperatura, campo elétrico, campo magnético, etc.). Estruturas inteligentes compreendem amplamente veículos aeroespaciais, terrestres e aquáticos, estruturas de construção civil e *off-shore*, máquinas e equipamentos industriais, eletrodomésticos, aos quais são incorporados materiais inteligentes com o objetivo de conferir uma gama de funcionalidades desejadas, tais como: controle de forma e posicionamento, atenuação de vibrações e ruído, monitoramento de integridade estrutural e geração de energia.

B.2.2 O grafeno

Em 2004, dois cientistas de origem russa, Andre Geim e Konstantin Novoselov, isolaram uma fina folha de grafeno, utilizando uma simples e comum fita adesiva, dessas que usa-se em escritórios. Eles fizeram sucessivas experiências, até conseguirem uma fina folha bidimensional de grafeno, a partir de um simples pedaço de grafite.
O grafeno é uma folha plana de átomos de carbono densamente compactados e com espessura de apenas um átomo, reunidos em uma estrutura cristalina hexagonal. O grafite em si consiste de múltiplas folhas arranjadas uma sobre a outra. Bastante abundante na natureza, e de estrutura significativamente estável e resistente, ele pode ser a chave para a produção, por exemplo, de transístores de apenas um microm (0,01 µm), indo além do limite teórico de duas micras (0,02 µm), pelo qual os transístores possuiriam apenas dois ou três átomos de espessura e poucas dezenas de átomos de comprimento, aproximando-se dos limites físicos da matéria. Um processador eletrônico de computador ou um circuito integrado, feitos de grafeno, poderá chegar a uma capacidade de 500 GHz (giga Hertz), centenas de vezes maior do que os feitos de silício, que chegavam no máximo a 5 GHz. Com o grafeno será possível a fabricação de equipamentos eletrônicos mais compactos, rápidos e eficientes.
Esse material, além de ser praticamente transparente, é cerca de 100 vezes mais resistente, que o aço mais resistente, é um execelente condutor de eletricidade e calor. Um pedaço de grafite de apenas um milímetro de diâmetro, por exemplo, aquele usado em lapiseiras, tem cerca de três milhões de camadas de grafeno. Em 2016, a empresa britânica Zap & Go introduziu o carregador de grafeno para celulares e *tablets* que recarrega as baterias em apenas cinco minutos. Em janeiro de 2017, cientistas do MIT anunciaram, no periódico científico *Science Advances*, a criação de um material extremamente leve e resistente. Ele é feito usando grafeno e tem resistência 10 vezes maior do que o aço. Com aparência esponjosa, ele é produzido a partir da compressão e fusão de grafeno. Devido à sua configuração e estrutura bidimensional, é difícil usar o grafeno

na produção de objetos. Apesar de ser 10 vezes mais resistente do que o aço, o novo material tem apenas 5% da sua densidade, o que pode resultar em objetos e partes mais leves do que os equivalentes construídos com aço. A expectativa era que materiais criados usando essa tecnologia sejam usados na criação de aviões, grandes construções e carros.

B.3 Os biomateriais

Biomaterial é uma substância ou uma mistura de substâncias, natural ou artificial, que atua nos sistemas biológicos (tecidos, órgãos) parcial ou totalmente, com o objetivo de substituir, aumentar ou tratar órgãos e partes do corpo humano. Próteses, implantes, lentes de contato e marcapassos, são exemplos de biomateriais. Ciências como a nanotecnologia (nanomateriais), engenharia dos tecidos e engenharia dos materiais, têm vindo a desenvolver em conjunto importantes avanços no ramo dos biomateriais.
Segundo dados estatísticos divulgados pela Agência Nacional de Vigilância Sanitária - ANVISA , em 2015, no Brasil, encontravam-se em circulação cerca de 300 mil produtos na área da saúde de origem biomaterial. Os setores mais privilegiados nesta área eram: 1 - cardiologia, com cerca de 56% a 80% dos gastos, em equipamentos e utensílios como cardioversores; cardiodesfibriladores, marcapasso, cateteres, próteses endovasculares e válvulas cardíacas; 2 - ortopedia, com gastos entre 20% a 36% em próteses de quadril, joelho e ombro, implantes de coluna, parafusos bioabsorvíveis e cimentos ortopédicos; 3 - oftalmologia com lentes intraoculares e 4 - otorrinolaringologia com próteses auditivas.
Existem diversos tipos de biomateriais, inclusive os de ligas metálicas. Uma delas é o aço vanádio, utilizado para fabricação de placas e parafusos para fraturas ósseas. Também são utilizados: aços inoxidáveis austeníticos, da série AISI 316, ligas de cobalto cromo molibdênio, ligas de cobalto níquel cromo molibdênio, o titânio puro e ligas à base de titânio, alumínio e vanádio. Desde 2016 já eram utilizadas próteses em biomateriais, por exemplo, como mandíbula e osso da cabeça do fêmur humano.

B.4 Os materiais de engenharia

Dentre os vários materiais, que se enquadram como de engenharia, os mais utilizados na prática são: fibra de carbono, fibra de vidro, vidro, os vitrocerâmicos e os metais duros refratários.

Fibra de Carbono: é uma fibra sintética composta de finos filamentos de 5 a10 micrometros de diâmetro (bem mais fina que o fio de cabelo humano) e composta principalmente de carbono. Cada filamento é a união de diversos milhares de fibras de carbono. É uma fibra sintética porque é feita a partir de poliacrilonitrila. Possui propriedades mecânicas semelhantes às do aço, porém leve como madeira ou plástico. Por sua dureza tem maior resistência ao impacto do que o aço. Sua principal aplicação é a fabricação de polímeros de fibra de carbono reforçados. Na maioria dos casos, cerca de 75%, com polímeros termofixos. O polímero é geralmente resina epóxi do tipo termofixa, mas também pode ser associado com outros polímeros, tais como poliéster ou viniléster.

Fibra de vidro (*Fiberglass*): este termo, tanto pode referir-se à própria fibra como ao material compósito Polímero Reforçado com Fibra de Vidro (PRFV), que é popularmente conhecido pelo mesmo nome. É um material composto da aglomeração de finíssimos filamentos de vidro que não são rígidos e são altamente flexíveis. Quando adicionado à resina poliéster ou silicones, fenóis e outros compostos solúveis em solventes orgânicos, transforma-se em um composto (compósito) popularmente conhecido como fibra de vidro, que na verdade tem o termo técnico de PRFV, ou seja, Polímero Reforçado com Fibra de Vidro. Pode também conter em sua formulação alguns componentes como óxidos de potássio, ferro, cálcio e alumínio.
O PRFV tem alta resistência à tração, flexão e impacto, sendo muito empregado em aplicações estruturais. É leve e não conduz corrente elétrica, sendo utilizado também como isolante estrutural. Permite ampla flexibilidade de projeto, possibilitando a moldagem de peças complexas, grandes ou pequenas, sem emendas e com grande valor funcional e estético.
Não oxida e tem excepcional resistência a ambientes altamente agressivos aos materiais convencionais. Sua resistência química é determinada pela resina e a forma de construção do laminado.

Vitrocerâmicos: ou cerâmicas de engenharia, possuem alta resistência, leveza, resistência à corrosão e altas temperaturas. São muito utilizados como: componentes de motores de combustão interna, ferramentas de corte, válvulas e mancais. Na área eletrônica os materiais cerâmicos são utilizados na fabricação de: *chips*, supercondutores, imãs, capacitores e transdutores. Também são usados na fabricação de utilidades domésticas como: panelas, utensílios de mesa, fogões de mesa e peças para fornos de microondas. Uma das desvantagens dos materiais cerâmicos é a sua fragilidade, o que vem sendo atenuado combinando-se com fibras reforçadas.

Metais duros refratários: são produzidos a partir do processo de sinterização ou metalurgia do pó (ver parágrafo 11.1.2), de alguns pós metálicos de alta dureza. Na sinterização, uma mistura de pós metálicos e outros elementos é comprimida e levada ao forno, em temperatura abaixo do ponto de fusão. Normalmente são usados pós de carbonetos (Titânio, Tântalo, Nióbio ou Tungstênio) de metais refratários, misturados ao Cobalto e outros elementos químicos (inclusive até não metálicos). São muito utilizados como ferramentas de corte (em usinagens), apresentando as seguintes características: dureza e tenacidade em altas temperaturas (ou seja, refratários) e resistência ao desgaste. Metal duro é o nome dado a uma liga de carboneto de Tungstênio, produzido por metalurgia do pó. Na verdade o produto é obtido pela prensagem e sinterização de uma mistura de pós de carboneto e outros materiais de menor ponto de fusão, chamados ligantes (Cobalto, Níquel, Titânio, Cromo ou uma combinação deles).

Os metais duros refratários têm os seguintes usos industriais: a) Siderurgia: rolos de laminação, fieiras de trefilação, roletes de guia, ferramentas para fabricação de pregos e de arames, etc. b) Indústria metalmecânica: ferramentas de usinagem (brocas, fresas, alargadores, insertos, etc.). c) Mineração: pastilhas e botões para brocas de perfuração, panelas para moinhos vibratórios. d) Indústria de embalagens: ferramentas para corte e conformação, facas, discos de corte e vinco. e) Indústria automotiva: matriz para extrusão de eletrodo de velas, insertos para furação de lona de freio e brochas para acabamento de bronzinas. f) Indústria do petróleo e Gás: sedes e esferas de válvulas e selos mecânicos. g) Indústria de alimentos: componentes de moinhos e trituradores no processamento de açaí, palma e cacau.

Diversos fabricantes produzem metais duros refratários. Comercialmente (e como marcas registradas), dentre outros, encontramos os seguintes nomes no mercado: Widia (liga de Tungstênio, Carbono e Cobalto), Stellite, Estelite ou Estelita (liga de Cromo, Cobalto, Tungstênio e Carbono), Tantung (liga de Cromo, Tungstênio, Colômbio, Carbono e Cobalto), Rexalloy (liga de Carbono, Cobalto, Cromo e Tungstênio) e Chromalloy, uma liga contendo cerca de 80% de Níquel e 20% de Cromo.

Embora não metálico, existe um material extremamente duro e resistente ao calor, muito utilizado em usinagens especiais: o Nitreto Cúbico de Boro (CBN). É um material artificial extremamente duro, com uma dureza apenas inferior ao do diamante (que é o material mais duro que existe) à temperatura ambiente, apesar de mais estável quimicamente. Atinge 2.000 °C sem grandes perdas de dureza, enquanto o diamante já grafitiza em torno de 900 ^{0}C. Tal qual o diamante, o CBN é um isolante elétrico e um excelente condutor de calor. É amplamente utilizado como um abrasivo para ferramentas industriais, em especial para a usinagem de peças de aços e materiais de grande dureza.

Metais duros refratários: são produzidos a partir do processo de sinterização ou metalurgia do pó, de alguns pós metálicos de alta dureza. Na sinterização, uma mistura de pós metálicos e outros elementos é comprimida e levada ao forno, em temperatura abaixo do ponto de fusão. Normalmente são usados pós de carbonetos (Titânio, Tântalo, Nióbio ou Tungstênio) de metais refratários, misturados ao Cobalto e outros elementos químicos (inclusive até não metálicos). São muito utilizados como ferramentas de corte (em usinagens).

Os metais duros refratários têm os seguintes usos industriais: a) Siderurgia: rolos de laminação, fieiras de trefilação, roletes de guia, ferramentas para fabricação de pregos e de arames, etc. b) Indústria metalmecânica: ferramentas de usinagem (brocas, fresas, alargadores, insertos, etc.). c) Mineração: pastilhas e botões para brocas de perfuração, panelas para moinhos vibratórios. d) Indústria de embalagens: ferramentas para corte e conformação, facas, discos de corte e vinco. e) Indústria automotiva: matriz para extrusão de eletrodo de velas, insertos para furação de lona de freio e brochas para acabamento de bronzinas. f) Indústria do petróleo e Gás: sedes e esferas de válvulas e selos mecânicos. g) Indústria de alimentos: componentes de moinhos e trituradores no processamento de açaí, palma e cacau.

B.5 Introdução aos processos de fabricação mecânica

De forma geral, pode-se dizer que, além do tipo de material, é o volume de produção, ou seja, a quantidade a ser produzida, que determina o processo de fabricação de um componente de um produto, objetivando-se um menor custo, para se ter um preço final competitivo. Vários processos de fabricação não são economicamente viáveis, quando são poucas as peças a produzir. Além do volume de produção, os seguintes fatores determinam o processo de fabricação a ser utilizado, sem ordem de prioridade:

1 – Exigências ambientais e de saúde. Muitos materiais, que teriam um custo menor de fabricação, não podem ser utilizados, pois ou causam problemas de saúde aos usuários ou ao meio ambiente. Um exemplo clássico são as pinturas, com tintas à base de Chumbo, pois apesar de apresentarem um aspecto mais bonito (o brilho é muito mais intenso), são altamente tóxicas às pessoas e ao meio ambiente.
2 – Custo da fabricação (pode ser que a empresa tenha que adquirir novas máquinas).
3 – Material utilizado. (Alguns materiais só podem ser processados, por meios específicos).
4 – Dimensões e geometria ou forma do produto.
5 – Acabamentos superficiais (pintura, espelhamento, tratamento térmico, etc.).
6 – Tolerâncias dimensionais. Peças com pequenas tolerâncias são mais caras, pois exigem máquinas e procedimentos especiais.
7 – Ferramentas utilizadas.
8 – Normas regulamentadoras (exigências governamentais).
9 – Maquinário disponível. Máquinas modernas e automáticas apresentam menor custo e melhor qualidade, porém a empresa tem investimentos a pagar para obtê-las.
10 – Prazo de entrega. Prazos curtos exigem máquinas e métodos de alta tecnologia, o que significa aumento de custo.

B.5.1 Visão geral dos processos de fabricação

Os principais processos convencionais de fabricação (especialmente em metais), de forma geral, podem ser classificados de acordo com as chaves a seguir. Observa-se que, o objetivo deste Apêndice é apenas dar uma visão geral dos processos, uma vez que cada um deles, e todos, envolvem muita tecnologia e descrição, existindo livros específicos sobre cada tipo. Pode-se afirmar que, em geral, cada chave a seguir descrita pode envolver um livro.

- Principais processos convencionais de fabricação
  - Conformação (em quatro estados)
  - Usinagens
  - Corte de materiais
  - Soldagens
  - União especial (junção por colas industriais)
  - Tratamentos térmicos e termoquímicos
  - Revestimentos
    - metálicos
    - não metálicos inorgânicos
    - não metálicos orgânicos

- Conformação nos estados
  - Líquido
    - Fundição
  - Pó metálico
    - Sinterização (metalurgia do pó)
  - Plástico
    - Laminação
    - Forjamento
    - Extrusão
  - Sólido
    - Laminação
    - Embutimento
    - Trefilação
    - Estampagem

- Usinagens convencionais
  - Com formação de cavacos
    - Torneamento
    - Aplainamento
    - Furação
    - Fresamento
    - Serramento
    - Brochamento
    - Rosqueamento
    - Limagem
    - Rasqueteamento
  - Sem formação de cavacos
    - Tamboramento
    - Retificação (em verdade, produz minúsculos cavacos)
    - Brunimento
    - Lapidação
    - Espelhamento
    - Polimento
    - Super acabamento
    - Lixamento
    - Afiação
    - Jateamento

- Usinagens não convencionais
  - Fotoquímica
  - Eletroerosão ou por descarga elétrica
  - Retificação eletroquímica
  - Feixes de elétrons
  - Feixe de *laser*
  - Com jato de água ou água com abrasivo
  - Por jato abrasivo
  - Por pó e ultrassom
  - Micro usinagem e nano manufatura
  - Por emissão elástica
  - A plasma

- Tipos de cortes de materiais
  - Com chama (Oxicorte)
  - A *laser*
  - Com Plasma
  - Com Jato de água
  - Por descarga elétrica ou Eletroerosão
  - Por cizalhamento
    - Guilhotinas
    - Tesouras
  - Por abrasão
    - Serras
    - Discos abrasivos
  - Por usinagens
    - Torneamento
    - Fresagem
    - Em plainas
  - Com eletrodo de Grafite ou Cobre

- Processos de soldagens
  - Por fusão do metal base
    - Arco elétrico
      - Eletrodo revestido
      - Arco submerso
      - Com arame tubular
      - Tipo TIG
      - Tipos MIG e MAG
      - Soldagem de pinos
      - Plasma
      - Eletroescória
      - Por centelhamento
    - Resistência elétrica por
      - Ponto
      - Costura
      - Projeção
      - Indução
    - Química
      - Chama direta
        - Oxi-Gás
      - Aluminotermia
    - Ótica
      - Laser
      - Feixe de elétrons
  - No estado sólido
    - Ação mecânica por
      - Fricção
      - Ultrassom
      - Explosão
      - Fricção Mistura
  - Sem fusão do metal base
    - Brasagem
    - Solda branda
    - Solda de Estanho

- União especial
  - Junção por colas industriais

- Tratamentos térmicos
  - Recozimento
  - Normalização
  - Têmpera
  - Revenimento
  - Endurecimento por precipitação
  - Tratamento isotérmico
    - Austêmpera
    - Martêmpera

- Tratamentos Termoquímicos
  - Cementação
  - Nitretação
  - Cianetação
  - Carbononitretação

- Revestimentos metálicos
  - Cladização
  - Imersão a quente
    - Galvanização
    - Estanhação
  - Eletrodeposição
  - Metalização

Revestimentos não metálicos inorgânicos:
- Anodização
- Cromatização
- Fosfatização
- Esmaltação à porcelana
- Vitrificação

Revestimentos não metálicos orgânicos:
- Pintura com tintas industriais

B.5.1.1 A impressão tridimensional (impressão 3D)

Certamente foi a maior inovação, nos processos de fabricação, após a segunda guerra mundial que, apesar de tantas mortes e destruição, trouxe progressos tecnológicos, especialmente quanto ao uso de materiais e novos processos de fabricação. A impressão 3D, a cada dia revoluciona a maneira com que produzimos coisas, nas mais diversas áreas. Esse tipo de fabricação permite criar objetos únicos, eliminar perdas, otimizar processos e gerar uma série de benefícios para diversas aplicações. As impressoras 3D estão cada vez mais presentes no dia a dia das pessoas e nas empresas. A impressão tridimensional ou fabricação digital ou fabricação aditiva, é uma das bases da indústria 4.0, certamente o pilar de uma nova Revolução Industrial.

No que se refere à impressão 3D de metais, no final de 2022, de forma geral, as peças ou objetos eram obtidas a partir do pó do metal desejado, misturado com aglutinadores. Dentro de uma câmara a vácuo, a peça era moldada e, na sequência era submetida ao processo de sinterização (metalurgia do pó), obtendo-se a peça maciça. Observa-se que, em 2022, já existiam diversos processos de sinterização, aplicados à impressão 3D, sendo constantemente aperfeiçoados.

B.6 Principais materiais utilizados na construção civil

Tanto a arquitetura, quanto a construção civil, utilizam uma série de materiais, embora seja impossível citar todos, num livro como o atual, a seguir são descritos os principais.

Cimento: Assim como areia, tijolos e telhas é o material básico e estrutural. A produção de cimento demanda muita energia e utiliza materiais minerais que causam grande impacto ambiental. Já há algum tempo, existe o cimento sustentável, produzido utilizando resíduos das indústrias termelétricas, siderúrgicas e fundições. Esse tipo de cimento demanda menos energia, para ser produzido, e emite menos carbono para a atmosfera. Em 2022, os principais tipos comerciais de cimentos à venda no Brasil eram: Portland Comum (NBR 5.732), Portland Composto (NBR 11.578), Portland de Alto-forno (NBR 5.735), Portland Pozolânico (NBR 5.736), Portland de Alta Resistência Inicial (NBR 5.733), Portland Resistente a Sulfatos (NBR 5.737) e Portland Branco (NBR 12.989)

Tijolos: É um bloco de argila (barro) cozido ou seco ao sol, geralmente em forma de paralelepípedo. É um dos principais insumos da construção, utilizado na estrutura de alvenaria das edificações. Além de básicos, como elementos estruturais, os tijolos também ajudam na decoração, tendo forte função arquitetônica. Tipos de tijolos: cerâmico, adobe, laminado, de concreto, de vidro e tijolo ecológico.

O tijolo ecológico é feito a partir da mistura da água com solo ou outros resíduos naturais e recicláveis, não passando pelo processo de queima, o que reduz a emissão de gases poluentes na atmosfera. É um dos materiais mais usados pela arquitetura sustentável. A produção de mil tijolos ecológicos economiza de sete à 12 árvores de médio porte, quando comparado ao bloco cerâmico.

Bloco de cimento: É um componente estrutural industrializado, produzido em máquinas que vibram e prensam, podendo ser fabricados a partir de uma vasta variedade de composições. É utilizado nas estruturas de alvenaria, muros, divisórias, instalações elétricas e hidráulicas. Tipos de blocos: Inteiro, meio bloco, compensador, canaleta, cimento J e bloco de cimento elétrico (cimento com nanotubos de carbono, capaz de conduzir eletricidade).

Concreto: É a mistura de cimento, água, areia e pedra (ou brita), formando uma massa plástica que é colocada em fôrmas para que endureça e adquira resistência. O concreto é utilizado na confecção de peças para a estrutura da construção e também em partes não estruturais. Tipos de concretos: Convencional, bombeável, especial, magro, projetado, fluido, rolado e concreto Impermeável.

Pedras: Têm destaque na composição do concreto, sendo um dos principais insumos da construção civil. Também é utilizada na decoração de ambientes, como em jardins. Principais tipos de pedras: Pedregulhos, britada, rachão, pedra madeira e pedra moledo.

Areia: É formada em sua maior parte por quartzo, podendo conter: magnetita, mica, feldspato ou outros. Segundo a norma NBR 7211: "a areia deve ser composta por grânulos pequenos que passam por peneiras de abertura de malha de no máximo 4,8 mm". A areia pode ser obtida em duas principais fontes: natural ou industrial (fabricada). Para uso na construção civil, existem vários tipos de areias, sendo a lavada a principal. Areia lavada fina é usada na fabricação de argamassas para revestimentos internos, como reboco fino e liso e os grãos têm entre 0,05 a 0,42 mm. Areia lavada média, seus grãos possuem entre 0,42 a 2,00 mm é utilizada na fabricação de argamassas para assentamento de blocos, tijolos e concreto. Areia lavada grossa, na maioria das vezes, é usada na fabricação de argamassa para chapisco e concreto, seu diâmetro varia entre 2 a 4 mm. Areia usinada ou industrializada ou de brita, é obtida da britagem ou fragmentação mecânica de rochas.

Argamassa: É obtida a partir da mistura de areia, cimento e água, sendo que em algumas aplicações também tem adição de cal. A argamassa pode ser comprada pronta ou preparada no local da obra. É utilizada no revestimento e assentamento de alvenarias (tijolos). Também pode ser usada para unir materiais, impermeabilizar e nivelar superfícies.

Telhas: Normalmente utilizada para a cobertura de telhados. As mais comuns são fabricadas em cerâmica, existindo telhas de pedra, metal, plástico, vidro, argila (barro) e madeira. Já há algum tempo, existem as telhas fotovoltaicas, que têm na sua superfície pequenos painéis fotovoltaicos, que transformam a energia solar em energia elétrica.
Desde 29/11/2017, está proibida a fabricação de produtos em amianto (ou asbestos) no Brasil. Até então, caixas d'água e telhas eram produzidas em amianto. Comprovadamente, a fibra de amianto, quando inalada pode causar sérias doenças pulmonares. Desde 2018, no Brasil, já são produzidas comercialmente, telhas onduladas a partir de fibras vegetais, em especial de folhas da bananeira.

Vergalhão: É uma barra de aço usada na composição das principais armaduras da estrutura com o uso de concreto, como pilares, vigas, lajes, fundações e estruturas de contenção. Geralmente é encontrado em barras com 12 metros de comprimento, retas ou dobradas, com diâmetros que variam entre 2,4 mm e 40 mm. É empregado em barras longitudinais, dobrados em diferentes formas, conforme a necessidade. Existem diferentes tipos de vergalhões, com resistência e composição química diferente, como o CA25, CA50 ou CA60. As características mecânicas, como resistência a tração e ao escoamento, são o que determinam a classe do produto. A barra deve suportar cargas e sobrecargas, até os limites determinados sem deformar permanentemente. Para garantir a qualidade, no Brasil, os vergalhões têm certificação do Instituto Nacional de Metrologia, Normalização e Qualidade Industrial (Inmetro), desde 1999.

Ladrilho: É uma placa, normalmente de cerâmica ou de barro cozido e de forma quadrada, mas também em outros formatos geométricos. É utilizado no revestimento de paredes e pavimentos, geralmente para áreas molhadas ou exteriores. Tipos de ladrilhos: hidráulico, antiderrapante e tozeto.

Calha: É um tubo aberto na parte superior, assemelhado a um sulco, e pode ser feita de materiais diversos (Cobre, Zinco etc.). É utilizada para escoar águas pluviais, especialmente direcionando-as do telhado ao solo. Os principais tipos são: tradicional, escadinha, colonial, calha "L", água Furtada, cocho e tipo "G".

Madeiras: Na construção civil, madeiras são usadas, tanto nas partes externas, quanto nas internas, o que exige características específicas da madeira, para cada uso. A parte exterior de qualquer construção está sob constante ação de efeitos adversos. O mesmo ocorre com a madeira empregada que, está sujeita ao calor, umidade, do ataque de fungos e cupins. Recomenda-se o uso de madeiras com características resistentes, caso do Ipê, da Peroba, da Itaúba, da Teca e da Garapeira.
Estas madeiras apresentam alta densidade e por isso garantem maior resistência mecânica e durabilidade. Embora mais duráveis, necessitam de tratamento, já que quanto maior a proteção aplicada à madeira, menor é a possibilidade de problemas que podem vir a surgir.
Na parte interna o fator estético é importante, assim alguns tipos de madeira considerados decorativos costumam ser bastante utilizados na construção civil. Esse tipo de material deve unir beleza, segurança e

durabilidade, pois as madeiras ficarão constantemente expostas e muitas vezes serão quase que componentes da decoração.

O bambu

Dentre as espécies vegetais, além das fibras e madeiras, que podem ser usadas na fabricação de produtos industriais, deve ser citado o bambu que, além de produtos artísticos, pode ser usado em móveis e alguns utensílios domésticos. O bambu é uma gramínea e não uma árvore. Embora 75% das espécies sejam aproveitáveis, apenas 50 delas têm uso comercial já desenvolvido, sendo que 19 são prioritárias para fins econômicos. uma vara de bambu tratada com fumaça, pode durar até 70 anos. Em relação ao seu peso, o bambu suporta maior tração do que o aço.

No Brasil as espécies nativas são em sua maioria ornamentais e estão associadas à florestas. Todas as espécies de bambu plantadas no Brasil são chamadas exóticas, originárias em sua grande maioria de países orientais, de onde foram sendo trazidas e aqui introduzidas desde o tempo do descobrimento, exceção feita à espécie "*Guadua angustifólia*" que é originária da América do Sul, sendo muito utilizada na Colômbia, mas que existe também em nosso país nos extremos da região Norte.

O uso do bambu no Ocidente é restrito comparado com a China, Índia e Japão, principalmente por questões culturais, sendo que no Oriente o uso é milenar. Nesses países o uso do bambu não está restrito às formas naturais, mas na fabricação de pisos laminados, painéis laminados e derivados. "Chapas de bambu", muito utilizadas em coberturas de templos budistas, especialmente no Japão, além de belas, são impermeáveis, devido à resina que existe na parte externa da planta.

Na América Latina, e mais precisamente no Brasil, o bambu é utilizado em estruturas das casas e em objetos decorativos em geral, aplicados na forma natural (colmos), vinculado às tradições indígenas e aos imigrantes orientais. A Colômbia é o país que mais utiliza esse material em construções rurais e urbanas, em pisos, estruturas e em paredes do tipo "taipa". No Brasil, a maior produção está destinada à fabricação de vara de pescar, mobiliários tradicionais utilizando colmos de bambu, artesanato, brotos comestíveis, instrumentos e papéis de fibras longas, o chamado papel *kraft*. Os bambus de pequenos diâmetros, além da fabricação de móveis como cadeiras e mesas, também são usados como cabos decorativos de facas, garfos e colheres.

Pisos e revestimentos: Os revestimentos podem ser de piso e de parede, com materiais diferenciados, tratamentos versáteis e tecnologias distintas. Dentre os vários, os seguintes podem ser citados: cerâmicos, porcelanatos, madeiras e laminados, piso vinílico, pastilhas, pedra natural, ladrilho hidráulico, papel de parede e massa texturizada.

Tintas: São substâncias constituídas de um corante e de um aglutinante (ou de um coloide). É utilizada para pintura e tingimento de paredes e outros revestimentos, também tem a função de proteger o reboco e facilitar a limpeza das paredes. São usadas nos acabamentos interno e externo. Além da parte estética, as tintas protegem, impermeabilizam e facilitam a limpeza das superfícies. Existem muitos tipos de tintas, aplicadas às construções civis, sendo as principais: látex PVA, acrílica, a óleo, esmalte sintético, epóxi, verniz acrílico, verniz poliuretano e verniz fenólico. Também existem tintas antibactericidas que prometem eliminar 99% das bactérias das paredes, além de facilidade na limpeza.

Em 2019, pesquisadores da Universidade de Toronto, no Canadá, desenvolveram um tipo de tinta chamado de fotovoltaico, que são semicondutores em nanoescala que, capturam a luz solar e a transformam em corrente elétrica. Tecnicamente são chamados de fotovoltaicos de pontos quânticos coloidais. Foi dito serem muito mais eficazes do que as células solares tradicionais.

Fixadores: Pregos, parafusos e porcas, estão presente em todo o processo de construção civil, desde o início até a entrega. Existem os mais diversos tipos e materiais, sendo os de aço os mais comuns.

B.7 Sistemas e processos de construção civil

Em 2022, no ramo da construção civil, existiam diversos sistemas construtivos para a execução de uma edificação. No Brasil, o método mais utilizado era a alvenaria convencional, porém novas tecnologias estavam aparecendo e começando a ser utilizadas. Entre os vários sistemas construtivos, os que predominavam eram: alvenaria convencional, alvenaria estrutural, *steel frame*, *wood frame* e paredes de concreto.

Alvenaria convencional: Compõem-se por vigas, pilares e lajes de concreto armado. Estes elementos fazem parte da estrutura para a sustentação da edificação e a alvenaria tem função somente de vedar e separar ambientes. Para isso, normalmente são utilizados os blocos cerâmicos. Este sistema era o mais utilizado no Brasil devido a não necessidade de mão de obra qualificada e especializada, acarretando, porém, em muitos problemas no decorrer da obra, gerando retrabalho e bastantes resíduos.
Vantagens: Suporta grandes vãos; grande disponibilidade de mão de obra e materiais; pouca exigência de qualificação da mão de obra e facilidade de futuras reformas e mudanças no projeto.
Desvantagens: Maior custo; maior tempo de execução e gera muitos resíduos

Alvenaria estrutural: Unem-se à estrutura e à vedação da edificação, utilizando blocos cerâmicos ou de concreto, os dois específicos para este fim. O projeto de alvenaria estrutural deve ser muito bem detalhado e já conectados com os projetos elétrico e hidrossanitário. Deve também, definir os vãos da edificação de acordo com a modulação do bloco que será utilizado.
Esse sistema necessita de mão de obra mais especializada, pois se as paredes não ficarem niveladas, e no prumo, podem ocorrer acidentes, já que as paredes sustentam a edificação. Para edificações com mais de quatro pavimentos, deve-se utilizar barras de aço juntamente com os blocos de alvenaria estrutural.
Vantagens: Rapidez e facilidade de construção; redução da quantidade de mão de obra; maaior economia; maior qualidade na execução e menor desperdício de materiais.
Desvantagens: As paredes não podem ser removidas sem recolocar um elemento estrutural para suprir as cargas; limitações estéticas nos projetos arquitetônicos e vãos livres limitados.

Steel frame: É um sistema construtivo industrializado e racionalizado. Sua estrutura é formada por perfis de aço galvanizado e seu fechamento é feito por meio de placas de cimento, de madeira ou **drywall*. A principal diferença do *steel frame* para os outros sistemas é a limpeza do canteiro de obras, pois a geração de resíduos é mínima e não há necessidade do uso de água.
Vantagens: Agilidade na construção; redução do peso da estrutura; maior precisão na execução; melhor isolamento térmico e acústico; e menor custo.
Desvantagens: Limite de pavimentos e dificuldade de encontrar mão de obra especializada.
**Drywall*, pode ser definido como um sistema de construção a seco composto por perfis, tratamento acústico (lã mineral) e placas de gesso, inventadas em 1916 nos Estados Unidos. Consiste em uma placa de gesso pré-fabricada, encapada com papelão ou fibra de vidro e que pode ser fixada em estruturas de aço galvanizado para construção de casas e até mesmo prédios. Construções em *drywall* são muito mais leves, mais baratas e mais rápidas do que as construções de alvenaria, por isso elas têm se popularizado bastante no Brasil.

Wood frame: São construções civis construídas em madeira (casa de madeira). Esse método de construção é muito parecido com o *steel frame*. A diferença é que no lugar dos perfis de aço galvanizado são utilizados perfis de madeira, normalmente de reflorestamento, como o pinus. Este sistema construtivo é constituído por perfis de madeira maciça, contraventados com chapas de OSB (painéis de tiras de madeira orientadas. *Oriented Strand Board*, na sigla em inglês) e estrutura de madeira autoclavada com função de proteger a edificação de cupins e umidade.
Vantagens: Canteiro de obras organizado e limpo; uso de madeira de reflorestamento, única matéria prima renovável da construção civil; ótimo desempenho acústico e térmico; agilidade na construção; redução de geração de resíduos e baixos custos.
Desvantagens: Mão de obra especializada; limites de pavimentos e maiores cuidados com impermeabilização.

Paredes de concreto: Consistem em um sistema construtivo em paredes estruturais maciças de concreto armado (com vergalhões internos). Estas paredes são concretadas com o auxílio de formas de madeira ou metálica que são montadas *in loco* de acordo com o projeto arquitetônico.
As instalações hidráulicas e elétricas são embutidas, então não há quebra de paredes e retrabalhos. Este sistema é viável para construções de larga escala, onde as formas serão reutilizadas várias vezes, pois o custo das mesmas é alto.

Vantagens: Alta produtividade; alta resistência ao fogo; pouco desperdício de materiais.
Desvantagens: Baixa flexibilidade; não tem bom isolamento térmico e acústico e devido ao uso de formas, tem alto custo para produção em pequena escala.

B.7.1 A impressão 3D na construção civil

Na construção civil do Brasil, a adoção da impressão 3D já era realidade em 2022, mesmo que na fase inicial dos projetos. Desenvolver protótipos e estudos arquitetônicos e estruturais é mais uma das aplicações das impressoras 3D neste setor. Outro uso é na aplicação do conceito de *BIM nos projetos e que podem agregar a impressão 3D e as tecnologias mais inovadoras da área.
*A Modelagem da Informação da Construção ou Modelo da Informação da Construção (*Building Information Modeling* - BIM) é um conjunto de informações geradas e mantidas durante todo o ciclo de vida de um edifício. É um modelo virtual, não constituído apenas de geometria e texturas para efeito de visualização. Trata-se de uma construção virtual equivalente a uma edificação real, possuindo assim, muitos detalhes no tocante a composição dos materiais de cada elemento, como portas, janelas, etc. Isso permite simular a edificação e entender seu comportamento antes de sua construção real ter sido iniciada. O modelo BIM pode ser utilizado para visualização tridimensional, para auxiliar nas decisões de projeto e comparar as várias alternativas de *design* e a "vender" o projeto para o cliente. A impressão 3D, em 2022, não estava limitada somente a protótipos e estudos arquitetônicos e estruturais. Diversos componentes como janelas, maçanetas, e peças hidráulicas metálicas, já eram produzidas em impressão 3D.
Em 2016, nos Estados Unidos, pesquisadores da Universidade do Sul da Califórnia, desenvolveram a tecnologia "*Contour Crafting*" (construção por contornos) onde uma impressora tridimensional que se movimenta em uma estrutura de trilhos é capaz de construir casas em menos de 24 horas utilizando argamassa. Na época, na Itália, impressoras 3D já produziam casas populares utilizando lama e fibras como material base. A empresa chinesa *Yingchuang Building Technique* ou WinSun foi pioneira na construção civil, tendo o primeiro prédio do mundo com peças elaboradas em uma impressora 3D, sendo que já tinha realizado, em agosto de 2013, a façanha de "imprimir" dez casas em menos de 24 horas, reutilizando material excedente de outras obras. A empresa utilizou uma tinta especial feita de cimento, areia e fibra, juntamente com um aditivo. Nesse processo 3D, a impressora adiciona camada por camada até que se formem paredes inteiras (entre outros componentes) em sua fábrica em Suzhou, na China. Depois deste processo, basta que tais paredes sejam propriamente montadas no local, como foi feito em Dubai, em maio de 2016, quando foi construído pela empresa o primeiro prédio de escritórios impresso em 3D! A potente máquina chinesa de impressão 3D, foi capaz de produzir tal edifício imprimindo as peças em 3D uma a uma para, enfim, efetivar a montagem do prédio com as seguintes dimensões: 6,6 metros de altura, 10 metros de largura e 40 metros de comprimento.
Em agosto de 2017, a empresa norte americana Apis Color desenvolveu uma máquina de impressão 3D que contém um braço robótico que foi capaz de imprimir, em paredes de concreto, em menos de 24 horas, uma casa de 38 m^2 e com durabilidade superior a meio século. Após "imprimir" as paredes, restou o trabalho de pintar, dar acabamento e instalar o telhado. Segundo a Apis Cor, o custo total da casa ficou em US$ 10 mil, valor cujo maior parte foi consumida por portas e janelas, itens que não eram impressos "ainda".
Em julho de 2020, a empresa brasileira InovaHouse3D, baseada no Rio Grande do Norte, tendo a frente a empresária Juliana Martinelli, concluiu a primeira construção civil impressa em 3D, em território brasileiro, utilizando a tecnologia "*Contour Crafting*". A casa foi construída em Macaíba, na região metropolitana de Natal, no Rio Grande do Norte. Na ocasião, juliana declarou: "a gente acredita que o futuro da construção é um modelo híbrido e industrializado, no qual a impressão 3D vai trabalhar em conjunto com outras tecnologias como os módulos pré-fabricados e materiais leves como o *drywall* e o *steel frame*. Não tem como fugir da automação. A capacitação da mão de obra para que os trabalhadores passassem a ser operadores de máquinas aconteceu no setor agro, automobilístico e a construção civil estava ficando um pouco para trás", complementou Juliana.

Apêndice C

Exemplos de Desenhos Técnicos Projetivos aplicados

Ao longo dos nove capítulos desse livro, foram descritas as normas e recomendações, a serem seguidas nos Desenhos Técnicos Projetivos, tendo sido mostrados dezenas de exemplos de peças simples. Neste Apêndice serão mostrados alguns exemplos aplicados às diversas áreas e desenhos, em especial na Arquitetura, Engenharias Civil, Mecânica e Militar, segundo as chaves a seguir.

- Arquitetura e Engenharia Civil
  - Levantamento topográfico
  - Plantas
    - De situação e de implantação
    - Cortes e fachadas
    - De cargas e locação de pilares
  - Desenhos das formas estruturais
  - Desenhos e detalhes dos ferros nas estruturas de concreto armado
  - Detalhes de telhados
  - Desenhos de instalações hidrossanitárias
  - Desenhos de instalações elétricas
  - Desenhos de túneis, estradas, pontes e ferrovias

- Engenharia Mecânica
  - Desenho de elementos de máquinas (parafuso, mancal, engrenagem, etc.)
  - Desenho de Juntas soldadas
  - Desenho de estruturas metálicas
  - Desenho de tubulações industriais
    - Plantas de tubulação
    - Isométricos de tubulação
    - Desenhos de válvulas e acessórios
  - Desenho de caldeiraria (tanques, vasos de pressão, trocadores, etc.)
  - Desenho de máquinas, equipamentos, ferramentas e robôs
  - Desenho de utensílios domésticos
  - Desenho de eletrodomésticos e eletroeletrônicos
  - Desenho de veículos
    - Automóveis, caminhões, ônibus e máq. agrícolas
    - Trens de carga e de passageiros (VLT* e TGV**)
    - Embarcações
    - Aeronaves

*VLT: Veículo Leve sobre Trilho. ** TGV: Trem de Grande Velocidade

- Engenharia Militar: desenhos de
  - Cartografia
  - Fortificações, quartéis e instalações especiais
  - Pontes provisórias
  - Munições, granadas, minas, bombas e mísseis
  - Armas leves
  - Armas pesadas
  - Veículos leves
  - Veículos pesados
  - Embarcações (lanchas, navios e submarinos)
  - Aeronaves: tripuladas e não tripuladas (VANT)

Observa-se que, acima foram citados os principais tipos de desenhos e especialidades, onde desenhos técnicos projetivos são necessários e gerados. É importante ressaltar que, além das engenharias citadas, as seguintes também estão envolvidas: Elétrica, Eletrônica, Química, Metalúrgica, da Computação e Telecomunicações. Nas próximas páginas são mostrados alguns exemplos de desenhos técnicos projetivos aplicados. Deve ser citado que a Engenharia de Produção, além de utilizar os desenhos técnicos para fabricação ou construção, trabalha com arranjos físicos ou leiaute, para uma boa produção. Desenhistas Industriais ou *Designers* usam desenhos técnicos projetivos, relacionados ao projeto de produtos.

C.1 Planta de situação de uma residência

A planta de situação serve para situar, ou melhor, localizar a edificação em relação aos seus arredores. Esse documento faz parte do grupo de projetos conhecido como "projetos da Prefeitura". A planta de situação é usada na fiscalização e acompanhamento de obras do órgão específico da Prefeitura.

Na prática, plantas de situação, para imóveis nas áreas urbanas são desenhadas nas escalas: 1:500 ou 1:1.000. Quando em áreas rurais são usadas as escalas: 1:1.000, 1:5.000, 1:10.000 e até 1:50.000.

De acordo com a norma ABNT NBR 6492 (Representação de Projetos de Arquitetura), a planta de situação deve conter: Simbologias de representação gráfica; Curvas de nível existentes e projetadas, além de eventual sistema de coordenadas referenciais; Indicação do norte (orientação do lote e da edificação);

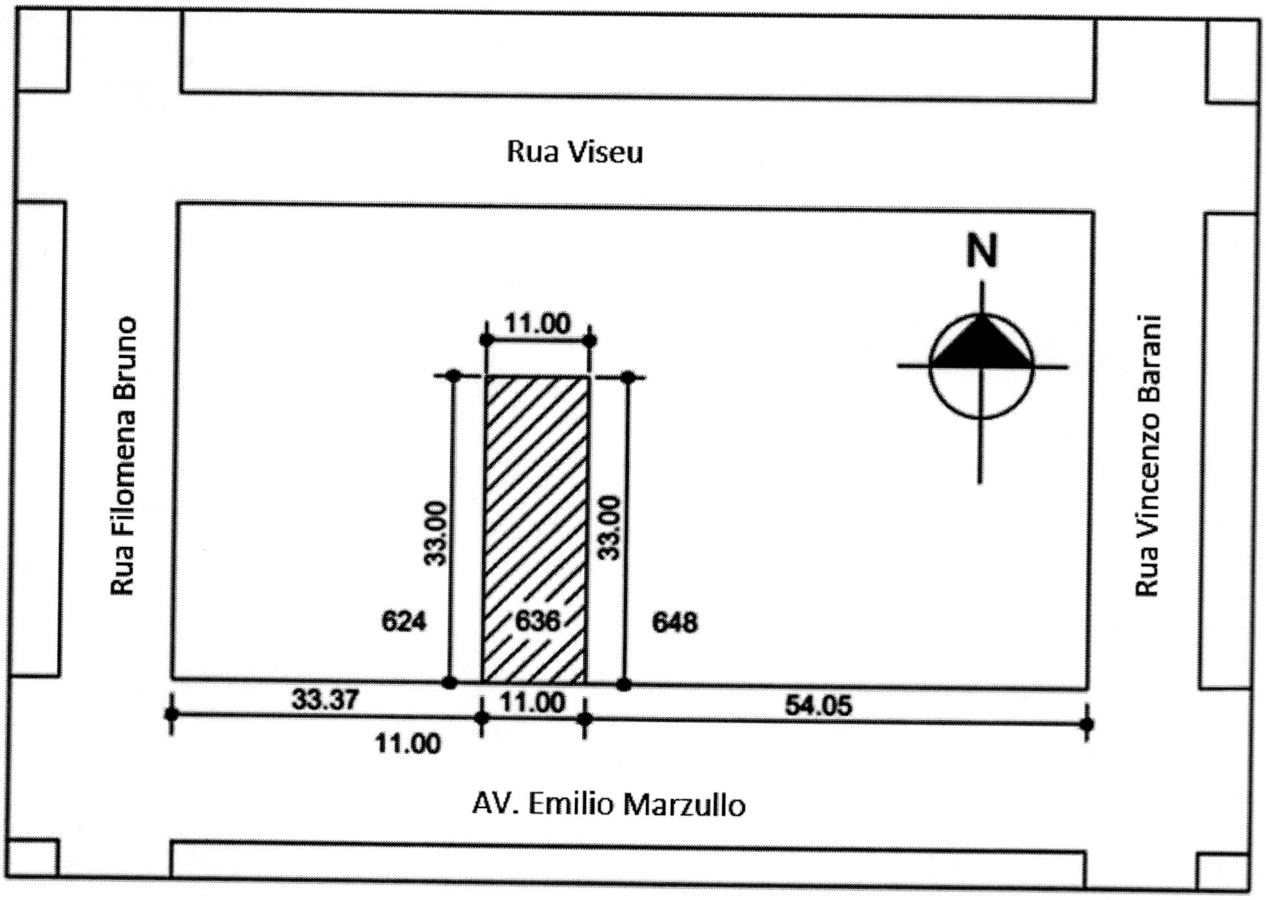

C.2 Planta residencial de um pavimento

É um desenho técnico projetivo, no passado chamada de planta baixa, que representa a casa ou apartamento ou edificação civil, visto de cima, sem o teto e em escala reduzida. Ela serve para planejar o funcionamento da residência, bem como a quantidade, disposição e tamanho dos cômodos. Em geral as plantas são desenhadas nas escalas: 1:25 ou 1:50.

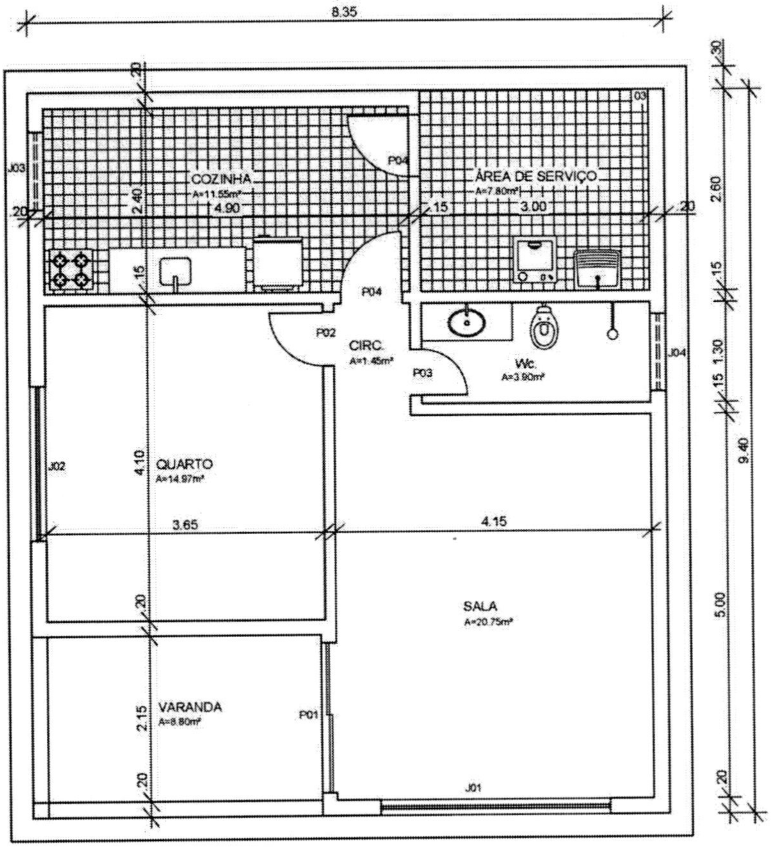

C.3 Desenho de uma instalação hidrossanitária residencial

O projeto hidrossanitário se refere ao projeto hidráulico e sanitário de uma construção civil, desde uma residência popular de um pavimento, até grandes construções como hotéis e Centros Comerciais. Esse projeto detalha as seguintes distribuições: água fria, água quente, esgoto, água pluvial, caixas de gordura, sistema de ventilação por toda a edificação, aquecimento solar, aproveitamento de água da chuva e a cisterna. Em resumo, esse projeto engloba desde a água limpa fornecida pela concessionária e que chega às peças sanitárias, até a eliminação da água negra (efluente dos vasos sanitários).

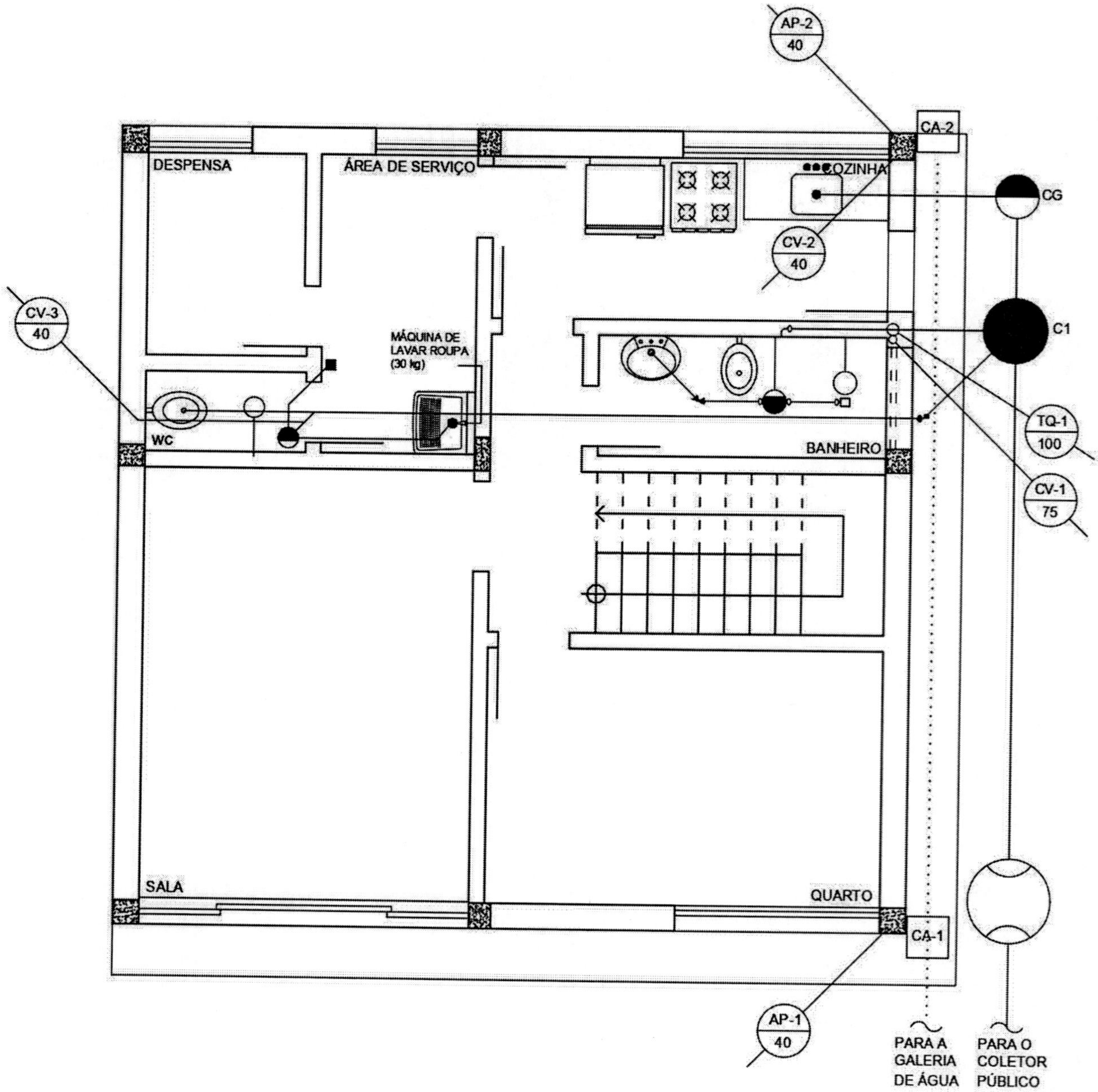

C.4 Desenho de instalação elétrica residencial

O projeto elétrico residencial fornece as informações necessárias para a correta instalação elétrica de uma residência. Arquiteto(a)s e engenheiro(a)s devem seguir uma série de representações e cálculos, que são aplicados de acordo com as normas técnicas vigentes.

A instalação elétrica faz parte da construção de qualquer residência, mostrando a distribuição da eletricidade vinda da concessionária de energia e os eletrodomésticos e demais eletrônicos da casa através de materiais intermediários como: fios, interruptores, tomadas, pontos de luz e instalação elétrica de chuveiros e ar condicionado.

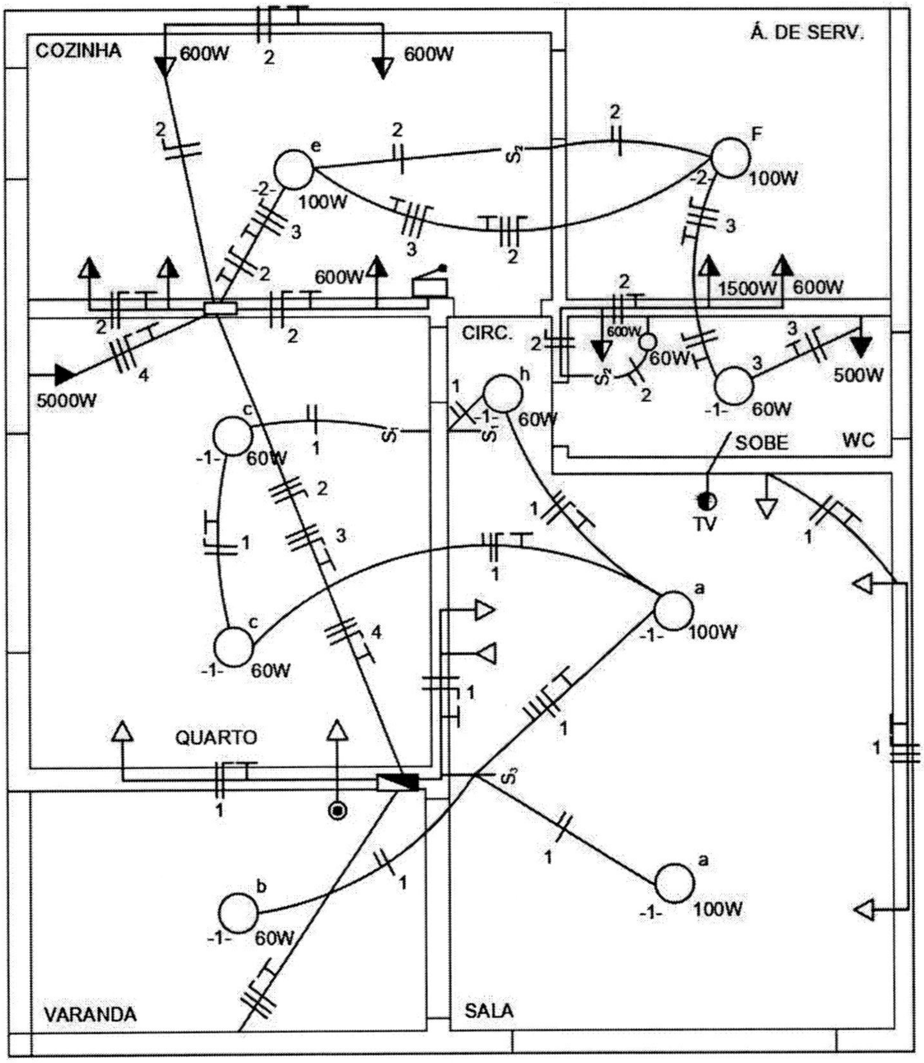

C.5 Desenho de estrutura metálica

Na prática, o projeto de estrutura metalica nada mais é do que o documento com todas as diretrizes para a montagem correta e qualificada de toda a estrutura. É um tipo de sustentação usada na construção composta por materiais metálicos, principalmente aço.

Em geral são utilizados perfis metálicos, sendo os mais comuns os tipos: H, I, L, T, U e W, cada um com sua particularidade.

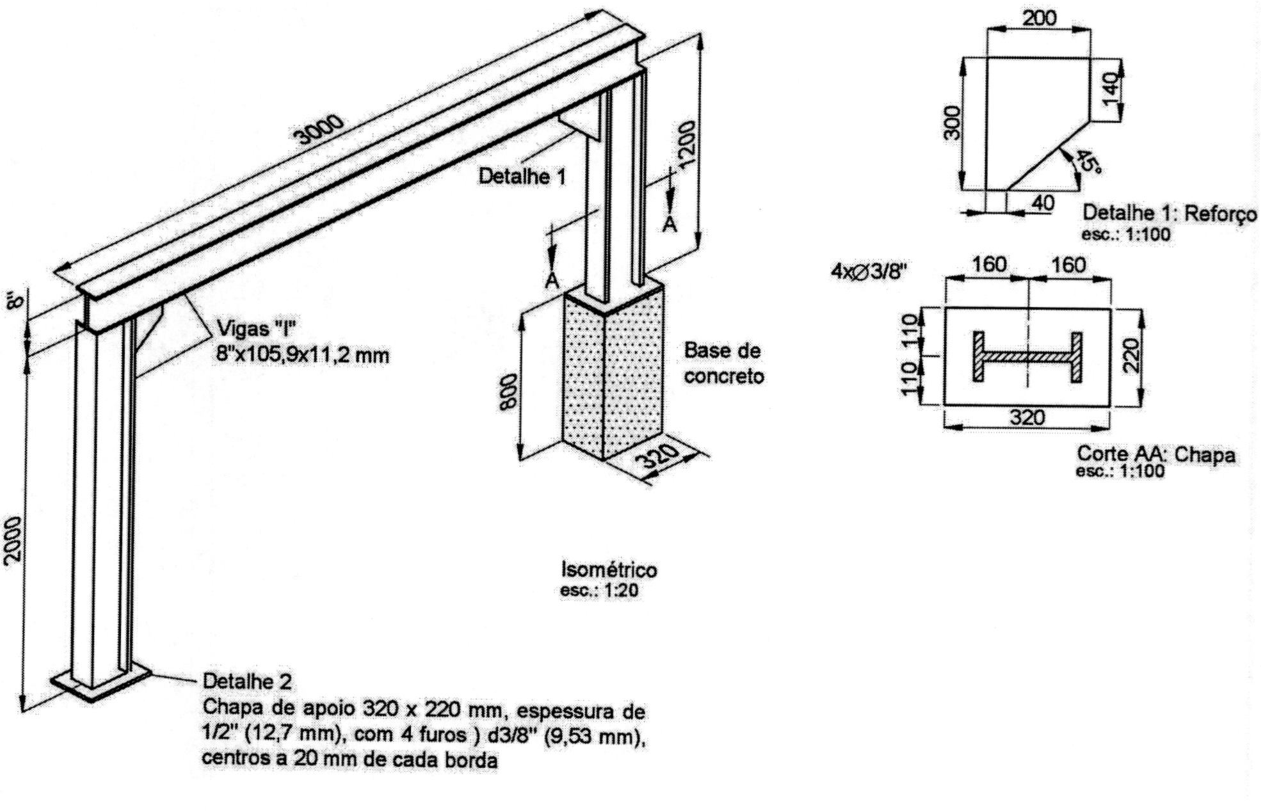

C.6 Desenho de uma planta de tubulação industrial

É um desenho feito em escala, contendo todas as tubulações de uma determinada área industrial, representadas em projeção horizontal, olhando-se de cima para baixo. Os tubos de diâmetro até 12 polegadas (ou 304,8 mm) são representados por traço único, na posição da linha de centro. Acima dessa bitola, os tubos são representados por duas linhas. Em geral são utilizadas as seguintes escalas nas plantas de tubulações industriais: 1:20, 1:50 ou 1:100.
As tubulações são identificadas e indica-se o sentido do fluxo. As válvulas e acessórios são representados por convenções especiais, não normalizadas, e sempre que possível desenhados em escala, sendo mostradas as posições das hastes das válvulas.

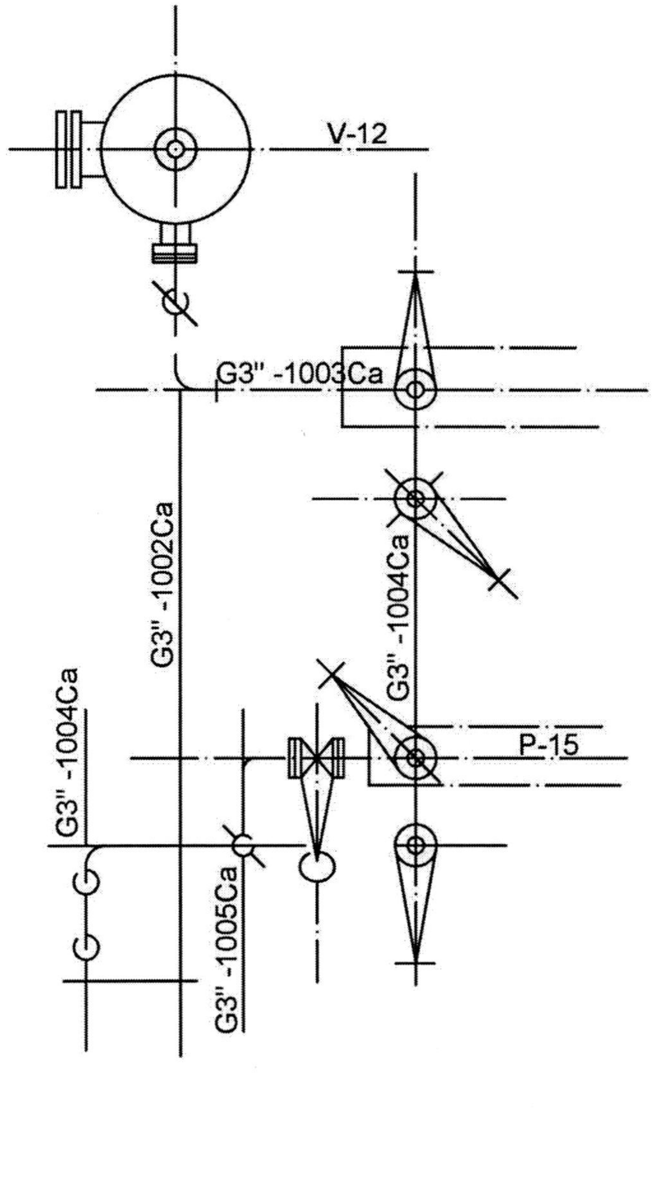

C.7 Desenho de um isométrico de tubulação industrial

Esses desenhos são feitos em perspectiva isométrica, sem escala, executando-se um desenho para cada trecho de tubulação. Nesses desenhos, os tubos verticais permanecem nesta posição e os tubos ortogonais a estes são representados por linhas inclinadas de 30º em relação a horizontal. Os tubos são indicados por traço único, representando a linha de centro dos mesmos. São indicadas, obrigatoriamente, todas as válvulas e acessórios de tubulação, mostrados um a um, bem como a localização e tipo das uniões com a tubulação (rosqueada, flangeada, soldada, etc.). Os equipamentos conectados às tubulações são indicados pela sua identificação, posição da linha de centro e bocais de ligação. As válvulas de controle também são indicadas, bem como as tubulações a ela ligadas, peça a peça. Os desenhos isométricos contêm todas as cotas e dimensões necessárias para a fabricação e montagem de uma tubulação. Normalmente as cotas são indicadas em milímetros e as elevações em metros. Todos os tubos devem apresentar identificação completa, como nas plantas. A identificação de válvulas e acessórios é feita através das convenções especiais.

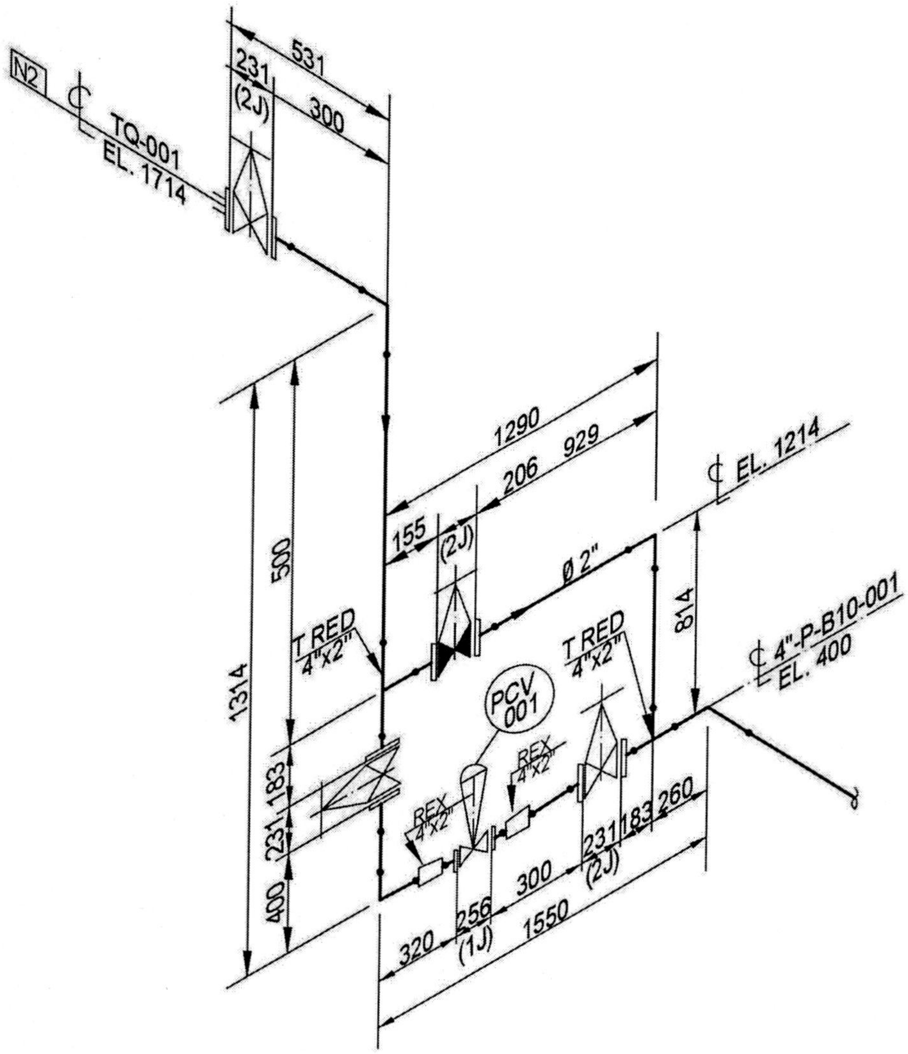

Impressão e acabamento
Gráfica da Editora Ciência Moderna Ltda.
Tel: (21) 2201-6662